化工分析技术

第二版

陈智栋　主编

化学工业出版社

·北京·

内 容 简 介

《化工分析技术》（第二版）以分析对象为主线、仪器分析方法为手段、实用性为目标进行编写，主要介绍了离子的分析方法、有机化合物结构分析、有机化合物色谱分析、催化材料性能测试、催化材料形貌及组成分析、高分子材料性能分析测试等内容。本书可作为高等院校化学、化工等相关专业教材，也可作为相关行业技术人员参考用书。

图书在版编目（CIP）数据

化工分析技术 / 陈智栋主编. —2 版. —北京：化学工业出版社，2020.8（2023.8 重印）

ISBN 978-7-122-36851-5

Ⅰ.①化…　Ⅱ.①陈…　Ⅲ.①化学工业-化学分析-高等学校-教材　Ⅳ.①TQ014

中国版本图书馆 CIP 数据核字（2020）第 080296 号

责任编辑：曾照华　　装帧设计：王晓宇

责任校对：张雨彤

出版发行：化学工业出版社（北京市东城区青年湖南街 13 号　邮政编码 100011）

印　　装：天津盛通数码科技有限公司

787mm×1092mm　1/16　印张 16¼　字数 420 千字　2023 年 8 月北京第 2 版第 3 次印刷

购书咨询：010-64518888　　售后服务：010-64518899

网　　址：http://www.cip.com.cn

凡购买本书，如有缺损质量问题，本社销售中心负责调换。

定　　价：69.00 元

前言

化工分析技术是在化工生产过程中，采用各种方法和手段对原料或产品的化学组成、含量、结构和形态进行分析的技术。它是化工生产过程的重要组成部分，不仅可以有效保障整个化工生产过程顺利开展，更可以提升化工产业效率。化工分析技术是从事化学、化工研究、开发、生产和质量控制等专业人员必备的一项技术，也是高等学校化学、化工及相关专业本科、专科学生必修的一门课程。

随着化工技术的进步，新型化工催化材料不断涌现，这就要求化工工作者除了掌握材料的制备以外，还得掌握材料的表征。所以，本书第二版在第一版的基础上，新增加了化工催化材料性能测试、形貌及组成分析、高分子材料性能分析测试等内容，以适应当代社会对化工专业毕业生新的要求和挑战性。

本书在总结大量文献的基础上，以分析对象为主线、仪器分析方法为手段、实用性为目标进行编写，既可以作为高等学校本科、专科相关专业学生的教材及研究生的教学参考书，也可以作为科研院所、生产企业等相关技术人员的工具书。为了读者能方便地查阅到文献出处，编写此书时，在章后列出参考文献供读者查阅。

全书共分 8 章，陈智栋编写第 1、2、6、7 章，并做了整体统稿校对；郭登峰编写第 5 章；单学凌编写第 3、4、8 章。

由于分析技术发展迅速，各类相关文献层出不穷，加上编者水平有限，不妥之处在所难免，敬请广大读者批评指正。

编者

2021 年 12 月于江苏常州

第一版前言

化工分析技术是从事化学、化工研究、开发、生产和质量控制等专业人员必备的一项技术，也是高等学校化学、化工及相关专业本科、专科学生必修的一门课程。

本书在总结大量文献的基础上，以分析对象为主线、仪器分析方法为手段、实用性为目标进行编写，既可以作为高等学校本科、专科相关专业学生的教材及研究生的教学参考书，也可以作为科研院所、生产企业等相关技术人员的工具书。为了读者能方便地查阅到文献出处，在编写此书时，在章后列出参考文献供读者查阅。

全书共分 9 章，何明阳编写第 1 章，并做了整体统稿校对；陈智栋编写第 3、4 章；郭登峰编写第 6 章；吴国琪编写第 2、5、9 章；俞强编写第 8 章；李明时编写第 7 章。

由于分析技术发展迅速，各类相关文献层出不穷，加上编者水平有限，不妥之处在所难免，敬请广大读者批评指正。

江苏工业学院孙小强、陈群、席海涛和孟启教授对本书的编写提出诸多建设性意见和建议，在此表示衷心的感谢！同时，对书中所引用文献资料的中外作者致以衷心的谢意！

编者

2009 年 12 月于江苏常州

目 录

第1章 绪论

1.1 分析化学的发展

在19世纪，化学作为自然科学的一个领域开始不断被完善，与物理学、数学等领域相比，是比较新的一门科学。19世纪的后半期，分析化学对元素的发现有着极大的贡献。随着Liebig，Pregl等人确立了微量元素的分析方法，有机官能团的分析方法也相继确立。但是，这些分析化学的方法大多需要熟练的技术及较长的时间，随着工业的快速发展，要求迅速进行微量测量，且短时间内提供分析数据的情况越来越多。

Bunsen和Kirchhoff对Cs，Rb的发现（火焰分析法的起源，1860年）被认为是仪器分析的起源。第二次世界大战结束后，电子技术的发展促进了仪器分析方法的建立与发展，例如，在1945年由Baird公司、Perkin-Elmer公司上市的自动记录式的红外分光光度计。现在，傅里叶变换红外分光光度计可以自由地使用，许多研究室拥有了简单的测定装置。从现行的化学工业生产来看，由于仪器分析具有省力、迅速、高灵敏度、适用于微量样品等特点，所以依赖于仪器分析的比重不断增大。

1.2 仪器分析法的种类

仪器分析法大致可分为电磁波分析法、电化学分析法、分离分析法以及其他分析方法。本书主要列举以下分析方法。

电磁波分析法

（1）分光光度分析法（可见，紫外）

（2）荧光光度分析法

（3）红外吸收光谱分析法

（4）核磁共振分析法

（5）原子吸收光谱分析法

（6）原子发射和等离子发射光谱分析法

电化学分析法

分离分析法

色谱分析法

其他的分析方法

（1）质谱分析

（2）X射线衍射

（3）热分析

（4）电子显微镜

1.3 仪器分析的特点

① 良好的选择性。仪器分析法是将物质本身所具有的性质进行选择性检出并转变为电信号，因此在进行分析检测时，有时不需要特殊的分离。

② 快速。在化学分析中，化合物或离子等分离要进行分解、沉淀、过滤、蒸馏等各种操作的前处理，而仪器分析在样品的前处理方面比较简单，因此适用于工业生产的管理分析，而且经济易行。

③ 分析的灵敏度高及样品微量化。例如ICP发射光谱的分析，可以简单地进行10^{-9}数量级元素的定量分析，同时仪器分析一般不会因人的操作带来很大的误差。

④ 自动化，连续化。由于计算机的发展，许多方面可以做到自动化，连续化，非常方便。

尽管仪器分析在工业生产中有许多优越性，但是也有不足之处，如下所述。

① 由于仪器分析是将物质固有的性质转变为电信号，所以分析过程中一般需要标准物质，要与标准物质的测定值进行比较分析。

② 有效数值保留位数少（精确度的问题），一般相对误差较大，在0.5%～2%。

③ 仪器的价格较高和保养要求高。放置仪器大多需要专用的房间，还要有空调设备等。另外，很多仪器设备的维护及管理也不简单。

1.4 仪器分析时的注意事项

在进行样品的分析前，首先要明确分析的目的。为了达到分析目的，主要考虑以下因素。

① 样品中所含有的元素，共同存在的成分，样品的状态（气、液、固），是进行主成分的分析还是微量成分的分析。

② 是定性分析、定量分析，还是结构解析。

③ 分析的范围，仪器的灵敏度、精度、准确度及用于测定的样品量。

④ 经济，快速，安全性等。

毋庸置疑，以上这些因素不是要单独考虑的，它们之间有关联性。对仪器分析而言，如果可以对样品直接进行分析是再好不过的了。但是进行仪器分析前，为了在合适的条件下进行测定，通常要对样品进行目的成分的浓缩，样品的化学形态、物理状态的变换等前处理工作。

随着仪器分析装置的高度发展，身边的分析装置也可谓程序化了。如装置若有信号出来，就有可能错觉地认为是否有什么东西存在。因此，学习仪器分析入门的学生一定要认真学习其原理，不断地积累经验，学会判断。

第2章 离子的分析方法

2.1 离子分析的目的和意义

随着科学技术的进步，化工、金属等行业的生产规模不断扩大，各种新材料不断涌现。在这些新材料的生产过程中，有不少涉及金属或金属化合物的使用。对于金属化合物而言，为了了解金属化合物的构成，有必要对金属离子进行分析，以便把握它的含量或形态，同样与金属离子伴生的是阴离子，所以对阴离子的分析也是非常重要的。

离子分析在环境保护方面也具有重要的意义，如科学地评价重金属离子对环境的污染程度、怎样防止污染、怎样治理污染等都离不开对环境中的金属离子的含量、形态等进行分析。如发生在日本的“水俣病”事件，曾经引起人们的困惑，经分析检测，确认这种“病”由有机汞污染造成。为了防患于未然，在了解金属离子毒性以及对环境的危害的基础上，通过分析环境中金属离子的种类、含量和存在形态之后，可以在金属离子的污染（毒性）效应未彻底体现之前，对其环境效应提前做出预测，这样可有效防止环境的进一步恶化。

离子分析在医药卫生方面也起着举足轻重的作用，除了中药中的生物碱外，部分中药所含有的有机金属离子对于疾病的治疗也是有所帮助的，研究中药中金属离子的种类、含量、形态对于清楚中药的治病机理将起到重要的作用。

对于阳离子的分析主要是针对金属离子，是指利用现有的化学分析、仪器分析等分析测试手段和技术对测试样品中金属离子的种类、含量、形态等进行分析。根据样品的来源、组成等，可分为金属离子的常量分析、微量分析甚至痕量分析。除了测定样品中金属离子的总量外，进行金属离子的形态分析更能反映样品的环境效应、生物效应等，因此金属离子的形态分析也是金属离子分析的主要内容。

对于离子分析而言，常用的仪器分析方法很多，针对金属离子可选择如原子吸收光谱法、等离子发射光谱法、比色法和电化学分析法等分析方法，对于阴离子的分析最常见的是离子色谱法和电化学分析法，下面针对各种分析方法所用仪器做一些简单介绍。

2.2 光谱分析法

2.2.1 光谱分析法的分类

光谱是复色光经色散系统分光后，按波长（或频率）的大小依次排列的图像。基于测量物质的光谱而建立起来的分析方法称为光谱分析法，它是光学分析法的一类。物质与辐射能作用时，测量由物质内部发生量子化的能级之间的跃迁而产生的发射、吸收或散射辐射的波长和强度，可以进行定性、定量和结构分析。光谱法可分为原子光谱法和分子光谱法。原子光谱是由原子外层或内层电子能级的变化产生的，它的表现形式为线光谱，如原子发射光谱、原子吸收光谱、原子荧光光谱和X射线荧光光谱等。分子光谱是由分子的电子能级、振动能级和转动能级的变化产生的，表现形式为带光谱，如紫外可见分光光度法、红外光谱法、分子发光分析法等。

发射光谱分析法是物质通过电致激发、热致激发或光致激发等过程获得能量，变为激发态原子或分子，当从激发态过渡到低能态或基态时产生发射光谱。其主要方法列于表 2-1。

表 2-1　发射光谱分析法

方法名称	激发方式	作用物质	检测信号
X 射线荧光光谱法	X 射线(0.01～2.5nm)	原子内层电子的逐出,外层能级电子跃入空位(电子跃迁)	特征 X 射线(X 射线荧光)
原子发射光谱法	火焰、电弧、火花、等离子炬等	气态原子外层电子	紫外、可见光
原子荧光光谱法	高强度紫外、可见光	气态原子外层电子跃迁	原子荧光
分子荧光光谱法	紫外、可见光	分子	荧光(紫外、可见光)
磷光光谱法	紫外、可见光	分子	磷光(紫外、可见光)
化学发光法	化学能	分子	可见光

吸收光谱分析法是当物质所吸收的电磁辐射能满足该物质的原子核、原子或分子的两个能级间跃迁所需的能量时，将产生吸收光谱。其主要方法列于表 2-2。

表 2-2　吸收光谱分析法

方法名称	辐射能	作用物质	检测信号
Mossbauer 光谱法	γ 射线	原子核	吸收后的 γ 射线
X 射线吸收光谱法	X 射线、放射性同位素	$Z>10$ 的重元素原子的内层电子	吸收后的 X 射线
原子吸收光谱法	紫外、可见光	气态原子外层的电子	吸收后的紫外、可见光
紫外-可见分光光度法	紫外、可见光	分子外层的电子	吸收后的紫外、可见光
红外吸收光谱法	2.5～15μm 红外光	分子振动	吸收后的红外光
核磁共振波谱法	0.1～900MHz 射频	磁性原子核	吸收
电子自旋共振波谱法	10000～80000MHz 微波激光	未成对电子	吸收
激光吸收光谱法	激光	分子(溶液)	吸收
激光光声光谱法	激光	分子(气、固、液体)	声压
激光热透镜光谱法	激光	分子(溶液)	吸收

散射光谱分析法是频率为 ν_0 的单色光照射到透明物质上，物质分子会发生散射现象。如果这种散射是光子与物质分子发生能量交换的，即不仅光子的运动方向发生变化，它的能量也发生变化，则称为 Raman 散射。这种散射光的频率 ν_d 与入射光的频率不同，称为 Raman 位移。Raman 位移的大小与分子的振动和转动的能级有关，利用 Raman 位移研究物质结构的方法称为 Raman 光谱法。

在本章中主要介绍发射光谱分析法中的原子发射光谱法中比较通用的等离子发射光谱法；吸收光谱分析法中的原子吸收光谱法和紫外-可见分光光度法。

2.2.2　光谱分析法的仪器

用来研究吸收光、发射光或荧光的电磁辐射强度和波长关系的仪器叫做光谱仪或分光光度计。这一类仪器一般包括 5 个基本单元：光源、单色器、样品容器、检测器和读出器件，如图 2-1 所示。

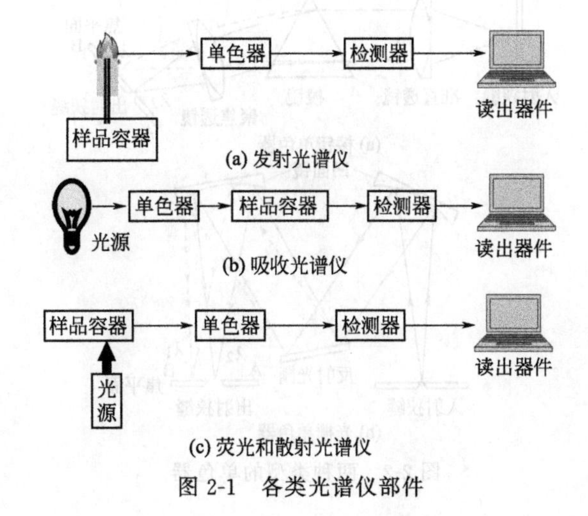

图 2-1 各类光谱仪部件

（1）光源 光谱分析中，光源必须具有足够的输出功率和稳定性。由于光源辐射功率的波动与电源功率的变化呈指数关系，因此往往需用稳压电源以保证稳定，或者用参比光束的方法来减少光源输出的波动对测定所产生的影响。光源有连续光源和线光源等。一般连续光源主要用于分子吸收光谱法，线光源用于荧光光谱法、原子吸收光谱法和 Raman 光谱法。

① 连续光源 连续光源是指在很大的波长范围内主要发射强度平稳的具有连续光谱的光源。

a. 紫外光源 紫外光源主要采用氢灯或氘灯，它们在低压（1.3×10^3Pa）下以电激发的方式产生的连续光谱范围为 160～375nm。氘灯产生的光谱强度比氢灯大，寿命也比氢灯长。

b. 可见光源 可见光区最常用的光源是钨丝灯。在大多数仪器中，钨丝的工作温度约为 2870K，光谱波长为 320～2500nm。氙灯也可用作可见光源，当电流通过氙气时，可以产生强辐射，它发射的连续光谱分布在 250～700nm。

c. 红外光源 常用的红外光源是一种用电加热到温度在 1500～2000K 的惰性固体，光强最大的区域在 6000～5000cm^{-1}。在长波侧 667cm^{-1} 和短波侧 10000cm^{-1} 的强度已降到峰值的 1%左右。常用的有 Nernst（能斯特）灯、硅碳棒，前者的发光强度大，但寿命比硅碳棒短。

② 线光源 线光源是发射线半宽度远小于吸收线半宽度的光源。常用的光源有金属蒸气灯、空心阴极灯和激光等。

a. 金属蒸气灯 在透明封套内含有低压气体元素，常见的是汞蒸气灯和钠蒸气灯。汞蒸气灯产生的线光谱的波长为 254～734nm，钠蒸气灯主要是 589.0nm 和 589.6nm 处的一对谱线。

b. 空心阴极灯 主要用于原子吸收光谱中，能提供许多元素的线光谱。

c. 激光 激光的强度非常高，方向性和单色性好，它作为一种新型光源在 Raman 光谱、荧光光谱、发射光谱、Fourier 变换红外光谱、光声光谱等领域极受重视。

（2）单色器 单色器是产生高光谱纯度辐射束的装置，它的作用是将复合光分解成单色光或有一定宽度的谱带。单色器由入射狭缝、准直透镜、色散元件、聚焦透镜和出射狭缝等部件组成，如图 2-2 所示。

a. 棱镜。棱镜是根据光的折射现象进行分光的。构成棱镜的光学材料对不同波长的光具

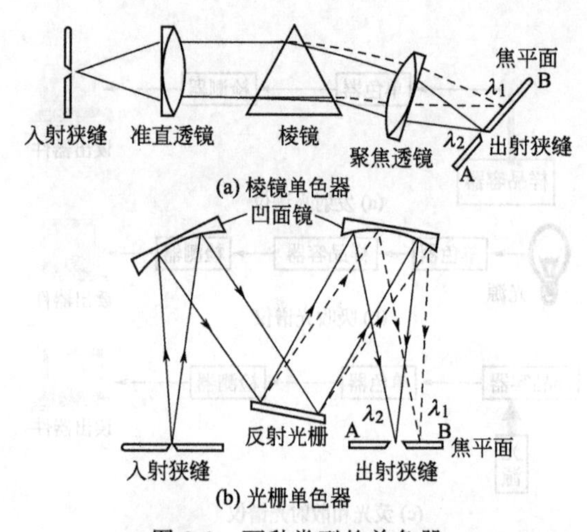

图 2-2　两种类型的单色器

有不同的折射率，波长短的光折射率大，波长长的光折射率小。因此，平行光经色散后就按波长顺序分解为不同波长的光，经聚焦后在焦平面的不同位置上成像，得到按波长展开的光谱。

b. 光栅。光栅分为透射光栅和反射光栅，用得较多的是反射光栅。它又可分为平面反射光栅（或称闪耀光栅）和凹面反射光栅。光栅是在真空中蒸发金属铝将它镀在玻璃平面上，然后在铝层上刻制出许多等间隔、等宽的平行刻纹。现在都用复制光栅，含有 300～2000 条/mm 的光栅可用于紫外和可见光区；对中红外光区，用 100 条/mm 的光栅即可。光栅是一种多狭缝部件，光栅光谱的产生是多狭缝干涉和单狭缝衍射两者联合作用的结果。多狭缝干涉决定光谱线出现的位置，单狭缝衍射决定谱线的强度分布。

以上介绍的棱镜和光栅是色散型波长选择器，干涉仪和声光可调滤光器则是非色散型波长选择器。

a. 干涉仪。迈克尔逊干涉仪是 Fourier 光谱技术的基础，它将光源来的信号以干涉图的形式输入计算机进行 Fourier 变换的数学处理，最后将干涉图还原成光谱图。

b. 声光可调滤光器（AOTF）是一种微型窄带可调滤光器，通过改变施加在某种晶体（通常用的是 TeO_2）上的射频频率来改变通过滤光器的光的波长，而通过 AOTF 光的强度可通过改变射频的功率进行精密、快速的调节。通过 AOTF 光的波长范围很窄，它的分辨率很高，目前已达到 0.0125nm 或更小。波长调节速度快且有很大的灵活性。这种全电子波长选择系统适用于光谱化学分析，特别是近红外光谱领域，也被用于原子光谱法。

(3) 吸收池　盛放试样的吸收池由光透明的材料制成。在紫外光区工作时，采用石英材料；可见光区，则用硅酸盐玻璃；红外光区，则可根据不同的波长范围选用不同材料的晶体制成吸收池的窗口。

(4) 检测器　在现代仪器中，用光电转换器作为检测器。这类检测器必须在一个宽的波长范围内对辐射有响应，在低辐射功率时的反应要敏感，对辐射的响应要快，产生的电信号容易放大，噪声要小，更重要的是产生的信号应正比于入射光强度。

检测器可分为两类：一类为对光子有响应的光检测器，另一类为对热产生响应的热检测器。

(5) 读出装置　由检测器将光信号转换为电信号后，可用检流计、微安表、记录仪、数字显示器或阴极射线显示器显示和记录测定结果。

2.3 紫外-可见分光光度法

紫外-可见分光光度法是利用某些物质的分子吸收 200～800nm 光谱区的辐射来进行分析测定的方法。这种分子吸收光谱产生于价电子和分子轨道上的电子在电子能级间的跃迁，广泛用于无机物质和有机物质的定性和定量测定。

2.3.1 朗伯-比尔定律

(1) 透射率和吸光度　当一束平行光通过均匀的液体介质时，光的一部分被吸收，一部分透过溶液，还有一部分被器皿表面反射。设入射光强度为 I_0，吸收光强度为 I_a，透射光强度为 I_t，反射光强度为 I_r，则

$$I_0 = I_a + I_t + I_r \tag{2-1}$$

在吸收光谱分析中，被测溶液和参比溶液一般是分别放在同样材料和厚度的吸收池中，让强度为 I_0 的单色光分别通过两个吸收池，再测量透射光的强度。所以，反射光的影响可相互抵消，上式可简化为

$$I_0 = I_a + I_t$$

透射光的强度（I_t）与入射光强度（I_0）之比称为透射率，用 T 表示，则有

$$T = I_t / I_0$$

溶液的透射率越大，表示它对光的吸收越小；反之，透射率越小，表示它对光的吸收越大。常用吸光度来表示物质对光的吸收程度，其定义为

$$A = \lg(1/T) = \lg(I_0/I_t) \tag{2-2}$$

A 值越大，表明物质对光的吸收越大。透射率和吸光度都是表示物质对光的吸收程度的一种量度，透射率常以百分率表示，称为百分透射率；吸光度为一个无量纲的量，两者可由上式进行相互换算。

(2) 朗伯-比尔定律　朗伯-比尔定律是光吸收的基本定律，也是分光光度分析法的依据和基础。当入射光波长一定时，溶液的吸光度 A 是待测物质浓度和液层厚度的函数。朗伯和比尔分别于 1760 年和 1852 年研究了溶液的吸光度与液层厚度和溶液浓度之间的定量关系。当用适当波长的单色光照射一固定浓度的溶液时，其吸光度与光透过的液层厚度呈正比，其数学表达式为

$$A = k'L \tag{2-3}$$

式中　k'——比例系数；

L——液层厚度（即样品的光程长度）。

朗伯定律适用于任何非散射的均匀介质，但它不能阐明吸光度与溶液浓度的关系。

比尔定律描述了溶液浓度与吸光度之间的定量关系。当用一适当波长的单色光照射厚度一定的均匀溶液时，吸光度与溶液浓度呈正比，即

$$A = k''c \tag{2-4}$$

式中　c——溶液浓度；

k''——比例系数。

当溶液的浓度 c 和液层的厚度 L 均可变时，它们都会影响吸光度的数值。合并上两式，得到朗伯-比尔定律，其数学表达式为

$$A = kcL \tag{2-5}$$

式中　k——比例系数，它与溶液的性质、温度及入射光波长等因素有关。

(3) 吸光系数　在 $A = kcL$ 式中的比例系数 k 的值及单位与 c 和 L 采用的单位有关，L

的单位通常以 cm 表示，因此 k 的单位主要决定于浓度 c 用什么单位。当 c 以 mol/L 为单位时，k 称为摩尔吸光系数，用符号 ε 表示，单位为 L/(mol · cm)。当吸收介质内只有一种吸光物质时，上式表示为

$$A=\varepsilon cL \tag{2-6}$$

摩尔吸光系数在特定波长和溶剂的情况下是吸光质点的一个特征参数，在数值上等于吸光物质的浓度为 1mol/L、液层厚度为 1cm 时溶液的吸光度。它是物质吸光能力的量度，可作为定性分析的参考和估量定量分析方法的灵敏度。ε 越大，方法的灵敏度越高。如 ε 为 10^4 数量级时，测定该物质的浓度可以达到 $10^{-6}\sim10^{-5}$mol/L；当 $\varepsilon<10^3$ 时，其测定范围在 $10^{-4}\sim10^{-3}$mol/L。如果溶液中同时存在两种或两种以上吸光物质时，只要共存物质不互相影响性质，溶液的吸光度将是各组分吸光度的总和

$$A=A_1+A_2+\cdots+A_n(x+a)^n=\sum_{i=0}^{n}\varepsilon_i x_i L \tag{2-7}$$

(4) 偏离朗伯-比尔定律的因素　在均匀体系中，当物质浓度固定时，吸光度 A 与样品的光程长 L 之间的线性关系总是普遍成立而无一例外。但在 L 恒定时，吸光度 A 与浓度 c 之间的正比关系有时可能失效，也就是说会偏离朗伯-比尔定律。一般以负偏离的情况居多，因而影响了测定的准确度。引起偏离朗伯-比尔定律的因素很多，通常可归成两类，一类与样品溶液有关，另一类则与仪器有关，分别叙述如下。

① 与测定样品溶液有关的因素　通常只有当溶液浓度小于 0.01mol/L 的稀溶液中朗伯-比尔定律才能成立。在高浓度时，由于吸光质点间的平均距离缩小，邻近质点彼此的电荷分布会产生相互影响，以致改变它们对特定辐射的吸收能力，即吸光系数发生改变，导致对朗伯-比尔定律的偏离。

推导朗伯-比尔定律时隐含着测定试液中各组分之间没有相互作用的假设。但随着溶液浓度增加，各组分之间的相互作用则是不可避免的。例如，可以发生离解、缔合、光化反应、互变异构及配合物配位数变化等作用，会使被测组分的吸收曲线发生明显改变，吸收峰的位置、高度以及光谱精细结构等都会不同，从而破坏了原来的吸光度与浓度的函数关系，偏离了朗伯-比尔定律。

溶剂对吸收光谱的影响也很重要。在分光光度法中广泛使用各种溶剂，它会对生色团的吸收峰高度、波长位置产生影响。溶剂还会影响待测物质的物理性质和组成，从而影响其光谱特性，包括谱带的电子跃迁类型等。

当试样为胶体、乳状液或有悬浮物质存在时，入射光通过溶液后，有一部分光会因散射而损失，使吸光度增大，对朗伯-比尔定律产生正偏差。质点的散射强度是与入射光波长的 4 次方呈反比的，所以散射对紫外区的测定影响更大。

② 与仪器有关的因素　严格讲朗伯-比尔定律只适用于单色光，但在紫外-可见分光光度法中从光源发出的光经单色器分光，为满足实际测定中需有足够光强的要求，狭缝必须有一定的宽度。因此，由出射狭缝投射到被测溶液的光，并不是理论上要求的单色光。这种非单色光是所有偏离朗伯-比尔定律的因素中较为重要的因素之一。因为实际用于测量的是一小段波长范围的复合光，由于吸光物质对不同波长的光的吸收能力不同，就导致了对朗伯-比尔定律的负偏离。

2.3.2 紫外-可见分光光度计

(1) 主要组成部件　各种型号的紫外-可见分光光度计，就其结构来说，都是由 5 部分组成（见图 2-3），即光源、单色器、吸收池、检测器和信号指示系统。

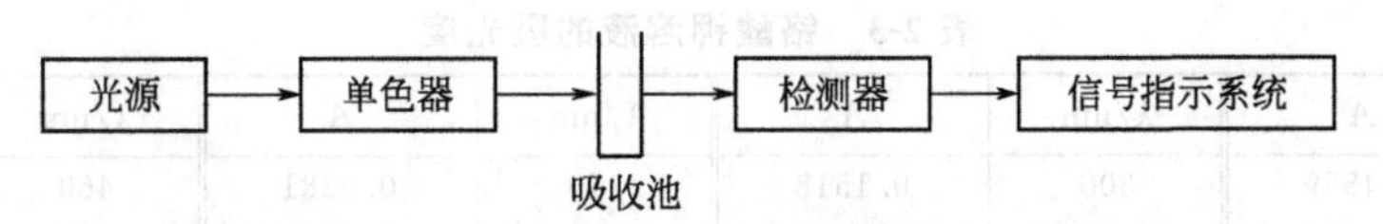

图 2-3 紫外-可见分光光度计基本结构示意图

（2）紫外-可见分光光度计的类型 紫外-可见分光光度计可归纳为 5 种类型，即单光束分光光度计、双光束分光光度计、双波长分光光度计、多通道分光光度计和探头式分光光度计。前两种类型较为普遍，故此，这里仅介绍前两种。

① 单光束分光光度计 单波长单光束分光光度计的光路示意见图 2-4，经单色器分光后的一束平行光，轮流通过参比溶液和样品溶液，以进行吸光度的测定。这种简易型分光光度计结构简单、操作方便、维修容易，适用于常规分析。

② 双光束分光光度计 双光束分光光度计的光路示意见图 2-5。经单色器分光后经反射镜（M_7）分解为强度相等的两束光，一束通过参比池，另一束通过样品池。光度计能自动比较两束光的强度，此比值即为试样的透射率，经对数变换将它转换成吸光度并作为波长的函数记录下来。由于两束光同时分别通过参比池和样品池，还能自动消除光源强度变化所引起的误差。

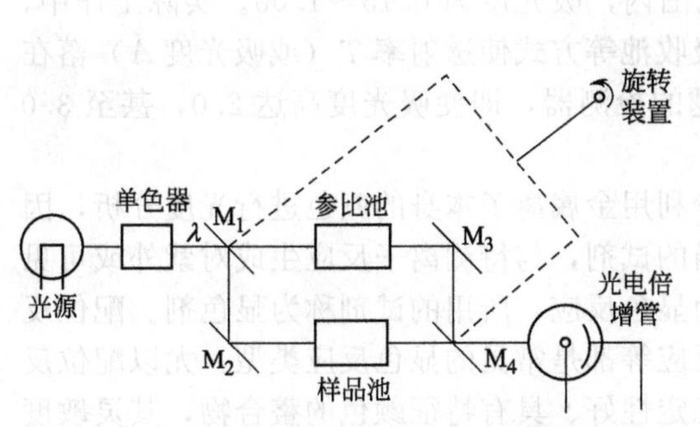

图 2-4 单波长单光束分光光度计光路示意图

M_1，M_2，M_3，M_4—反射镜

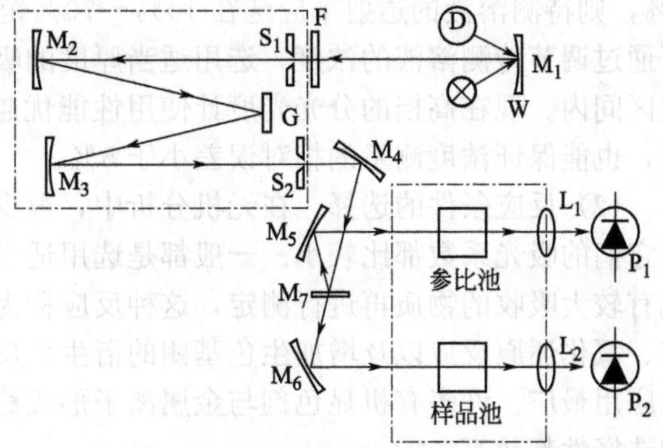

图 2-5 双光束分光光度计光路示意图

D—氘灯；W—卤素灯；M_1—取光反光镜；

M_2，M_3，M_4，M_5，M_6—准直镜；

M_7—半透半反镜；P_1，P_2—硅光电池；

F—滤色片；L_1，L_2—透镜；G—光栅；

S_1—进光狭缝；S_2—出光狭缝

（3）分光光度计的校正 通常在实验室工作中，验收新仪器或仪器使用过一段时间后都要进行波长校正和吸光度校正，建议采用下述较为简便和实用的方法来进行校正。镨铷玻璃或钬玻璃都有若干的特征吸收峰，可用来校正分光光度计的波长标尺。前者用于可见光区，后者则对紫外和可见光区都适用。

可用 K_2CrO_4 标准溶液来校正吸光度标度。将 0.0400g 的 K_2CrO_4 溶解于 1L 0.05mol/L 的 KOH 溶液中，在 1cm 光程的吸收池中，在 25℃ 时用不同波长测得的吸光度值列于表 2-3。

表 2-3　铬酸钾溶液的吸光度

λ/nm	A	λ/nm	A	λ/nm	A	λ/nm	A
220	0.4559	300	0.1518	380	0.9281	460	0.0173
230	0.1675	310	0.0458	390	0.6841	470	0.0083
240	0.2933	320	0.0620	400	0.3872	480	0.0035
250	0.4962	330	0.1457	410	0.1972	490	0.0009
260	0.6345	340	0.3142	420	0.1261	500	0.0000
270	0.7447	350	0.5528	430	0.0841		
280	0.7235	360	0.8297	440	0.0535		
290	0.4295	370	0.9914	450	0.0325		

2.3.3　分析条件的选择

为使分析方法有较高的灵敏度和准确度，选择最佳的测定条件是很重要的。这些条件包括仪器测量条件、试样反应条件以及参比溶液的选择等。

(1) 仪器测量条件　任何光度计都有一定的测量误差，这是由于光源不稳定、实验条件的偶然变动、读数不准确等因素造成的。这些因素对于试样的测定结果影响较大，特别是当试样浓度较大或较小时。因此要选择适宜的吸光度范围，一般来讲，当吸光度 $A=0.434$ 时，吸光度测量误差最小。如果光度计读数误差为 1%，若要求浓度测量的相对误差小于 5%，则待测溶液的透射率应选在 10%～70%范围内，吸光度为 0.15～1.00。实际工作中，可通过调节待测溶液的浓度，选用适当厚度的吸收池等方式使透射率 T（或吸光度 A）落在此区间内。现在高档的分光光度计使用性能优越的检测器，即使吸光度高达 2.0，甚至 3.0 时，也能保证浓度测量的相对误差小于 5%。

(2) 反应条件的选择　在无机分析中，很少利用金属离子本身的颜色进行光度分析，因为它们的吸光系数都比较小。一般都是选用适当的试剂，与待测离子反应生成对紫外或可见光有较大吸收的物质再进行测定，这种反应称为显色反应，所用的试剂称为显色剂。配位反应、氧化还原反应以及增加生色基团的衍生化反应等都是常见的显色反应类型，尤以配位反应应用最广。许多有机显色剂与金属离子形成稳定性好、具有特征颜色的螯合物，其灵敏度和选择性都较高。

显色反应一般应满足下述要求：

a. 反应的生成物必须在紫外、可见光区有较强的吸光能力，即摩尔吸光系数较大，反应有较高的选择性；

b. 反应生成物应当组成恒定、稳定性好、显色条件易于控制等，这样才能保证测量结果有良好的重现性；

c. 对照性要好，显色剂与有色配合物的 λ_{max} 的差别要在 60nm 以上。

实际上能同时满足上述条件的显色反应不是很多，因此在初步选定好显色剂以后，认真细致地研究显色反应的条件十分重要。下面介绍其主要影响因素。

① 显色剂用量　生成配位化合物的显色反应可用下式表示

$$M+nR = MR_n$$

则累积稳定常数可表示为

$$\beta_n=\frac{[MR_n]}{[M][R]^n} \tag{2-8}$$

式中　M——金属离子；

R——显色剂；

β_n——配合物的累积稳定常数。

由上式可见，当[R]固定时，从M转化成MR_n的转化率将不发生变化。对稳定性好的（即β_n大）配合物，只要显色剂过量，显色反应即能定量进行。而对不稳定的配合物或可形成逐级配合物时，显色剂用量要过量很多或必须严格控制。例如，以SCN^-作显色剂测定钼时，要求生成红色的$Mo(SCN)_5$配合物进行测定。但当SCN^-浓度过高时，由于会生成浅红色的$Mo(SCN)_6^-$配合物而使吸光度降低。因此在测定中必须严格控制显色剂用量，才能得到准确的结果。显色剂的用量可通过实验确定，作吸光度随显色剂浓度变化曲线，选恒定吸光度值时的显色剂用量。

② 溶液酸度的影响　多数显色剂都是有机弱酸或有机弱碱，介质的酸度会直接影响显色剂的离解程度，从而影响显色反应的完全程度。溶液酸度的影响表现在许多方面。由于pH不同，可形成具有不同配位数、不同颜色的配合物。金属离子与弱酸阴离子在酸性溶液中大多生成低配位数的配合物，可能并没有达到阳离子的最大配位数。当pH增大时，游离的阴离子浓度相应增大，使得可能生成高配位数的化合物；pH增大会引起某些金属离子水解而形成各种型体的羟基配合物，甚至可能析出沉淀；或者由于生成金属的氢氧化物而破坏了有色配合物，使溶液的颜色完全褪去。

③ 其他问题　显色反应的时间、温度、放置时间对配合物稳定性的影响等都对显色反应有影响。这些都需要通过条件试验来确定。

(3) 参比溶液的选择　测量试样溶液的吸光度时，先要用参比溶液调节透射率为100%，以消除溶液中其他成分以及吸收池和溶剂对光的反射和吸收所带来的误差。根据试样溶液的性质，选择合适组分的参比溶液是很重要的。

① 溶剂参比　当试样溶液的组成较为简单，共存的其他组分很少且对测定波长的光几乎没有吸收时，可采用溶剂作为参比溶液，这样可消除溶剂、吸收池等因素的影响。

② 试剂参比　如果显色剂或其他试剂在测定波长有吸收，按显色反应相同的条件，只是不加入试样，同样加入试剂和溶剂作为参比溶液，这种参比溶液可消除试剂中的组分产生吸收的影响。

③ 试样参比　如果试样基体在测定波长有吸收，而与显色剂不起显色反应时，可按与显色反应相同的条件处理试样，只是不加显色剂。这种参比溶液适用于试样中有较多的共存组分，加入的显色剂量不大，且显色剂在测定波长无吸收的情况。

④ 平行操作溶液参比　用不含被测组分的试样，在相同条件下与被测试样同样进行处理，由此得到平行操作参比溶液。

(4) 干扰及消除方法　在光度分析中，体系内存在的干扰物质的影响有以下几种情况：

a. 干扰物质本身有颜色或与显色剂形成有色化合物，在测定条件下也有吸收；

b. 在显色条件下，干扰物质水解，析出沉淀使溶液混浊，致使吸光度的测定无法进行；

c. 与待测离子或显色剂形成更稳定的配合物，使显色反应不能进行完全。

可以采用以下几种方法来消除这些干扰作用。

① 控制酸度　根据配合物的稳定性不同，可以利用控制酸度的方法提高反应的选择性，以保证主反应进行完全。例如，双硫腙能与Hg^{2+}、Pb^{2+}、Cu^{2+}和Cd^{2+}等十多种金属离子形成有色配合物，其中与Hg^{2+}生成的配合物最稳定，在0.5mol/L H_2SO_4介质中仍能定量进行，而上述其他离子在此条件下不发生反应。

② 选择适当的掩蔽剂　使用掩蔽剂消除干扰是常用的有效方法。选取的条件是掩蔽剂不与待测离子作用，掩蔽剂以及它与干扰物质形成的配合物的颜色应不干扰待测离子的测定。

③ 利用生成惰性配合物　例如钢铁中微量钴的测定，常用钴试剂为显色剂。但钴试剂不仅与Co^{2+}有灵敏的反应，而且与Ni^{2+}、Zn^{2+}、Mn^{2+}、Fe^{2+}等都有反应。但它与Co^{2+}在弱酸性介质中一旦完成反应后，即使再用强酸酸化溶液，该配合物也不会分解。而Ni^{2+}、Zn^{2+}、Mn^{2+}、Fe^{2+}等与钴试剂形成的配合物在强酸介质中很快分解，从而消除了上述离子的干扰，提高了反应的选择性。

④ 选择适当的测量波长　如在$K_2Cr_2O_7$存在下测定$KMnO_4$时，$KMnO_4$最大吸收波长λ_{max}为525nm，但$K_2Cr_2O_7$在该波长处也有吸收，将测定波长选为545nm，这样$K_2Cr_2O_7$就不干扰了。

⑤ 分离　若上述方法不宜采用时，也可以采用预先分离的方法，如沉淀、萃取、离子交换、蒸发和蒸馏以及色谱分离法（包括柱色谱法、纸色谱法、薄层色谱法等）。

此外，还可以利用化学计量学方法实现多组分同时测定，以及利用导数光谱法、双波长光谱法等新技术来消除干扰。

2.3.4 紫外-可见分光光度法的应用

紫外-可见分光光度法是对物质进行定性分析、结构分析和定量分析的一种手段，而且还能测定某些化合物的物理化学参数，例如摩尔质量、配合物的配合比和稳定常数，以及酸、碱电离常数等。

（1）定性分析　紫外-可见分光光度法较少用于无机元素的定性分析，无机元素的定性分析可用原子发射光谱法或化学分析的方法。在有机化合物的定性鉴定和结构分析中，由于紫外-可见光谱较简单，特征性不强，因此该法的应用也有一定的局限性。但是它适用于不饱和有机化合物，尤其是共轭体系的鉴定，以此推断未知物的骨架结构。此外，可配合红外光谱法、核磁共振波谱法和质谱法进行定性鉴定和结构分析，因此它仍不失为一种有用的辅助方法。对于具体的定性方法由于不是本章所论述的重点，所以请参看其他章节部分和有关书籍。

（2）定量分析　紫外-可见分光光度法定量分析的依据是朗伯-比尔定律，即在一定波长处被测定物质的吸光度与它的浓度呈线性关系。因此，通过测定溶液对一定波长入射光的吸光度，即可求出该物质在溶液中的浓度或含量。下面介绍几种常用的测定方法。

① 校准曲线法　这是实际工作中用得最多的一种方法。具体做法是：配制一系列不同含量的标准溶液，以不含被测组分的空白溶液为参比，在相同条件下测定标准溶液的吸光度，绘制吸光度-浓度曲线，这种曲线即称为标准曲线。在相同条件下测定未知试样的吸光度，从标准曲线上就可以找到与之对应的未知试样的浓度。在建立一个方法时，首先要确定符合朗伯-比尔定律的浓度范围，即线性范围，定量测定一般在线性范围内进行。

② 标准对比法　在相同条件下测定试样溶液和某一浓度的标准溶液的吸光度A_x和A_s，由标准溶液的浓度，可计算出试样中被测物的浓度c_x

$$A_s=Kc_s,\ A_x=Kc_x,\ c_x=c_sA_x/A_s$$

这种方法比较简便，但只有在测定的浓度范围内溶液完全遵守朗伯-比尔定律，并且c_s和c_x很接近时，才能得到较为准确的结果。

2.4 原子发射光谱法

2.4.1 原子发射光谱法原理

原子的外层电子由高能级向低能级跃迁，多余能量以电磁辐射的形式发射出去，这样就得到了发射光谱。原子发射光谱是线状光谱。通常情况下，原子处于基态，在激发光源作用下，原子获得足够的能量，外层电子由基态跃迁到较高的能量状态即激发态。处于激发态的原子是不稳定的，其寿命小于10^{-8}s，外层电子就从高能级向较低能级或基态跃迁。多余能量的发射就得到了一条光谱线。

在近代各种材料的定性、定量分析中，原子发射光谱法发挥了重要作用。特别是新型光源的研制与电子技术的不断更新和应用，使原子发射光谱分析获得了新的发展，成为仪器分析中最重要的方法之一。

2.4.2 原子发射光谱法仪器

原子发射光谱法仪器分为两部分，光源与光谱仪。

(1) 光源 光源的作用是提供足够的能量使试样蒸发、原子化、激发，产生光谱。光源的特性在很大程度上影响着光谱分析的准确度、精密度和检出限。原子发射光谱分析光源种类很多，目前常用的有直流电弧、高压火花及电感耦合等离子体等。

① 直流电弧 直流电弧的供电电压为220～380V，电流通常为5～30A。直流电弧引燃可用两种方法：一种是接通电源后，使上下电极接触短路引燃；另一种是高频引燃。引燃后阴极产生热电子发射，在电场作用下，电子高速通过分析间隙射向阳极。在分析间隙里，电子又会和分子、原子、离子等碰撞，使气体电离。电离产生的阳离子高速射向阴极，又会引起阴极二次电子发射，同时也可使气体电离。这样反复进行，电流持续，电弧不灭。

由于电子轰击，阳极表面白热，产生亮点形成“阳极斑点”。阳极斑点温度高，可达4000K（石墨电极），因此通常将试样置于阳极，在此高温下使试样蒸发、原子化。在弧柱内，原子与分子、原子、离子、电子等碰撞，被激发而发射光谱。阴极温度在3000K以下，也形成“阴极斑点”。直流电弧由弧柱、弧焰、阳极点、阴极点组成，电弧温度4000～7000K，电弧温度取决于弧柱中元素的电离能和浓度。直流电弧的优点是设备简单。由于持续放电，电极头温度高，蒸发能力强，试样进入放电间隙的量多，绝对灵敏度高，适用于定性、半定量分析。缺点是电弧不稳定、漂移、重现性差、弧层较厚、自吸现象较严重。

② 高压火花 在通常气压下，两电极间加上高电压，达到击穿电压时，在两极尖端迅速放电，产生高压火花。放电沿着狭窄的发光通道进行，并伴随着爆裂声。高压火花的特点是：由于在放电一瞬间释放出很大的能量，放电间隙电流密度很高，因此温度很高（可达10000K以上），具有很强的激发能力，一些难激发的元素可被激发，而且大多为离子线。放电稳定性好，因此重现性好，可做定量分析。电极温度较低，由于放电时间歇时间略长，放电通道窄小之故，易于做熔点较低的金属与合金分析，而且自身可做电极，如炼钢厂的钢铁分析。灵敏度较差，但可做较高含量的分析；噪声较大，做定量分析时，需要预燃烧时间。

直流电弧与高压火花的使用已有几十年的历史，称为经典光源。在经典光源中，火焰与交流电弧也起过重要作用，但由于新光源的广泛应用，使用得少了，在此不做介绍了。

③ 电感耦合等离子体 电感耦合等离子体（ICP）光源是20世纪60年代研制的新型光源，由于它的性能优异，70年代迅速发展并获广泛的应用。

ICP光源是高频感应电流产生的类似火焰的激发光源。仪器主要由高频发生器、等离子体炬管、雾化器三部分组成，见图2-6。高频发生器的作用是产生高频磁场供给等离子体能量，频率多为27～50MHz，最大输出功率通常是2～4kW。

等离子体炬管分为三层，最外层通Ar气作为冷却气，沿切线方向引入，可保护石英管不被烧毁；中层管通入辅助气体Ar气，用以点燃等离子体；中心层以Ar气为载气，把经

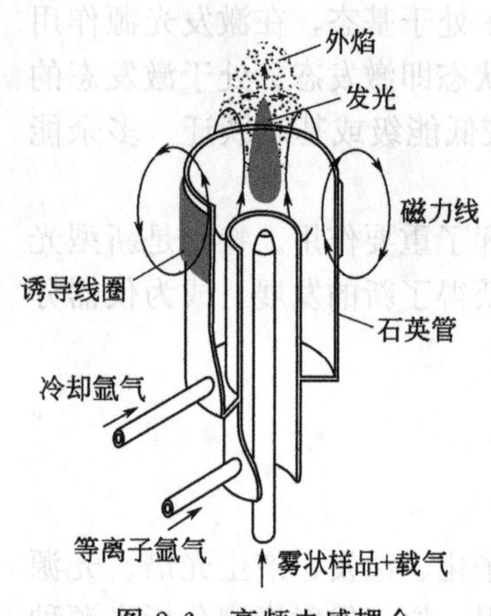

图 2-6　高频电感耦合等离子体光源

过雾化器的试样溶液以气溶胶形式引入等离子体中。

当高频发生器接通电源后，高频电流通过线圈，即在炬管内产生交变磁场，炬管内若是导体就产生感应电流。这种电流呈闭合的涡旋状即涡电流，它的电阻很小、电流很大（可达几百安培），释放出大量的热能（达 10000K）。电源接通时，石英炬管内为 Ar 气，它不导电，用高压火花点燃使炬管内气体电离。由于电磁感应和高频磁场，电场在石英管中随之产生，电子和离子被电场加速，同时和气体分子、原子等碰撞，使更多的气体电离，电子和离子各在炬管内沿闭合回路流动，形成涡流，在管口形成火炬状的稳定的等离子焰炬。

ICP 光源特点是：检出限低，气体温度高，可达 7000～8000K，加上样品气溶胶在等离子体中心通道停留时间长，因此各种元素的检出限一般在 10^{-5}～10^{-1} μg/mL。可测 70 多种元素，基体效应小，ICP 稳定性好，精密度高。在实用的分析浓度范围内，相对标准偏差约为 1%。准确度高，相对误差约为 1%，干扰少。选择合适的观测高度，光谱背景小。自吸效应小。分析校准曲线动态范围宽，可达 4～6 个数量级，这样也可对高含量元素进行分析。由于发射光谱有对一个试样可同时做多元素分析的优点，ICP 采用光电测定在几分钟内就可测出一个样品从高含量到痕量各种组成元素的含量，快速又准确，因此，它是一个很有竞争力的分析方法。ICP 的局限性是对非金属测定灵敏度低，仪器价格较贵，维护费用也较高。

（2）光谱仪　光谱仪的作用是将光源发射的电磁辐射经色散后，得到按波长顺序排列的光谱，并对不同波长的辐射进行检测与记录。光谱仪的种类很多，其基本结构有三部分，即照明系统、色散系统与记录测量系统。按照使用色散元件可分为棱镜摄谱仪与光栅摄谱仪。

照明系统的作用是使光源发出的光均匀地照明狭缝的全部面积，即狭缝全部面积上的各点强度一致。

光谱仪性能的好坏主要取决于它的色散系统。光谱仪光学性能的主要指标有色散率、分辨率与集光本领，因为发射光谱是靠每条谱线进行定性、定量分析的，因此，这三个指标至关重要。

对于记录测量系统而言，过去摄谱仪的记录方法为照相法，需用感光板来接收与记录光源所发出的光。感光板由感光层与支持体（玻璃板）组成。感光层由乳剂均匀地涂布在玻璃板上而成，它起感光作用。乳剂为卤化银的微小晶体均匀地分散在精制的明胶中，其中 AgBr 使用较广。感光板置于摄谱仪焦面上，经光源作用而曝光，再经显影、定影后在玻璃板上留下银原子形成的黑色的光谱线的影像，谱线的黑度就反映了光的强度。

目前由于 ICP 光源的广泛使用，光电直读光谱仪被大规模地应用。光电直读光谱仪有两种基本类型：一种是多道固定狭缝式，另一种是单道扫描式。

在摄谱仪色散系统中，只有入射狭缝而无出射狭缝。在光电直读光谱仪中，一个出射狭缝和一个光电倍增管构成一个通道（光的通道），可接收一条谱线。多道仪器是安装多个（可达 70 个）固定的出射狭缝和光电倍增管，可同时接收多种元素的谱线。单道扫描式只有一个通道，这个通道可以移动，相当于出射狭缝在光谱仪的焦面上扫描移动，多由转动光栅和光电倍增管来实现在不同的时间检测不同波长的谱线。

2.4.3 原子发射光谱法的应用

原子发射光谱法依据样品的不同，所采取的方法也不同，它依试样的性质与光源的种类而定。对于固体试样多用于经典光源与辉光放电，一般多采用电极法。金属与合金本身能导电，可直接做成电极，称为自电极。如金属箔、金属丝，可将其直接置于石墨或炭电极中。

对于粉末试样，通常放入制成各种形状的小孔或杯形电极中，作为下电极。电弧或火花光源常用于溶液干法进样。将试液滴在平头或凹月面电极上，烘干后激发。为了防止溶液渗入电极，预先滴聚苯乙烯苯溶液，在电极表面形成一层有机物薄膜。试液也可以用石墨粉吸收，烘干后装入电极孔内。常用的电极材料为石墨，常常将其加工成各种形状。石墨具有导电性能好、沸点高（可达 4000K）、有利于试样蒸发、谱线简单、容易制纯及易于加工成型等优点。

对于 ICP 光源，它仅应用于溶液试样，直接用雾化器将试样溶液引入等离子体内。

（1）光谱定性分析　由于各种元素的原子结构不同，在光源的激发作用下，试样中每种元素都发射自己的特征光谱。光谱定性分析一般多采用直流电弧摄谱法，试样中所含元素只要达到一定的含量，都可以有谱线摄谱在感光板上。摄谱法操作简便，价格便宜，快速，在几小时内可将含有的数十种元素定性检出。感光板的谱图可长期保存。它是目前进行元素定性检出的最好方法。

每种元素发射的特征谱线有多有少，多的可达几千条。当进行定性分析时，不需要将所有的谱线全部检出，只需检出几条合适的谱线就可以了。进行分析时，所使用的谱线称为分析线。如果只见到某元素的一条谱线，不能断定该元素确实存在于试样中，因为有可能是其他元素谱线的干扰。检出某元素是否存在，必须有两条以上不受干扰的最后线与灵敏线。灵敏线是元素激发能低、强度较大的谱线，多是共振线。最后线是指当样品中某元素的含量逐渐减少时，最后仍能观察到的几条谱线，它也是该元素的最灵敏线。

① 铁光谱比较法　这是目前最通用的方法，它采用铁的光谱作为波长的标尺来判断其他元素的谱线。铁光谱作标尺有如下特点：谱线多，在 210～600nm 有几千条谱线；谱线间相距都很近，在上述波长范围内均匀分布；对每一条铁谱线波长，人们都已进行了精确的测量。每一种型号的光谱仪都有自己的标准光谱图。谱图最下边为铁光谱，紧挨着铁光谱的上方准确地绘出 68 种元素的逐条谱线并放大 20 倍。进行分析工作时，将试样与纯铁在完全相同条件下并列并且紧挨着摄谱，摄得的谱片置于映谱仪（放大仪）上；谱片也放大 20 倍，再与标准光谱图进行比较。比较时，首先需将谱片上的铁谱与标准光谱图上的铁谱对准，然后检查试样中的元素谱线。若试样中的元素谱线与标准图谱中标明的某一元素谱线出现的波长位置相同，即为该元素的谱线。判断某一元素是否存在，必须由其灵敏线来决定。铁光谱比较法可同时进行多元素定性鉴定。

② 标准试样光谱比较法　将要检出元素的纯物质或纯化合物与试样并列摄谱于同一感光板上，在映谱仪上检查试样光谱与纯物质光谱。若两者谱线出现在同一波长位置上，即可说明某一元素的某条谱线存在。此法多用于不经常遇到的元素或谱图上没有的元素分析。

全谱直读光谱仪也可快速进行定性分析。等离子体单道扫描式光电直读光谱仪，在定量分析前确定最佳分析条件时，可进行定性分析。

（2）光谱半定量分析　光谱半定量分析可以给出试样中某元素的大致含量。若分析任务对准确度要求不高，多采用光谱半定量分析。例如，对钢材与合金的分类、矿产品位的大致估计等，特别是分析大批样品时，采用光谱半定量分析尤为简单而快速。

光谱半定量分析常采用摄谱法中的比较黑度法，这个方法需配制一个基体与试样组成近似的被测元素的标准系列。在相同条件下，在同一块感光板上标准系列与试样并列摄谱；然后在映谱仪上用目视法直接比较试样与标准系列中被测元素分析线的黑度。黑度若相同，则可认为试样中被测元素的含量与标准样品中某一个被测元素含量近似相等。

（3）光谱定量分析　这里仅介绍 ICP 直读光谱法的定量分析，光谱定量分析的关系式为

$$I=ac \text{ 和 } I=ac^{b}$$

当元素浓度很低时，无自吸，$b=1$。ICP 光源本身自吸效应就很小，此时样品的浓度与光谱强度成正比，分析时可采用标准曲线法或内标法进行准确定量。

2.5 原子吸收光谱法

2.5.1 原子吸收光谱法的基本原理

原子吸收光谱法是基于蒸气状态下基态原子吸收其共振辐射，外层电子由基态跃迁至激发态而产生原子吸收光谱。原子吸收光谱位于光谱的紫外区和可见区。原子吸收光谱法有如下优点，检出限低、灵敏度高；选择性好、光谱干扰少；精密度高；仪器比较简单，价格较低廉，一般实验室都可配备。同样，原子吸收光谱法也有它的局限性，常用的原子化器温度为 3000K，测定难熔元素，如 W、Nb、Ta、Zr、Hf、稀土等及非金属元素，不能令人满意；不能同时进行多元素分析。近年来多元素同时测定技术取得了显著进展，已有多元素同时测定仪器面世，预计不久的将来会取得更重要的进展。

在通常的原子吸收测定条件下，原子蒸气中既有处于基态的也有处于激发态的，但是基态原子数近似地等于总原子数。在原子蒸气中（包括被测元素原子），可能会有基态与激发态存在。根据热力学原理，在一定温度下达到热平衡时，基态与激发态原子数的比例遵循 Boltzmann 分布定律，原子化温度一般低于 3000K，所以激发态和基态原子数之比小于千分之一。因此，可以认为，基态原子数近似地等于总原子数，从这里也可看出原子吸收光谱法灵敏度高的原因所在。

2.5.2 原子吸收光谱法仪器

原子吸收光谱仪依次由光源、原子化器、单色器、监测器、信号处理与显示记录等部件组成。原子吸收光谱仪有单光束和双光束两种类型。图 2-7 为单光束型，这种仪器结构简单，但它会因光源不稳定而引起基线漂移。现在的仪器均已采取了一些措施，使仪器有足够的稳定性，因此它仍然是目前发展与市场销售的主要商品仪器。

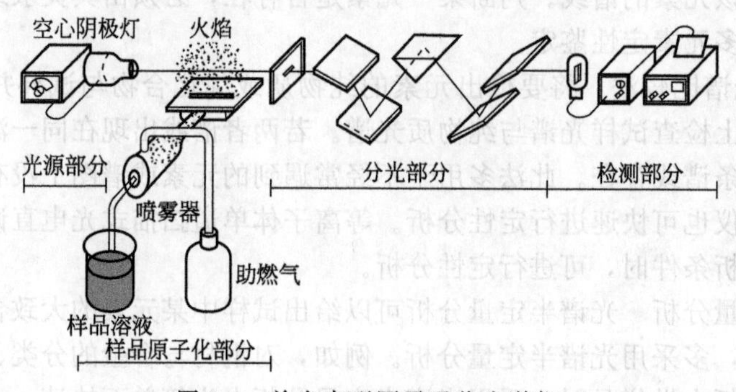

图 2-7　单光束型原子吸收光谱仪

由于原子化器中被测原子对辐射的吸收与发射同时存在，同时火焰组分也会发射带状光谱，这些来自原子化器的辐射发射干扰检测，发射干扰都是直流信号。为了消除辐射的发射干扰，必须对光源进行调制。可用机械调制，在光源后加一扇形板（切光器），将光源发出的辐射调制成具有一定频率的辐射，就会使检测器接收到交流信号，采用交流放大将发射的直流信号分离掉。也可对空心阴极灯光源采用脉冲供电，不仅可以消除发射的干扰，还可提高光源发射光的强度与稳定性、降低噪声等，因而光源多使用这种供电方式。

图 2-8 为双光束型仪器，光源发出经过调制的光被切光器分成两束光，一束测量光，一束参比光（不经过原子化器）。两束光交替地进入单色器，然后进行检测。由于两束光来自同一光源，可以通过参比光束的作用，克服光源不稳定造成的漂移的影响，但会引起光能量损失严重，近年来也有较大的改进。

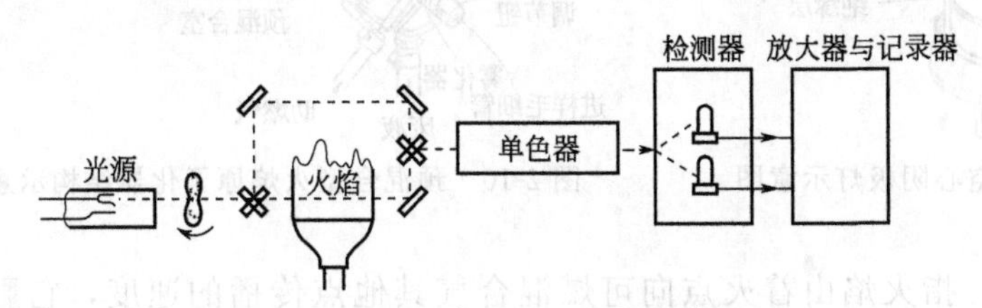

图 2-8 双光束型原子吸收光谱仪

（1）光源　光源的作用是发射被测元素的共振辐射，对光源的要求是锐线光源、辐射强度大、稳定性高、背景小等。

空心阴极灯是一种辐射强度较大、稳定性好的锐线光源。它是一种特殊的辉光放电管，如图 2-9 所示。灯管由硬质玻璃制成，一端有由石英做成的光学窗口。一根连有由钛、锆、钽等有吸气性能金属制成的阳极；一根镶有一个圆筒形的空心阴极。在空心圆筒内衬上或熔入被测元素的纯金属、合金，或用粉末冶金方法制成的“合金”，它们能发射出被测元素的特征光谱，因此有时也被称为元素灯。管内充有几百帕低压的惰性气体氖或氩，称为载气。

在空心阴极灯两极间施加几百伏电压便产生“阴极溅射”效应，并且产生放电。溅射出来的原子大量聚集在空心阴极内，被测元素原子浓度很高，再与原子、离子、电子等碰撞而被激发发光，整个阴极充满很强的负辉光，即被测元素的特征光谱，在正常工作条件下，空心阴极灯发射出半宽度很窄的特征谱线。

（2）原子化器　原子化器的功能是提供能量，使试样干燥、蒸发并原子化。原子化器通常分为两大类：火焰原子化器和非火焰原子化器（也称炉原子化器）。火焰原子化器是由化学火焰的燃烧热提供能量，使被测元素原子化。火焰原子化器应用最早，而且至今仍在广泛应用。火焰原子化器主要是预混合型，预混合型火焰原子化器的结构见图 2-10，它分为三部分：雾化器、预混合室和缝式燃烧器。

雾化器的作用是将试样的溶液雾化，喷出微米级直径雾粒的气溶胶，雾滴愈小，火焰中生成的基态原子就愈多。预混合室是使气溶胶的雾粒更小、更均匀，并与燃气、助燃气混合均匀后进入燃烧器。预混合室中在喷嘴前装有撞击球，可使气溶胶雾粒更小；还装有扰流器，它对较大的雾滴有阻挡作用，使其沿室壁流入废液管排出；扰流器还有助于气体混合均匀，使火焰稳定，降低噪声。目前这种气动雾化器的雾化效率比较低，一般只有 10%～15%的试样溶液被利用。它是影响火焰原子化法灵敏度提高的重要因素。

燃烧器的作用是产生火焰，使进入火焰的试样气溶胶脱溶剂、蒸发、灰化和原子化。燃烧器是缝型，多用不锈钢制成。燃烧器应能旋转一定的角度，高度也能上下调节，以便选择合适的火焰部位进行测量，在进行测量时，下面一些参数是需要进行关注的。

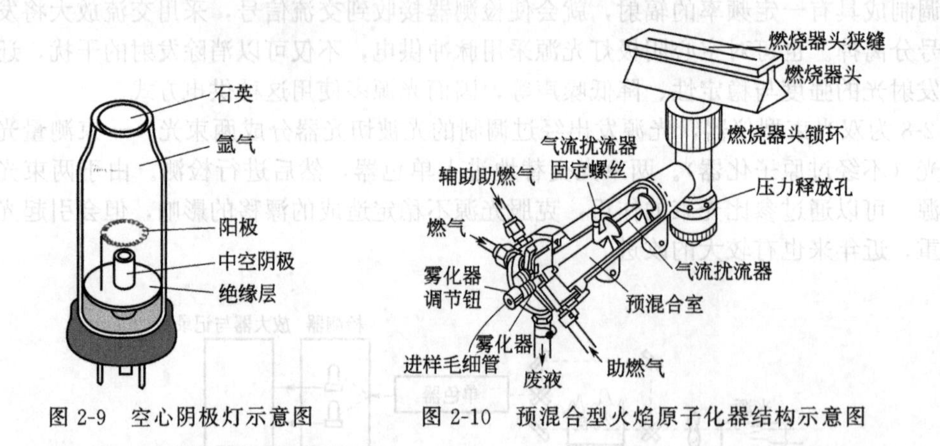

图 2-9　空心阴极灯示意图　　图 2-10　预混合型火焰原子化器结构示意图

① 燃烧速度　指火焰由着火点向可燃混合气其他点传播的速度，它影响火焰的安全操作和燃烧的稳定性。要使火焰稳定，可燃混合气供气速度应大于燃烧速度。但供气速度过大，会使火焰离开燃烧器，变得不稳定，甚至吹灭火焰；供气速度过小，将会引起回火。

② 火焰温度　不同类型的火焰，其温度是不同的，见表 2-4。

表 2-4　几种常见火焰的特性

燃气	助燃气	最高燃烧速度/(cm/s)	最高火焰温度/℃	燃气	助燃气	最高燃烧速度/(cm/s)	最高火焰温度/℃
乙炔	空气	158	2250	氢气	空气	310	2050
乙炔	氧化亚氮	160	2700	丙烷	空气	82	1920

③ 火焰的燃气与助燃气比例　按两者比例的不同，可将火焰分为三类：化学计量火焰、富燃火焰、贫燃火焰。化学计量火焰是指燃气与助燃气之比与化学反应计量关系相近，又称其为中性火焰。这类火焰温度高、稳定、干扰小、背景低，适合于许多元素的测定。富燃火焰是指燃气与助燃气之比大于化学计量关系的火焰。其特点是燃烧不完全，温度略低于化学计量火焰，具有还原性，适合于易形成难解离氧化物的元素测定，再就是它的干扰较多、背景高。贫燃火焰是指燃气与助燃气之比小于化学计量关系的火焰，它的温度比较高，有较强的氧化性，有利于测定易解离、易电离的元素，如碱金属。

实际的火焰体系并非整个地处于热平衡状态，在火焰的不同区域和部位，其温度是不同的，每一种火焰都有其自身的温度分布。同时每一种元素在一种火焰中，不同的观测高度其吸光度也会不同。因此，在火焰原子化法测定时要选择合适的观测高度。

火焰的光谱特性是指没有样品进入时，火焰本身对光源辐射的吸收，火焰的光谱特性决定于火焰的成分，并限制了火焰应用的波长范围。乙炔-空气火焰在短波区有较大的吸收，而氩-氢扩散火焰的吸收很小。

最常用的是乙炔-空气火焰，它的火焰温度较高，燃烧稳定，噪声小，重现性好。分析线波长大于 230nm，可用于碱金属、碱土金属、贵金属等 30 多种元素的测定。另一种是乙炔-氧化亚氮火焰，它的温度高，是目前唯一能广泛应用的高温火焰。它干扰少，而且具有很强的还原性，可以使许多难解离的氧化物分解并原子化，如铝、硼、钛、钒、锆、稀土等。它可测定70多种元素，温度高，易使被测原子电离，但燃烧产物易造成分子吸收背景。还有氢-空气火焰，它是氧化性火焰，温度较低，特别适合于共振线在短波区的元素，如砷、硒、锡、锌等的测定。氢-氩火焰也具有氢-空气火焰的特点，并且比它更好。火焰原子化器的操作简单，火焰稳定，重现性好，精密度高，应用范围广。但它原子化效率低，通常只能液体进样。

非火焰原子化器也称炉原子化器，大致分为两类：电加热石墨炉（管）原子化器和电加热石英管原子化器。电加热石墨炉（管）原子化器，其工作原理是大电流通过石墨管产生高热、高温，使试样原子化，这种方法又称为电热原子化法。电加热石英管原子化器是将气态分析物引入石英管内，在较低温度下实现原子化，该方法又称为低温原子化法，它主要是与蒸气发生法配合使用。蒸气发生法是将被测元素通过化学反应转化为挥发态，包括氢化物发生法、汞蒸气法等。氢化物发生法是应用最多的方法。

在非火焰原子化器中，氢化物发生法对汞、砷等元素测量非常有利，现在多用在试样溶液中加入硼氢化钠或硼氢化钾作为还原剂，在一定酸度下产生汞蒸气，反应速率很快，反应过程中产生的氢气本身又可作为载气将汞蒸气带入石英管中进行测定。生成易挥发性氢化物的元素有镓、锡、铬、铅、砷、锑、铋、硒和碲等，生成的氢化物如 AsH_3、SnH_4、BiH_3 等。这些氢化物经载气送入石英管中，经加热分解成相应的基态原子。氢化物发生法可将被测元素从试样中分离出来并得到富集；一般不受试样中存在的基体干扰；检出限低，优于石墨炉法；进样效率高；选择性好。氢化物发生法的技术还可以应用于原子荧光光谱分析、电感耦合等离子体-原子发射光谱分析及气相色谱分析等分析手段。

(3) 单色器　单色器由入射狭缝、出射狭缝、反射镜和色散元件组成。色散元件一般用的都是平面闪耀光栅。单色器可将被测元素的共振吸收线与邻近谱线分开。单色器置于原子化器后边，防止原子化器内发射辐射干扰进入检测器，也可避免光电倍增管疲劳。

(4) 检测器　检测器通常用的光电转换器为光电倍增管，还有信号处理系统和信号输出系统。

2.5.3 原子吸收光谱法的干扰及其消除

原子吸收光谱法的干扰是比较少的，但对其也不能忽视。根据干扰产生的原因来分类，主要有物理干扰、化学干扰、电离干扰、光谱干扰及背景干扰。

(1) 物理干扰　物理干扰是指在试样转移、气溶胶形成、试样热解、灰化和被测元素原子化等过程中，由于试样的任何物理特性的变化而引起原子吸收信号下降的效应。物理干扰是非选择性的，对试样中各元素的影响是基本相似的。

物理性质的变化来自试液黏度的改变，会引起火焰原子化法雾化量的变化，影响石墨炉原子化法进样的精度。表面张力会影响火焰原子化法气溶胶的粒径及其分布的改变，影响石墨炉原子化法石墨表面的润湿性和分布。还有温度和蒸发性质，它们的改变会影响原子化过程。在氢化物发生法中，从反应溶液到原子化器之间输送氢化物过程的干扰等。消除上述干扰的方法是配制与被测试样组成相近的标准溶液或采用标准加入法。若试样溶液浓度过高，还可采用稀释法。

(2) 化学干扰　化学干扰是由于被测元素原子与共存组分发生化学反应生成稳定的化合物，影响被测元素原子化。消除化学干扰的方法有以下几种。

a. 选择合适的原子化方法　提高原子化温度，化学干扰会减小。使用高温火焰或提高石墨炉原子化温度，可使难解离的化合物分解。如在高温火焰中，磷酸根不干扰钙的测定。

b.加入释放剂　释放剂的作用是释放剂与干扰物质能生成比被测元素更稳定的化合物，使被测元素释放出来。例如，磷酸根干扰钙的测定，可在试液中加入镧盐、锶盐，镧盐、锶盐与磷酸根首先生成比钙更稳定的磷酸盐，就相当于把钙释放出来了。释放剂的应用比较广泛。

c.加入保护剂　保护剂的作用是它可与被测元素生成易分解的或更稳定的配合物，防止被测元素与干扰组分生成难解离的化合物。保护剂一般是有机络合剂，用得最多的是EDTA与8-羟基喹啉。例如，铝干扰镁的测定，8-羟基喹啉可做保护剂。

d.加入基体改进剂　石墨炉原子化法，在试样中加入基体改进剂，使其在干燥或灰化阶段与试样发生化学变化，其结果可能增加基体的挥发性或改变被测元素的挥发性，以消除干扰。例如测定海水中的Cd时，为了使Cd的原子化过程在背景信号出现前完成，可加入EDTA来降低原子化温度，消除干扰。

当以上方法都不能消除化学干扰时，只好采用化学分离的方法，如溶剂萃取、离子交换、沉淀、吸附等。近年来，流动注射技术引入到原子吸收光谱分析中，取得了重大的成功。

(3) 电离干扰　在高温条件下，原子会电离，使基态原子数减少，吸光度下降，这种干扰称为电离干扰。消除电离干扰最有效的方法是加入过量的消电离剂，消电离剂是比被测元素电离电位低的元素。相同条件下消电离剂首先电离，产生大量的电子，抑制被测元素电离。例如，测钙时有电离干扰，可加入过量的KCl溶液来消除干扰。

(4) 光谱干扰　光谱干扰主要体现在以下几种。

a.吸收线重叠　共存元素吸收线与被测元素分析线波长很接近时，两谱线重叠或部分重叠，会使分析结果偏高。不过这种谱线重叠不是太多，可选择其他分析线即可克服。

b.光谱通带内存在的非吸收线　这些非吸收线可能是被测元素的其他共振线与非共振线，也可能是光源中杂质的谱线等干扰。这时可减小狭缝宽度与灯电流，或另选其他谱线。

c.原子化器内直流发射干扰。

(5) 背景干扰　背景干扰也是一种光谱干扰。分子吸收与光散射是形成光谱背景的主要因素。

分子吸收是指在原子化过程中生成的分子对辐射的吸收，分子吸收是带状光谱，会在一定波长范围内形成干扰。在原子化过程中未解离的或生成的气体分子，常见的有卤化物、氢氧化物、氰化物等，以及热稳定性好的气态分子对辐射的吸收，它们在较宽的波长范围内形成分子带状光谱。例如，碱金属卤化物在200～400nm有分子吸收谱带。光散射是指原子化过程中产生的微小的固体颗粒使光产生散射，造成透射光减弱，吸光度增加。

通常背景干扰都是使吸光度增加，产生正误差。石墨炉原子化法背景吸收的干扰比火焰原子化法严重。不管哪种方法，有时不扣除背景就不能进行测定。

2.5.4 分析方法

(1) 测量条件的选择　原子吸收光谱法中，测量条件的选择对测定的准确度、灵敏度等都会有较大影响。因此必须选择合适的测量条件，才能得到满意的分析结果。

首先是分析线的选择，通常选择元素的共振线作分析线。在分析被测元素浓度较高的试样时，可选用灵敏度较低的非共振线做分析线。表2-5列出了常用的各元素分析线。

表 2-5　原子吸收光谱法中常用的分析线

元素	λ/nm	元素	λ/nm	元素	λ/nm
Ag	328.07,339.29	Hg	253.65	Ru	349.89,372.80
Al	309.27,308.22	Ho	410.38,405.39	Sb	217.58,206.83
As	193.64,197.20	In	303.49,825.61	Sc	391.18,402.04
Au	242.80,267.60	Ir	209.26,208.88	Se	196.09,703.99
B	249.68,249.77	K	766.49,769.90	Si	251.61,250.69
Ba	553.55,455.40	La	550.13,418.73	Sm	429.67,520.06
Be	234.86	Li	670.78,323.26	Sn	224.61,286.33
Bi	223.06,222.83	Lu	335.96,328.17	Sr	460.73,407.77
Ca	422.67,239.86	Mg	285.21,279.55	Ta	271.47,277.59
Cd	228.80,326.11	Mn	279.48,403.68	Tb	432.65,431.89
Ce	520.0,369.7	Mo	313.26,317.04	Te	214.28,225.90
Co	240.71,242.49	Na	589.00,330.30	Th	371.9,380.3
Cr	357.87,359.35	Nb	334.37,358.03	Ti	364.27,337.15
Cs	852.11,455.54	Nd	463.42,471.90	Tl	273.79,377.58
Cu	324.75,327.10	Ni	323.00,341.48	Tm	409.4
Dy	421.17,404.60	Os	290.91,305.87	U	351.46,358.49
Er	400.80,415.11	Pb	216.70,283.31	V	318.40,385.58
Eu	459.40,462.72	Pd	497.64,244.79	W	255.14,294.74
Fe	248.33,362.20	Pr	496.14,513.34	Y	410.24,412.83
Ga	287.42,294.42	Pt	265.95,306.47	Yb	398.80,346.44
Gd	368.41,407.87	Rb	780.02,794.76	Zn	213.86,307.59
Ge	265.16,275.46	Re	346.05,346.47	Zr	360.12,301.18
Hf	307.29,286.64	Rh	343.49,339.69		

狭缝宽度影响光谱通带宽度与检测器接收辐射的能量。原子吸收光谱分析中，谱线重叠的概率较小，因此可以使用较宽的狭缝，以增加光强与降低检出限。通过实验进行选择，调节不同的狭缝宽度，测定吸光度随狭缝宽度的变化。当有干扰线进入光谱通带内时，吸光度将立即减小。不引起吸光度减小的最大狭缝宽度为应选择的合适的狭缝宽度。

空心阴极灯的发射特征取决于工作电流。灯电流过小，放电不稳定，光输出的强度小；灯电流过大，发射谱线变宽，导致灵敏度下降，灯寿命缩短。选择灯电流时，应在保证稳定和有合适的光强输出的情况下，尽量选用较低的工作电流。一般商品空心阴极灯都标有允许使用的最大电流与可使用的电流范围，通常选用最大电流的1/2～2/3为工作电流。实际工作中，最合适的工作电流应通过实验确定。空心阴极灯一般需要预热10～30min。

原子化条件也是测量条件中的一个重要指标，对火焰原子化法而言，火焰的选择与调节是影响原子化效率的主要因素。首先要根据试样的性质选择火焰的类型，然后通过实验确定合适的燃气与助燃气之比。同时调节燃烧器高度来控制光束的高度，以得到较高的灵敏度。对于石墨炉原子化法要合理选择干燥、灰化、原子化及净化等阶段的温度与时间。这些条件要通过实验来选择。

进样量过大、过小都会影响测量的灵敏度，过小，信号太弱；过大，在火焰原子化法中，对火焰会产生冷却效应，在石墨炉原子化法中，会使除残产生困难。在实际工作中，可通过实验选择合适的进样量。

（2）定量分析方法　原子吸收光谱法同原子发射光谱法一样，定量分析方法采用标准曲线法、标准加入法及内标法等。

2.5.5 元素的形态分析

元素的形态就是元素在物质中的存在状态，包括元素的价态、存在的形式等，这一直是一个非常重要的问题。如果只知道元素的含量而不知其形态，常常无法对一些问题做出判断。尤其是当今生命科学、医药科学、环境科学、营养学、材料科学、地质学等迅猛地发展，对元素的形态分析提出了更高的要求，特别是微量元素。以人们熟悉的砷为例，As(Ⅲ）与 As(Ⅴ）同是砷元素，但对人的毒性就不一样，砒霜 As(Ⅲ）有毒，雄黄 As(Ⅴ)就无毒。这样的例子较多，说明元素的形态分析是多么重要。

原子光谱法和原子质谱法对元素的定性、定量分析有强大的优势，周期表中绝大多数元素都可分析，但是对于元素形态分析却无能为力。原子光谱法与原子质谱法，首先要破坏被测元素的固有形态，在高温下变成气态的原子或离子进行分析。现代分离技术发展很快，将色谱法与原子光谱法或原子质谱法相结合，就可很好地进行元素形态分析。

2.6 电化学分析法

根据被测物质溶液所呈现的电化学性质及其变化而建立起的分析方法，统称为电化学分析法。常见的电化学分析法可进一步分为电导分析法、电位分析法、电解分析法、库仑分析法、极谱分析法和伏安分析法等。

电导分析法是利用测量电导或电导的变化进行分析的电化学分析法。

电位分析法是利用电极电位与浓度的关系测定物质含量的电化学分析方法。电位分析法根据测量方式可分为直接电位法和电位滴定法。

电解分析法建立在电解基础上，通过称量沉积于电极表面的沉积物重量，以测定溶液中被测离子含量的电化学分析法，又称电重量分析法。电解分析法可分为恒电流电解分析法和控制阴极电位电解分析法。恒电流电解分析法是通过调节外加电压使电解电流在电解过程中保持恒定。电解过程中产生电流的大小依赖于电极反应的速度，随着电解时间延长，溶液中电活性物质浓度降低，传输到电极表面的速度减慢，使通过电解池的电流减小。为了使电流保持一定的大小，不断增大外加电压。当外加电压达到第二个电活性物质的析出电位时，则第二个电活性物质也开始在电极上析出，造成相互干扰。此法的优点是电解时间短，缺点是选择性差，只能使析出电位在氢以上的金属得到定量分离，该方法适用于溶液中只有一种较氢更易还原析出的金属离子的测定。控制阴极电位电解分析法是在电解过程中将阴极电位控制在一预定值，使得只有一种离子在此电位下还原析出。

库仑分析法是建立在电解过程基础上的电化学分析法。在电解过程中，电极上起反应的物质的量与通过电解池的电量成正比，每 96486.7C 电量通过电解池，1mol 的物质在电极上发生反应，这就是法拉第电解定律。在合适的条件下测量通过电解池的电量，就可以算出在电极上发生反应的物质的量，利用这一原理建立的分析方法即库仑分析法。库仑分析法的电解过程有两类，分别是控制电位的电解过程和控制电流的电解过程。因此，库仑分析法可分为控制电位库仑分析法和恒电流库仑滴定法，后者简称库仑滴定法。库仑分析法要求工作电极上没有其他电极反应发生，电流效率必须达到 100%。此法是目前最准确的常量分析法。控制电位库仑分析法可用于准确测定有机化合物在电极上还原或氧化时的电子转移数。

伏安分析法是根据被测物质在电解过程中的电流-电压变化曲线来进行定性或定量分析的一种电化学分析方法，是在极谱分析法的基础上发展而来的。极谱分析法以液态电极为工作电极，如滴汞电极，而它则以固态电极为工作电极。所使用的极化电极一般面积较小，易被极化，且具有惰性，常用的有金属材料制成的金电极、银电极、悬汞电极等，也有碳材料制成的玻璃碳电极、热解石墨电极、碳糊电极、碳纤维电极等。近年来，在固体电极上连接具有特殊功能团的化学修饰物。

电化学分析法的特点是灵敏度高，适合于痕量或超痕量组分的分析测定，不仅针对定性和定量，同时对化学平衡或电极反应的解析也是非常有益的。另外，其分析速度快，便于现场检测。

2.6.1 电位分析法

在电位分析中，常用两电极（指示电极和参比电极）系统进行测量。参比电极是用于测定研究电极（相对于参比电极）的电极电势，常用的有 Ag/AgCl 电极和饱和甘汞电极。指示电极是指在电化学测量过程中，用于测量待测试液中某种离子的活度（浓度）的电极。作为指示电极有固体膜电极、离子选择电极和玻璃膜电极等。

电位分析法的基本原理是根据能斯特方程，电极电位与溶液中待测离子的活度之间具有确定的关系。因此，在一定条件下，通过测量指示电极的电极电位就可以测定离子的含量。利用电位分析法进行测定时，可以直接根据溶液中指示电极的电位确定待测物质的含量，称为直接电位法；也可以根据滴定过程中指示电极电位的变化确定滴定终点后算出待测物质的含量，称为电位滴定法。电极的绝对电位是无法测量的，电极电位的测量需要构成一个化学电池。在电位分析中，是将指示电极和参比电极同时插入被测物质溶液组成化学电池，此时，电池的电动势为

$$E=\varphi_{指}-\varphi_{参}+\varphi_{液接} \tag{2-9}$$

式中 $\varphi_{指}$，$\varphi_{参}$ 和 $\varphi_{液接}$——指示电极的电极电位、参比电极的电极电位和液接电位。对于给定的体系，参比电极的电极电位和液接电位为常数，以 K 表示，则

$$E=\varphi_{指}+K \tag{2-10}$$

指示电极的电位与被测物质的活度之间服从能斯特方程

$$\varphi_{指}=\varphi^{\ominus}+\frac{RT}{nF}\ln\frac{a_{。}}{a_{R}} \tag{2-11}$$

25℃时
$$\varphi_{指}=\varphi^{\ominus}+\frac{0.059}{n}\lg\frac{a_{。}}{a_{R}} \tag{2-12}$$

将式(2-11) 代入式(2-10) 合并常数后得到

$$E=K'+\frac{0.059}{n}\lg\frac{a_{。}}{a_{R}} \tag{2-13}$$

式(2-13) 中，电池电动势是被测离子活度的函数，电动势的高低反映了溶液中被测离子活度的大小，这是电位分析法的理论依据。

对特定离子具有选择性响应的电极称为离子选择性电极。根据国际纯粹与应用化学联合会（IUPAC）的定义，离子选择性电极是一类电化学传感器，其电极电位与溶液中对应离子活度的对数呈线性关系；离子选择性电极也是一种指示电极，它所显示的电极电位与对应离子活度的关系符合 Nernst 方程。离子选择性电极与由氧化还原反应而产生电位的金属电极有本质的差异，是电位分析中应用最广的指示电极。

(1) 半电池与电极电位

① 金属/金属离子电池　当 Ag 丝浸入到 Ag^{+} 的溶液中时，半电池可表示为 $Ag|Ag^{+}\parallel$，此处“|”表示为不同的接触相，“‖”表示为通过盐桥等与其他电池相连。该电极电位可表示为

$$\varphi=\varphi^{\ominus}+\frac{RT}{F}\ln\frac{a_{Ag^+}}{[Ag]}=\varphi^{\ominus}+0.0591\lg a_{Ag^+}(25℃) \quad (2\text{-}14)$$

在此，$\varphi^{\ominus}$是标准状态（$a_{Ag^+}=1$）时的电极电位。

② 氧化还原电池　将铂丝浸入Fe^{2+}和Fe^{3+}的混合溶液，铂丝不参与氧化还原反应的半电池，可表示为$Pt|Fe^{2+},Fe^{3+}\|$，其电极电位可表示为

$$\varphi=\varphi^{\ominus}_{Fe^{2+},Fe^{3+}}+\frac{RT}{F}\ln\frac{a_{Fe^{2+}}}{a_{Fe^{3+}}} \quad (2\text{-}15)$$

③ 气体-离子电极　在电化学中，通常作为基准的半电池为氢离子电极，该电极是氢气为1atm，氢离子活度为1时，将铂浸入该溶液时的电极电位，该电极电位人为地设定为零，它是最基本的参比电极，其他电极电位均是与该电极作为参比而得到的。

$$H^++e=\!=\!=\frac{1}{2}H_2(\varphi^{\ominus}=0)$$

$$\varphi=\varphi^{\ominus}+\frac{RT}{F}\ln\frac{a_{H^+}}{(p_{H_2})^{1/2}} \quad (2\text{-}16)$$

④ 参比电极

a. 饱和甘汞电极　将甘汞（Hg_2Cl_2）和水银浸泡在氯化钾的饱和溶液中，电极可表示为$Hg|Hg_2Cl_2$，KCl（饱和）$\|$，其电极反应和电极电位为

$$Hg_2Cl_2+2e=\!=\!=2Hg+2Cl^-$$

$$\varphi=\varphi^{\ominus}-\frac{RT}{2F}\ln\frac{[Hg](a_{Cl^-})^2}{[Hg_2Cl_2]}=\varphi^{\ominus}-\frac{0.0591}{2}\lg\frac{[Hg](a_{Cl^-})^2}{[Hg_2Cl_2]}\quad(25℃) \quad (2\text{-}17)$$

在标准状态下，$[Hg]=1$，$[Hg_2Cl_2]=1$，$\varphi=\varphi^{\ominus}-0.0591\lg a_{Cl^-}$

饱和氯化钾溶液的氯离子浓度为已知，可求得$E=+0.246V$，从上式可知，该电极电位依存于氯离子的浓度，随氯离子浓度的变化而变化。

b. 银-氯化银电极　将氯化银涂覆于银丝的表面，即构成银-氯化银电极，通常将银-氯化银电极浸泡于饱和氯化钾（3.5mol/L）的溶液中，由于该电极不使用水银，所以现在比较通用。其电极反应和电极电位表示为

$$AgCl+e=\!=\!=Ag+Cl^-$$

$$\varphi=\varphi^{\ominus}-0.0591\lg a_{Cl^-} \quad (2\text{-}18)$$

该电极与甘汞电极类似，其电极电位也依存于氯离子浓度。

⑤ 离子选择性电极　虽然离子选择性电极的种类很多，但基本结构相同。一般都由对特定离子具有选择性响应的敏感膜、内参比电极及对应的内参比溶液等组成（如图2-11所示）。其中敏感膜是其关键部分，敏感膜的作用，其一是将内参比溶液与外侧的待测离子溶液分开；二是对特定离子产生选择性响应，形成膜电位。

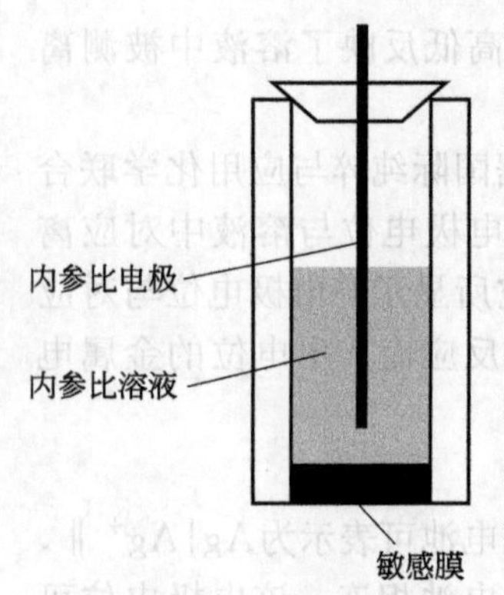

图2-11　参比电极结构

离子选择性电极的电位为内参比电极的电位$\varphi_{内参}$与膜电位φ_m之和，即$\varphi_{ISE}=\varphi_{内参}+\varphi_m$。不同类型的离子选择性电极，其响应机理虽然各有其特点，但其膜电位产生的基本原理是相似的。当敏感膜两侧分别与两个浓度不同的电解质溶液接触时，在膜与溶液两相间的界面上，由于离子的选择性和强制性的扩散，破坏了界面附近电荷分布的均匀性，而形成双电层结构，在膜的两侧形成两个相界电位$\varphi_{内}$和$\varphi_{外}$。同时，在膜相内部与内外两个膜表面

的界面上，由于离子的自由（非选择性和强制性）扩散而产生扩散电位，其大小相等，方向相反，互相抵消。因此，横跨敏感膜两侧产生的电位差（膜电位）为敏感膜外侧和内侧表面与溶液相的两个相界电位之差，即 $\varphi_m=\varphi_{外}-\varphi_{内}$

当敏感膜对阳离子 M^{n+} 有选择性响应，将电极浸入含有该离子的溶液中时，在敏感膜的内外两侧的界面上均产生相界电位，并符合 Nernst 方程

$$\varphi_{内}=k_1+\frac{RT}{nF}\ln\frac{a(M^{n+})_{内}}{a'(M^{n+})_{内}} \tag{2-19}$$

$$\varphi_{外}=k_2+\frac{RT}{nF}\ln\frac{a(M^{n+})_{外}}{a'(M^{n+})_{外}} \tag{2-20}$$

式中　k_1，k_2——与膜表面有关的常数；

$a(M^{n+})$——液相中 M^{n+} 活度；

$a'(M^{n+})$——膜相中 M^{n+} 活度。

通常，敏感膜的内外表面性质可看作是相同的，故 $k_1=k_2$，$a'(M^{n+})_{外}=a'(M^{n+})_{内}$

$$\varphi_m=\varphi_{外}-\varphi_{内}=\frac{RT}{nF}\ln\frac{a(M^{n+})_{外}}{a'(M^{n+})_{内}} \tag{2-21}$$

当 $a(M^{n+})_{外}=a(M^{n+})_{内}$ 时，$\varphi_m=0$，而实际上敏感膜两侧仍有一定的电位差，称为不对称电位，它是由于膜内外两个表面状况不完全相同而引起的。对于一定的电极，不对称电位为一常数。由于膜内溶液中 M^{n+} 的活度为常数。故

$$\varphi_m=常量+\frac{RT}{nF}\ln a(M^{n+})_{外} \tag{2-22}$$

因此，阳离子选择性电极的电位为

$$\varphi_{ISE}=\varphi_{内参}+\varphi_m=k+\frac{RT}{nF}\ln a(M^{n+}) \tag{2-23}$$

式中　k——常数项，包括内参比电极电位和膜内相界电位及不对称电位。

如果离子选择性电极对阴离子 R^{n-} 有响应的敏感膜，膜电位应为

$$\varphi_m=常量+\frac{RT}{nF}\ln a(R^{n-})_{外} \tag{2-24}$$

阴离子选择性电极的电位为

$$\varphi_{ISE}=k+\frac{RT}{nF}\ln a\ (R^{n-})_{外} \tag{2-25}$$

离子选择性电极分为原电极和敏化电极，原电极中包括晶体膜电极和非晶体膜电极，敏化电极包括气敏电极和酶电极。

(2) 电位分析法仪器　电位分析法的测定系统包括指示电极、参比电极、试样容器、搅拌装置及测量电动势的仪器。电动势的测量可以使用精密毫伏计，对测试仪器的要求是要有足够高的输入阻抗和必要的测量精度与稳定性。

(3) 测定方法

① 直接分析法　将离子选择性电极和参比电极浸入待测溶液中进行电位测量，从预先做成的标准曲线上求得待测离子浓度的方法。另外，向样品溶液中添加一定量的标准溶液，通过测量添加前后的电位差的变化，也可求得待测离子浓度，该法被称为标准加入法。

② 电位滴定法　将合适的指示电极和参比电极放入待滴定溶液中，随着滴定剂的不断加入，测定溶液的电位差。以滴定剂加入量为横坐标，电位为纵坐标，可绘制出滴定曲线，通过滴定曲线可求得滴定终点，从而确定滴定液中的待测成分的浓度。该方法广泛地被应用

于酸碱滴定、氧化还原滴定、沉淀滴定和络合滴定，特别是在找不到合适的指示剂时尤为适用。

2.6.2 伏安分析法

伏安分析法和极谱法是一种特殊的电解方法。伏安分析法的工作电极面积较小，分析物的浓度也较小，浓差极化的现象比较明显，这种电极被称为极化电极。电解池由它与参比电极以及辅助电极组成。伏安分析法是这类分析方法的总称，它可使用面积固定的悬汞、玻璃碳、铂等电极做工作电极，也可使用表面做周期性连续更新的滴汞电极做工作电极。后者是伏安分析法的特例，被称为极谱法。参比电极常采用面积较大、不易极化的电极。极谱法和伏安分析法是根据电解过程中的电流-电位曲线进行分析的方法。

(1) 测量装置　极谱分析的装置见图 2-12。滴汞电极作工作电极，参比电极常采用饱和甘汞电极。通常使用时滴汞电极作负极，饱和甘汞电极为正极。直流电源 C，可变电阻 R 和滑线电阻 AB 构成电位计线路。移动接触键，在 −2～0V，以 100～200mV/min 的速率连续改变加于两电极间的电位差。G 是灵敏检流计，用来测量通过电解池的电流。记录得到的是电流-电压曲线，称为极谱图（图 2-13）。

伏安仪是伏安分析法的测量装置，目前大多采用三电极系统（图 2-14），除工作电极 W、辅助电极 C（又称对电极）外，还有一个参比电极 R。

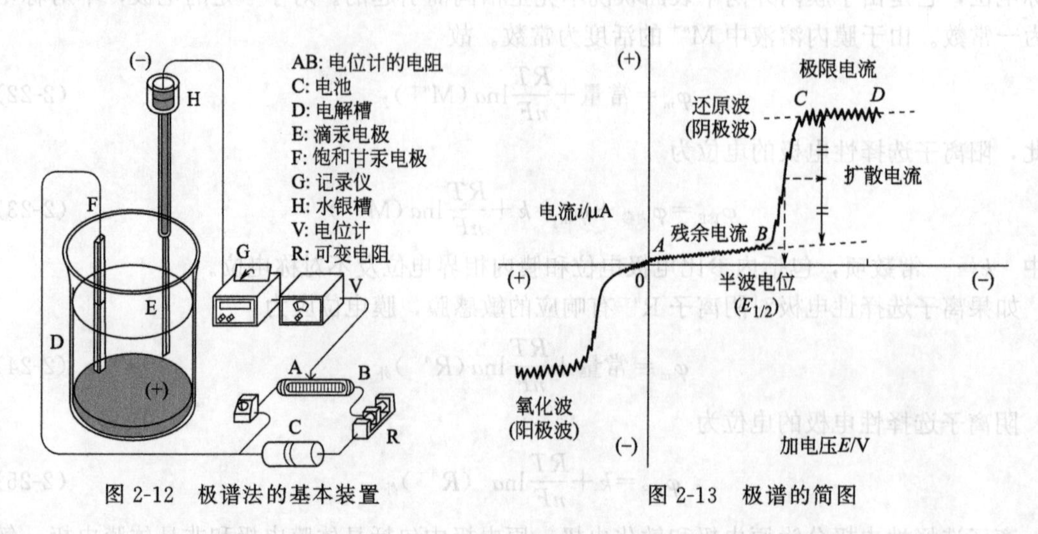

图 2-12　极谱法的基本装置　　图 2-13　极谱的简图

伏安图是电流 i 与工作电极电位 φ_W 的关系曲线。在测量体系中，外加电压 U_0 加到工作电极 W 和对电极 C 之间，辅助电极与工作电极形成电流回路，i 很容易由 W 和 C 电路中求得，困难的是如何准确测定 φ_W。当回路的电阻较大或电解电流较大时，电解池的 iR 降便相当大，此时工作电极的电位就不能简单地用外加电压来表示了，$U_0=\varphi_W-\varphi_C+iR$。为此，在电解池中放置第三个电极，即参比电极，将它与工作电极组成一个电位监测回路。此回路的阻抗甚高，实际上没有明显的电流通过，回路中的电压降可以忽略。监测回路随时显示电解过程中工作电极相对于参比电极的电位 φ_W。

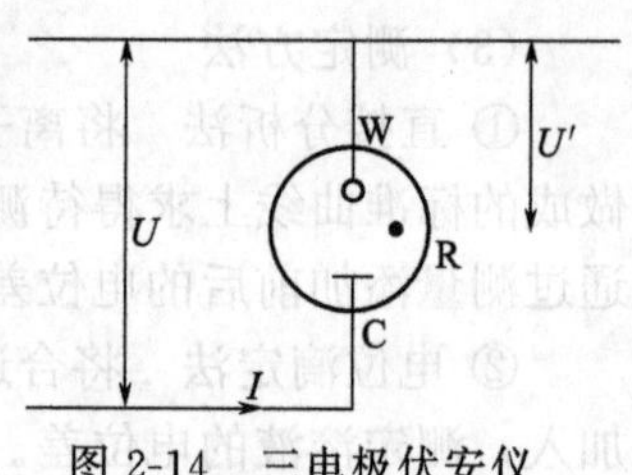

图 2-14　三电极伏安仪电路示意图

(2) 工作电极　在伏安分析中，可以使用多种不同性能和结构的电极作为工作电极。当进行还原测定时，常常使用滴汞电极和悬汞电极。由于汞本身易被氧化，因此汞电极不宜在正电位范围中使用，固体电极的种类有金电极、铂电极、玻璃碳电极和碳糊电极等。

① 汞电极　汞电极具有很高的氢超电位（1.2V）及很好的重现性。最原始的汞电极是滴汞电极，滴汞的增长速度及寿命受地球重力控制，滴汞电极由内径为 0.05～0.08mm 的毛细管、储汞瓶及连接软管组成。每滴汞的滴落时间为 2～5s，其表面周期性地更新可消除电极表面的污染。同时，汞能与很多金属形成汞齐，从而降低了它们的还原电位，其扩散电流也能很快地达到稳定值，并具有很好的重现性。在非水溶液中，用四丁基铵盐作支持电解质，滴汞电极的电位窗口为－2.7～0.3V(vs. SCE)。当电位高于 0.3V 时，汞将被氧化，产生一个阳极波。

与滴汞电极不同，静态滴汞电极（SMDE）是通过一个阀门在毛细管尖端得到一静态汞滴，它只能通过敲击来更换汞滴。悬汞电极是一个广泛应用的静态电极，汞滴是由计算机控制的快速调节阀生成的。在玻璃碳电极、金电极、银电极或铂电极表面镀上一层汞膜就可制成汞膜电极，它可用于浓度低于 10^{-7}mol/L 的样品分析中，但主要用于高灵敏度的溶出分析及作为液相色谱的电流检测器。随着人们对环境认识的不断提高，现在汞电极已经不常用。

② 固体电极　固体电极一般有铂电极、金电极或玻璃碳电极。玻璃碳电极可检测电极上发生的氧化反应，特别适用于在线分析，如用于液相色谱中。把铂丝、金丝或玻璃碳密封于绝缘材料中，再把垂直于轴体的尖端平面抛光即可制得圆盘电极。

③ 旋转圆盘电极　旋转圆盘电极最基本的用途是用于痕量分析及电极过程动力学研究，它还可应用于阳极溶出伏安法及安培滴定中。

(3) 扩散电流及扩散电流方程　以滴汞电极做工作电极，施加扫描速率较慢，如 200mV/min 的线性变化的电位。溶液中加入支持电解质，其电迁移和 iR 降可忽略不计。测量时溶液静止（不搅拌），又可消除对流扩散的影响。这时在滴汞电极上所获得电流为扩散电流，典型的极谱图如图 2-13 所示。离子的扩散速率与离子在溶液中的浓度 c 及离子在电极表面的浓度 c^s 之差呈正比。当电位到一定值时，c^s 趋近于零，此时扩散电流大小与溶液中离子浓度 c 呈正比，它不随电位的增加而增加，扩散电流达到最大值，称为极限扩散电流 i_d。它的大小由扩散电流方程表示

$$i_d = 708zD^{1/2}m^{2/3}t^{1/6}c \tag{2-26}$$

式中　i_d——最大极限扩散电流，μA；

D——扩散系数，cm^2/s；

z——电极反应的电子转移数；

m——汞滴流速，mg/s；

t——汞滴寿命，s；

c——本体溶液物质的量的浓度，mmol/L。

最大极限扩散电流是在每滴汞寿命的最后时刻获得的，实际测量得到的是每滴汞上的平均电流，其大小为

$$\bar{i}_d = \frac{1}{t}\int_0^t i_d \mathrm{d}t = 607zD^{1/2}m^{2/3}t^{1/6}c \tag{2-27}$$

式中，$m^{2/3}t^{1/6}$ 与毛细管特性有关，称为毛细管常数。由于汞滴流速 m 与汞柱高度呈正比，而滴下的时间与汞柱高呈反比，代入方程，可得 $i_d = kh^{1/2}$，即 i_d 与汞柱高 h 的平方根呈正比。i_d 与电活性物质的浓度 c 呈正比，这是极谱定量分析的依据。

滴汞电极上的扩散过程有三个特点：汞滴面积不断增长，压向溶液具有对流特性，汞滴不断滴落、更新，再现性好。

（4）残余电流与极谱极大　在极谱波上，当外加电压尚未达到被测离子的分解电位之前就有微小的电流通过电解池，它称为残余电流。残余电流一方面是由溶液中微量的杂质（如金属离子）在滴汞上还原产生的，它可以通过试剂的提纯来减小；另一方面是由于滴汞电极与溶液界面上双电层的充电产生的，称为充电电流或电容电流。

电容电流是残余电流的主要部分，一般仪器上有消除残余电流的补偿装置，也可用作图法进行校正。电容电流限制了普通极谱法的灵敏度，为了解决电容电流的问题，促进了新的极谱技术，如方波极谱、脉冲极谱的产生和发展。

在极谱分析时，当外加电压达到被测物质的分解电位后，极谱电流随外加电压增高而迅速增大到极大值，随后又恢复到扩散电流的正常值。极谱波上出现的这种极大电流的畸峰，称为极谱极大。极大的产生是由于毛细管末端对滴汞颈部有屏蔽效应，使被测离子不易接近滴汞颈部，而在滴汞下部被测离子可以无阻碍地接近。离子还原时滴汞下部的电流密度较上部为大，这种电荷分布的不均匀会造成滴汞表面张力的不均匀，表面张力小的部分要向表面张力大的部分运动。这种切向运动会搅动溶液，加速被测离子的扩散和还原，形成极大电流。由于被测离子的迅速消耗，电极表面附近的浓度已趋于零，达到完全浓差极化，电流又立即下降到扩散电流。消除极大的方法是在溶液中加入很小量的表面活性物质，如动物胶、TritonX-100、甲基红，称为极大抑制剂。滴汞表面张力大的部分吸附表面活性剂较多，吸附后表面张力就下降得多。表面张力小的部分，吸附少，下降就小。这样，滴汞表面张力趋于均匀，也就消除了极大的切向运动。

（5）溶出伏安法　溶出伏安法是一种灵敏度很高的电化学分析方法，检测下限一般可达 $10^{-11}\sim10^{-7}$ mol/L，它将电化学富集与测定有机地结合在一起。溶出伏安法的操作分为两步：第一步是预电解，第二步是溶出。

预电解是在恒电位下和搅拌的溶液中进行，将痕量组分富集到电极上，时间需严格地控制。富集后，让溶液静止 30s 或 1min，称为休止期，再用溶出伏安法在极短时间内溶出。溶出时，工作电极发生氧化反应的称为阳极溶出伏安法，发生还原反应的称为阴极溶出伏安法。溶出峰电流大小与被测物质的浓度呈正比。

用于电解富集的电极有悬汞电极、汞膜电极和固体电极。汞膜电极面积大，同样的汞量做成厚度为几十纳米到几百纳米的汞膜，电极效率高。

图 2-15 是在盐酸介质中测定痕量铜、铅和镉的例子，先将汞电极电位固定在 −0.8V 处电解一定时间，此时溶液中部分 Cu^{2+}、Pb^{2+} 和 Cd^{2+} 在电极上还原，生成汞齐。电解完毕后，使电极电位向正电位方向线性扫描，这时镉、铅、铜分别被氧化形成峰。溶出伏安法除用于测定金属离子外，还可测定一些阴离子，如氯、溴、碘、硫等。它们能与汞生成难溶化合物，可用阴极溶出伏安法进行测定。

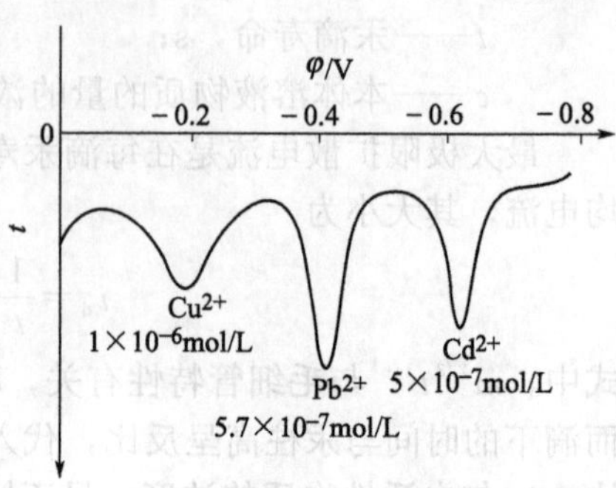

图 2-15　盐酸介质中镉、铅、铜的溶出伏安曲线

2.6.3　电解分析法和库仑分析法

电解分析法是以称量沉积于电极表面的沉积物的质量为基础的一种电分析方法。它是一种较古老的方法，又称电重量法，它有时也作为一种分离的手段，能方便地除去某些杂质。

库仑分析法是以测量电解过程中被测物质直接或间接在电极上发生电化学反应所消耗的电量为基础的分析方法。它和电解分析法不同，其被测物不一定在电极上沉积，但要求电流效率必须为100%。

2.6.3.1 电解分析法

（1）基本原理 电解是借助外电源的作用，使电化学反应向着非自发的方向进行。电解过程是在电解池的两个电极上加上直流电压，改变电极电位，使电解质在电极上发生氧化还原反应，同时电解池中有电流通过。

如在0.1mol/L的H_2SO_4介质中，电解0.1mol/L $CuSO_4$溶液，装置如图2-16所示。其电极都用铂制成，溶液进行搅拌；阴极采用网状结构，优点是表面积较大。电解池的内阻约为0.5Ω。

将两个铂电极浸入溶液中，当接上外电源，外加电压远离分解电压时，只有微小的残余电流通过电解池。当外加电压增加到接近分解电压时，只有极少量的Cu和O_2分别在阴极和阳极上析出，但这时已构成Cu电极和O_2电极组成的自发电池。该电池产生的电动势将阻止电解过程的进行，称为反电动势。只有外加电压达到克服此反电动势时，电解才能继续进行，电流才能显著上升。通常将两电极上产生迅速的、连续不断的电极反应所需的最小外加电压U_d称为分解电压。理论上分解电压的值就是反电动势的值（图2-17）。

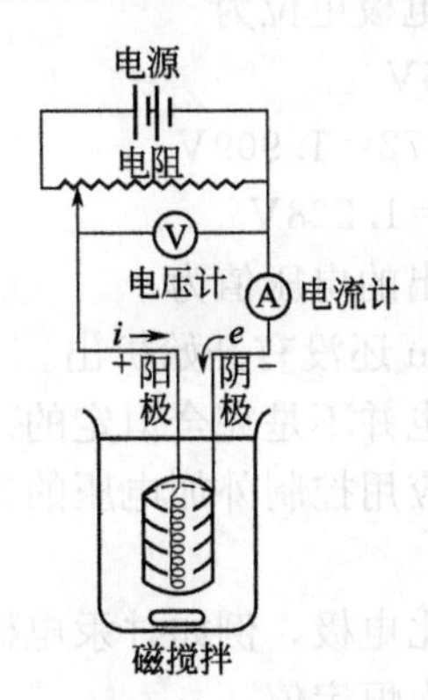

图2-16 电解装置

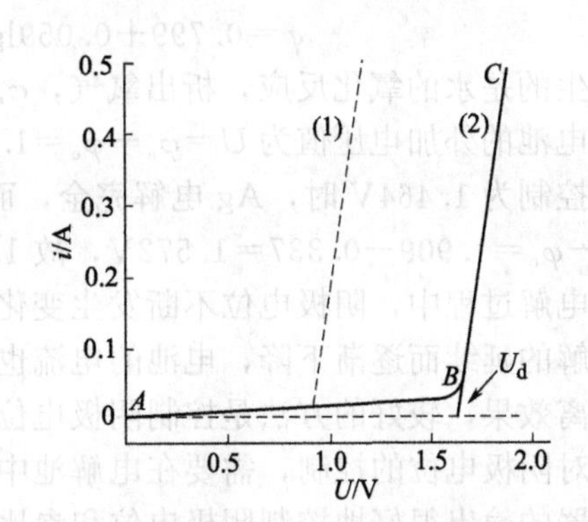

图2-17 电解硫酸铜溶液时的电流-电压曲线

（1）计算所得曲线；（2）实际测得曲线

Cu和O_2电极的平衡电位分别为

Cu电极 $Cu^{2+}+2e \longrightarrow Cu \quad \varphi^{\ominus}=0.337V$

$$\varphi=\varphi^{\ominus}+\frac{0.059}{2}\lg[Cu^{2+}]=0.337+\frac{0.059}{2}\lg 0.1=0.308V$$

O_2电极 $\frac{1}{2}O_2+2H^{+}+2e \longrightarrow H_2O \quad \varphi^{\ominus}=1.23V$

$$\varphi=\varphi^{\ominus}+\frac{0.059}{2}\lg\{[p(O_2)]^{1/2}[H^{+}]^2\}=1.23+\frac{0.059}{2}\lg(1^{1/2}\times 0.2^2)=1.189V$$

当Cu和O_2构成电池时

$$Pt|O_2(101325Pa), H^{+}(0.2mol/L), Cu^{2+}(0.1mol/L)|Cu$$

Cu为阴极，O_2为阳极，电池的电动势为

$$E=\varphi_c-\varphi_a=0.308-1.189=-0.881V$$

电解时，理论分解电压的值是它的反电动势0.881V。

从图2-17可知，实际所需的分解电压比理论分解电压大，超出的部分是由于电极极化作用引起的。极化结果将使阴极电位更负，阳极电位更正。电解池回路的电压降iR也应是电解所加的电压的一部分，这时电解池的实际分解电压为

$$U_d=(\varphi_a+\eta_a)-(\varphi_c+\eta_c)+iR \tag{2-28}$$

若电解时，铂电极面积为 100cm²，电流为 0.10A，则电流密度是 0.001A/cm² 时，O_2 在铂电极上的超电位是 0.72V，Cu 的超电位在加强搅拌的情况下可以忽略。

$$iR=0.10\times0.50=0.050\text{V} \qquad U_d=0.88+0.72+0.05=1.65\text{V}$$

(2) 控制电位电解分析法　当试样中存在两种以上的金属离子时，随着外加电压的增大，第二种离子可能被还原。为了分别测定或分离，就需要采用控制阴极电位的电解法。如电压为 1.464V 时，以铂为电极，电解液为 0.1mol/L 的硫酸溶液，含有 0.1mol/LAg^+ 和 1.0mol/L Cu^{2+} 为例。

Cu 开始析出的电位为

$$\varphi=\varphi^{\ominus}(Cu^{2+},Cu)+\frac{0.059}{2}\lg[Cu^{2+}]=0.337+\frac{0.059}{2}\lg1.0=0.337\text{V}$$

Ag 开始析出的电位为

$$\varphi=\varphi^{\ominus}(Ag^+,Ag)+0.059\lg[Ag^+]=0.799+0.059\lg0.01=0.681\text{V}$$

由于 Ag 的析出电位较 Cu 的析出电位正，所以 Ag^+ 先在阴极上析出，当其浓度降至 10^{-6}mol/L 时，一般可以认为 Ag^+ 已电解完全。此时 Ag 的电极电位为

$$\varphi=0.799+0.059\lg10^{-6}=0.445\text{V}$$

阳极发生的是水的氧化反应，析出氧气，$\varphi_a=1.189+0.72=1.909$V

而电解电池的外加电压值为 $U=\varphi_a-\varphi_c=1.909-0.681=1.228$V

即电压控制为 1.464V 时，Ag 电解完全，而 Cu 开始析出的电压值为

$U=\varphi_a-\varphi_c=1.909-0.337=1.572$V，故 1.464V 时，Cu 还没有开始析出。

在实际电解过程中，阴极电位不断发生变化，阳极电位也并不是完全恒定的。由于离子浓度随着电解的延续而逐渐下降，电池的电流也逐渐减小，应用控制外加电压的方式往往达不到好的分离效果，较好的方法是控制阴极电位。

要实现对阴极电位的控制，需要在电解池中插入一个参比电极，例如甘汞电极等，它通过运算放大器的输出很好地控制阴极电位和参比电极电位差为恒定值。

电解测定 Cu 时，Cu^{2+} 浓度从 1.0mol/L 降到 10^{-6}mol/L 时，阴极电位从 0.337V (vs. SHE) 降到 0.16V，只要不在该范围内析出的金属离子都能与 Cu^{2+} 分离。还原电位比 0.337V 更正的离子可以通过电解分离，比 0.16V 更负的离子可以留在溶液中。控制阴极电位电解，开始时被测物质析出速度较快，随着电解的进行，浓度越来越小，电极反应的速率也逐渐变慢，因此电流也越来越小。当电流趋于零时，电解完成。

(3) 恒电流电解法　电解分析有时也在控制电流恒定的情况下进行，这时外加电压较高，电解反应的速率较快，但选择性不如控制电位电解法好。往往一种金属离子还未沉淀完全时，第二种金属离子就在电极上析出。

为了防止干扰，可使用阳极或阴极去极剂，以维持电位不变。如在 Cu^{2+} 和 Pb^{2+} 的混合液中，为防止 Pb 在分离沉积 Cu 时沉淀，可以加入 NO_3^- 作为阴极去极剂。NO_3^- 在阴极上还原生成 NH_4^+，即

$$NO_3^-+10H^++8e = NH_4^++3H_2O$$

它的电位比 Pb^{2+} 更正，而且量比较大，在 Cu^{2+} 电解完成前可以防止 Pb^{2+} 在阴极上的还原沉积。类似的情况也可以用于阳极，加入的去极剂比干扰物质先在阳极上氧化，可以维持阳极电位不变，它称为阳极去极剂。

2.6.3.2 库仑分析法

(1) 库仑分析法基本原理和法拉第电解定律　电解分析法是采用称量电解后铂阴极的增

量来作定量的。如果用电解过程中消耗的电量来定量，这就是库仑分析法。库仑分析法的基本要求是电极反应必须单纯，用于测定的电极反应必须具有100%的电流效率；电量全部消耗在被测物质上。

库仑分析法的基本依据是法拉第电解定律。法拉第电解定律表示物质在电解过程中参与电极反应的物质质量 m 与通过电解池的电量 Q 呈正比，用数学式表示为

$$m=\frac{M}{zF}Q$$

式中 F——1mol 电荷的电量，称为法拉第常数（96485C/mol）；

M——物质的摩尔质量；

z——电极反应中的电子数；

Q——电解消耗的电量，$Q=it$。

库仑分析法可以分成恒电位库仑分析法和恒电流库仑分析法两种。

（2）恒电位库仑分析法　指在电解过程中，控制工作电极的电位保持恒定值，使被测物质以100%的电流效率进行电解。当电流趋于零时，指示该物质已被电解完全。恒电位库仑分析的仪器装置和控制阴极电位电解类似，只是在电路中需要串接一个库仑计，以测量电解过程中消耗的电量。电量也可采用电子积分仪或作图求得。

（3）恒电流库仑分析法（库仑滴定法）　库仑分析时，若电流维持一个恒定值，可以大大缩短电解时间，对其电量的测量也很方便，$Q=it$。它的困难是要解决恒电流下具有100%的电流效率和设法能指示终点的到达。如在恒电流下电解 Fe^{3+}，它在阳极氧化 $Fe^{2+} \longrightarrow Fe^{3+}+e$，这时，阴极发生的是还原反应为 $H^{+}+e \longrightarrow \frac{1}{2}H_2$，其电流-电位曲线如图 2-18 所示。选用 $i_0=i_a=i_c$，需外加电压为 U_0，随着电解的进行，Fe^{2+} 的浓度下降，外加电压就要加大。阳极电位就要发生正移，阳极上可能析出 O_2，电解过程的电流效率将达不到100%。如果在电解液中加入浓度较大的 Ce^{3+} 作为一个辅助体系，当 Fe^{2+} 在阳极的氧化电流降到低于 i_0 时，Ce^{3+} 氧化到 Ce^{4+}，维持 i_0 恒定。溶液中 Ce^{4+} 能立即同 Fe^{2+} 反应，本身又被还原到 Ce^{3+}，即 $Ce^{4+}+Fe^{2+} \longrightarrow Ce^{3+}+Fe^{3+}$，这样就可以把阳极电位稳定在氧析出电位以下，而防止了氧的析出，电解所消耗的电量仍全部用在 Fe^{2+} 的氧化上，达到了电流效率的100%。该法类似于 Ce^{4+} 滴定 Fe^{2+} 的滴定法，其滴定剂由电解产生，所以恒电流库仑法又称为库仑滴定法。

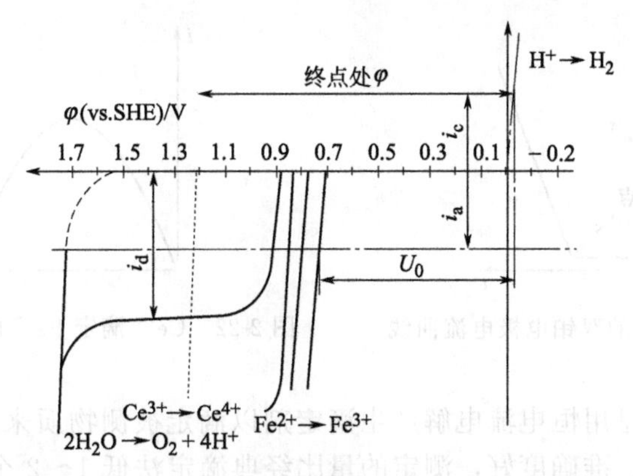

图 2-18　以铈（Ⅲ）为辅助体系的库仑滴定铁（Ⅱ）的电流-电位曲线

(4) 库仑滴定法的终点指示　库仑滴定法的终点指示可以采用以下几种方法。

① 化学指示剂法　滴定分析中使用的化学指示剂，只要体系合适仍能在此使用。如用恒电流电解 KI 溶液产生滴定剂 I_2 来测定 As（Ⅲ）时，淀粉就是很好的化学指示剂。

② 电位法　库仑滴定中使用电位法指示终点与电位滴定法确定终点的方法相似。选用合适的指示电极来指示终点前后电位的跃变。

③ 双铂极电流指示法　该法又称为永停终点法，它是在电解池中插入一对铂电极作指示电极，加上一个很小的直流电压，一般为几十毫伏至 200mV（图 2-19）。如在电解 KI 产生滴定剂 I_2 测定 AS(Ⅲ) 的体系中，滴定终点前出现的是 As(Ⅴ)/As(Ⅲ) 不可逆电对，终点后是可逆的 I_3^-/I^- 电对。从其极化曲线（即电流随外加电压而改变的曲线）图 2-20 可见，不可逆体系曲线通过横轴是不连续的（电流很小），需要加更大的电压才能有明显的氧化还原电流。可逆体系在很小的电压下就能产生明显的电流。

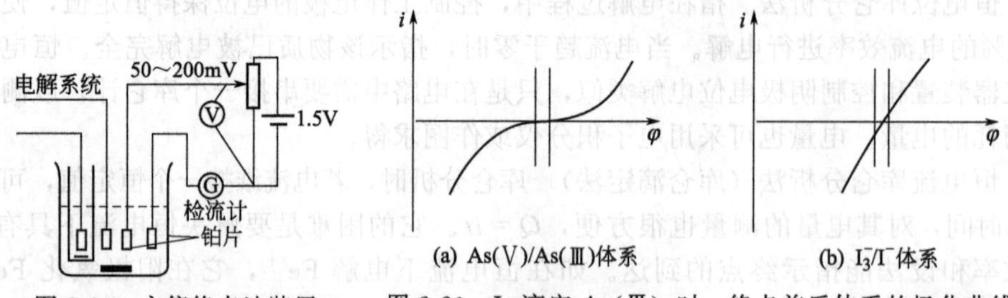

图 2-19　永停终点法装置　　图 2-20　I_2 滴定 As(Ⅲ) 时，终点前后体系的极化曲线

当然，体系不同也可能出现原来是可逆电对，终点后为不可逆电对，这时就出现相反的情况（图 2-21）。Ce^{4+} 滴定 Fe^{2+} 体系中，滴定前后都是可逆体系。开始滴定时，溶液中只有 Fe^{2+}，没有 Fe^{3+}，所以流过电极的电流为零或只有微小的残余电流。随着滴定的进行，溶液中 Fe^{3+} 的浓度逐渐增大，因而通过电极的电流也将逐渐增大。在滴定百分数为 50%之前，Fe^{3+} 的浓度是电流的限制因素。过了 50%后，Fe^{2+} 的浓度逐渐变小，便成为电流的限制因素了，所以电流又逐渐下降。到达终点时，Fe^{2+} 浓度接近于零，溶液中只有 Fe^{3+} 和 Ce^{3+}，所以电流又接近于零。过了终点以后，便有过量 Ce^{4+} 存在，在阳极上 Ce^{3+} 可被氧化，在阴极上 Ce^{4+} 可被还原，双铂电极的回路又出现了明显的电流（图 2-22）。

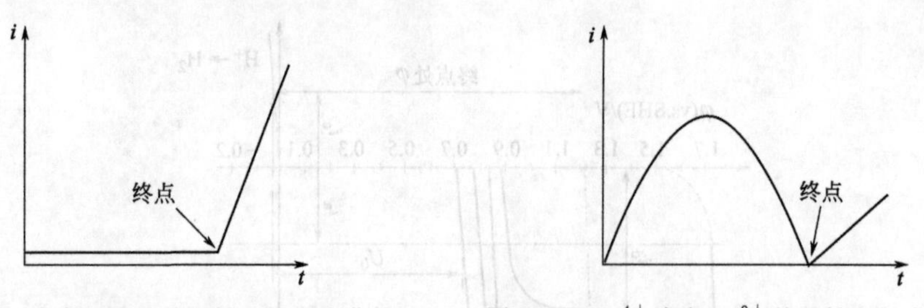

图 2-21　滴定亚砷酸的双铂电极电流曲线　　图 2-22　Ce^{4+} 滴定 Fe^{2+} 的双铂电极电流曲线

恒电流库仑滴定法是用恒电流电解产生滴定剂以滴定被测物质来进行定量分析的方法。该法的优点是灵敏度高、准确度好，测定的量比经典滴定法低 1～2 个数量级，但可以达到与经典滴定法同样的准确度；它不需要制备标准溶液；不稳定滴定剂可以电解产生；电流和时间能准确测定等，这些使恒电流库仑滴定法得到广泛的应用。

(5) 应用实例

① 卡尔-费休法测定微量水分　该法的试剂由吡啶、碘、二氧化硫和甲醇组成。碘氧化二氧化硫时需要定量的水。

$$I_2 + SO_2 + 2H_2O \longrightarrow 2HI + H_2SO_4$$

利用它可以测定无机物或有机物中的微量水分。吡啶是为了中和反应生成的酸，使反应向右进行。加入甲醇，以防止副反应的发生。1955 年，Meyer 和 Boyd 成功地用电解产生 I_2 的方法测定了二氨基丙烷中的微量水分，反应所产生的 I^- 又在工作电极上重新氧化为 I_2，直到全部水反应完毕。我国在石油工业中也研制了测定油中水分的库仑分析仪。

② 水质污染中化学需氧量的测定　化学需氧量（COD）是评价水质污染的重要指标之一。它是指 1L 水中可被氧化的还原性物质（主要是有机物）氧化所需的氧化剂的量。污水中的有机物往往是各种细菌繁殖的良好媒介，化学需氧量的测定是环境监测的一个重要项目。

现已有各种根据库仑滴定法设计的 COD 测定仪，如可用一定量的 $KMnO_4$ 标准溶液与水样加热，以氧化水样中可被氧化的物质。剩余的 $KMnO_4$ 用电解产生的亚铁离子进行恒电流库仑滴定

$$5Fe^{2+} + MnO_4^- + 8H^+ \longrightarrow Mn^{2+} + 5Fe^{3+} + 4H_2O$$

由于亚铁离子与 MnO_4^- 进行定量的反应，因此根据电解产生的亚铁所消耗的电量可以知道溶液中剩余的 MnO_4^- 的量。

(6) 微库仑分析法　微库仑分析法与库仑滴定法相似，也是利用电解生成滴定剂来滴定被测物质，其装置见图 2-23。微库仑池中有两对电极，一对是指示电极和参比电极，另一对是工作电极和辅助电极。液体试样可直接加入池中，气体样品由池底通入，由电解液吸收。常用的滴定池依电解液的组成不同，分为银滴定池、碘滴定池和酸滴定池几种。样品进入前，电解液中的微量滴定剂浓度一定，指示电极与参比电极的电位差为定值。当样品进入电解池后，使滴定剂的浓度减小，电位差发生变化，放大器就有电流输出，工作电极开始电解，直至恢复到原来滴定剂浓度，电解自动停止。

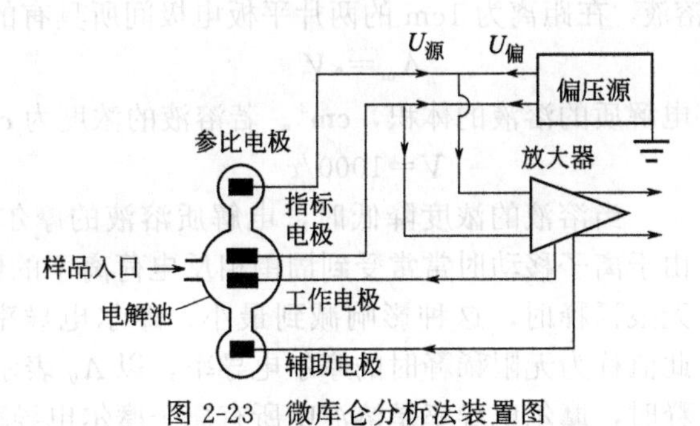

图 2-23　微库仑分析法装置图

微库仑法可以用来测定有机卤素，测定方法是将滴定池直接和燃烧装置相连，在有机物燃烧过程中生成的 Cl^- 用 Ag^+ 自动滴定，可检测 0.1～1000μg 的 Cl^-，方法非常灵敏。电解液为 65%～85%的乙酸，指示电极组为银微电极和一参比电极，工作电极为银阳极和螺旋铂阴极。

微库仑分析过程中，电流是变化的，根据它对时间的积分，求出 Q 值，确定被测物质的量。由于分析过程中电流的大小是随被测物质的含量的大小而变化的，所以又称为动态库仑分析。它是一种灵敏度高的分析方法，适用于微量成分分析。

2.6.4 电导分析法

电导分析法的灵敏度极高，方法又简单，常常作为检测水的纯度的理想方法。电解质溶液能导电，而且当溶液中离子浓度发生变化时，其电导也随之而改变，用电导来指示溶液中离子的浓度就形成了电导分析法。电导分析法可以分成两种，直接电导法和电导滴定法。

(1) 电导的基本概念及其测量方法　当两个铂电极插入电解质溶液中，并在两电极上加一定的电压，此时就有电流流过回路。电流是电荷的移动，在金属导体中仅仅是电子的移动，在电解质溶液中由正离子和负离子向相反方向的迁移来共同形成电流。

电解质溶液的导电能力用电导 G 来表示，即

$$G=1/R \tag{2-29}$$

电导是电阻 R 的倒数，其单位为西门子（S）。

对于一个均匀的导体来说，它的电阻或电导是与其长度和截面积有关的。为了便于比较各种导体及其导电能力，类似于电阻率，提出了电导率的概念，即

$$G=\kappa \frac{A}{L} \tag{2-30}$$

式中　κ——电导率，S/m；

L——导体的长度，m；

A——截面积，m^2

电导率和电阻率是互为倒数的关系。

电解质溶液的导电是通过离子来进行的，因此电导率与电解质溶液的浓度及其性质有关。电解质解离后形成的离子浓度（即单位体积内离子的数目）越大，电导率就越大。离子的迁移速率越快，电导率也就越大。离子的价数（即离子所带的电荷数目）越高，电导率越大。

为了比较各种电解质导电的能力，提出了摩尔电导率的概念。摩尔电导率 Λ_m（$S \cdot cm^2/mol$）是指含有 1mol 电解质的溶液，在距离为 1cm 的两片平板电极间所具有的电导，Λ_m 为

$$\Lambda_m=\kappa V \tag{2-31}$$

式中　V——含有 1mol 电解质的溶液的体积，cm^3。若溶液的浓度为 c(mol/L)，则

$$V=1000/c \tag{2-32}$$

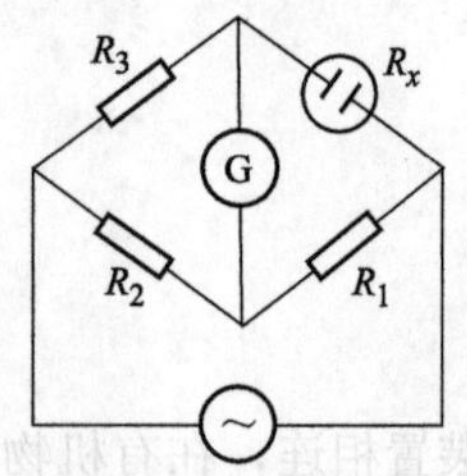

图 2-24　惠斯通平衡电桥

当溶液的浓度降低时，电解质溶液的摩尔电导率将增大。这是由于离子移动时常常受到周围相反电荷离子的影响，使其速率减小。无限稀释时，这种影响减到最小，摩尔电导率达到最大的极限值，此值称为无限稀释时的摩尔电导率，以 Λ_0 表示。电解质溶液无限稀释时，摩尔电导率是溶液中所有离子摩尔电导率的总和，即

$$\Lambda_0=\sum\Lambda_{0+}+\sum\Lambda_{0-} \tag{2-33}$$

式中　Λ_{0+}，Λ_{0-}——无限稀释时正、负离子的摩尔电导率。

在无限稀释的情况下，离子摩尔电导率是一个定值，与溶液中共存离子无关。

电导是电阻的倒数，因此测量溶液的电导也就是测量它的电阻。经典的测量电阻的方法是采用惠斯通电桥法，其装置见图 2-24。电源是一个电压为 6～10V 的交流电。不使用直流电是因为它通过电解质溶液时会产生电解作用，引起组分浓度的变化。交流电的频率一般为 50Hz，电导较高时，为了防止极化现象，宜采用 1000～2500Hz 的高频电源。交流电正半周

和负半周造成的影响能互相抵消。

溶液电导的测量常常是将一对表面积为 A、相距为 L 的电极插入溶液中进行，由式(2-30) 可知

$$G=\kappa\frac{A}{L}=\kappa\frac{1}{L/A} \tag{2-34}$$

对一定的电极来说，L/A 是一常数，用 θ 表示，称为电导池常数，单位是 m^{-1}，即

$$\theta=L/A \tag{2-35}$$

电导池常数直接测量比较困难，常用标准 KCl 溶液来测定。用于测定电导池常数的 KCl 溶液的电导率见表 2-6。有时需要使用铂黑电极，它可以有效增加比表面积，减少极化。它的缺点是对杂质的吸附加强了。

表 2-6　KCl 溶液浓度和电导率

近似浓度 c/(mol/L)	κ/(S/m)				
	15℃	18℃	20℃	25℃	35℃
1	0.09212	0.09780	0.10170	0.11131	0.13110
0.1	0.010455	0.011163	0.11644	0.012852	0.015353
0.01	0.0011414	0.0012200	0.0012737	0.0014083	0.0016876
0.001	0.001185	0.0001267	0.0001322	0.0001466	0.0001765

(2) 电导分析法的应用

① 水质纯度的鉴定　由于纯水中的主要杂质是一些可溶性的无机盐类，它们在水中以离子状态存在，所以通过测定水的电导率可以评价水质的好坏。它常应用于实验室和环境中水的监测。

② 工业生产流程中的自动控制分析　在合成氨的生产中，为防止催化剂的中毒，必须监控 CO 和 CO_2 的含量。测定时采用 NaOH 溶液作电导液，将含有 CO（先通过装有 I_2O_5 的氧化管炉，将 CO 氧化为 CO_2）及 CO_2 的气体通入电导池。由于 $CO_2+2NaOH = Na_2CO_3+H_2O$ 反应生成的 CO_3^{2-} 的电导比 OH^- 小得多，其变化值与 CO、CO_2 含量有关，可进行测定。

③ 电导滴定　作为滴定分析的终点指示方法，电导应用于一些体系的滴定过程中。在这些体系中，滴定剂与溶液中被测离子生成水、沉淀或难离解的化合物。溶液的电导在终点前后发生变化，在化学计量点时滴定曲线出现转折点，可指示滴定终点。

2.7 离子色谱法

离子色谱是高效液相色谱的一种，是分析离子的一种液相色谱方法。根据分离机理，离子色谱可分为高效离子交换色谱、离子排斥色谱和离子对色谱。

离子色谱主要是利用离子交换基团之间的交换，也即利用离子之间对离子交换树脂的亲和力差异而进行分离。离子交换色谱柱的填料是阴离子交换树脂、阳离子交换树脂，是在有机高聚物或硅胶上接枝有机季铵官能团或磺酸基团。常用的检测器是电导检测器。离子色谱主要用于阴离子、阳离子的分析，特别是阴离子的分析。离子色谱的检出限在 μg/L 至 mg/L，而且多种离子可同时测定，简便，快速。到目前为止，离子色谱仍然是测定阴离子最佳的方法。

2.7.1 离子交换剂

离子交换剂是离子色谱中应用最广泛的固定相，它们是一类带有离子交换功能基团的固体颗粒，其结构为在交联的高分子骨架上结合可解离的无机基团。在离子交换过程中，离子交换剂的本体结构不发生明显的变化，仅是带有的离子与外界相同电性的离子发生离子交换。

以苯乙烯-二乙烯基苯共聚物为本体制成带有磺酸基团的强酸型阳离子交换树脂，用于分离阳离子；以同样的本体接上季铵基团分离阴离子。离子交换剂可在 pH 值 1～14 范围内工作。

2.7.2 仪器构造

离子色谱系统主要由流动相传送部分、分离柱、检测器和数据处理系统构成。

(1) 流动相传送部分　一般采用高精度无脉冲双往复泵，因为离子色谱所用的流动相是酸或碱，所以流动相流过之处除耐压外，还必须耐酸、耐碱。现在有些仪器采用 PEEK 材料，使离子色谱系统全塑化，适于在 pH 值 0～14 范围内工作。

(2) 分离柱　分离柱是离子色谱分析的重要部件。柱管材料是惰性的，柱内填料一般是带有离子交换基团的高分子聚合物（离子交换树脂）。在离子交换过程中，只是离子交换基团在起作用，分离柱一般在室温下使用。

对于双柱离子色谱，抑制柱（抑制器）也是关键部件，容量高、死体积小、自动连续工作、处理简单是现在抑制器的特点。抑制器的主要作用是降低淋洗液的背景电导，提高待测离子的电导，改善信噪比。

(3) 检测器　离子色谱检测器常用的是电导检测器。电导检测器的作用原理是用两个相对电极测量水溶液中离子型溶质的电导，由电导的变化测定淋洗液中溶质的浓度。此外还有紫外-可见检测器和荧光检测器。紫外-可见检测器是测定在紫外有吸收的组分或有色组分(进入检测器前在膜反应器进行显色反应)。荧光检测器主要用于氨基酸的分析。

(4) 数据处理系统　现代仪器的数据处理系统除了处理数据外，还控制主机的操作。

2.7.3 影响离子洗脱顺序的因素

(1) 离子电荷　样品离子的价数越高，对离子交换的亲和力越大，因此一般保留时间随价数而增加。但也有例外，因为影响离子对树脂亲和力的还有其他因素。例如 SCN^- 是一价离子，但洗脱顺序在二价离子之后，因为 SCN^- 是一个离子半径大的可极化的离子，它与离子交换树脂之间有很强的吸引力。一般地，淋洗三价离子需要用高强度的淋洗液，二价离子用较低强度的淋洗液，而对一价离子则用的淋洗液强度最低。

(2) 离子半径　电荷数相同的离子，离子半径越大（越易极化），对离子交换树脂的亲和力也越大。即随离子半径增加，保留时间增长，因此卤素离子的洗脱顺序是 $F^- \rightarrow Cl^- \rightarrow Br^- \rightarrow I^-$，碱金属离子的洗脱顺序是 $Li^+ \rightarrow Na^+ \rightarrow K^+ \rightarrow Rb^+$。

(3) 树脂的种类　离子交换树脂的交联度、功能基团性质及其亲水性的大小等，对离子分离的选择性作用很大，它们直接影响样品离子和淋洗液离子的分配平衡。

(4) 淋洗液

① 淋洗液的组成　样品离子和淋洗离子必须有相近的亲和力，以便于分离和洗脱。在双柱离子色谱中，常用的淋洗液是氯氧化物、硼酸盐、碳酸盐等，用不同的淋洗液有不同的选择性。例如，$Na_2CO_3/NaHCO_3$ 和 NaOH 的选择性不同，常用的 $Na_2CO_3/NaHCO_3$ 淋洗

液的 pH 值在 9～10，而 NaOH 淋洗液的 pH 值在 12 以上。用 NaOH 作淋洗液时，磷酸以三价离子形式存在，SO_4^{2-} 后出峰。用 $Na_2CO_3/NaHCO_3$ 作淋洗液时，两种离子的洗脱顺序相反。

② 淋洗液的浓度和 pH 值　淋洗液的浓度提高时，所有被测离子的保留时间都缩短。pH 值变化时，将影响多价离子的离子价态，从而影响多价离子的洗脱顺序。例如，在较低 pH 值下，洗脱顺序 $NO_2^- \rightarrow H_2PO_4^- \rightarrow NO_3^- \rightarrow SO_4^{2-}$；当 pH＞11 时，以 PO_4^{3-} 形式存在，则洗脱顺序是 $NO_2^- \rightarrow NO_3^- \rightarrow SO_4^{2-} \rightarrow PO_4^{3-}$。

当被测离子的电荷数相同而淋洗液浓度改变时，选择性不变；当被测离子的电荷数不同而淋洗液浓度改变时，选择性明显改变。若淋洗离子为一价，其浓度增加时，一价离子保留时间缩短得多，而三价离子的保留时间缩短得少，从而使两者的分离度明显改善。

③ 淋洗液的改进剂　淋洗液的改进剂是用来改善选择性的，它一般是非离子型改进剂，如甲醇、乙腈等。改进剂将影响疏水离子对离子交换剂的亲和能力、弱酸弱碱溶质的离子化程度以及功能基团的离子化程度，但不影响离子交换。在淋洗液中加入甲醇或乙腈可以占据树脂的疏水位置，减少疏水性离子在树脂上的吸附，从而缩短这些组分的保留时间并改善峰形的不对称性。

影响离子洗脱顺序的因素也就是影响分离度的因素，因而改善样品的分离度时，对这些因素都应该加以考虑。

2.7.4 双柱离子色谱法

标准离子色谱法的基础是抑制柱反应。离子色谱通用的检测器是电导检测器，离子色谱淋洗液为强电解质的酸碱溶液。由于淋洗液的电导本底值高，而被测物的浓度又小于流动相电解质的浓度，这样难以测量由于样品离子的存在而产生的微小电导变化。在分离柱后接上一个抑制柱，它的作用是降低淋洗液自身的电导，相应地提高被测离子的检测灵敏度，一般称其为双柱离子色谱法。

(1) 抑制器的作用

① 填充抑制柱

a. 阴离子分离　其抑制柱填料为与分离柱型号相反的离子交换剂。如分离阴离子时，分离柱内填充碱性阴离子交换剂，抑制柱用强酸性高容量的阳离子交换剂作填料；分离阳离子时则与此相反。在阴离子分离中，最简单的淋洗液是 NaOH，氢（H^+）型强酸性阳离子交换树脂（以 RH^+ 表示）作为抑制柱填料。以分离 Na^+A^- 为例，淋洗液和待测离子通过分离柱和抑制柱，进入检测器前发生如下反应

$$RH^+ + Na^+OH^- \longrightarrow RNa^+ + H_2O \tag{2-36}$$

$$RH^+ + Na^+A^- \longrightarrow RNa^+ + H^+A^- \tag{2-37}$$

从上述两个反应可见，从抑制柱流出的洗脱液中，淋洗液 NaOH 已被转变成电导值很小的水，样品阴离子则变成相对应的酸。若淋洗液是碱金属的弱酸盐，则淋洗液流经抑制柱后，变成弱酸。抑制柱的作用主要是将样品阴离子转变成相对应的酸，即由 $Na^+A^- \rightarrow H^+A^-$，因 H^+ 的离子淌度 7 倍于 Na^+，大大提高了被测阴离子的灵敏度；将淋洗液离子变成很弱的酸或水，大大降低了淋洗液的背景电导值。两者作用综合起来，使信噪比大大改善，阴离子的检测灵敏度显著提高。

b. 阳离子分离　淋洗液一般为无机酸，抑制柱填料为 OH^- 型高容量阴离子交换树脂。以分离 M^+Cl^- 为例，阳离子分析的反应如下

$$R^+OH^- + H^+Cl^- \longrightarrow R^+Cl^- + H_2O \tag{2-38}$$

$$R^+OH^- + M^+Cl^- \longrightarrow R^+Cl^- + M^+OH^- \quad (2\text{-}39)$$

与阴离子的分析类似，淋洗液离子变成很弱的碱或水，OH^-替代了 Cl^-，而 OH^-的离子淌度为 Cl^- 的 2.6 倍，所以经过抑制柱的作用，提高了阳离子的检测灵敏度。

在抑制过程中，阴离子抑制柱树脂逐渐从 H^+型变成 Na^+型，阳离子抑制柱树脂逐渐从 OH^-型变成 Cl^-型。由于抑制柱积累了淋洗液中的 Na^+或 Cl^-，则会逐渐失去抑制能力，需要定期分别用酸或碱进行再生，使其恢复到原来的抑制能力。

② 膜抑制器　薄膜型抑制器，以高容量的离子交换膜织成的网与离子交换膜交替叠放，减小了抑制柱中引起分离区带的扩散，可用于梯度洗脱。图 2-25 所示为阴离子膜抑制器的工作原理。上下两片为阳离子交换膜，此膜外侧的 H^+交换进入此膜内侧，淋洗液和样品溶液中的阴离子与 H^+作用生成 H_2O 和相应的酸。而淋洗液和样品溶液中的阳离子通过此膜交换到膜外，流入废液。膜外提供的 H^+是连续的，在此以硫酸形式提供，称为再生液。若以电解水的方式自动地提供 H^+、OH^-，则可发展为自动连续再生的抑制器。

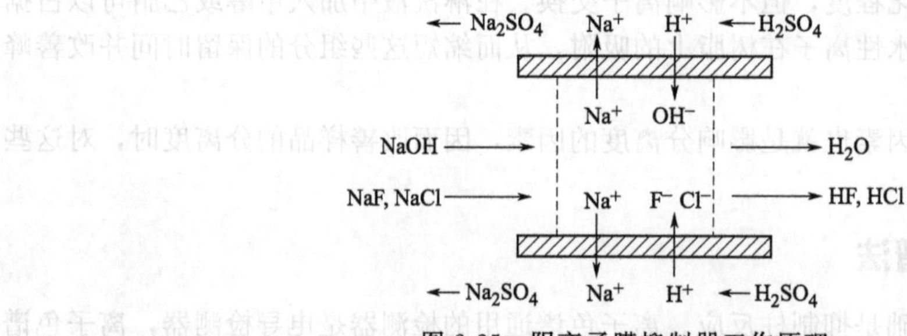

图 2-25　阴离子膜抑制器工作原理

(2) 阴离子的分离　用于双柱离子色谱法的淋洗液必须具备两个主要条件。

a. 能从分离柱树脂上置换被测离子，即淋洗离子对离子交换树脂的亲和力与被测离子对树脂的亲和力相近或稍大。

b. 能发生抑制柱反应，反应产物为电导很低的弱电解质或水。

理想的淋洗液阴离子对分离树脂的亲和力在一定程度上应比样品最强保留阴离子高。但过高，则不能分析弱保留的阴离子，所以应根据分析的对象选择合适的淋洗液。在双柱离子色谱中，阴离子分离的标准淋洗液是 $NaHCO_3/Na_2CO_3$，它同时含有一价淋洗离子 HCO_3^-和二价淋洗离子 CO_3^{2-}，是很好的缓冲溶液，可以同时淋洗一价阴离子和多价阴离子。通过改变 HCO_3^- 和 CO_3^{2-} 之间的比例，可改变淋洗液的 pH 值和选择性；改变淋洗液的浓度，可改变淋洗速度而不改变分离离子的洗脱顺序。它可以较好地分离常见的阴离子（F^-、Cl^-、NO_2^-、Br^-、NO_3^-、HPO_4^{2-}、SO_4^{2-}）。

用标准淋洗液分离时，在 Cl^-之前出峰的离子为弱保留离子，如 F^-、甲酸根、乙酸根等。对弱保留离子的分离可用的淋洗液有 $NaHCO_3$、NaOH 和 $Na_2B_4H_7$。由于 $NaHCO_3$、NaOH 易吸收空气中 CO_2，使淋洗液的强度不稳定，不利于上述弱保留离子的分离。而 $Na_2B_4H_7$ 则比较稳定，在抑制柱中转变为弱解离的硼酸，因此常用此作为弱保留离子的淋洗液。

对分离离子电荷较高、亲和力强的组分，如 PO_4^{3-}、AsO_4^{3-} 和多聚磷酸盐，应增加淋洗液的强度或选择强的淋洗离子。对离子半径大、疏水性强的离子，如 I^-、SCN^-、$S_2O_3^{2-}$等，在淋洗液中加入有机改进剂，以减少它们在树脂上的吸附，缩短保留时间。

OH^-本来是弱的淋洗离子，一方面，高容量抑制器允许使用高浓度的 NaOH，从而可以提高 NaOH 的浓度而增强淋洗液的强度；另一方面，有些离子交换树脂（对 OH^-选择性高的色谱柱）对羟基的保留能力很强，也使羟基可以更有效地置换其他阴离子，使得NaOH或KOH作为淋洗液的应用越来越广。NaOH是阴离子分离常用的淋洗液，但在使用过程中，碱性NaOH溶液易吸收空气中的CO_2，溶入CO_2会转换为CO_3^{2-}，CO_3^{2-}的淋洗强度远远大于OH^-，所以CO_2的溶入将会导致淋洗液组成和浓度发生变化，从而导致基线不稳、保留时间变化，以至于出现其他不希望的峰等。因此在使用NaOH时，必须消除CO_2的干扰，用脱CO_2的去离子水配制成高浓度的NaOH溶液，从其中间部位吸取、稀释。

在线淋洗液发生器：阴离子在线淋洗液发生器由高压KOH发生室和低压K^+电解槽构成，只加水即可产生KOH淋洗液。实际上是利用电解水的原理，将水电离成H^+和OH^-，电解槽中K^+和H^+交换，再与OH^-结合生成KOH而作为阴离子的淋洗液。产生的淋洗液浓度与施加的电流成正比，与淋洗液流速成反比。

（3）阳离子的分离　分析阳离子的分离机理、抑制原理与阴离子的分析相似。分离柱功能基团为磺酸基或其他酸性基团的阳离子交换树脂，淋洗液则为酸性溶液。

分离碱金属、铵和小分子脂肪族胺时，常用的是盐酸或硝酸。当用磺酸型离子交换树脂分离碱土金属时，则需用洗脱能力比较强的二价淋洗离子，如在HCl中加入2,3-二氨基丙酸（DAP）。而采用羧酸功能基团的阳离子交换树脂时，因碱土金属离子在其上的作用力较弱，所以可以用简单的酸作淋洗液，如硫酸或甲基磺酸。

碱金属、碱土金属的常规分析推荐用填充弱酸功能基团（—COOH）的分离柱，如IonPac CS12柱，淋洗液用甲基磺酸或硫酸，同时可分析碱金属和碱土金属以及铵，抑制电导检测。

重金属和过渡金属对阳离子交换树脂有较强的亲和力，需要用高强度的淋洗液才能洗脱。为减少它们的有效电荷，常在淋洗液中加入配合剂，使金属离子形成配合物。这些配合物可在阴、阳离子交换树脂上分离，因此用于金属离子分离的固定相具有阴离子和阳离子两种交换功能基团。另外为提高检测的灵敏度，常在柱后进行衍生反应（多数为显色反应），用紫外可见检测器检测。例如，在IonPac CS5柱上，用草酸作淋洗液（同时为配合剂），分离Pb^{2+}、Cu^{2+}、Cd^{2+}、Co^{2+}、Zn^{2+}和Ni^{2+}，柱后与1-(2-吡啶偶氮）间苯二酚试剂作用，在530nm处检测。

2.7.5 单柱离子色谱法

（1）单柱离子色谱法的特点　单柱离子色谱法的特点是以低浓度、低电导率的淋洗液取代强电解质的淋洗液，不需再连接抑制柱，而直接用电导检测器检测，这种方法称为单柱离子色谱法。为了提高信噪比，洗脱液必须要用低电导率物质，而且它的浓度要低，固定相的离子交换容量也低，这样可使被检测离子的保留时间在合理的范围之内。在离子色谱中，是用淋洗液的离子置换结合到离子交换树脂上的被测离子，当以电导检测器指示洗脱过程时，检测灵敏度取决于被测离子和置换离子摩尔电导率之差。单柱离子色谱法的淋洗液为弱电解质，一般为有机弱酸或有机弱碱。虽然单柱离子色谱法比双柱离子色谱法灵敏度低，但仪器简单、操作方便，对泵和检测器的腐蚀性弱，所以应用较广。

（2）影响因素　对于影响保留时间的因素（阴离子分离）与双柱法类似，阴离子交换树脂交换容量、淋洗液浓度和淋洗液的pH值对保留时间都有影响。

pH值的变化不仅影响被测多价离子的价态，而且也影响淋洗液的电离，即影响淋洗液阴离子的浓度。如邻苯二甲酸盐作淋洗液时，在pH＝5.5～7为二价阴离子，而降低pH则会降低其二价阴离子的浓度，从而降低其淋洗能力。

样品溶液的 pH 值变化不同于淋洗液的 pH 值变化，而且变化有较大差异时也无碍。因进样量很少，再者淋洗液多用缓冲溶液，所以进样后对淋洗液的 pH 影响很小。

(3) 淋洗液的性质及应用

① 苯甲酸盐水溶液（C_6H_5COOM） 苯甲酸钠或苯甲酸钾水溶液是单柱离子色谱中常用的淋洗液，适用于分离乙酸、甲酸、BrO^-、Cl^-、NO_2^-、Br^-、ClO^-、NO_3^- 等弱保留离子。但不能有效地洗脱二价阴离子和强保留离子，如 I^-、SCN^- 等。一般淋洗液浓度为 $(0.5\sim5)\times10^{-3}mol/L$。

② 邻苯二甲酸盐水溶液［$C_6H_4(COOM)_2$］ 邻苯二甲酸盐水溶液也是单柱离子色谱法中常用的淋洗液，一般 pH 值为 6.1～7.0。在此范围内邻苯二甲酸盐主要为二价阴离子，其淋洗能力比苯甲酸盐强，可用于分离二价阴离子和一些强保留离子，如 CrO_4^{2-}、I^- 和 MoO_4^-。若淋洗液的 pH 值调至 3～4，则可以分离乙酸和甲酸等。邻苯二甲酸盐淋洗液的缓冲能力较弱，在不同 pH 值介质中离解不同，因此难以测定磷酸根。在邻苯二甲酸盐淋洗液体系中也常常加入 5% 的乙腈作为改良剂，改善分离。

③ 葡萄糖酸钾水溶液［$HOCH_2(CHOH)_4COOK$］ 葡萄糖酸盐有较强的缓冲能力，但淋洗能力不够强，因此作为淋洗液，在其中加入四硼酸钠（$Na_2B_4O_7$），并加入 H_3BO_3 增强缓冲能力，加入乙腈或甲醇使柱子不受微生物的损害。由此组成的淋洗液具有较强的缓冲能力，使磷酸在整个淋洗过程中能保持恒定的价态。而且常见的几个阴离子能同时被分离，出峰顺序为 $Cl^-\rightarrow NO_2^-\rightarrow Br^-\rightarrow NO_3^-\rightarrow H_2PO_4^-\rightarrow SO_4^{2-}$。

④ 柠檬酸盐水溶液 柠檬酸盐阴离子电荷为 −3，对阴离子交换树脂的亲和力较强，是一个较强的淋洗剂。阴离子测定的洗脱顺序同邻苯二甲酸盐淋洗液。

⑤ 碱性淋洗液 常用的碱性淋洗液是 LiOH，它可用于分离 CN^-、乙酸根、AsO_3^{3-}、苯酚负离子、F^-、Cl^-、NO_3^- 和其他弱保留离子。但由于碱性淋洗液的背景电导较高，所以基线不是很稳，因此实际中用碱性淋洗液的不是很多。

2.7.6 离子色谱的干扰

离子色谱的干扰主要有以下几点。

a. 负的水峰 在弱保留离子出峰前出现的负峰，可能是淋洗液的稀释作用及淋洗液在抑制柱上的离子排斥影响的结果。调节样品和淋洗液中淋洗离子的浓度，可减少负峰的干扰。

b. 金属离子 在测定阴离子时，样品中存在的大量金属离子可引起干扰，应在测定前除去。大量酸阴离子（如钨酸盐）将导致分离柱超负荷；在碱性条件下，可能形成氢氧化物沉淀的金属将导致柱压增加，使柱子性能变坏。

c. 样品中的有机物 离子色谱最适合测定水溶液中的离子，若样品中含有有机物，即使微量的有机物，在柱上不断积累，也会使柱子的性能逐渐变坏，分离度下降，因而在测定前必须除去有机物。一般是采取填充适当吸附剂的吸附柱选择性地吸附有机物，用流经吸附柱的液体进行离子色谱测定。如 Water 公司的 SEP-PAK Cartridge 柱，直径约 10mm，柱长 5～10cm，可用注射器的压力，一次使 5mL 样品溶液通过柱子。

2.7.7 离子色谱分析中注意的问题

(1) 淋洗液 在淋洗液中加入有机改良剂时，注意加入的有机溶剂比例不要太高，一般为 5%。同时淋洗液中酸或弱酸盐的浓度也不宜太高，否则会出现分层或沉淀。甲醇的溶解能力好于乙腈，但它的黏度大，所以使用时，根据具体问题选择有机溶剂。

酸性和碱性淋洗液互换前必须用大量去离子水冲洗整个流路，以防生成盐堵塞流路。另外，酸性与碱性淋洗液若直接接触反应放热，也将对分离柱造成损坏。淋洗液必须过滤和脱气。

（2）样品溶解　样品尽可能用水溶解，必须用酸溶解样品时，随后要用大量水稀释，因为分离阴离子时，酸阴离子的加入会导致分离柱超负荷。

（3）进样体积　离子色谱一般用定量环定量进样，需要注意的是注入的溶液体积至少应是定量管的3倍，否则不能代表样品的实际状况。

（4）拖尾峰　拖尾峰影响分离度，影响测量精度，所以在分析中尽可能避免拖尾峰的出现。当出现拖尾峰时，可尝试下列方法：

① 减少进样量或将样品稀释；

② 换用疏水性较弱的分离柱，以减小分析组分和固定相之间的相互作用；

③ 改变淋洗液的浓度，对于离子交换色谱增大淋洗液的浓度；

④ 在淋洗液中加入有机溶剂，如乙腈或甲醇等。

（5）分离柱的维护　分离柱是离子色谱分析的关键，正确使用分离柱会延长其使用期限，可从以下几方面考虑分离柱的维护。

① 淋洗液和样品溶液的使用（浓度和pH）不要超过分离柱的允许范围。

② 淋洗液和样品溶液进入仪器前必须过滤（0.45μm膜）。复杂样品必须经过适当方法进行前处理。

③ 在分离柱前加保护柱，根据实验现象（柱压升高、分离度变差、峰形改变等）随时更换保护柱。

④ 经常用有机溶剂清洗色谱柱，常用的有机溶剂是甲醇。在仪器停机时，用甲醇充满整个仪器流路。

⑤ 分离柱不用时，清洗后用甲醇饱和柱子，封端存放。长期不用时，定期往柱中泵入甲醇，以免干枯以及细菌生长。

参考文献

[1] 朱明华. 仪器分析. 北京：高等教育出版社，2008.
[2] 孙凤霞. 仪器分析. 北京：化学工业出版社，2004.
[3] 贾铮，戴长松，陈玲. 电化学测量方法. 北京：化学工业出版社，2006.
[4] 李民赞. 光谱分析技术及其应用. 北京：科学出版社，2006.
[5] 牟世芬，刘克纳. 离子色谱方法及应用. 北京：化学工业出版社，2000.

第3章 离子的分析检测

3.1 锂离子、钠离子和钾离子分析方法

锂、钠和钾这3个元素都是化学性质非常活泼的轻金属，它们的氢氧化物溶解于水中以后溶液都呈强碱性。其中钠和钾在地壳中含量很大，它们分别占地壳总重的2%和1.7%，锂离子作为新型能源锂离子电池材料而日益引人注目，而钠离子则是维持生命体的重要离子之一。

3.1.1 锂离子分析方法

（1）比色分析法测定　有机相中的锂可以采取比色的分析方法进行测定，显色剂为0.2%钍试剂，用20%KOH调节显色所需的强碱条件，以丙酮-水混合液为显色介质，测量波长为486nm。锂浓度在0.01～0.5g/L符合比尔定律，测定值的相对标准偏差为4.0%，锂的回收率为97%～107%。

（2）电化学分析法　对于狂躁症患者，现在临床上广泛应用碳酸锂治疗，所以血清中锂离子含量测定尤为重要。使用市售的锂离子选择电极，可对血清中锂离子进行有效测定。其灵敏度为0.1mmol/L，正常血浆水平的K、Na、Cl、Ca等离子存在时，对锂的测定一般无影响，当Ca、Na等离子浓度较高时，影响锂的测定结果。

（3）原子吸收法测定　镉镍电极中锂含量的测定是一个关键的参数，该分析可以采用原子吸收的方法进行。空气/乙炔火焰原子吸收光谱法测定锂在670.8nm谱线时，检出极限为0.05mg/L。高浓度的锂宜选用323.3nm共振线，其特征浓度为10mg/L。锰离子、镁离子、铜离子、锌离子等共存离子在200mg/L以下，对测定锂含量无干扰或干扰较小；锆、钡、钼、钛、硅、铋、铅、铁会产生干扰，用偏硼酸钠和氯化镧能消除这些元素的干扰。

（4）等离子发射光谱法　用等离子发射光谱法可直接测定金属铵中Fe，Li，Mo含量。金属铵中铁、锂和钼的最佳分析线分别为259.940nm，670.785nm和281.615nm；方法的检出限分别为0.0008%，0.0003%，0.0001%；加标回收率分别为98.9%～103%，97.5%～105%和92.5%～107%。

3.1.2 钠离子分析方法

（1）电化学分析法　使用钠离子选择电极对盐湖水中钠含量进行测定，相对标准偏差为0.173%，加标回收率在94%～105%。由于盐湖卤水中含有大量的Na^+和K^+，K^+对Na^+的测定干扰明显，且干扰程度随着K^+含量的增加而加大。为了消除K^+的干扰，实验采用在绘制标准曲线时，使标准溶液中的钠、钾浓度比例与试样中钠、钾浓度比例相近的办法，以消除K^+对Na^+测定的干扰。

（2）原子吸收法测定钠　地奥明具有改善微循环，清除氧自由基，降低毛细血管渗透等

多种生物活性。地奥明七硫酸酯钠为地奥明七硫酸酯钠盐复合物，其钠含量测定可采用原子吸收光谱法。采用标准曲线法，钠浓度在 0.6～1.4mg/L 标准曲线范围内线性良好，相关系数为 0.9991，加标回收率为 100.3%。

（3）等离子发射光谱法　张遴等通过优化仪器的最佳工作参数，微波加热硝酸消解奶粉，采用电感耦合等离子体发射光谱法同时测定奶粉中钠、钙、铜、铁、钾、镁、锰、锌和磷 9 种元素的含量，所得结果与国标方法的结果一致，加标回收率在 96.5%～111%。

3.1.3　钾离子分析方法

（1）比色分析法　杨志宏等人研究了用比色法测定烟草中的钾离子方法，其分析方法是在 25mL 比色管中，准确加入一定量的钾标准溶液，稀释至 10mL，加入 2mL 0.5mol/L 盐酸，加入表面活性剂溶液十二烷基苯磺酸钠（1%）作为分散介质，摇匀，再加入 1mL 30mg/mL 四苯硼钠溶液，用水稀释至刻度，摇匀，以试剂空白为参比，用 1cm 比色皿，于 450nm 处测定吸光度。

（2）电化学分析法　胡金曹等人使用钾离子选择性电极和钠离子选择性电极，研究了不同的电化学分析法（直接电位法和间接电位法）测定血清中钾和钠，结果表明，直接电位法和间接电位法无显著差异。

（3）原子吸收法　聚醚多元醇中的钾离子测定可以直接将聚醚多元醇溶解于乙醇中进行测定，其结果与国家标准 GB 12008.4—89 里规定的样品经灰化处理之后再使用原子吸收分析法测定结果相近。

（4）等离子发射光谱法　参照 3.1.2 钠离子分析方法中的（3）等离子发射光谱法。

3.2　镁离子、钙离子和钡离子分析方法

对生物界来说，镁是非常重要的元素。它是叶绿素的核心元素，在叶绿素里，镁的含量达 2%。植物的光合作用每年将几百亿吨二氧化碳吸收，转化成为有机化合物，从而支撑了地球上千千万万生物的生存，由此可以看到作为叶绿素核心的镁离子对生物界的贡献。

钙元素是构成包含人类在内的高等动物身体的重要元素之一。人类骨骼的主要成分是羟基磷酸钙。当人体缺钙时，骨质就会疏松，就容易发生骨折、骨坏死等伤病。此外，血液里面的钙离子在刺激和调节人们的心脏活动中起很重要的作用，增加血液中钙离子的浓度可以加强心脏的活动。血液中的钙离子还对血液在空气中凝结的快慢产生影响，血钙浓度过低往往会使人受伤时伤口流血不止。

钡离子在工业生产中应用也相当广泛，硫酸钡在工业上叫做“钡白”。在高档纸张中，用它做白色填料使纸张白而不透。碳酸钡广泛用于彩色电视机的玻璃壳中代替相应的钙盐，可以吸收彩色显像管在工作时产生的 X 射线，保护观众。

（1）镁离子分析方法

a. 比色分析法——达旦黄比色法。在微酸性溶液中用二乙基二硫代氨基甲酸盐-氯仿萃取除去重金属，然后在碱性溶液中用达旦黄显色，在 540nm 测吸光度测定镁。显色时加入三乙醇胺掩蔽铝及可能存在的铁、锡和少量的锌，氰化钾掩蔽可能存在的铜、铂、镍、汞、锌、镉、铁（Ⅱ）。钙存在下会提高显色灵敏度，随钙量增加其灵敏度逐渐提高，当钙量增至一定（0.08mg/mL）时其吸光度增至恒定。在分析的样品与空白溶液、标准溶液中均要加入相同量的钙，钙量太多会析出沉淀。醋酸根、酒石酸根、磷酸根及铵离子有干扰。

b. 电化学法测定镁离子　以中性载体苯-15-冠-5 为离子载体的 PVC 膜的镁离子选择电极，膜的工作范围在 $1.0\times10^{-5}\sim1.0\times10^{-1}$mol/L，斜率是（31.0±1.0）mV，响应时间

15s，使用寿命 4 个月，pH 范围为 2.2～9.8。用上述电极法测定尿液中的镁、钙离子时，电位值漂移常常较大，其原因主要是亲脂性物质的干扰。对尿样进行超滤后发现，这些干扰物质的相对分子质量低于 1000，主要为磷脂、卟啉类和胆酸类等化合物。因此，对尿样进行预处理，除去这些亲脂性物质，电位值的漂移可减少许多。

c. 原子吸收法　在航天空间电源系统镉镍电池的研制过程中，纯镍材料的质量及元素成分显得十分重要。通常需要检测镍中镁、锰、铁的含量。测定时根据情况适当加入一定体积的氧化镧溶液、偏钒酸铵溶液、纯镍溶液和 2mol/L 硝酸稀释液。共存离子允许量：Pb^{2+}、Sn^{2+}、Cd^{2+}、Na^{+}、Al^{3+}、Zn^{2+} 为 250mg/L；而 Hg^{2+}、Ti^{2+}、Mo^{2+}、Ca^{2+}、B^{3+} 为 200mg/L，以上共存离子不影响纯镍中镁、锰、铁含量的快速测定。硅能使结果偏低 2%，但加适量的偏钒酸铵均能消除上述的干扰，而且这种添加剂对测定镁、锰、铁的灵敏度没有影响，可以获得可靠的分析结果。

d. 等离子发射光谱法　以渣油为原料生产尿素产品的化肥厂，原料中的金属元素含量是作为对气化炉控制的操作依据之一。渣油中铁、镍、钙、镁、钠、钒金属离子的测定可以采用等离子发射光谱法。渣油样品经干式灰化法灰化后，可用浓硝酸/高氯酸进行消解。100mg/kg 铁、镍、钙、镁、钠、钒金属元素共存对测定结果无影响。

（2）钙离子分析方法

a. 比色法测定钙离子　对于水样品中钙的分析，可以使用乙二醛双（2-羟苯胺）比色法，在强碱性溶液中，钙与乙二醛双（2-羟苯胺）生成红色螯合物，可用戊醇或辛醇萃取比色。如在显色时加入十四烷基二甲基苄铵，则可用二氯乙烷萃取，颜色稳定 6h。萃取时加入三乙醇胺能掩蔽铁、铝、钛等，四亚乙基五胺能掩蔽铜、锌、镉、汞、镍、钴等，双（2-羟基乙基）二硫代氨基甲酸可掩蔽铜、镉、钴、镍等。

b. 电化学法测定钙离子　参照（1）镁离子分析方法中的 b. 电化学法测定镁离子。

c. 原子吸收法测定钙离子　陈焕斌采用微波溶样原子吸收光谱法测定了石油添加剂中的钙和镁，微波消解法不仅具有较高的回收率，而且快速准确。对石油添加剂中 Ca、Mg 测定表明，分析精密度＜2.9%，回收率 98%～101%。

d. 等离子发射光谱法　参照（1）镁离子分析方法中的 d. 等离子发射光谱法。

3.3 铜离子、银离子和金离子分析方法

铜、银、金等元素，是人类发现的第一批元素。铜是植物所必需的微量营养元素，是植物多种氧化酶的组成组分。植物缺铜，叶片容易缺绿，而且作物不能正常结实。铜也是动物正常生长发育的必需元素，人体内缺少铜会引起高胆固醇血症等多种疾病。

金在自然界主要以游离状态存在，被人类发现的时间极早。在 2000 多年前的战国时期，我国还出现了金处理技术，把金汞齐（金和汞生成的合金）涂在铜的表面，经过烘烤让汞蒸发以后，金就牢牢地附着在铜的表面。这项技术表明，在那个时代我们的祖先已经掌握了金汞齐的性质。

（1）铜离子分析方法　由于铜离子存在着不同的价态，所以对铜离子的分析测试既存在铜的定量（总量），也有一价铜测定和二价铜测定的区别。原子吸收和等离子发射光谱法一般仅适用于铜离子（总量）测定，对于铜离子的形态分析测定可考虑比色分析法和电化学分析法。

① 比色分析法

a. 铜（Ⅰ）离子——新亚铜灵（2,9-二甲基-1,10-二氮杂菲）比色法　在 pH3～10 的溶液中，铜（Ⅰ）与新亚铜灵反应生成橙黄色的螯合阳离子，它同硝酸或高氯酸的阴离子相缔

合，可为氯仿、戊醇等萃取。其最大吸收在454～457nm（依溶剂而定），0.4～8μg（铜）/mL（有机相）服从比尔定律，色度稳定4d以上。铜（Ⅰ）-2,9二甲基-1,10-二氮杂菲的螯合阳离子也能同酸性染料如甲基橙、溴酚蓝的阴离子相互缔合，而为氯仿萃取，萃取液的颜色取决于酸性染料的种类，反应灵敏度提高2～4倍。2,9-二甲基-1,10-二氮杂菲与铜（Ⅰ）反应的选择性很高，由于二氮杂菲的分子中的2、9位上有两个甲基，使得试剂易于和铜（Ⅰ）生成四面体的螯合物，“空间位阻”效应使试剂不能同其他金属离子配位生成八面体或四边形的螯合物。

此法测定铜时，Ag^+、Al^{3+}、As^{3+}、As^{5+}、Au^+、Au^{3+}、B^{3+}、Ba^{2+}、Bi^{3+}、Bi^{5+}、Ca^{2+}、Cd^{2+}、Ce^{3+}、Ce^{4+}、Co^{2+}、Cr^{3+}、Fe^{2+}、Fe^{3+}、Ga^{3+}、Ge^{3+}、Hf^{4+}、Hg^{2+}、In^{3+}、Ir^{3+}、K^+、La^{3+}、Li^+、Mg^{2+}、Mn^{2+}、Mo^{6+}、Na^+、Nb^{5+}、Ni^{2+}、Os^{n+}、P^{3+}、P^{5+}、Pb^{2+}、Pd^{2+}、Pt^{2+}、Re^{n+}、Rh^{n+}、Ru^{6+}、Sb^{3+}、Sc^{3+}、Se^{4+}、Sn^{2+}、Sn^{4+}、Sr^{2+}、Ta^{6+}、Te^{6+}、Th^{4+}、Ti^{2+}、U^{6+}、V^{5+}、W^{6+}、Y^{3+}、Zn^{2+}、Zr^{4+}以及Cl^-、SO_4^{2-}、NO_3^-、ClO^-、F^-、PO_4^{3-}、$P_2O_7^{4-}$、柠檬酸根、酒石酸根等均无干扰，只有CN^-、S^{2-}干扰。

b. 测定铜（Ⅱ）离子——二乙基二硫代氨基甲酸比色法　在EDTA和柠檬酸钠的微碱性溶液中，铜(Ⅱ)与二乙基二硫代氨基甲酸（DDTC）生成黄橙色的$Cu(DDTC)_2$螯合物，用氯仿萃取后，于436nm处测定。在EDTA存在下，pH>9时，铜的螯合物$Cu(DDTC)_2$难于完全萃取。pH8.0～8.8时，EDTA不影响铜的定量萃取。在pH8.5的EDTA和柠檬酸盐溶液中，测定2～100μg铜时，允许存在大量（100mg）的碱金属及Al^{3+}、As^{3+}、As^{5+}、B^{3+}、Ba、Be^{2+}、Ca^{2+}、Cd^{2+}、Ce^{3+}、Ce^{4+}、Cr^{3+}、Ga^{2+}、Ge^{3+}、In^{3+}、La^{3+}、Mg^{2+}、Mo^{6+}、Pb^{2+}、Sb^{5+}、Sc^{3+}、Sn^{2+}、Sn^{4+}、Sr^{2+}、Te^{6+}、Ti^{2+}、Th^{4+}、U^{6+}、V^{5+}、W^{6+}、Zn^{2+}、Fe^{2+}、Fe^{3+}、Ni^{2+}、Co^{2+}、Mn^{2+}等离子。Bi^{3+}、Te^{4+}、Sb^{3+}、Tl^+、Pt^{4+}、Pd^{2+}干扰测定。

② 电化学分析法　通过共价自组装的方法制得L-半胱氨酸单分子层修饰金电极，以该修饰电极为工作电极，可选择性地检测水中痕量铜离子。用该电极，铜离子在0.1～30μmol/L有良好的线性关系，其最低检测限可达5nmol/L。在对0.1μmol/L的铜离子进行检测时，除500倍的Ni^{2+}对实验有所影响外，10000倍的Ag^+、Bi^{3+}、Pb^{2+}，100000倍的Zn^{2+}、Ca^{2+}、Mg^{2+}、Cd^{2+}、Co^{3+}、Cr^{3+}、Fe^{3+}、Al^{3+}和NH_4^+以及大量存在的阴离子，如Cl^-、NO_3^-、F^-、SO_4^{2-}、ClO_3^-、PO_4^{3-}和CO_3^{2-}等不干扰实验结果。

③ 原子吸收分析法　纺织品中铜含量可用原子吸收分析法进行分析测试，其方法是称取定量剪碎的纺织品，用硫酸、硝酸湿法灰化后，将试样溶液喷入空气-乙炔火焰中，用铜空心阴极灯做光源，在对应的原子吸收光谱波长324.7nm处，测量其吸光度，对照标准曲线确定铜离子的含量。

④ 等离子发射光谱法　参考3.1.2钠离子分析方法中的（3）等离子发射光谱法。

（2）银离子分析方法

a. 比色分析法　用二苯碳酰二肼做显色剂，可测定显影废液中银离子，显影废液中银离子在pH5.80～6.70溶液中、紫外光照射下，二苯碳酰二肼与Ag^+作用生成红色的二苯卡巴腙，产物用三氯甲烷萃取后，于557nm波长处有一最大吸收值，Ag^+浓度在$0 \sim 1.12 \times 10^{-3}$mol/L时符合比尔定律。当测定溶液中存在$1.0 \times 10^{-3}$mol/L Ag^+时，大量Al^{3+}、Fe^{3+}、Fe^{2+}、K^+、Na^+、Ca^{2+}、Co^{2+}、Ni^{2+}、Mn^{2+}、Cu^{2+}、Zn^{2+}、V^{5+}、Ti^{4+}、SO_4^{2-}没有干扰，Cr^{6+}使实验结果偏高，测定前需预先除去。用本法测定显影液中Ag^+，相对标准偏差为2.65%，加标回收率为103.6%。

b. 电化学分析法　采用Ag/S^{2-}离子选择性电极，在离子强度缓冲液（42.5g $NaNO_3$，溶于纯水中，调节 pH 值为 6 左右，并定容至 100mL）中，可快速准确地测定航天加银水中银离子的含量。银离子的测量范围为 10^{-7}～1mol/L（0.01～10^5 mg/L），灵敏度为 10^{-4} mg/L，测定相对误差为 3.4%，变异系数为 1.3%，加标回收率平均值为 105.4%。

c. 原子吸收分析法　采用火焰原子吸收光谱法直接测定多金属矿中高含量的银，其程序是将样品于 700℃高温炉中灼烧 1h，以王水溶矿样，在硫脲介质中利用仪器的参比工作方式直接测定样品中银的含量，仪器的分析条件为波长：328.1nm；燃烧器高度：6mm；灯电流：10mA；狭缝宽度：0.2nm；空气流量：7L/min；乙炔流量：1L/min。银为 100μg/mL 时，当 Mg^{2+}、Ca^{2+}、Sr^{2+}、Ba^{2+}、Fe^{3+}、Al^{3+}、Mn^{2+}、Zn^{2+}、Co^{2+}、Ni^{2+}、Cu^{2+}、Pb^{2+}、Bi^{2+}、Hg^{2+} 等离子超过 100 倍时，不影响大量银测定的结果。

d. 等离子发射光谱法　铅基合金中的银、钙、锶可使用等离子发射光谱法进行测定，用 50% 的硝酸直接溶解样品，定容于 100mL 后直接测定，对银、钙、锶分别选择了 2～3 条谱线进行考查，5mg/mL 的铅基体都不会对 Ag 338.289nm，Ag 328.068nm；Ca 317.933nm，Ca 393.366nm，Ca 396.847nm；Sr 407.771nm，Sr 421.552nm，Sr 460.733nm 存在谱线干扰，银、钙、锶的加标回收率都在 95%～105%，对银、钙、锶的检出限分别达到 0.005mg/L、0.06mg/L、0.0015mg/L。

(3) 金离子分析方法

a. 比色分析法　硫代米蚩酮分光光度法测定金的摩尔吸光系数为 1.2×10^5，测定范围为 1～800ng/g，用该方法测定矿石中金含量的方法为：称取样品按活性炭动态吸附法中分离富集过程进行样品的前处理，得到样品溶液，加入硫代米蚩酮，于 550nm 处测定吸光度，绘制校准曲线。

b. 电化学分析法　采用脱乙酰壳多糖化学修饰电极，阳极溶出伏安法测定痕量金；在 pH1～2 KCl-HCl 底液中，起始电位为 0.2V，终止电位为 1.3V，富集 5min，以 0.1V/s 阳极溶出，峰电位在 1.00V 时，金质量浓度在 0.1～10μg/L，与峰高呈线性关系。

c. 原子吸收分析法　矿石样品在马弗炉中灼烧 1～2.5h（600℃），冷却后加入 1∶1 王水 60mL（试样中含铁少时可加入 3ml 250g/L $FeCl_3$ 溶液），盖上瓷坩埚微沸 1h 左右剩下体积 20～30mL，取下冷却，加水至 100mL 左右（酸度 10%～40%），放入一块泡沫塑料块。瓷坩埚放入振荡器中，振荡 30min 左右，用铝钩子取出泡沫块，用水冲洗挤干（也可以用纱布包上挤干）。把泡沫块放入已加入 10mL 硫脲解脱液的 25mL 比色管中，沸水浴解脱 30min，倒入 10mL 小烧杯中，冷却待测。当溶液中有一定量铁存在时，用泡沫塑料吸附金的回收率明显提高，铁量以大于 150mg 为宜。原子化时无铁存在，金的标准曲线线性差，重现性不好，而当有 50μg/mL 铁存在时，金的线性得到改善，重线性好，灵敏度提高 1/3。

d. 等离子发射光谱法　用等离子发射光谱法测定合金中微量金和铁。金、铁分析谱线分别为 267.595nm，239.562nm。以 3 倍的标准偏差为检出限，金、铁的检出限依次为 0.017mg/L，0.005mg/L。相对标准偏差小于 10%，加标回收率为 90%～102%。

3.4 锌离子、镉离子和汞离子分析方法

锌主要以硫化物或含氧化合物存在于自然界中，硫酸锌是一种“微量元素肥料”，是植物生长所不可缺少的元素。在人体中也含有十万分之一以上的锌，含锌最多的是人体的牙齿和神经系统。

天然的镉以硫化物存在，镉是一种银白色金属，被广泛用于电镀、涂料、颜料、电池、照相材料、陶瓷等行业。镉中毒是慢性过程，潜伏期最短为 2～8 年，一般为 15～20 年。无论是从毒性还是蓄积作用来看，镉是仅次于汞、铅，污染环境、威胁人类健康的第三种重金

属元素。

我国在3000年前，便已利用汞的化合物来作药剂医治痢疾。汞的一种特性是能溶解一些金属而形成柔软的合金——汞齐。不光是锌、铅等很容易被汞溶解，金银也能被汞溶解。汞在冶金、仪表、化工、医学、防腐等方面的用途很大。汞的化合物（甘汞、升汞、红药水）可杀灭细菌和医治皮肤病，但进入人体中积累就会有毒性，破坏神经中枢。

（1）锌离子分析方法

a. 比色分析法——二硫腙比色法　在含有酒石酸钾钠和双（2-羟基乙基）二硫代氨基甲酸的溶液中，二硫腙-四氯化碳能很好地选择性萃取锌，在532nm处测吸光度。双（2-羟基乙基）二硫代氨基甲酸能有效地掩蔽Cu^{2+}、Cd^{2+}、Ni^{2+}、Pb^{2+}、Mn^{2+}、Bi^{3+}、Tl^{2+}、Sn^{2+}、Fe^{2+}、Fe^{3+}、Co^{2+}、Hg^{2+}、Ag^{+}、Pt^{2+}、Pd^{2+}等金属离子，酒石酸存在下萃取的合适pH为7.8～10，pH＜7.7锌萃取不完全，pH＞10时锌的萃取急剧降低。在此条件下，1～10μg锌的加标回收率在95％～100％，反应灵敏度可达0.1μg。

b. 电化学分析法　在抗坏血酸-硫氰酸钾-醋酸-醋酸钠-吡啶-明胶的混合底液中，用单扫描示波极谱法可连续测定中药材中的铅和锌。在该体系内样品中的铅和锌在滴汞电极上产生灵敏的还原波，峰电位分别为－0.456V（vs. SCE）和－1.038V（vs. SCE），铅和锌的加标回收率分别为95.2％～104.4％和95.2％～104.6％，铅和锌的相对标准偏差分别为1.82％～4.97％和1.03％～4.60％。

c. 原子吸收分析法　牡丹皮中含有较丰富的铁、锌、铜、锰元素。采用原子吸收光谱法可测定牡丹皮中铁、锌、铜、锰4种微量元素的含量。牡丹皮样品通过浓HNO_3 10mL和浓$HClO_4$ 3mL混酸浸泡放至过夜后，置电热板上缓慢加热硝化，至溶液呈无色透明，用2％ HNO_3定容至50mL，混匀备用，即可进行测定。

d. 等离子发射光谱法　参照3.1.2钠离子分析方法中（3）等离子发射光谱法。

（2）镉离子分析方法

a. 比色分析法——二硫腙比色法　在含有氰化钾-柠檬酸铵的碱性液中，用二硫腙-四氯化碳萃取分离镉（铅）。用酒石酸从有机相中反萃取镉，然后再在强碱性的氰化钾溶液中用二硫腙萃取，于520nm处测吸光度。

b. 电化学分析法　采用示波或方波极谱法可很好地测定镉。样品溶液中加10mL 2mol/L盐酸和0.1g抗坏血酸，混匀，用2mol/L盐酸稀释至25mL。倒出部分溶液于电解杯中，通氮气5min，电压扫描范围为－0.8～－0.6V。

c. 原子吸收分析法　用硝酸和盐酸的混酸溶液（10mL20％硝酸、5mL浓盐酸）溶解电子元器件引脚，用火焰原子吸收光谱法测定溶解样品中的铅与镉含量。为了消除基体元素及其他共存元素的干扰，采用标准加入法进行测定，该方法的加标回收率为97％～105％。

d. 等离子发射光谱法　氰化镀银溶液中铜、铁、铅、镉、钙、镁含量可用ICP-AES法测定，以硝酸和盐酸破坏银-氰化合物，使氰化物和银分别以氢氰酸气体和氯化银沉淀形式除去，该方法检出限为0.0015～0.110μg/mL，加标回收率在89％～124％。

（3）汞离子分析方法　自然界中的汞主要以单质汞、无机汞（Hg^{+}、Hg^{2+}盐及其配合物）和有机汞（烷基汞、芳基汞等）形式存在。无机汞通过生物甲基化作用，生成毒性更强的甲基汞，从而被动植物吸收，通过食物链的富集作用进入人体，对人体造成损害。

① 比色分析法

a. 无机汞离子的测定：二乙基二硫代氨基甲酸萃取分离——碱性染料比色法。在EDTA和柠檬酸的碱性液（pH 8～9）中，汞离子与二乙基二硫代氨基甲酸（DDTC）生成络合物，加入毫克量的铜（Ⅱ）作载体，可使微克至毫微克量的汞从大体积溶液中为氯仿定量萃取。

铅、锌、镍、钴、锰、铁、锡等均为 EDTA 掩蔽。二乙基二硫代氨基甲酸汞 [$Hg(DDTC)_2$] 非常稳定，不能被盐酸、硫酸、硝酸、高氯酸等反萃取，只能用含有溴酸钾和溴化钾的硝酸溶液定量反萃取。反萃取时与有机相中存在的铜有关，大于 0.5mg 铜时，一次反萃取就可使汞完全进入水相。反萃取液中的汞可用结晶紫萃取比色，在 605nm 处测吸光度，进行定量分析汞。在 0.5～1.0mol/L 硝酸液中，结晶紫同溴络合汞的阴离子（$HgBr_3^-$、$HgBr_4^{2-}$）相缔合用甲苯萃取。如果汞量极微，结晶紫的灵敏度还不够高，可用丁基罗丹明 B 取代结晶紫生成红色的具有荧光的缔合物，以提高显色的灵敏度和稳定性，在 590nm 处测荧光强度（小于 1μg）。

此法选择性很高，二乙基二硫代氨基甲酸-氯仿萃取分离时，除汞、铜之外，只有银、铊、金、钯进入有机相。在结晶紫萃取前用还原剂消除铊（Ⅲ）、金（Ⅲ）的干扰，银、钯不参与染料显色反应。废水中金、钯、银、铊的含量实际上可不予考虑。

b. 有机汞的分析——二硫腙比色法。从 0.1～0.2mol/L 盐酸液中，用氯仿萃取有机汞的氯化物，苯和甲基异丁酮也能定量萃取，四氯化碳不宜作萃取剂（只萃取约 40%）。氯仿萃取有机汞与水溶液中酸介质的特性有关，酸度增高，萃取率下降。水溶液中若存有硫离子、亚硫酸根、硫代硫酸根、硫氰根、氰离子、巯基化合物等，影响萃取。萃取前加入高锰酸钾氧化是消除某些有机硫化物的有效方法，但氰化物和有些硫化物不能用高锰酸钾消除。更有效的消除干扰物的方法是加入氯化汞，无机汞（Hg^{2+}）同硫离子、氰离子或有机硫化合物结合，而游离出可被萃取的 RHgCl。

$$(RHg)_2S + HgCl_2 = HgS + 2RHgCl$$

$$2(RHg)SR' + HgCl_2 = Hg(SR')_2 + 2RHgCl$$

$$2(RHg)CN + HgCl_2 = Hg(CN)_2 + 2RHgCl$$

过量的氯化汞不为氯仿萃取，萃取有机汞的氯仿液用 0.1mol/L 盐酸洗 2～3 次可完全洗除无机汞。氯化铜可代替氯化汞作为消除干扰物的添加剂。萃取的有机汞用氨水反萃取后，在 pH 2～4 的溶液中用二硫腙-四氯化碳萃取，有机汞以黄橙色 RHg(HDZ) 络合物进入有机相中，最大吸收在 455～478nm。pH4 时有机汞会氧化二硫腙，pH＜2 时有机汞不能定量地同二硫腙反应。萃取比色时二硫腙的质量极为重要，使用前应新鲜提纯二硫腙。

② 电化学分析法　以苯海拉明与碘汞酸盐缔合物为电活性物的新型聚氯乙烯膜汞离子选择电极，电极的线性响应范围为 1.6×10^{-5}～1.0×10^{-2} mol/L，检出限为 1.0×10^{-5} mol/L。用此电极，以标准曲线法可对污水中的 Hg^{2+} 进行测定。

③ 原子吸收分析法　采用无火焰冷原子吸收分光光度法可在不同条件下，分别测定水样中无机汞含量以及有机汞含量。

无机汞在大于 0.25mol/L 硫酸或大于 0.2mol/L 氢氧化钠溶液中，可用氯化亚锡定量还原，通入空气作为载气使汞蒸气逸出，导入特制的石英或硼硅玻璃吸收管中，在 253.7nm 作原子吸收分光光度测定。无机汞为亚锡还原，受酸碱度的影响，当小于 0.25mol/L 硫酸或小于 0.2mol/L 氢氧化钠时，无机汞不能很好还原，这可能是由于酸度或碱度降低会使亚锡水解生成沉淀，使其还原能力下降，并还会引起汞的共沉淀损失。

有机汞中常见的有氯化甲基汞（CH_3HgCl，MMC），氯化乙基汞（C_2H_5HgCl，EMC），醋酸苯汞（$C_6H_5HgCH_3COO$，PMA）三种。由于在大于 0.05mol/L 硫酸中，有机汞不被亚锡还原，因而在大于 0.05mol/L 硫酸中，用氯化亚锡能选择性地还原无机汞，以汞蒸气逸出作原子吸收测定，有机汞不产生干扰。在大于 0.3mol/L 氢氧化钠中，存在有镉或铜作促进剂下，有机汞也能定量地被亚锡还原，形成汞蒸气逸出，作原子吸收测定。当存在有 10×10^{-6} 以上的镉或铜时，甲基汞为亚锡还原，所作原子吸收测定的灵敏度与无机汞一样高。作为促进剂的镉或铜量最好大于汞量的 2×10^4 倍，它不但有助于亚锡对有机汞的还原，还有助于抑制其他离子的干扰。碱度降低，灵敏度急剧下降，MMC 和 EMC 的行为大致相似，而 PMA 较难还原。

此冷原子吸收法适于测定 0.02～0.6μg/250mL（水样）的无机汞或有机汞。在酸性溶液中用冷原子吸收法测定无机汞（0.5μg/250mL）时，允许存在下列离子各 5mg：Cd^{2+}、Cu^{2+}、Ni^{2+}、Mg^{2+}，Pb^{2+}、Cr^{3+}、Cr^{6+}、Ca^{2+}、Fe^{3+}、Mn^{2+}、Mn^{6+}、Zn^{2+}、Al^{3+}、NH_4^+、NO_3^-、NO_2^-、SO_3^{2-}、CN^-、SCN^-，及 0.75mg 的 Ag^+、0.55mg 的 I^-，硫离子和硫代硫酸根严重干扰。在碱性溶液中并有镉作为促进剂下，用冷原子吸收法测定有机（和无机）汞时，允许存在 5mg 的 Cu^{2+}、Mg^{2+}、Cr^{3+}、Cr^{6+}、Ca^{2+}、Fe^{3+}、Mn^{2+}、Mn^{6+}、Zn^{2+}、Al^{3+}、NH_4^+、NO_3^-、SCN^-、SO_3^{2-}、I^-；1mg 的 CN^-；0.5mg 的 Ni^{2+}、Ag^+；0.1mg 的 Pb^{2+}、NO_2^-。硫离子及硫代硫酸根仍有影响。镉的存在有利于抑制 Cu^{2+}、Mg^{2+}、Pb^{2+}、Ag^+、NO_3^-、SCN^- 等的干扰。

④ 等离子发射光谱法　对聚丙烯塑料进行微波消解后，可采用电感耦合等离子体原子发射光谱法测定其中铅、镉、汞和铬的含量。其方法是采用 5.0mL 硝酸和 2.0mL 过氧化氢的混合酸，通过分段升温，并在 190℃下消解 30min，可使样品完全分解，测得铅、镉、汞和铬的检出限分别为 5.20mg/kg、0.05mg/kg、5.00mg/kg、3.78mg/kg。采用本方法测定 ERM-EC680 聚丙烯塑料中的铅、镉、汞和铬，测定值与认定值相符。

3.5 钛离子、钒离子分析方法

由于钛在自然界中其存在分散并难于提取，它一直被人们认为是一种稀有金属。钛重量较轻，机械强度同钢相似，所以钛成了制造火箭、人造卫星、航天飞机、宇宙飞船理想的“空间金属”材料。钛在医学上也有独特的用途，有骨头损坏的地方，用钛片和钛螺丝钉钉好，过几个月骨头就会重新生长在钛片的小孔和钛螺丝钉的螺纹里，新的肌肉纤维就包在钛的薄片上。这种钛的骨头犹如真的骨头一样，因此，钛被称为亲生物金属。

钒在地壳中的含量并不少，其丰度为 0.015%，比铜、锡、锌的含量都多。钒具有比钛更强的金属键，所以比钢还硬，可以用于划玻璃和石英。纯钒的用途并不很广，只是用作射线的滤波器和电子管中的阴极材料。钒的主要用途是制造合金和钒钢。

（1）钛离子分析方法

a. 比色分析法　用硫酸、双氧水消解氨纶中的氧化钛，在硫酸-盐酸介质中，Ti^{4+} 与二安替比林甲烷生成黄色可溶性络合物，在 410nm 波长处，11 次测定的相对标准偏差为 0.58%～0.73%，钛含量的检出限为 0.273μg/L，加标回收率达 98.1%～103.2%。

b. 电化学分析法　采用 Nafion 修饰玻碳电极，利用修饰膜上的—SO_3^-，在 0.80V（参比电极为 Ag/AgCl）与 TiO^{2+} 形成离子对，而选择性富集钛(Ⅳ)，然后向负电位扫描，钛(Ⅳ) 被还原，用该方法可测定铝合金中的钛，检测范围为 0.1～5.0ng/mL。

c. 原子吸收分析法　采用石墨炉原子吸收光谱法测定功能纤维中微量钛，首先采用干法消化处理试样，狭缝宽 0.2nm，检测波长 364.3nm，在关闭氘灯背景扣除状态下，干燥阶段：120℃、50s；灰化阶段：550℃、155s，1200℃、15s；原子化阶段：2550℃、4s；清除阶段：2700℃、6s 的阶梯升温程序，其检出范围为 100～2000μg/L，回收率为 97%，相对标准偏差为 0.67%。

d. 等离子发射光谱法　用等离子发射光谱法可测试玻璃中 Al、Ca、Fe、K、Mg、Na、Ti、S 含量。样品处理方法是将试样研磨至粒径 0.08mm 以下，在恒温干燥箱中于 100～

108℃烘干不少于1h。置于铂金皿中，用水润湿，加入$HClO_4$和HF的混酸，于低温电炉上蒸发至白烟冒尽，冷却，加HCl及适量水，加热溶解。用水稀释至刻度，摇匀、待测。分析谱线（nm）分别为Al 394.401、Ca 317.933、Fe 238.204、K 766.491、Mg 285.213、Na 589.592、Ti 336.122、S 181.972。方法的加标回收率为95.0%～103.0%，相对标准偏差为0.20%～1.72%（n=10）。

（2）钒离子分析方法

a. 比色分析法——过硫酸铵/棓因酸（$H_6C_7O_5$）催化分析法　利用钒离子对于过硫酸铵氧化棓因酸的反应有催化效应，来测定微量的钒。本法非常灵敏，在10mL体积中测定0～0.08μg钒，可检出废水中μg/L数量级的钒。棓因酸加入显色后，准确放置60min之后，在415nm测吸光度，用水作参比。

此法选择性较好，允许存在有下列离子（mg/L）：Cr^{6+}（1）、Co^{2+}（1）、Cu^{2+}（0.05）、Fe^{2+}（0.3）、Fe^{3+}（0.5）、Mo^{6+}（0.1）、Ni^{2+}（3）、Ag^{+}（2）及Cl^{-}（1100）、Br^{-}（0.1）与I^{-}（0.001）。其中以碘离子与溴离子干扰较严重，加入硝酸汞能有效地消除碘离子和溴离子的影响。如水样加入350μg汞(Ⅱ）能消除100μg/L氯离子和250μg/L溴离子及碘离子的干扰。

b. 电化学分析法　钒-荧光镓（LMG）络合物在碳糊电极上，在0.81V（vs. SCE）的阳极二次导数峰电流与钒(Ⅴ）的浓度在一定范围内呈线性关系。在pH＝4.3的0.26mol/L的$HAc\text{-}NH_4Ac$缓冲溶液中，于0.4V富集，从0.4～1.4V以300mV/s线性扫描，方法线性范围为$4.0\times10^{-9}\sim1.0\times10^{-7}$ mol/L（5.0×10^{-7} mol/L LMG）和$1.0\times10^{-7}\sim1.2\times10^{-6}$ mol/L(2.0×10^{-6} mol/L LMG)，检出限为1.0×10^{-9} mol/L($S/N=3$)。该法用于煤飞灰、粉煤灰和水样中钒的测定。

c. 原子吸收分析法　微波消解-石墨炉原子吸收法测定土壤中钒。准确称取0.5000g土壤样品于消解罐中，加入5mL硝酸、3mL盐酸、2mL氢氟酸，微波消解。消解液冷却后直接转移至50mL容量瓶中，用0.2%硝酸溶液定容待测。测量条件为波长318.4nm、灯电流12mA、狭缝0.4nm、载气为氩气。石墨炉升温程序为：干燥温度80～140℃，时间40s；灰化温度900℃，时间20s；原子化温度2800℃，时间5s；清洗温度2800℃，时间4s。方法在0～100μg/L范围内线性良好，方法检出限为0.2μg/g，加标回收率为92.0%～104%。

d. 等离子发射光谱法　参照3.2节（1）镁离子分析方法中d.等离子发射光谱法。

3.6 铬离子、钼离子、钨离子和锰离子分析方法

铬、钼和钨在地壳中丰度较低，钼和钨在我国蕴藏量极为丰富。铬是银白色有光泽的金属，三氧化铬易溶于水，大量用于电镀工业、织品媒染、鞣革和清洁金属。钼、钨的化合物都有比较重要的用途，如用于处理防火制品，它同二硫化钼结合，形成高强度抗磨损的自身润滑涂料。钼元素是植物生长不可缺少的微量元素，尤其是豆科和禾本科植物，更加需要钼。在人的眼色素中，也含有微量的钼。在蔬菜中以甘蓝、白菜等含钼较多。

在重金属中，锰在地壳中的丰度仅次于铁，锰的常见化合物有高锰酸钾、碳酸锰和硫酸锰。高锰酸钾是最常见的氧化剂，碳酸锰是一种重要的白色颜料，俗称“锰白”，而硫酸锰在农业上则用作种子催芽剂或作微量元素肥料。在动植物体中都含有一定量的锰元素，其含量一般不超过十万分之几。但在红蚂蚁体内含锰竟达万分之五，有些细菌含锰甚至达百分之几。人体中含锰为百万分之四，大部分分布在心脏、肝脏和肾脏。锰主要影响人体的生长、血液的形成与内分泌功能。

（1）铬离子分析方法　电镀及制革工业废水中含有铬，六价铬和三价铬均污染水体。六

价铬的毒性比三价铬强100倍，饮用水中铬(Ⅵ)不许超过0.05mg/L，当铬(Ⅵ)大到0.1mg/L以上时就会危及人的健康。

a. 比色分析法　铬(Ⅵ)用二苯碳酰二肼比色法进行定量分析。在0.2mol/L硫酸中铬(Ⅵ)与二苯碳酰二肼反应形成红紫色化合物，其最大吸收在540nm，0.08～1.6μg/mL服从比尔定律。汞(Ⅰ、Ⅱ)与试剂产生蓝色或蓝紫色化合物，铁(Ⅲ)出现黄色或黄棕色干扰物，少量铁(Ⅲ)的影响可用磷酸掩蔽。钼(Ⅵ)也能反应生成红紫色化合物，灵敏度很低，10倍的钼会引起1%相对误差，草酸能掩蔽钼(Ⅵ)。

b. 电化学分析法　基于铬(Ⅲ)-二亚乙基三胺五乙酸(DTPA)-NO_3-体系的催化作用测定溶液中铬(Ⅵ)和无机态铬(Ⅲ)的方法，制作了银汞合金电极，并在其表面通过自组装修饰上DTPA。在含有0.1mol/L HAc-NaAc(pH=5.5)缓冲液和0.25mol/L KNO_3溶液中，当电极电位在-1.40～-0.80V进行阴极化扫描时，溶液中铬(Ⅵ)在电极表面被还原成为铬(Ⅲ)并与电极表面上的DTPA络合，同时溶液中无机态铬(Ⅲ)也与DTPA络合，于-1.24V左右形成灵敏的还原峰。通过改变扫描前富集方式，分别实现铬(Ⅵ)和无机态铬(Ⅲ)的测定。铬(Ⅵ)和无机态铬(Ⅲ)的线性范围分别为：5.0×10^{-9}～5.0×10^{-6}mol/L和1.0×10^{-8}～5.0×10^{-6}mol/L，检测限为1.6×10^{-10}mol/L和5.1×10^{-9}mol/L。对溶液进行11次平行测定，相对标准偏差为4.3%。该法用于实际水样测定，铬(Ⅵ)和铬(Ⅲ)的标准加入回收率为98.5%～105.0%。

c. 原子吸收分析法　用螯合树脂做富集柱浓缩Cr^{3+}，结合流动注射技术，用火焰原子吸收法进行测定，选用盐酸羟胺为还原剂，将Cr^{6+}还原为Cr^{3+}后测定总铬，以达到分别测定Cr^{3+}和Cr^{6+}的目的。Cr^{3+}标准偏差为2.21%，变异系数为4.39%；Cr^{6+}标准偏差为2.54%，变异系数为3.16%。加标回收率分别为Cr^{3+} 97.8%，Cr^{6+} 96.5%。

d. 等离子发射光谱法　参照3.4节(3)汞离子分析方法中④等离子发射光谱法。

(2) 钼离子分析方法

a. 比色分析法　矿样经碱溶解后，吸取清液，使钼与大多数干扰元素分离。以硫脲和抗坏血酸为还原剂，在8%～10%的硫酸介质中将六价钼还原为五价，与硫氰酸盐生成橘红色络合物，在波长460nm处测其吸光度，该方法适于含钼量0.005%～1.0%。

b. 电化学分析法　矿样经灼烧、酸溶解后，取清液5mL于25mL干燥烧杯中，加入H_2SO_4(1+2)1mL，再加5mL氯酸钾-苦杏仁酸-辛可宁混合底液，放置1h。氧波的还原电位主要在-0.06V及-0.96V两个电位附近，由于W(-0.65V)、Mo(-0.20V)的测定采用导数波，故氧波对其影响不大，可以在各自的电位下顺利进行测试。W、Mo的含量分别在0～0.036μg/mL、0.036～0.36μg/mL内，其峰电流与浓度呈良好的线性关系。W、Mo的方法检出限分别为0.4μg/g，0.6μg/g。用国家一级标样GBW 07123进行精密度实验，W、Mo的相对标准偏差均为15.5%($n=12$)。加标回收试验结果，W、Mo的加标回收率分别为95.0%～108%、92.0%～105%。

c. 原子吸收分析法　使用火焰原子吸收光谱法，通过混合表面活性剂十二烷基硫酸钠和三乙醇胺对钼的增敏作用，在60g/L三乙醇胺和15g/L十二烷基硫酸钠的条件下，可使钼的灵敏度提高70%以上，常见金属离子Ba^{2+}、Sr^{2+}、Ca^{2+}、Mg^{2+}、Fe^{2+}、Fe^{3+}、Mn^{2+}、Pb^{2+}、W^{6+}、Zr^{4+}等产生负干扰，Nb^{5+}、Ta^{5+}、Zn^{2+}、Cu^{2+}等产生正干扰，其他阳离子对测定的干扰较小。在TEA和SDS的存在下，测定20mg/L的钼标准溶液，以下浓度的金属元素不干扰测定(以mg/L计)：Fe(200.0)，Mn、Ca、Mg、Zn(50.0)，Pb、Cu、W(20.0)，Nb、Ta、W、Zr、Ba、Sr(1.0)。分析波长313.3nm、灯电流6.0mA、光谱通带0.4nm、空气流量10L/min，该方法可用于一般地质样品中钼元素的测定。

d. 等离子发射光谱法　参照 3.1.1 节锂离子分析方法中（4）等离子发射光谱法。

（3）钨离子分析方法

a. 比色分析法　钨、钼与水杨基荧光酮（SAF）形成三元络合物，以 SAF 作为显色剂，溴化十六烷基三甲胺（CTMAB）作为稳定剂，室温下，在 500～540nm 波长范围内测定其吸光值，将测定结果分别用最小二乘法（PLS）处理和经小波变换后用最小二乘法处理。大量碱金属、碱土金属和抗坏血酸、酒石酸、柠檬酸、EDTA、NO_3^- 和 PO_4^{3-} 对测定无影响，0.5mg/25mL 的 Cu^{2+}、Co^{2+}、Ni^{2+}、Pb^{2+}、Mn^{2+}、Cd^{2+}、La^{3+}、Ce^{3+}、Pr^{2+} 和 Nd^{2+} 不干扰测定，加入 50g/L 抗坏血酸 2mL 可允许 3mg/25mL Fe^{3+}、0.5mg/25mL V^{5+}、2μg/25mL Se^{4+} 存在。当相对误差小于±5%时，下列离子不干扰测定（以 μg/25mL 计）：Hg^{2+}（50），Te^{4+}（20），Sn^{4+}（6），Sb^{3+}（30）。钨的线性范围为 0～20μg/25mL，λ_{max} 处的线性回归方程为 $A=0.03404C(\mu g/25mL)+0.017$，相关系数 $r=0.9984(n=5)$。钼的线性范围为 0～8μg/25mL，λ_{max} 处的线性回归方程为 $A=0.0629C(\mu g/25mL)+0.0056$，相关系数 $r=0.9992$（$n=5$）。

b. 电化学分析法　参照 3.6 节钼离子分析方法中的电化学分析法。

c. 原子吸收分析法　试样在 2%磷酸介质中，加入 0.5%过硫酸钾，在富氧空气-乙炔火焰的条件下用原子吸收光谱测定钨，可有效地抑制干扰，具有较高的原子化效率。对于钨 268.1nm 谱线，检出限为 2.17μg/mL，灵敏度为 4.82μg/mL，线性范围为 0～200μg/mL；钨 364.1nm 谱线，检出限为 0.86μg/mL，灵敏度为 5.6μg/mL，线性范围为 0～200μg/mL；钨 400.8nm 谱线，检出限为 0.83μg/mL，灵敏度为 7.56μg/mL，线性范围为 0～400μg/mL。

d. 等离子发射光谱法　依次用 HCl、HNO_3、HF、H_3PO_4 高温溶样后，加入 NaOH 与铜等杂质形成沉淀分离。静置澄清后，取上清液并加入 HCl 和酒石酸用电感耦合等离子体原子发射光谱法（AES-ICP）测定钨矿中钨含量（0.040%～60.00%），其相对标准偏差为 0.13%～2.70%（$n=6$），加标回收率为 97.80%～99.97%。

（4）锰离子分析方法　冶金、染料、人造橡胶、制革、电池制造等工业废水及矿井污水中常含有锰，锰污染水体，并能污染器物，促使锰细菌繁殖而阻塞管道。

a. 比色分析法——甲醛肟比色法　在 pH10 时锰（Ⅱ）同甲醛肟反应生成红褐色的络合物，此络合物中的锰为空气自动氧化成三价后而配位络合，在 450nm 测吸光度或目视比色。铁有类似反应，可用盐酸羟胺与 EDTA 消除，少量铜、镍、钴的干扰可用氰化钾掩蔽。显色的 pH 为 10 最适，pH＞10 时，铁的甲醛肟络合物较难分解，pH＜9 时锰的吸光度降低。

b. 电化学分析法　在氨三乙酸存在下，Mn^{2+} 催化高碘酸根（IO_4^-）氧化甲基绿反应，E_t、E_{0t} 分别为反应进行相同时间 t 时，催化体系（有 Mn^{2+}）和非催化体系（无 Mn^{2+}）的电位。在所选择的实验条件下，当 t 为 3～5min 时，电位差 $E_{0t}-E_t$ 与 Mn^{2+} 的浓度（Mn^{2+}）间有良好的线性关系：$\Delta E_t=E_{0t}-E_t=K_c(Mn^{2+})$。25mL 反应液中含 40ng Mn^{2+} 时，下列常见离子在相对误差不超过±5%范围内的干扰情况，2500 倍的 NO_3^-、K^+、Na^+、NH_4^+、SO_4^{2-}、Ba^{2+}、CH_3COO^-、HCO_3^-、Sr^{2+}、Cl^-；1000 倍的 Cd^{2+}；750 倍的 Ca^{2+}；500 倍的 MoO_4^{2-}；250 倍的 Cu^{2+}、Mg^{2+}；200 倍的 Br^-；25 倍的 Cr^{3+}；5 倍的 I^-；2.5 倍的 Co^{2+} 不干扰测定，等倍的 Ni^{2+} 有轻微干扰。对于含有 Fe^{3+} 的样品，由于在实验所选条件下，大部分 Fe^{3+} 已沉淀，故不干扰本实验。测定锰的线性范围为 3.0～100ng/25mL。

c. 原子吸收分析法　参照 3.4 节（1）锌离子分析方法中的 c. 原子吸收分析法。

d. 等离子发射光谱法　参照 3.1.2 节钠离子分析方法中的（3）等离子发射光谱法。

3.7 铁离子、钴离子、镍离子、钯离子和铂离子分析方法

铁元素在自然界分布很广，约占地壳质量的5.1%，居元素分布序列中的第四位，铁是人体中必不可少的一种元素。一个成年人的血液中，大约含有3g铁，这些铁75%存在血红素中，因此铁原子是血红素的核心原子。钴在地壳中的丰度为1×10^{-5}，常与镍在自然界共生，大自然中不仅有稳定的钴，还有放射性钴。放射性钴-60现在已用于代替镭治疗癌症。镍在地壳中的丰度为1.6×10^{-4}，常与钴在自然界共生，常用的电炉电阻丝都用镍铬合金来做。

(1) 铁离子分析方法

a. 比色分析法　Fe^{2+}测定——1,10-二氮杂菲比色法。在pH 2～9的溶液中，亚铁离子与1,10-二氮杂菲生成红色的螯合阳离子$[Fe(C_{12}H_8N_2)_3]^{2+}$，其最大吸收在510nm，颜色稳定6个月之久，反应灵敏度0.05μg/mL。柠檬酸和EDTA能掩蔽大量的铝、铅、锌、镉、铋、锡、钛、锆、锑、钨和钼等离子。此法选择性很好，在一般情况下不用分离可直接测定水样中的亚铁离子。测量总铁时，测定过程与亚铁相同，但要加入2mL 10%盐酸羟胺使铁(Ⅲ)还原，以便使全部的铁均同二氮杂菲络合显色。

b. 电化学分析法　利用共价键合的方法将壳聚糖修饰到玻碳电极表面，制备出对铁、铅具有良好响应的壳聚糖修饰电极（CTS/GC），于－0.6V（vs. SCE）电位下富集240s、静置90s，然后以100mV/s的扫描速度，在－0.2～0.8V电位范围内进行线性扫描，在1.0mol/L的HCl底液中，铁和铅的溶出峰电流与浓度在0.001～0.100mg/L呈良好的线性关系，方法的相对标准偏差小于2%。

c. 原子吸收分析法　参照3.2节（1）镁离子分析方法中c. 原子吸收法。

d. 等离子发射光谱法　参照3.5节（1）钛离子分析方法中d. 等离子发射光谱法。

(2) 钴离子分析方法

a. 比色分析法　4-(2-吡啶偶氮）间苯二酚（PAR）比色法。在pH 6～10的硼砂-磷酸二氢钾缓冲溶液中，有过氧化氢存在下，钴与PAR生成很稳定的红色络合物，同EDTA热沸或在高酸度下不分解，而除钯(Ⅱ）及铬(Ⅲ）之外的其他金属的PAR络合物均为EDTA破坏，这就使钴的反应具有很高的选择性。钴(Ⅲ)-PAR络合物的最大吸收在510nm和560nm，适于测定50mL水中小于40μg钴。

b. 电化学分析法　利用丁二酮肟修饰铋电极测定钴，在0.4mol/L $NH_3\cdot H_2O-NH_4Cl$缓冲溶液（pH 9.0）中，Co^{2+}与铋电极表面修饰的丁二酮肟形成螯合物，并于－1.20V附近产生一个灵敏的还原峰，富集时间分别为60s和280s时，峰电流与钴的质量浓度在0.01～25μg/mL和0.002～2μg/mL呈线性关系。该还原峰与采用汞电极时的峰形相似，电位相近，灵敏度相当。利用该法可测定合金、维生素B_{12}针剂样品中的微量钴。

c. 原子吸收分析法　海带中的微量元素可用原子吸收光谱法测定。首先将海带加热至475～500℃灰化2～4h，冷却后将灰分溶解于5mL 20% HCl中，使残渣完全溶解过滤，滤液移到100mL容量瓶中，稀释至刻度，待测。Fe、Ca、Co的分析波长分别为248.3nm、422.7nm、240.7nm。加标回收率在97%～103%，同一样本平行测定7次的相对标准偏差小于5%。

d. 等离子发射光谱法　采用等离子发射光谱法可直接测定合金粉中的Ni、Cr、Co、Al和稀土元素Y。准确称取1.000g样品于100mL烧杯中，加入一定量的盐酸和硝酸（3∶1），加热蒸至近干，溶液用5%的HCl移入100mL容量瓶中摇匀，溶液浓度为10g/L。再将此

溶液稀释成浓度为0.1g/L、酸度为5%的溶液，摇匀，选用相互间无干扰的谱线：Ni 341.477nm，Cr 267.716nm，Co 228.611nm，Al 309.271nm，Y 371.092nm。测得Ni、Cr、Co、Al和Y检出限为10μg/L、10μg/L、8μg/L、10μg/L和3μg/L，加标回收率96.5%、95.7%、97.0%、97.9%和97.6%，相对标准偏差为1.06%、0.77%、0.70%、0.94%和0.50%。

(3) 镍离子分析方法　冶炼镍的工厂、电镀工厂等废水中含有镍。金属镍实际上并无毒性，镍盐与皮肤接触发生湿疹，羰基镍［$Ni(CO)_4$］是精制镍的可挥发中间产物，是极毒化合物并有致癌作用。

a. 比色分析法　联麸酰二肟比色法。在pH 7.5～10.3的溶液中镍与联麸酰二肟生成不溶于水的螯合物，可用氯仿、二氯乙烷、乙酸乙酯等萃取，氯仿萃取液的最大吸收在435nm，0.2～3μg/mL的氯仿溶液服从比尔定律。碱金属、碱土金属、锌、镉、砷、铬(Ⅵ)、铜、卤素、硝酸、亚硝酸、硫酸、亚硫酸、硼酸、草酸、酒石酸、醋酸等均无干扰。酒石酸能掩蔽铝、铁(Ⅲ)、锑、锡、钛、锰、锌等离子，硫代硫酸钠和乙二胺可掩蔽铜(1mg)和钴(100μg)，钯、柠檬酸及大量铵盐有影响。

b. 电化学分析法　示波极谱法连续测定土壤中的镉、铜、镍和锌，选用醋酸铵溶液浸提土壤样品，以氯化铵-氨水作底液，用亚硫酸钠除氧，可以获得镉、铜、镍和锌的良好波形，并可在同一底液中连续进行测定。

c. 原子吸收分析法　选择磷酸氢二铵和抗坏血酸为基体改进剂，石墨炉原子吸收法可测定食品中铝和镍，抗坏血酸能抑制碳化物生成、加强氧化铝和氧化镍还原，磷酸氢二铵有利于测定结果的稳定。铝和镍的检出限分别为4ng/ml，1.4ng/ml；铝和镍灵敏度分别可达23pg/0.0044A和12pg/0.0044A；加标回收率铝为94.0%～108%，镍为93.0%～109%；铝和镍线性范围分别为0～120ng/mL，0～100ng/mL。

d. 等离子发射光谱法　参照3.2节中(1)镁离子分析方法中d. 等离子发射光谱法。

(4) 钯离子分析方法

a. 比色分析法　在十六烷基三甲基溴化铵、正丁醇、正庚烷和水微乳溶液存在下，氯酚偶氮罗丹宁与Pd^{2+}显色反应，在pH5.3的HAc-NaAc缓冲溶液中，Pd^{2+}与试剂形成1∶2的暗红色络合物，络合物的最大吸收峰在500nm波长处，表观摩尔吸光系数为1.79×10^5L/(mol·cm)。在10mL显色液中，Pd^{2+}量在0.01～12μg符合比尔定律，检出限为0.0003μg/mL，本法可用于碳钯催化剂和含钯分子筛中微量钯的测定，加标回收率在98.1%～98.6%，相对标准偏差在1.17%～2.34% ($n=6$)。

b. 电化学分析法　通过水杨醛肟化学修饰碳糊电极，在pH2.6的NH_4Cl底液中，在−0.4V(vs. SCE)处富集钯(Ⅱ)，钯(Ⅱ)在该修饰电极上于−0.78V(vs. SCE)处有一灵敏的阴极溶出峰，峰电流与钯(Ⅱ)的浓度在4.7×10^{-8}～2.8×10^{-5}mol/L呈良好的线性关系。当富集2min时检测限为2.4×10^{-9}mol/L。本方法已用于阳极泥中钯的测定。

c. 原子吸收分析法　用717阴离子交换树脂富集分离Au、Pt和Pd，用5～10g/L的热硫脲溶液使被吸附于717阴离子交换树脂的Au、Pt和Pd解脱，分析波长分别为242.8nm(Au)、265.9nm(Pt)和247.6nm(Pd)，灯电流分别为10mA(Au)、12.5mA(Pt、Pd)，氩气流量200mL/min，测得Au、Pt和Pd的特征质量(1%吸收)分别为7.91×10^{-12}g、7.46×10^{-11}g、1.45×10^{-11}g，相对标准偏差(10次富集，Au 0.4μg/10mL、Pt 1.0μg/10mL、Pd 0.4μg/10mL)分别为3.2%、2.33%、1.78%。本法适合于铜镍矿、铬铁矿及其他岩石的测定。

d. 等离子发射光谱法　大洋富钴锰结壳是除多金属结核外的又一重要深海矿产资源。采用 717 阴离子树脂活性炭联合交换分离富集技术，电感耦合等离子体发射光谱法同时测定富钴锰结壳中痕量金、银、铂和钯。四元素方法检出限分别为：Au 1.3ng/g、Ag 0.4ng/g、Pd 0.6ng/g、Pt 4.8ng/g。样品加标回收率在 89.0%～110.3%，相对标准偏差 3.5%～7.8%（$n=4$）。

（5）铂离子分析方法

a. 比色分析法　以铂（Ⅳ）催化溴酸钾-氧化二溴羧基偶氮胂的褪色反应，建立了在水相中直接测定微量铂的催化光度分析法。在 540nm 波长下，铂含量在 1.0～25.0μg/L 符合比尔定律，检出限为 1.0μg/L。在实验条件下，对 0.20μg/10mL 铂（Ⅳ），下列离子的量（μg）不干扰测定，Na^+、Ca^{2+}、Mg^{2+}、Cu^{2+}（>1000）；Zn^{2+}、Co^{2+}、Ni^{2+}、Al^{3+}（500）；Mn^{2+}（200）；Pb^{2+}（100）；Ag^+、Fe^{2+}、Cr^{3+}（50）；Fe^{3+}（10）；Pd^{2+}、Os^{4+}（1）。而 Ru^{3+}、Rh^{3+} 和 Ir^{4+} 干扰测定，该方法可用于铂-铑催化剂和铂-钯精矿中铂的测定。

b. 电化学分析法　在 pH 1.5～2.5HCl 介质中，Au、Pt、Ir 及 Rh 的氯络阴离子能被 D290 大孔强碱性阴离子树脂（0.177～0.25mm）吸附，Co、Ni、Cu 和 Fe 等金属不被吸附。Au 在 1mol/L NaOH 溶液中，在 −0.48V 左右产生良好的极谱波；Pt、Ir 和 Rh 的底液为 3×10^{-5} 的 $N_2H_4\cdot H_2SO_4$。原点电位直接影响滴汞的荷电情况，实验选择测 Au 的原点电位为 −0.20V；Pt、Ir 和 Rh 为 −0.78V。其他干扰元素允许存在的最大浓度（倍数）为：Pd(10^4)，Os(10^3)，Cu、Ni(7.5×10^5)，Co、Fe(10^6)，Zn(10^5)，K、Na 不干扰，NO_3^- 干扰严重。

c. 原子吸收分析法　参照 3.7 节中（4）钯离子分析方法中 c. 原子吸收分析法。

d. 等离子发射光谱法　参照 3.7 节中（4）钯离子分析方法中 d. 等离子发射光谱法。

3.8 铝离子、镓离子、铟离子分析方法

铝在地壳中的丰度为 8.3%，是大自然恩赐给人类的最丰富的金属资源。铝的导电性仅次于银和铜，所以广泛用在电器制造业、电线电缆工业及无线电工业。尽管铝没有明确的生物作用，但实践证明，摄入过量铝，对人体健康不利。大量的铝可使骨质疏松，能引起痴呆。

镓在地壳中的丰度为 1.5×10^{-5}，在自然界中高度分散，与它在周期表中相邻的一些元素共生，例如在铝土矿中镓与铝共生。由于镓能贴附于玻璃上使玻璃具有良好的反射能力，所以镓可用来制造特殊的光学玻璃和镜子等。铟在地壳中的丰度为 1×10^{-7}，在自然界中分布也很分散，主要以异质同晶的杂质状态存在于一些共生矿中。

铟通常作反射镜的镀层，它不被海水侵蚀，所以探照灯的镜子，尤其是舰艇上用的镜子，大多用铟作镀层。如果把内燃发动机（飞机和汽车）的轴承镀上一层铟，它在高温下对润滑油的作用有极强的稳定性。

（1）铝离子分析方法

a. 比色分析法　铬天青 S 或依洛青 R 比色法。在微酸性溶液中，用二乙基二硫代氨基甲酸盐-氯仿萃取除去重金属离子，然后用依洛青 R 或铬天青 S 和十六烷基三甲基溴化铵与铝生成三元络合物比色测定。铬天青 S 或依洛青 R 与铝生成红色络合物，当加入十六烷基三甲基溴化铵时转变为蓝色的三元络合物，最大吸收分别由 545nm 移至 620nm 或 535nm 移至 587nm，而灵敏度也大大提高。十六烷基三甲基溴化铵是一种阳离子表面活性剂，当其浓度大于所谓“胶束形成的临界浓度”时，生成高密度的正电荷胶束，胶束同金属螯合阴离子相互作用，促使螯合剂中的质子解离，有助于形成三元高级络合物，使最大吸收向长波移动。胶束表面的正电荷还可使配位的螯合剂的配位基激发态变为基态，从而产生深色效应，

使吸光增加，灵敏度提高。如十六烷基三甲基溴化铵存在下和pH5.7～6.8时，用铬天青S光度法测定0.01～0.08μg/mL的铝时，吸光度与含量成直线关系。测定4μg铝，允许存有500μg Zn^{2+}、La^{3+}、Mn^{2+}、Pb^{2+}、Mo^{6+}、W^{6+}、Cd^{2+}、Ba^{2+}、Ca^{2+}、Mg^{2+}、Co^{2+}、As^{3+}、Sb^{3+}和Ni^{2+}；4μg Cr^{3+}、Sn^{2+}、Ti^{4+}、V^{5+}、Zr^{4+}、Ga^{3+}、Ta^{5+}。Bi^{3+}、Cu^{2+}、Ge^{4+}和Be^{2+}等严重干扰。小于500μg Cu^{2+}、Fe^{3+}可用2mL 1%抗坏血酸和1mL 1%二氮杂菲或硫脲掩蔽。

b. 电化学分析法　面制食品中的铝测定可以使用氟电极和甘汞电极，以氟电极为指示电极，甘汞电极为参比电极，以乙酸-乙酸钠缓冲溶液（pH4.7）的氟溶液为本底溶液，加入不同浓度的铝标准溶液，测定其电位值，绘制电位值与铝浓度的标准曲线，再在氟本底溶液中加入样品溶液测定电位值，从标准曲线查出铝的含量。铝的加入量在3.6～80.0μg线性关系良好，相关系数0.9994，线性回归方程 $X=-1.63E-298.15$，当样品含量为75.1mg/kg、125mg/kg、512mg/kg时，相对标准偏差分别为5.3%、1.1%和3.6%，方法平均回收率为98.8%。

c. 原子吸收分析法　参照3.7节（3）镍离子分析方法中c. 原子吸收分析法。

d. 等离子发射光谱法　参照3.5节（1）钛离子分析方法中d. 等离子发射光谱法。

（2）镓离子分析方法

a. 比色分析法　锌渣等样品中痕量镓可以使用比色法进行测定，在表面活性剂十六烷基三甲基溴化铵存在下，镓(Ⅲ)与对氯苯基荧光酮形成红色的三元络合物。显色体系稳定，最大吸收波长为571nm，表观摩尔吸光系数为 1.17×10^5 L/(mol·cm)。镓(Ⅲ)质量浓度在8μg/25mL以内遵循比尔定律。利用磷酸三丁酯-煤油萃取镓后，用氯化铵溶液反萃取，能有效地消除干扰元素的影响，提高方法的选择性和灵敏度。加标回收率与相对标准偏差值依次为97.6%～102.5%和1.6%～2.6%。

b. 电化学分析法　生物材料中镓的测定可以使用微分电位溶出的分析法。在0.03%苯甲酸、0.6%KCl、30μg/mL Hg^{2+}、1μg/mL Ge^{3+}、0.075μg/mL Mg^{2+}溶液中，镓有很好的溶出峰，其溶出电位在-0.75V(vs. SCE)左右。镓浓度在2～100ng/mL有较好的线性关系，方法平均回收率在90%～111%，可用于血清、头发中镓的测定。

c. 原子吸收分析法　煤中的镓可用原子吸收法进行测定，煤试样灰化后，经碱溶、酸浸，在乙酸丁酯-四丁基氯化铵溶液中萃取后，用乙二胺四乙酸热溶液萃取，在6mol/L HCl介质中用火焰原子吸收光谱法测定镓。操作条件为，波长294.4nm、狭缝0.7nm、灯电流10mA、空气压力0.16MPa、乙炔压力0.025MPa。该方法的检出限为0.030mg/L（$S/N=3$，$n=11$），样品的加标回收率为95%～102%。

d. 等离子发射光谱法　用等离子发射光谱法可直接测定铝中铁、硅、铜、镓、镁、锌、锰和钛，用50g/L氢氧化钠溶液溶解铝样品，硝酸（1+1）酸化后，即可直接测定。

（3）铟离子分析方法

a. 比色分析法　在十六烷基三甲基溴化铵胶束介质中，In^{3+}与4-(5-氯-2-吡啶偶氮)-1,3-二氨基苯发生显色反应。在pH=5.20的醋酸-醋酸钠缓冲溶液中，In^{3+}与试剂形成物质的量的比为1∶2的淡黄色配合物，配合物的最大吸收峰在492nm波长处，表观摩尔吸光系数为 1.26×10^5 L/(mol·cm)，In^{3+}浓度在0～14μg/25mL符合比尔定律，该方法可应用于铅粒和锡箔中微量铟的测定。

b. 电化学分析法　锌精矿中铟可用极谱方法进行测定。将铟与大量其他杂质分离后，用5mol/L HCl做底液，以动物胶来消除极大。

c. 原子吸收分析法　火焰原子吸收光谱法测定铟时，在5%硝酸介质中，使用空气-乙炔火焰，于原子吸收光谱仪波长303.9nm处测定铟，铟的测定范围为0.01%～6.0%，线性范围2.5～60μg/mL，加标回收率为93.3%～105%。金属样品可以用王水溶解试样蒸干后，用5%硝酸稀释定容后测定。

d.等离子发射光谱法　用$HF-HNO_3-HClO_4$分解样品，以^{103}Rh为内标元素，采用电感耦合等离子体质谱法直接同时测定地球化学样品中痕量镓、铟、铊。测定中选用的同位素：^{71}Ga、^{115}In、^{205}Tl、^{103}Rh和^{118}Sn。方法检出限（6s）Ga、In、Tl分别为0.059μg/g、0.002μg/g、0.004μg/g，相对标准偏差为2.6%～5.3%。用国家一级标准物质进行验证，测定结果与标准值吻合。

3.9 锗离子、锡离子和铅离子分析方法

锗在自然界中高度分散，其含锗矿物很少（含锗化合物80%），锗是优秀的半导体材料，它能把热能转变为电能。锗不是人体必需的微量元素，但是近年发现，锗有一定的生物活性、药理作用及医疗效能。据研究，有机锗对胃癌、肺癌、宫颈癌、乳腺癌有辅助治疗作用，有些锗的化合物还有消炎、杀菌作用。

锡和铅在自然界丰度并不很高，由于它们易于从氧化物或硫化物中提取，古代便为人类所利用，锡是中国古代“五金”之一。锡是人体必需的微量元素，人对食物中锡吸收很差，锡的无机盐毒性低，但有机锡毒性较强。锡的化合物在电子工业中有很大用处，如作为焊接材料，二氯化锡是工业上常用的还原剂和媒染剂。铅的物理性质有三个特点，质软、熔点低但密度大。铅在纸上划过，会留下一条黑线。古时候，人们也用铅作过笔，“铅笔”由此而来。铅的耐蚀性较好，因此常用铅制管道和反应罐，铅能很好地阻挡X射线等放射性射线。铅是人们很关注的一种污染物，铅的中毒是积累性的。

（1）锗离子分析方法

a.比色分析法　2,3,7-三羟基-9-(2-羟基-5-对甲苯偶氮）苯基荧光酮（THH-P-MPAPF）与锗(Ⅳ）的显色反应，可测定中草药中痕量锗。在6.0mol/L H_3PO_4介质中，THH-P-MPAPF与锗(Ⅳ）反应生成红色配合物，配合物最大吸收峰位于501nm，表观摩尔吸光系数达2.1×10^5L/(mol·cm)，锗量在0～0.72μg/mL符合比尔定律。在不加任何掩蔽剂的情况下，金属离子允许量大多在10mg以上，尤其是大量钼和钨不干扰锗测定。

b.电化学分析法　采用差分脉冲扫描法，在pH＝1.30含有3,4-二羟基苯甲醛（DHB）的H_2SO_4底液中，测得无机锗的脉冲极谱波，峰电位为$E_p=-0.53$V，Ge^{4+}浓度在1.03×10^{-5}～1.04×10^{-4}mol/L与峰电流呈线性关系，利用差分脉冲极谱法可以测定药材中总锗、无机锗和有机锗的含量。

c.原子吸收分析法　运用石墨炉原子吸收光谱法测定有机锗饮品中有机锗和无机锗的含量。无机锗的测定是在酸性条件下离解为Ge^{4+}（有机锗由于Ge—C键结合而不会离解），在浓盐酸条件下生成四氯化锗（气体），用四氯化碳萃取后，注入石墨炉中，经干燥、灰化后进行原子化测定其吸光值，其吸光值与锗含量成正比，与标准系列比较定量。样品中总锗（有机锗＋无机锗）的测定是将有机锗饮品摇匀后作适当稀释，并加入10.0mg/L的钯作为基体改进剂，然后吸取10μL注入石墨炉中，经干燥、灰化后进行原子化测定其吸光值，与标准比较定量。测定出总锗和无机锗后，相减即可确定有机锗含量。有机锗和无机锗加标回收率分别为97%～99%和95%～103%。

d.等离子发射光谱法　用等离子发射光谱法可测定粉煤灰中微量锗，称取粉煤灰样品0.5000g置于100mL烧杯中，加入15mL HCl、5mL HNO_3，在电热板上低温蒸成湿盐状，

取下稍冷，加水溶解，定容于 25mL 容量瓶中摇匀，澄清后测试，锗的最灵敏线为 265.118nm，加标回收率在 94.2%～104.4%。

(2) 锡离子分析方法

a. 比色分析法　在含有酒石酸（200g/L）的硫酸溶液中，锡（Ⅳ）与苯芴酮生成有色络合物，可采用分光光度法直接测定电解锌液中的锡。此络合物在 510nm 波长处有最大吸收峰，锡（Ⅳ）含量为 0.2～2.0mg/L，符合朗伯-比尔定律。

b. 电化学分析法　聚亚甲基蓝/碳纳米管修饰电极通过阳极溶出伏安法测定痕量 Sn^{2+}。Sn^{2+} 通过与电极表面的亚甲基蓝吩噻嗪环上 S 原子和 N 原子发生螯合作用而富集在电极表面，同时在－1.20V（vs. SCE）还原成 Sn，当电极电势从－1.20V 向－0.30V 扫描时，被还原的 Sn 从电极表面溶出。碳纳米管与亚甲基蓝的协同作用，使得 Sn^{2+} 在该修饰电极上有良好的响应。Sn^{2+} 的溶出峰电流与其浓度在 0.2×10^{-3}～0.1mmol/L 呈良好的线性关系，检测限为 0.1×10^{-3}mmol/L。对含有 0.1×10^{-3}mmol/L Sn^{2+} 试液进行干扰实验，20 倍的 Hg^{2+}、Pb^{2+}，50 倍的 Co^{2+}，200 倍的 Fe^{2+}，300 倍的 Fe^{3+}，500 倍的 Zn^{2+}，大量的 K^{+}、Ca^{2+}、Na^{+}、Cl^{-}、NO_3^{-} 都不干扰实验测定。

c. 原子吸收分析法　用富氧空气-乙炔火焰原子吸收光谱法测定地质样品中微量锡。其条件是空气流量 6.0L/min，氧气流量 3.5L/min，乙炔流量 6.0L/min。在富氧空气-乙炔火焰条件下，锡可能发生电离而造成吸收信号降低，所以要加入一些更易电离的元素来抑制锡的电离。大多数比锡更易电离的元素都能抑制锡的电离，其中 Na^{+} 在 10～80μg，锡的吸光度可提高 16%。其他共存离子对测定的影响，对于 10μg/mL Sn 溶液，各离子的允许存在量（μg）分别为：Te^{4+}（15）、Cu^{2+}（20）、Ca^{2+}（25）、Ge^{4+}（55）、Al^{3+}（80）、Cd^{2+}（120）和 Mo^{6+}（145）。检出限（3σ）为 0.056 μg/mL。

d. 等离子发射光谱法　土壤中的 Sn、As、Sb、Bi 和 Cd 可用等离子发射光谱法进行测定，将土壤或水系沉积物样品与固体 NH_4I 按 1∶0.25 的比例在双球玻璃管中混匀后，在本生灯喷焰上加热，使样品中的 As、Sb、Bi、Cd 和 Sn 转变为碘化物升华逸出而与基体分离，挥发物用盐酸溶解后用电感耦合等离子体光谱法（ICP-AES）测定。分析谱线（nm）分别为 As 193.759、Sb 206.833、Bi 190.241、Cd 226.502 和 Sn 189.989。用土壤和水系沉积物国家一级标准物质验证方法的准确性和精密度，测定结果与标准值吻合，该法适用于地球化学勘探大批量土壤和沉积物样品中 As、Sb、Bi、Cd 和 Sn 的测定。

(3) 铅离子分析方法

a. 比色分析法　二乙基二硫代氨基甲酸萃取分离——二硫腙比色法。

从含有柠檬酸铵和三乙醇胺的碱性溶液（pH8.5～9）中，用氯仿萃取铅、镉、铜、汞、镍、钴、锌等的二乙基二硫代氨基甲酸络合物，再从有机相中用 1.2mol/L 盐酸反萃取，铅、镉、锌、铜、汞、钴、镍等均留于有机相，然后分别用二硫腙比色法测定铅和镉，于 520nm 测吸光度或目视比色。

b. 电化学分析法　采用示波极谱法或方波极谱法可很好地测定铅，样品溶液中加 10mL 2mol/L 盐酸和 0.1g 抗坏血酸，混匀，用 2mol/L 盐酸稀释至 25mL。倒出部分溶液于电解杯中，通氮气 5min。电压扫描范围为－0.6～－0.35V。

c. 原子吸收分析法　用火焰原子吸收光谱法可测定金锭中 Cu、Ag、Fe、Pb、Bi 和 Sb。用乙酸乙酯萃取分离金，水相浓缩后测定 6 种待测元素，方法的检出限 Cu、Ag、Fe 为 0.021mg/L，Pb、Bi 和 Sb 为 0.24mg/L，加标回收率为 94%～106%。

d. 等离子发射光谱法　参照 3.4 节（2）镉离子分析方法中 d. 等离子发射光谱法。

3.10 砷离子、锑离子和铋离子分析方法

砷、锑、铋在自然界主要以硫化物存在，这三种元素在地壳中的含量都不大。砷化物如砒霜，其剧毒性人所皆知，但砷也是人体必需的微量元素，砷虽可致癌，也有抑癌的作用。砷是在临床上第一个用来控制白血病的药品。

锑对植物和动物都不是必需元素，试验表明，锑使小动物短命，对人的作用尚不清楚。在医药上，锑用来制造很多药物。如在三百多年前已被用于医药，治疗血吸虫病，其作用是使血吸虫不能繁殖和丧失在血管内壁的附着能力。铋的生物化学作用较强，许多铋的无机物及有机物是药剂，多种铋制品已用来治疗肠胃疾病及皮肤病。

(1) 砷离子分析方法

冶金、硫酸、氮肥工业的废水中往往含有砷，使用含砷的杀虫剂处理农作物时也会使地面水受到砷的污染。砷的化合物具有强烈的毒性。

a. 比色分析法　砷化氢-钼蓝法。As^{5+}于硫酸介质中与一定浓度的钼酸铵反应生成砷钼杂多酸，用硫酸肼还原成砷钼蓝，最大的吸收峰位于 840nm，摩尔吸收系数为 2.6×10^4。碘酸钾、维生素 C 和酒石酸氧锑为预处理剂可缩短时间，提高灵敏度，磷对测定无干扰。

b. 电化学分析法　用碘离子选择性电极可间接测定 As^{3+} 的含量，当 pH2～6 时，电极响应值最大，且电位值变化很小，在此条件下，碘能氧化砷，两者之间存在定量线性关系，检出限可达到 6.25×10^{-7}mol/L。金属离子 Cu^{2+}、Fe^{3+} 和 Cd^{2+} 易与 I^- 发生反应，能影响电极电位值，加入 0.1mol/L EDTA 溶液 5mL 能消除 Cd^{2+} 的影响，但不能消除 Cu^{2+} 和 Fe^{3+} 的影响，这是由于碘化铜稳定常数比 EDTA 与 Cu^{2+} 的络合稳定常数大，而 Fe^{3+} 能氧化 I^- 但不能被消除干扰。

c. 原子吸收分析法　用氢化物发生-原子吸收光谱法测定磷矿石中微量砷，以硫脲-抗坏血酸-酒石酸混合溶液作还原剂，同时还能掩蔽各种干扰离子，该还原剂用量为 2mL，载气流速为 1.0L/min。仪器操作条件为灯电流 5mA、吸收波长 193.7nm、光谱通带 0.5nm、空气-乙炔贫燃火焰、载气（高纯氮气）流量为 1.0L/min。吸光度与砷含量在 0～20μg/L 呈线性关系，检出限为 0.032μg/L，相对标准偏差小于 0.5%，加标回收率为 97.5%～101.4%。

d. 等离子发射光谱法　参照 3.9 节（2）锡离子分析方法中 d. 等离子发射光谱法。

(2) 锑离子分析方法

a. 比色分析法　在铜电解液中，锑和铋的含量决定电解铜的质量，用比色分析法可连续测定锑和铋含量。在聚乙烯醇存在下，硫脲和硫氰酸钾掩蔽 Cu^{2+} 等干扰离子，碘化钾吸光光度法连续测定锑和铋的含量，其操作方法是准确称取适量的分析试液于 25mL 比色管中，依次加入硫酸 2mL、PVA 溶液 0.5mL、饱和硫脲溶液 0.5mL、硫氰酸钾溶液 2.0mL、碘化钾溶液 5.0mL，以蒸馏水稀释至刻度摇匀，以试剂空白溶液作参比，用 1cm 比色皿，于波长 425nm 和 465nm 处测量吸光度。

b. 电化学分析法　用溴邻苯三酚红（BPR）作修饰剂的碳糊修饰电极，将此电极用作工作电极可分析锌电解液中的锑离子，利用 CuCl 还原 Sb^{5+} 为 Sb^{3+} 后，吸附溶出伏安法测定锌电解液中痕量锑，检出限达 2.0×10^{-9}mol/L，测定 0.1μg Sb 时下列离子含量（μg）无干扰：Mn^{2+}、Zn^{2+}（15000）；Cu^{2+}（5000）；Ni^{2+}、Cd^{2+}、Co^{2+}、Cr^{6+}（2000）；Ag^+、Sn^{2+}(100)；Hg^{2+}、As^{3+}(20)；大量的 SO_4^{2-}、NO_3^-、PO_4^{3-}、Ac^-、K^+、Na^+、Cl^-、F^-、NH_4^+ 及少量的酒石酸根、抗坏血酸均无影响。

c. 原子吸收分析法　参照 3.9 节（3）铅离子分析方法中 c. 原子吸收分析法。

d. 等离子发射光谱法　参照 3.10 节（1）砷离子分析方法中 d. 等离子发射光谱法。

（3）铋离子分析方法

a. 比色分析法　在微乳液（十二烷基磺酸钠-正丁醇-正庚烷-水）存在下，铋与水杨基荧光酮的显色反应体系，络合物的最大吸收峰位于 540nm 波长处，表观摩尔吸光系数为 3.0×10^5L/（mol·cm），25mL 溶液中铋含量在 0～12μg 符合比尔定律。对于 25mL 溶液中 10μg Bi 的测定，相对误差≤±5%的共存离子允许量（以 μg 计）为 K^+、Na^+（1000）；Be^{2+}、Mg^{2+}（800）；Zn^{2+}、Co^{2+}（500）；F^-（200）；Al^{3+}、Fe^{3+}、Pb^{2+}、Ag^+（150）；Ru^{3+}、Cd^{2+}、Mn^{2+}、Sn^{4+}、Ga^{3+}（15）；Ag^+（12）；Hg^{2+}、Co^{2+}（10）；Cr^{6+}（8）；Ni^{2+}（5）；In^{3+}、Pd^{2+}和大量的 SO_4^{2-}、NO_3^-、PO_4^{3-} 等常见阴离子不干扰测定。Cu^{2+}、Fe^{3+} 干扰严重，用 1.5mL 20g/L 硫脲溶液可掩蔽 0.4mg 铜，2mL 10g/L 抗坏血酸溶液可掩蔽 0.8mg 铁。对于共存量低的离子可用焦磷酸钠和氟化钠等掩蔽。

b. 电化学分析法　制作的以碘化铋与诺氟沙星形成的缔合物为电活性物质的修饰碳糊电极，该电极对铋离子的线性响应范围为 4.0×10^{-6}～1.0×10^{-2}mol/L，检出限为 2.5×10^{-6}mol/L，用该电极可测定枸橼酸铋钾胶囊中铋的含量。电极对 Ca^{2+}、Al^{3+}、Fe^{3+}、Fe^{2+}、Zn^{2+}、Cu^{2+}、Cd^{2+}、Cl^-、CH_3COO^-、NO_3^- 等基本无响应。

c. 原子吸收分析法　参照 3.9 节中（3）铅离子分析方法中 c. 原子吸收分析法。

d. 等离子发射光谱法　参照 3.10 节（1）砷离子分析方法中 d. 等离子发射光谱法。

3.11 阴离子的分析检测

3.11.1 氟离子、氯离子、溴离子、碘离子分析方法

（1）离子色谱法　水样品处理后，用离子色谱法可同时测定水中 F^-、Cl^-、Br^-、NO_3^-、ClO_3^-、SO_4^{2-} 和 HPO_4^{2-} 7 种阴离子。淋洗液为 3.50mmol/L Na_2CO_3 ＋1.00mmol/L $NaHCO_3$，流速为 1.20mL/min，抑制电流 50mA，水样品经 0.45μm 水系滤膜过滤后直接进样测定。平均加标回收率为 90.6%～108.4%，检出限为 3.56～6.74μg/L。

（2）电化学法

① 氟离子分析方法　海产品通过微波消化时，消化液中氟化氢在密闭消解罐中不会逃逸，在室温下，即使于高浓度酸性条件下也不会挥发损失的基础上，建立了氟离子选择电极法测定海产品中氟的方法。其线性范围为 0.02mg/L，最低检出限为 1.0mg/kg，加标回收率为 90%～110%，相对标准偏差为 2.9%～8.2%。

② 氯离子分析方法　以氯离子-三异辛基十六烷基季铵离子缔合物为活性物质，制备聚氯乙烯（PVC）膜氯离子选择性电极，电极在 1.0×10^{-3}～1.0mol/L 呈线性响应关系，检测限为 5×10^{-4}mol/L，响应时间约 5s，漂移小于 1mV/h，响应曲线的平均斜率为 47mV/pC。采用该电极测定了人造尿液和稀释尿液中氯离子的浓度，用标准加入法，在人造尿液中氯离子的加标回收率为 96.0%～102.5%，在稀释尿液中氯离子的加标回收率为 90.3%～98.5%，该方法的相对标准偏差小于<3%。

③ 溴离子分析方法　有机化工产品中四丁基溴化铵残留的溴可通过溴离子选择电极进行测定，该法线性范围为 0.01～0.10g/L，检出限为 0.4mg/L，相对标准偏差为 2.4%（0.05g/L，$n=11$），相关系数为 0.998。

④ 碘离子分析方法　以碘化银和硫化银混合晶体压片作为敏感膜的碘离子选择性电极，该电极对碘离子具有优良的响应性能，在浓度测定范围内呈现近能斯特响应，响应范围达 2.0×10^{-8}～1.0×10^{-1}mol/L，响应曲线的斜率为 -54.6mV/dec，该方法可用于对磷酸生

产过程中大量产生的磷石膏废渣中碘的含量分析。

3.11.2 硫酸根离子分析方法

a. 离子色谱法　参照 3.11.1 氟离子、氯离子、溴离子、碘离子分析方法中的（1）离子色谱法。

b. 比色法　油田水样中 SO_4^{2-} 的测定可使用分光光度法进行测定。在稀盐酸介质中 $BaCrO_4$ 与 SO_4^{2-} 反应生成 $BaSO_4$ 沉淀，并定量置换出 CrO_4^{2-}。溶液经煮沸，并调节至碱性，以沉淀过量的 $BaCrO_4$，离心分离后，于 420nm 处以试剂空白作参比，测定上清液中 CrO_4^{2-} 的吸光度。硫酸根浓度在 8.0～120μg/mL 符合比尔定律，检出限为 4.0μg/mL，相对标准偏差为 2.84%（n=8），加标回收率在 97.0%～103%。

3.11.3 硝酸根离子分析方法

a. 离子色谱法　参照 3.11.1 氟离子、氯离子、溴离子、碘离子分析方法中的（1）离子色谱法。

b. 比色法　预先将试样中 NO_3^- 用锌-镉还原法还原为 NO_2^-，还原所得 NO_2^- 在酸性溶液中与磺胺进行重氮化后再与萘乙二胺偶合生成红色偶氮化合物。在其吸收峰 543nm 波长处测定其吸光度，NO_3^- 浓度在 0～0.400mg/L 遵守比尔定律。方法的检出限（$S/N=3$）为 0.008mg/L，在 0.1mg/L 的浓度水平进行了测定的精密度试验，计算得到相对标准偏差（n=6）为 2.1%。在 3 个浓度水平上作了回收试验，得出加标回收率为 99%～103%。

3.11.4 亚硝酸根离子分析方法

a. 离子色谱法　用离子色谱法可测定纯净水中的痕量亚硝酸根。在测定时，为了保证亚硝酸根离子的稳定，含亚硝酸根离子的水样中加入一定量的甲醛。离子色谱的分离条件为，淋洗液：1.80mmol/L Na_2CO_3 与 1.7mmol/L $NaHCO_3$ 的混合溶液；抑制系统溶液：50mmol/L 硫酸，超纯水（电阻＞18MΩ），流速为 0.80mL/min。样品中所添加的甲醛在一定浓度范围内不形成峰，不影响亚硝酸根离子峰形，但浓度过高则影响亚硝酸根离子的峰形。溶液中加入甲醛的最佳浓度为 1.00mg/L，浓度低则稳定时间缩短。本方法的检出限为 0.01mg/L，线性范围为 0～30mg/L，线性相关系数 $r=0.9998$，方法相对标准偏差和准确度（P）分别为 1.93%～3.70%和 96.08%～104.06%。

b. 比色法　在吐温-80 存在下，与亚硝酸根离子的催化反应吸收曲线最大波长在 550nm 处，并且灵敏度提高了 2.2 倍，测定痕量 NO_2^- 的线性范围 2～10μg/L，检出限为 2.7×10^{-10}g/mL。对于 0.1μg NO_2^- 的测定，相对误差＜±5%，共存离子允许的量（以 μg 计）为：10^4 倍量的 K^+、Ca^{2+}、NO_3^-、Pb^{2+}、Mg^{2+}、Cd^{2+}、Ba^{2+}、Zn^{2+}、Na^+；5×10^3 倍量的 CO_3^{2-}、SO_4^{2-}；10^3 倍量的 NH_4^+、Fe^{3+}；5×10^2 倍量的 Al^{3+}、Pb^{2+}；10^2 倍量的 Fe^{2+}、Cl^-；10 倍量的 Br^-、I^-。对于一般样品加入 0.5%NaF 1mL，即可消除 Fe^{3+} 的干扰。

3.11.5 磷酸根离子分析方法

a. 离子色谱法　使用透析袋将溶解后的奶粉透析，用乙醚萃取，过 C_{18} 柱分离后使用 4.5mmol/L Na_2CO_3 和 4.5mmol/L $NaHCO_3$ 的混合液作为淋洗液，用离子色谱法可同时分离和测定奶粉中亚硝酸根、硝酸根、氯离子和磷酸根。动态透析平衡时间只要 1h 左右，共存离子的干扰较小。峰面积与 Cl^-、PO_4^{3-}、NO_3^- 及 NO_2^- 4 种阴离子浓度之间呈线性关系的相关系数依次为 0.9982、0.9999、0.9997 及 0.9867，检出限（$S/N=3$）依次为 9.36mg/kg、15.0mg/kg、0.1mg/kg 及 0.02mg/kg，4 种离子测定结果的相对标准偏差（$n=7$）分别为 1.3%、2.6%、2.2%及 7.3%。以 3 种奶粉为基体作加标回收试验，所得回收率均在 92%以上。

b. 电化学法　用电沉积方法，在紫铜基体上电沉积 Co-P 合金制备成磷酸根离子的响应电极，Co-P 合金中 P 含量在 6%左右，在 pH0.5 时制备的电极测量磷酸根离子，在 10^{-5}～10^{-2} mol/L 呈线性响应，响应曲线斜率为 21mV/dec，检测下限为 9×10^{-6} mol/L，并且该条件下制备的电极有良好的重现性和稳定性，有较长的测量寿命，对常见阴离子如 Ac^-、SO_4^{2-}、Br^- 等无严重干扰。

3.11.6 碳酸根离子分析方法

a. 离子色谱法　针对油田有色地层水中碳酸根和碳酸氢根含量的测定，选择强阴离子交换树脂 YSG-R4NCl 和 A-25 作固定相，色谱柱为 50mm×4.6mm（长度×内径）和 150mm×4.6mm（长度×内径），流动相为邻苯二甲酸氢钾和柠檬酸钠的水溶液，用 0.1mol/L 氢氧化钠调节 pH 为 9，流速为 1.5mL/min 或 2.0mL/min，检测波长为 254nm。溶液中碳酸盐和 HCO_3^- 峰高在 0.24～12mmol/L 具有良好的线性关系，以 0.24mmol/L 和 11.9mmol/L 的 $NaHCO_3$ 为样品，方法的相对标准偏差分别为 4.9%和 3.4%（$n=5$），该方法的最小检测限为 0.24mmol/L 碳酸盐，完全能够满足油田地层水分析的需要。油田地层水中的常见无机阴离子除 HCO_3^- 和 CO_3^{2-} 外，还有 Cl^-、NO_3^- 和 SO_4^{2-} 等，在优化的色谱条件下，500 倍量的 Cl^- 不干扰 HCO_3^- 的出峰，对于 Cl^- 含量更大的地层水样只需适当加以稀释就可以很方便地消除其干扰。此外，1000 倍量的 NO_3^- 和 SO_4^{2-} 也不干扰分离。

b. 电化学法　制备以三氟乙酰对癸基苯为载体的 PVC 膜碳酸根离子电极。电极的测试电池为：Hg，Hg_2Cl_2，KCl（饱和）‖样品溶液｜膜｜内充溶液，AgCl，Ag。

利用该电极可应用于含碳酸盐卤水中 CO_3^{2-} 的测定。利用 CO_3^{2-} 电极测定溶液中的 CO_3^{2-} 时，必须要小心控制溶液的 pH，0.02pH 的改变可能导致测定结果有±5%的误差。

3.11.7 氰根离子分析方法[96]

在 pH7.0 的 KH_2PO_4-NaOH 缓冲溶液中，CN^- 可以使碘与淀粉形成的蓝色络合物褪色，褪色溶液的最大吸收波长为 570nm，表观摩尔吸光系数为 3.62×10^4 L/(mol·cm)，CN^- 质量浓度在 0～0.8mg/L 符合比尔定律，检出限为 0.02mg/L，样品加标回收率为 98.0%～103.5%。对 0.4mg/L CN^-，相对误差为±5%，各离子的允许量：$C_2O_4^{2-}$、HCO_3^- 和 Ac^- 为 100mg；SO_4^{2-} 和 SCN^- 为 20mg；NH_4^+ 为 50mg；BrO_3^- 为 0.2mg；CrO_4^{2-} 为 0.1mg；Cl^- 和 Br^- 不干扰测定，该法已应用于含氰废水中微量 CN^- 的测定。

参 考 文 献

[1] 张丽华，刘焕良，张永震．分光光度法测定有机相中的锂含量．中国原子能科学研究院年报，2005：194.

[2] 陈林俊，周芬，冯敏，等．离子选择电极法测定血清锂的临床应用．江西医学检验，2007，(3)：235-260.

[3] 薛光荣．镉镍电池中锂含量的测定．电池，2004，(2)：147-148.

[4] 邓汉芹，钟新文，喻雪琳．ICP-AES 法测定金属铵中铁、锂和钼．冶金分析，2003，(2)：48-49.

[5] 陆园，黄梓平．离子选择电极法测定盐湖卤水中的钠含量．青海大学学报：自然科学版，2005，(4)：65-68.

[6] 岳志华，金红宇，张启明．火焰原子吸收光谱法测定地奥明七硫酸酯钠中钠的含量．中国药事，2008，(3)：233-234.

[7] 张遴，赵收创，王昌钊，等．电感耦合等离子体发射光谱法同时测定奶粉中钙铜铁钾镁锰钠锌和磷．理化检验（化

学分册)，2007，(6)：465-467.
[8] 杨志宏，聂基兰，吴凤培．表面活性剂在烟草钾离子光度测定中的应用．南昌大学学报：理科版，2003，(3)：252-258.
[9] 胡金曹，郭群，顾光煜，等．不同电化学法血清钾钠测定结果分析．现代检验医学杂志，2008，(2)：56-58.
[10] 叶奶义．聚醚多元醇中钾离子的快速测定方法．福建化工，2005，(5)：51-54.
[11] 吴秀梅，欧阳建明，白钰．离子选择性电极对尿液中钙、镁、草酸、柠檬酸和尿酸的测定．广东医学，2005，(26)：714-716.
[12] 薛光荣，夏敏勇．空气-乙炔火焰原子吸收光谱法快速测定纯镍中镁、锰、铁．现代科学仪器，2006，(5)：114-116.
[13] 季梅，郑振国，俞跃春．电感耦合等离子发射光谱法测定渣油中铁、镍、钙、镁、钠、钒金属元素．分析试验室，2002，(2)：39-40.
[14] 陈焕斌，陈焕曦．微波溶样原子吸收光谱法测定石油添加剂中的钙、镁．石油化工，1999，(2)：116-118.
[15] 李昌安，葛存旺，刘战辉，等．L-半胱氨酸修饰金电极测定水中铜离子的研究．东南大学学报：自然科学版，2004，(1)：78-81.
[16] 蒋艳凤，董超萍，杨理．纺织品中重金属铜离子含量测定的不确定度评估．中国纤检，2004，(11)：19-22.
[17] 于洁玫，王西奎，国伟林，等．二苯基碳酰二肼分光光度法测定显影废液中银离子．冶金分析，2007，(2)：60-62.
[18] 朱德兵，黄纪明，白树民．离子选择性电极法测定航天加银水中的银离子含量．食品科学，2005，(5)：198-200.
[19] 吕绍波．火焰原子吸收分光光度法测定多金属矿中高含量的银．福建分析测试，2008，(2)：65-67.
[20] 黄兴华，倪能，毛振才．电感耦合等离子体原子发射全谱直读光谱仪同时测定铅基合金中的银锶钙．分析测试技术与仪器，2007，(2)：127-129.
[21] 黄仁忠．分光光度法测定尾矿中的金．光谱实验室，2008，(2)：147-149.
[22] 薛光，赵玉娥．金测定方法的最新进展．黄金，2007，(3)：53-60.
[23] 李亚静，吕晓琳．原子吸收法测定岩石矿物中金含量．吉林地质，2008，(1)：81-82.
[24] 庞晓辉．电感耦合等离子体原子发射光谱法测定贵金属及合金中微量金和铁．理化检验：化学分册，2008，(4)：348-349.
[25] 宗水珍，张洪平．单扫描示波极谱法连续测定中药材中的铅和锌．常熟理工学院学报，2008，(4)：60-63.
[26] 邓斌，邓胜军，章爱华．原子吸收光谱法测定牡丹皮中的微量金属元素铁、锌、铜和锰．光谱实验室，2008，(4)：630-632.
[27] 佟卫莉，王文昌，孔泳，等．火焰原子吸收法测定电子元器件引脚中的铅与镉．江苏工业学院学报，2008，(2)：72-74.
[28] 周文勇，付明．用ICP-AES法测定氰化镀银溶液中铜、铁、铅、镉、钙、镁含量．材料保护，2008，(1)：73-75.
[29] 李东辉，汪敏，鄂义峰，等．利用新型汞离子选择电极测定污水中汞（Ⅱ）．理化检验：化学分册，2003，(4)：215-216.
[30] 王艳泽，张学凯．微波消解-电感耦合等离子体原子发射光谱法测定聚丙烯塑料中的铅镉汞铬．冶金分析，2008，(2)：55-58.
[31] 陈立成，全玉芳，郁翠华，等．分光光度法测定氨纶中的钛含量．西安工程大学学报，2008，(3)：333-335.
[32] 陈胜洲，张修华，杨世芳．电化学分析法测定钛含量研究进展．仪器仪表与分析监测，2000，(2)：1-4.
[33] 赵星洁，杨晓华．石墨炉原子吸收法测定纤维中微量钛．合成纤维工业，2007，(6)：63-65.
[34] 杜米芳．电感耦合等离子体发射光谱法同时测定玻璃中铝钙铁钾镁钠钛硫．岩矿测试，2008，(2)：146-148.
[35] 毛勋，黎拒难，高朋，等．碳糊电极吸附伏安法测定痕量钒．分析科学学报，2004，(6)：577-579.
[36] 陈任翔，刘可，杨力，等．微波消解-石墨炉原子吸收法测定土壤中钒．环境监测管理与技术，2006，(3)：50-51.
[37] 乐上旺，李建平，林庆宇．二亚乙基三胺五乙酸修饰的固体汞合金电极测定铬（Ⅵ）和无机态铬（Ⅲ）．化学通报，2008，(5)：378-383.
[38] 才春艳，李玉博．树脂富集原子吸收法三价铬和六价铬测定．环境保护与循环经济，2008，(1)：37-39.
[39] 丁洪．硫氰酸盐分光光度测定钼．新疆有色金属，2008，(4)：69-70.
[40] 岳明新，赵恩好，王娜，等．催化极谱法连续测定化探样品中的钨、钼．辽宁化工，2008，(5)：358-360.
[41] 程相恩，王风，梁德俊，等．混合表面活性剂增敏火焰原子吸收测定地质样品中的钼．中国钼业，2008，(3)：30-32.
[42] 金继红，陈家玮，张永文．小波变换用于钨和钼的同时光度测定．理化检验：化学分册，2001，(10)：443-445.
[43] 杨景广，司卫东，翁永和．富氧空气-乙炔火焰原子吸收光谱法测定钨．光谱实验室，2002，(5)：596-598.

[44] 施小英，彭建军，易陈钢．ICP-AES法测定钨矿中的钨．分析试验室，2008，(5)：131-134.
[45] 胡卫平，董学芝，何智娟．甲基绿选择性电极催化电位法测定茶叶中锰．化学研究，2004，(1)：33-36.
[46] 周谷珍，黄闯，胡霞，等．利用壳聚糖修饰电极测定铁和铅．湖南文理学院学报：自然科学版，2008，(2)：44-45.
[47] 李建平，王素梅．修饰铋盘电极吸附伏安法测定痕量钴的研究．分析测试学报，2005，(6)：52-55.
[48] 张万锋，王书民．火焰原子吸收法测定海带中的铁、钙和钴．商洛学院学报，2007，(2)：42-44.
[49] 梁利玲，宋伟新．ICP-AES法测定合金粉中的镍、铬、钴、铝和钇含量．中国稀土学报，2006，(24)：135-136.
[50] 罗来理，王坚．用示波极谱法测定土壤中的镉、铜、镍和锌．江西化工，2008，(2)：97-99.
[51] 樊津江．石墨炉原子吸收法快速测定食品中铝和镍．河南科学，2008，(1)：35-38.
[52] 陈文宾，马卫兴，许兴友，等．微乳液介质-氯酚偶氮罗丹宁分光光度法测定微量钯．冶金分析，2007，(9)：73-76.
[53] 汪振辉，刘建允，董文举，等．水杨醛肟修饰碳糊电极吸附溶出伏安法测定钯（Ⅱ）的研究．分析试验室，2000，(4)：40-43.
[54] 刘金平．石墨炉原子吸收光谱法测定地质样品中痕量金、铂和钯．湖南有色金属，2006，(2)：48-52.
[55] 李展强，张汉萍，张学华，等．阴离子树脂活性炭分离富集等离子体发射光谱法测定富钴锰结壳中的痕量金银铂钯．岩矿测试，2005，(2)：141-144.
[56] 寇明泽，刘妮，庄善学，等．铂（Ⅳ）-溴酸钾-二溴羧基偶氮胂褪色光度法测定微量铂．甘肃联合大学学报：自然科学版，2008，(1)：62-64.
[57] 唐杰，张辉，张凯．离子交换分离富集极谱法连续测定金、铂、铱和铑．分析化学，2004，(4)：553.
[58] 胡文兰，林仁权，陈国亮．氟电极甘汞电极法测定面制食品中的铝．中国卫生检验杂志，2007，(5)：832-833.
[59] 谢桂龙，奚长生，张发明，等．氯苯基荧光酮分光光度法测定锌渣中痕量镓．理化检验：化学分册，2008，(3)：264-266.
[60] 罗晓芳，秦文华，肖庆峰，等．微分电位溶出分析法测定生物材料中的镓．中国卫生检验杂志，2004，(2)：176-178.
[61] 申明乐，黄雪征．煤中镓的火焰原子吸收光谱法测定．分析测试学报，2008，(6)：657-659.
[62] 龚思维，楚民生，沈泽敏，等．ICP-AES法测定铝中铁、硅、铜、镓、镁、锌、锰和钛．分析试验室，2004，(1)：40-42.
[63] 陈文宾，张雁秋，许兴友，等．4-(5-氯-2-吡啶偶氮)-1,3-二氨基苯分光光度法测定微量铟．淮海工学院学报：自然科学版，2005，(1)：48-51.
[64] 王艳红．锌精矿中铟的极谱测定探讨．有色矿冶，2006，(2)：57-58.
[65] 刘婷．火焰原子吸收光谱法测定铟的方法探讨．湖南有色金属，2006，(4)：56-57.
[66] 张勤，刘亚轩，吴健玲．电感耦合等离子体质谱法直接同时测定地球化学样品中镓铟铊．岩矿测试，2003，(1)：21-27.
[67] 周霞，李在均，刘慧珍，等．2,3,7-三羟基-9-(2-羟基-5-对甲苯偶氮）苯基应用于中草药中痕量锗的测定．分析试验室，2006，(5)：101-103.
[68] 包玉敏，赵丹庆，张力．差分脉冲极谱法测定蒙药肉蔻五味丸中的锗．光谱实验室，2005，(5)：979-980.
[69] 蒋红进．石墨炉原子吸收光谱法测定有机锗饮品中锗．理化检验：化学分册，2002，(9)：462-463.
[70] 明芳，王倩．ICP-AES法测定粉煤灰中的微量锗．轻金属，2006，(11)：33-36.
[71] 赵丰刚．苯芴酮分光光度法测定锌电解液中的锡．有色矿冶，2008，(4)：53-54.
[72] 田玲，王宗花，张旭麟，等．聚亚甲基蓝/碳纳米管修饰电极阳极溶出伏安法测定痕量锡．应用化工，2008，(3)：236-239.
[73] 黄建兵，吴少尉，马艳芳，等．富氧空气-乙炔火焰原子吸收光谱法测定地质样品中的微量锡．分析试验室，2003，(5)：23-25.
[74] 何红蓼，胡明月，巩爱华，等．碘化物升华分离-电感耦合等离子体光谱法测定土壤和沉积物中砷、锑、铋、镉、锡．光谱学与光谱分析，2008，(3)：663-666.
[75] 林园．火焰原子吸收光谱法测定高纯金锭中铜、银、铁、铅、铋、锑．冶金分析，2005，(4)：75-77.
[76] 朱志良，秦琴．痕量砷的形态分析方法研究进展．光谱学与光谱分析，2008，(5)：1176-1180.
[77] 舒和庆．用碘离子选择性电极测定砷（Ⅲ)．理化检验：化学分册，2002，(8)：414.
[78] 王宁伟，柳天舒，朱金连，等．氢化物发生-原子吸收光谱法测定磷矿石中砷．冶金分析，2008，(4)：68-69.
[79] 曹岳辉，黄坚，龚竹青，等．吸光光度法连续测定铜电解液中微量锑和铋．理化检验：化学分册，2000，(8)：374-375.

[80] 夏姣云，严规有. 溴邻苯三酚红修饰碳糊电极的研制及微量锑的测定. 冶金分析，2004，(6)：1-4.
[81] 陈文宾，张雁秋，马卫兴，等. 微乳液介质-水杨基荧光酮分光光度法测定微量铋. 冶金分析，2005，(5)：49-51.
[82] 李东辉，孙挺. 铋离子修饰碳糊电极的研制与应用. 理化检验：化学分册，2006，(5)：359-360.
[83] 黄碧兰，刘丽，刘俩燕. 饮用水中 F^-、Cl^-、Br^-、NO_3^-、ClO_3^-、SO_4^{2-}、HPO_4^{2-} 7 种阴离子的离子色谱分析. 中国卫生检验杂志，2006，(10)：1199-1200.
[84] 黄会秋. 微波消解-氟离子选择电极法测定海产品中氟的研究. 中国卫生检验杂志，2005，(9)：1088-1090.
[85] 白钰，林博，欧阳健明，等. PVC 膜氯离子选择性电极的制备和尿液中氯离子的测定. 暨南大学学报：自然科学版，2004，(1)：92-96.
[86] 朱智甲，傅菊荪，王倩倩. 溴离子选择电极法测定有机化工产品中四丁基溴化铵的残留. 分析测试学报，2007，(3)：428-430.
[87] 叶志海，肖丹. 自制碘离子选择性电极及磷石膏中碘的测定. 化学传感器，2006，(1)：64-67.
[88] 李源流，李军，张永富，等. 分光光度法测定油田水样中的硫酸根离子. 应用化工，2008，(5)：579-581.
[89] 张勇，程祥圣，吴月英，等. 锌-镉还原-分光光度法测定地表水中硝酸盐. 理化检验：化学分册，2008，(2)：139-141.
[90] 黄明元，甘露，贺东秀，等. 离子色谱法测定纯净水中痕量亚硝酸根. 中国卫生检验杂志，2005，(10)：1189-1190.
[91] 孙彩兰，姜维民，曹军. 非离子表面活性剂下催化光度法测定亚硝酸根. 辽宁高职学报，2001，(2)：73-75.
[92] 李良，王晴，江勇，等. 离子色谱法同时测定奶粉中亚硝酸根、硝酸根、氯离子和磷酸根. 理化检验：化学分册，2007，(10)：835-837.
[93] 苏宾，袁红雁，唐志文，等. 基于钴磷合金的磷酸根离子敏感电极研究. 广西化工，2000，(S1)：91-93.
[94] 蔡青松，刘霞，蒋生祥，等. 离子色谱法测定油田有色地层水中的碳酸根和碳酸氢根. 分析测试技术与仪器，2002，(3)：165-169.
[95] 钱国英，吴国梁. 三氟乙酰对癸基苯为中性载体的碳酸根离子选择电极的制备和应用. 盐湖研究，2001，(2)：51-55.
[96] 罗道成，宋和付. 高灵敏间接光度法测定废水中微量氰根离子. 工业水处理，2004，(5)：50-53.

第4章 有机化合物结构分析

4.1 红外光谱

红外光谱是从1800年发现红外辐射以后逐步发展起来的。当时一位英国天文学家Hershel用一组涂黑的温度计测量太阳可见光谱区域内、外温度时，发现在红光以外肉眼看不见的“黑暗”部分温度上升更为明显，从而认识到在可见光谱长波末端外还有一个红外光区。此后，陆续有人用红外辐射观测物质的吸收谱带。到1905年前后，已系统发现了几百种有机化合物和无机化合物的红外光谱，并且发现了一些吸收光谱带与分子基团间的相互关系。

随着光学技术、电子技术的迅速发展和应用，红外分光光度计也不断革新和日臻完善。电子计算机技术在红外光谱中也发挥了越来越重要的作用。

红外吸收光谱最突出的特点是具有高度的特征性，除光学异构体外，每种化合物都有自己的红外吸收光谱。因此红外光谱法特别适用于鉴定有机物、高聚物，以及其他复杂结构的天然及人工合成产物。在生物化学中还可以用于快速鉴定细菌，甚至对细胞和其他活组织的结构进行研究，固态、气态、液态样品均可测定。测定过程不破坏样品，分析速度快，样品用量少。但红外光谱法在定量分析方面还不够灵敏，对于复杂结构的鉴定，由于它主要的特点是提供官能团的结构信息，因此需要与其他仪器配合才能得到圆满的结构鉴定结果。

分子由原子组成，它并非坚硬的整体。我们可把它看做由相当于各种原子的小球和相当于化学键的各种强度的弹簧组成的体系。分子中存在两种基本振动：伸缩振动和弯曲振动。各键的振动频率不仅与这些键本身有关，也受到整个分子的影响。即在弹簧和球组成的体系中，任意一个弹簧的振动都不是孤立的，而是要受到分子中其他部分影响的。一定频率的红外线经过分子时，就被分子中某一与之相当的振动频率的键所吸收。这样以连续改变频率的红外线照射样品，分子中有相同振动频率的键就吸收红外线；没有相同振动频率的键，红外线就通过而不被吸收。通过样品槽的红外线有些区域较强，有些区域较弱，结果可得到红外吸收光谱。

4.1.1 基本原理

4.1.1.1 双原子分子振动

（1）谐振子　双原子分子可近似地当作谐振子模型来处理。把两个原子看做刚性小球，连接两个原子的化学键设想为无质量的弹簧。根据谐振子模型，双原子分子的振动方式就是在两个原子的键轴方向上作简谐振动。

根据经典力学，简谐振动服从虎克定律，即：

$$F=-kx \tag{4-1}$$

k 是弹簧系数，对分子来说，就是化学键力常数

根据牛顿第二定律：

$$F=ma=m\frac{d^2x}{dt^2} \tag{4-2}$$

则：

$$m\frac{\mathrm{d}^2x}{\mathrm{d}t^2}=-kx \tag{4-3}$$

解方程可得：

$$x=A\cos(2\pi\nu t+\phi) \tag{4-4}$$

A 是振幅（即 x 的最大值），ν 为振动频率，t 是时间，ϕ 是相位常数

将式(4-4) 对 t 求两次微商：

$$\frac{\mathrm{d}^2x}{\mathrm{d}t^2}=-(2\pi\nu)^2A\cos(2\pi\nu t+\phi) \tag{4-5}$$

将式(4-5) 和式(4-4) 都代入式(4-3) 整理可得：

$$\nu=\frac{1}{2\pi}\sqrt{\frac{k}{m}}\,(\mathrm{cm}^{-1}) \qquad \bar{\nu}=\frac{1}{2\pi c}\sqrt{\frac{k}{m}}\,(\mathrm{cm}^{-1}) \qquad \bar{\nu}=1303\sqrt{\frac{k}{\mu}}\,(\mathrm{cm}^{-1})$$

对双原子分子来说，用折合质量 μ，C 为光速（2.998×10^{10}cm/s）

$$\mu=\frac{m_1m_2}{m_1+m_2}$$

若 k 以 mdyn/Å（1dyn$=10^{-5}$N，1Å$=10^{-10}$m）为单位，μ 以原子量为单位，则：

$$\bar{\nu}_{振}=1303\sqrt{\frac{k}{\mu}}\,(\mathrm{cm}^{-1}) \tag{4-6}$$

双原子分子的振动行为用上述模型描述的话，分子的振动频率可用式(4-6) 计算。

例如，HCl 分子的键力常数为 5.1mdyn/Å，根据公式可算出 HCl 的振动频率（实验值：$2885.9\mathrm{cm}^{-1}$）。

$$\bar{\nu}=1303\sqrt{\frac{k}{\mu}}\,(\mathrm{cm}^{-1})=1303\sqrt{\frac{5.1}{\frac{35.5\times1.0}{35.5+1.0}}}\,(\mathrm{cm}^{-1})=2983.7\ (\mathrm{cm}^{-1})$$

在红外光谱中观测的 HCl 的吸收频率为 $2885.9\mathrm{cm}^{-1}$，基本接近实验值。

此公式同样也适用于复杂分子中一些化学键的振动频率的计算。

例如，分子中 C—H 键伸缩振动频率：

$$\bar{\nu}=1303\sqrt{\frac{k}{\mu}}\,(\mathrm{cm}^{-1})=1303\sqrt{\frac{5}{\frac{12\times1}{12+1}}}\,(\mathrm{cm}^{-1})=3033\ (\mathrm{cm}^{-1})$$

与实验值基本一致。如 $CHCl_3$ 的 C—H 伸缩振动吸收位置是 $2915\mathrm{cm}^{-1}$。

把双原子分子看成是谐振子，则双原子分子体系的势能为：

$$E=\frac{1}{2}kx^2 \tag{4-7}$$

势能曲线为抛物线形。

根据量子力学，求解体系能量的薛定谔方程为：

$$H\psi=E\psi$$

$$\left[\frac{-h}{8\pi^2\mu}\frac{\mathrm{d}^2}{\mathrm{d}x^2}+\frac{1}{2}kx^2\right]\psi=E\psi$$

解方程可得：

$$E=\left(\nu+\frac{1}{2}\right)hc\bar{\nu}_{振}=\left(\nu+\frac{1}{2}\right)\frac{h}{2\pi}\sqrt{\frac{k}{\mu}} \tag{4-8}$$

式中 $\nu=0，1，2，3，\cdots$——振动量子数。

由量子力学结论可知，对谐振子只允许 $\Delta\nu=\pm1$ 的跃迁。

（2）非谐振子　实际上双原子分子并非理想的谐振子，其势能曲线也不是数学的抛物线，分子的势能随着核间距离的增大而增大，当核间距离增大到一定值后，核间引力不再存在，分子离解成原子，势能为一常数。其势能曲线如图 4-1 所示。

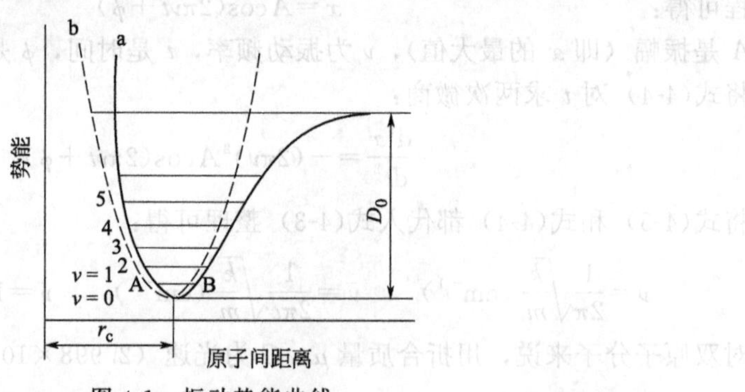

图 4-1　振动势能曲线

按照非谐振子的势能函数求薛定谔方程，其能量为：

$$E(\nu)=\left(\nu+\frac{1}{2}\right)hc\bar{\nu}_{振}-\left(\nu+\frac{1}{2}\right)^2 xhc\bar{\nu}_{振}+\cdots \tag{4-9}$$

$$\Delta\nu=\pm1,\pm2,\pm3\cdots$$

对式(4-9) 即谐振子振动势能加以校正（通常取前两项），式中的 x 为非谐振子性常数，其值远小于 1，如 HCl 的 $x=0.17$。对于非谐振子的吸收，应符合跃迁选律，$\Delta\nu=\pm1$，±2，$\pm3\cdots$

4.1.1.2　基频和倍频

由式(4-8) 和式(4-9) 可知，分子在任何情况下其振动势能都不等于 0，在振动基态（$\nu=0$），对于非谐振子：

$$E(0)=\frac{1}{2}hc\bar{\nu}_{振}-\frac{1}{4}xhc\bar{\nu}_{振}$$

对于谐振子：

$$E(0)=\frac{1}{2}hc\bar{\nu}_{振}$$

在常温下绝大部分分子处于 $\nu=0$ 的振动能级，如果分子能够吸收辐射跃迁到较高的能级，则吸收辐射为：

$$\bar{\nu}_{0\to1吸收}=\frac{E(1)-E(0)}{hc}=(1-2x)\bar{\nu}_{振}$$

$$\bar{\nu}_{0\to2吸收}=\frac{E(2)-E(0)}{hc}=(1-3x)\times2\bar{\nu}_{振}$$

由 $\nu=0$ 跃迁到 $\nu=1$ 产生的吸收带叫基本频带，简称基频，由 $\nu=0$ 跃迁到 $\nu=2$，$3\cdots$产生的谱带分别叫第一倍频谱带，第二倍频谱带……。

按照谐振子的振动能级计算，任意两个相邻能级间的跃迁，其吸收波数是一定的，即分子吸收辐射的频率与该分子的振动频率是一致的，此时发生共振吸收，而且任何相邻振动能级的间距都是相等的。

如果作为谐振子只允许 $\Delta\nu=\pm1$ 的跃迁选律（量子力学结论），则作为谐振子的双原子分子，只能产生一条振动谱线（不考虑转动能级产生的精细结构）。但实际上 HCl 分子在红外区可观察到 5 条谱带（振动），其中 4 条见图 4-2。但是只有 $\bar{\nu}=2885.9\text{cm}^{-1}$ 处的基本谱带最强，其他谱带要弱得多，说明谐振子模型基本符合双原子分子的实际情况。但根据非谐振子模型的振动能级和跃迁选律（$\Delta\nu=\pm1$，±2，$\pm3\cdots$），则可以较满意地解释 HCl 倍频的存在，振动能级随振动量子数增加其间距逐渐减小，以及倍频也不正好是基频的整数倍等事实。因此用非谐振子模型计算的 HCl 基频值也比用谐振子计算的值更接近实验值。

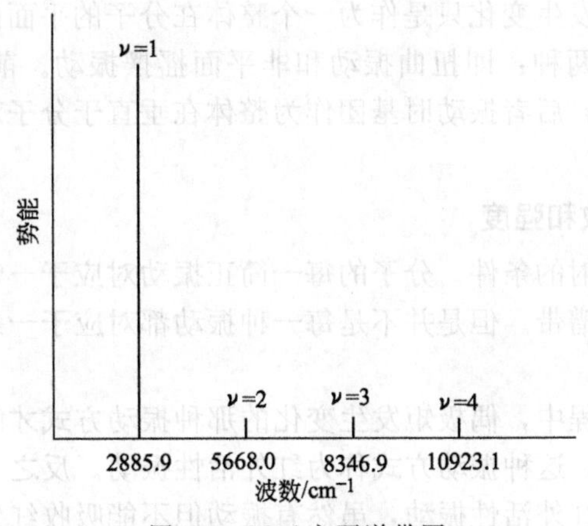

图 4-2　HCl 主要谱带图

4.1.1.3　多原子分子的简正振动

多原子分子比双原子分子就振动来说要复杂得多，双原子分子只有一种振动方式，而多原子分子随着原子数目的增加，其振动方式也越复杂。

（1）简正振动　如同双原子分子一样，多原子分子的振动也可看成是许多被弹簧连接起来的小球构成的振动，如果把每个原子看成是一个质点，则多原子分子的振动就是一个质点组的振动。n 个原子分子的基本振动总共有 $3n-6$ 个，这些基本振动称为分子的简正振动[每个原子都必须有三个坐标描述（x，y，z），n 个原子共需有 $3n$ 个坐标确定位置，分子作为整体有三个平动自由度、三个转动自由度，剩下（$3n-6$）个才是分子的振动自由度]。

简正振动特点：①分子质心在振动过程中保持不变，整体不转动，所有原子都是同向运动，即都在同一瞬间通过各自的平衡位置，并在同一时间达到其最大值；②每个简正振动代表一种振动方式，有它自己的特征振动频率。

如，水分子由三个原子组成，共有三个简正振动，其振动方式如图：

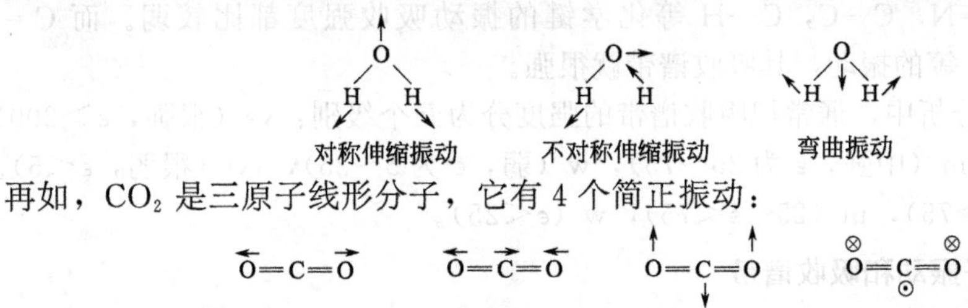

再如，CO_2 是三原子线形分子，它有 4 个简正振动：

图中两个弯曲振动方式相同，只是方向相互垂直。两者的频率相同，称为简并振动。

对于直线形分子共有（$3n-5$）种简正振动。

（2）简正振动的类型　复杂分子的简正振动方式虽然很复杂，但基本上可分为两大类，即伸缩振动和弯曲振动。

① 伸缩振动，是指原子沿着键轴方向伸缩使键长发生变化的振动，有对称和不对称之分。前者在振动时各键同时伸长或缩短，后者在振动时，某些键伸长而另外的键则缩短。

② 弯曲振动又叫弯形振动，一般是键角发生变化的振动。弯曲振动分为面内弯曲振动和面外弯曲振动。面内弯曲振动的振动方向位于分子的平面内，面外弯曲振动的振动方向则是垂直于分子平面。

面内弯曲振动又分为剪式振动和平面摇摆振动。前者为两个原子在同一平面内彼此相向弯曲；后者为基团键角不发生变化只是作为一个整体在分子的平面内左右摇摆。

面外弯曲振动也分为两种：即扭曲振动和非平面摇摆振动。前者为振动时基团离开纸面，方向相反地来回扭动；后者振动时基团作为整体在垂直于分子对称平面的前后摇摆，基团键角不发生变化。

4.1.1.4 红外光谱的吸收和强度

（1）分子吸收红外辐射的条件　分子的每一简正振动对应于一定的振动频率，在红外光谱中就可能出现该频率的谱带。但是并不是每一种振动都对应于一条吸收谱带，分子吸收红外辐射必须满足两个条件。

第一，只有在振动过程中，偶极矩发生变化的那种振动方式才能吸收红外辐射，从而在红外光谱中出现吸收谱带，这种振动方式称为红外活性振动。反之，在振动过程中偶极矩不发生改变的振动方式是非红外活性振动，虽然有振动但不能吸收红外辐射。

如，CO_2 分子的对称伸缩振动，在振动过程中，一个原子离开平衡位置的振动刚好被另一原子在相反方向的振动所抵消，所以偶极矩没有变化，始终为 0，因此是红外非活性振动。可是反对称伸缩振动则不然，虽然 CO_2 的永久偶极矩为 0，但在振动时产生瞬变偶极矩，因此它可以吸收红外辐射，这种振动是红外活性振动。

第二，振动光谱的跃迁选律是 $\Delta\nu=\pm1, \pm2, \pm3\cdots$，因此当吸收的红外辐射其能量与能级间的跃迁相当时才会产生吸收谱带。

因此除了 $\nu=0$ 到 $\nu=1$ 的跃迁外，$\nu=0$ 到 $\nu=2$，$\nu=2$ 到 $\nu=3$ 等的跃迁也是有可能的。但是在常温下，绝大多数分子处于 $\nu=0$ 的振动基态。因此，主要观察到的是由 $\nu=0$ 到 $\nu=1$ 的吸收谱带。

（2）吸收谱带的强度　红外吸收谱带的强度决定于偶极矩变化的大小。振动时偶极矩变化愈大，吸收强度愈大。根据电磁理论，只有带电物体在平衡位置附近移动时才能吸收或辐射电磁波。移动越大，即偶极矩变化越大，吸收强度越大。一般极性比较强的分子或基团吸收强度都比较大，极性比较弱的分子或基团吸收强度比较弱。

如，C═C，C═N，C—C，C—H 等化学键的振动吸收强度都比较弱。而 C═O，Si—O，C—Cl，C—F 等的振动，其吸收谱带就很强。

在红外光谱定性分析中，通常把吸收谱带的强度分为五个级别：vs（很强，$\varepsilon>200$），s（强，ε 为 75～200），m（中强，ε 为 25～75），w（弱，ε 为 5～25），vw（很弱，$\varepsilon<5$）。或分为三个级别，s（$\varepsilon>75$），m（$25<\varepsilon<75$），w（$\varepsilon<25$）。

4.1.1.5 多原子分子振动和吸收谱带

（1）倍频、组合频、偶合和费米共振　当多原子分子从 $\nu=0$ 跃迁到 $\nu=1$ 时，所吸收的能量就是该振动的基本吸收频率，在红外光谱上就产生一条谱带，称为基本谱带。

分子除了有简正振动所对应的基本振动谱带外，由于各种简正振动之间的相互影响，以及振动的非谐性，还产生倍频、组合频、偶合和费米共振等吸收谱带。

a. 倍频：如双原子分子中所述，倍频是从分子的振动基态（$\nu=0$）跃迁到 $\nu=2, 3\cdots$ 能级吸收所产生的谱带。倍频强度很弱，一般只考虑第一倍频。如 1715cm^{-1} 处吸收的 CO_2 基频，在 3430cm^{-1} 附近可观察到（第一）倍频吸收。

b. 组合频：它是由两个或多个简正振动组合而成。其吸收谱带出现在两个或多个基频之和或差的附近。如基频为 ν_1 和 ν_2 组合频为 $\nu_1 \pm \nu_2$，强度很弱。

c. 偶合频：当两个频率相同或相近的基团联结在一起时，会发生偶合作用，结果分裂成一个较高另一个较低的双峰，如丙二酸的两个 $\nu_{C=O}$ 吸收带（$1740cm^{-1}$ 和 $1710cm^{-1}$）。

d. 费米共振：当倍频或组合频位于一基频附近（一般只差几十个波数）时，则倍频峰或组合频峰的强度常被加强，而基频强度降低，这种现象叫费米共振。

如，苯甲酰氯（$C_6H_5-C(=O)-Cl$）$\nu_{C=O}$ 的吸收谱带有两个，$1773cm^{-1}$ 和 $1736cm^{-1}$，这是由 $\nu_{C=O}$ 的 $1774cm^{-1}$ 和 C（苯基）—C（羰基）的弯曲振动频率（$880 \sim 860cm^{-1}$）的倍频之间发生费米共振而产生的。

（2）观测的红外吸收光谱　由上所述，我们观测的红外吸收谱带要比简正振动数目多。但更常见的情况却是吸收谱带的数目比按照（$3n-6$）所计算的要少。主要原因是：

a. 不是所有的简正振动都是红外活性的；

b. 有些对称性很高的分子，往往几个简正振动频率完全相同，即能量简并的振动，只有一个吸收谱带；

c. 有些吸收谱带特别弱，或彼此十分接近，仪器检测不出或分辨不开；

d. 有的吸收谱带落在仪器检测范围之外。

4.1.2 红外光谱与分子结构

4.1.2.1 基团振动和红外光谱区域的关系

自从赫兹用电磁振荡方法产生电磁波，并证明电磁波的性质和光的性质完全相同以后，物理学家们又做了许多实验，证明光是电磁波，X 射线、γ 射线等也是电磁波。所有这些电磁波本质完全相同，只是波长或频率不同，按照波长或频率的次序排列成的谱，称为电磁波谱。

红外光谱与其他吸收光谱的关系如表 4-1 所示。

表 4-1　红外光谱与其他吸收光谱的关系

电磁波	波长范围	电磁波	波长范围
γ 射线	0.001～0.01nm	中红外	2.5～25μm
X 射线	0.1～10nm	远红外	25～300μm
远紫外	10～200nm	微波	0.1～100cm
紫外	200～400nm	无线电波	100cm 以上都是，核磁也在其中
可见	400～760nm	核磁	1～5m
近红外	0.75～2.5μm		

红外光谱区位于可见光和微波区之间，波长范围为 0.7～300μm。通常将红外区分为三部分：

近红外区波长范围 0.75～2.5μm，波数 $13300 \sim 4000cm^{-1}$；

中红外区波长范围 2.5～25μm，波数 $4000 \sim 400cm^{-1}$；

远红外区波长范围 25～300μm，波数 $400 \sim 53cm^{-1}$。

$$\nu(cm^{-1}) = 10^4/\lambda(\mu m) = 1/\lambda(cm)$$

红外光谱应用最广泛的是中红外区，即通常所说的振动光谱。

按照光谱与分子结构的特征可将整个红外光谱大致分为两个区域，即官能团区（4000～

1330cm^{-1}）和指纹区（1330～400cm^{-1}）。

官能团区，即化学键和基团的特征振动频率区。它的吸收光谱主要反映分子中特征基团的振动，基团的鉴定工作主要在该区进行。

指纹区的吸收光谱很复杂，特别能反映分子结构的精细变化。每一种化合物在该区的谱带位置、强度和形状都不一样，相当于人的指纹，用于认证有机化合物是很可靠的。此外，在指纹区也有一些特征吸收峰，对于鉴定官能团也是很有用的。

利用红外光谱鉴定化合物的结构，需要熟悉重要的红外光谱区域基团和频率的关系。

通常将中红外区分为四个区。

（1）X—H 伸缩振动区（X 代表 C、O、N、S 等原子） 频率范围为 4000～2500cm^{-1}，该区主要包括 O—H，N—H，C—H 等的伸缩振动。

a. O—H 伸缩振动 在 3700～3100cm^{-1}，氢键的存在使频率降低，谱峰变宽，它是判断有无醇、酚、有机酸的重要依据。

b. C—H 伸缩振动 分饱和烃和不饱和烃。饱和烃 C—H 伸缩振动在 3000cm^{-1} 以下（2900cm^{-1} 左右），不饱和烃 C—H 伸缩振动在 3000cm^{-1} 以上，炔烃在 3300cm^{-1} 左右，═C—H（包括苯）在 3100cm^{-1} 左右。环丙烷作为特例其═C—H 伸缩振动大于 3000cm^{-1}。

c. N—H 伸缩振动 在 3500～3300cm^{-1} 区域与 O—H 谱带重叠，但峰形比 O—H 尖锐。伯酰胺、仲酰胺和伯胺、仲胺在该区都有吸收。

（2）三键和累积双键区 频率范围在 2500～2000cm^{-1}，该区红外谱带较少。主要有碳氮三键、碳碳三键等三键的伸缩振动以及 C ═ C ═ C，C ═ C ═ O 等累积双键的反对称伸缩振动。

（3）双键伸缩振动区 在 2000～1500cm^{-1} 区域，主要包括 C ═ C，C ═ O，C ═ N，N ═ O 等的伸缩振动和苯环的骨架振动，芳香族化合物的倍频谱带。

a. C ═ O 的伸缩振动在 1900～1600cm^{-1} 区域，所有羰基化合物，如醛、酮、羧酸、酯、酰卤、酸酐等在该区均有非常强的吸收带，而且往往是谱图中的第一强峰，是判断羰基化合物的主要依据。C ═ O 伸缩振动吸收带的位置还和邻接基团有密切关系，因此对判断羰基化合物的类型有重要价值。

b. C ═ C 伸缩振动出现在 1660～1600cm^{-1}，一般情况下强度比较弱，当各邻近基团差别比较大时，如正己烯的 C ═ C 吸收带就很强。

c. 单核芳烃的 C ═ C 伸缩振动出现在 1500～1480cm^{-1} 和 1600～1590cm^{-1} 两个区域。这两个区域是判断有无芳核存在的重要标志之一。一般前者谱带比较强，后者较弱。

d. 苯的衍生物在 2000～1667cm^{-1} 区域出现 C—H 面外弯曲振动（900～600cm^{-1}）的倍频或组合频峰，它的强度很弱，但该区吸收峰的数目和形状与芳核的取代类型有直接关系。在鉴定苯环取代类型上非常有用。如图 4-3 所示。

（4）部分单键振动及指纹区 如前所述，1500～670cm^{-1} 区域的光谱比较复杂，出现的振动形式很多。除了少数较强的特征谱带外，一般难以找到它的归宿。

对鉴定有用的特征谱带主要有 C—H，O—H 的弯曲振动以及 C—O，C—N，C—X 等的伸缩振动。

a. 饱和的 C—H 弯曲振动包括—CH_2—和—CH_3 两种。—CH_3 的对称弯曲振动和平面摇摆振动，其中以对称弯曲振动较为特征，吸收谱带在 1380～1370cm^{-1}，受取代基影响很小，可作为判断有无—CH_3 存在的依据。

b. —CH_2—的弯曲振动有 4 种方式，其中的平面摇摆振动在结构分析中很有用，当 4 个或 4 个以上—CH_2—直链相连时，—CH_2—的平面摇摆振动出现在 722cm^{-1}，随着—CH_2—

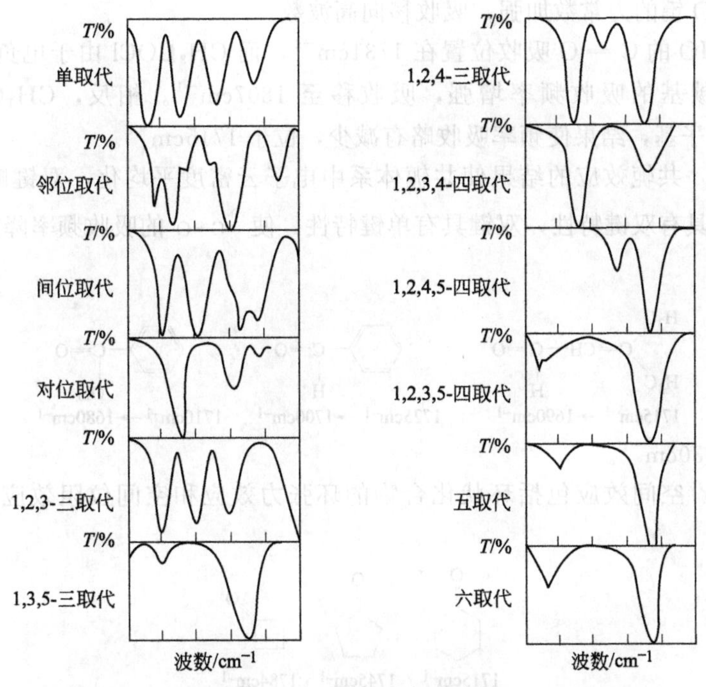

图 4-3　苯环的部分振动曲线

个数的减少，吸收谱带向高波数方向位移，由此可判断分子链的长短。在 $1465cm^{-1}$ 是 $—CH_2—$ 的剪式特征振动。

c. 烯烃的 C—H 弯曲振动中，波数范围在 $1000\sim800cm^{-1}$ 的非平面摇摆振动最为有用，可借助这些吸收峰鉴别各种取代类型的烯烃。

d. 芳烃的 C—H 弯曲振动中，主要是 $900\sim600cm^{-1}$ 处的面外弯曲振动，对于确定苯环的取代类型是很特征的。

e. C—O 伸缩振动常常是该区中最强的峰，比较易识别，一般醇的 C—O 伸缩振动在 $1200\sim1000cm^{-1}$，酚的 C—O 伸缩振动在 $1300\sim1200cm^{-1}$，C—Cl 在 $800\sim600cm^{-1}$，C—F 在 $1400\sim1000cm^{-1}$。上述 4 个重要基团光谱区域的分布是和用振动频率公式计算出的结果完全相等，即化学键力常数大的、折合质量小的（如 X—H）基团都在高波数区，反之，化学键力常数小的（如单键）、折合质量大的（C—Cl）基团都在低波数区。

4.1.2.2　影响基团频率的因素

同一种化学键或基团的特征吸收频率在不同的分子和外界条件下只是大致相同，即有一定的频率范围。

如 C ═ O 的伸缩振动频率在不同的羰基化合物中有一定的差别。酰氯在 $1790cm^{-1}$，酰胺在 $1680cm^{-1}$，因此根据 C ═ O 伸缩振动频率的差别和谱带形状可以确定羰基化合物的类型。影响频率位移的因素可分为两类，一是内部结构因素，二是外部因素。下面以羰基化合物为例进行讨论。

(1) 内部结构因素

a. 取代基的诱导效应　即羰基是强吸收电子基，任何增加单键形式或增加极性的效应都会降低 C—O 键的力常数，从而使羰基的吸收谱带移向低波数（给电子基就是这种效应）；反之，当有吸电子基和羰基的碳原子相连时，由于它和氧原子争夺电子，使羰基的极性减小，因而使C—O键的力常数加强，吸收移向高波数。

如，CH_3CHO的C═O吸收位置在$1731cm^{-1}$，而CH_3COCl由于电负性很强的Cl代替了H后，使羰基的吸收频率增强，吸收移至$1807cm^{-1}$。相反，CH_3COCH_3中由于—CH_3是弱给电子基，结果使频率吸收略有减少，位于$1715cm^{-1}$。

b.共轭效应　共轭效应的结果使共轭体系中电子云密度平均化，双键略有伸长，单键略有缩短，单键具有双键特性，双键具有单键特性，使 >C═O 的吸收频率降低。

如

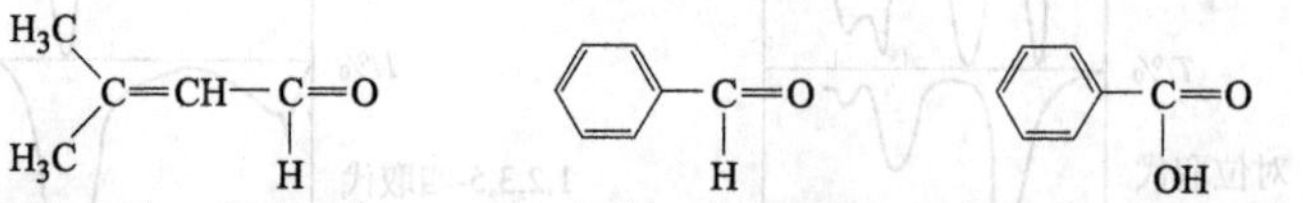

$1715cm^{-1}\rightarrow1690cm^{-1}$　　$1725cm^{-1}\rightarrow1700cm^{-1}$　　$1710cm^{-1}\rightarrow1680cm^{-1}$

大约都降低$30cm^{-1}$。

c.空间效应　空间效应包括环状化合物的环张力效应和空间位阻效应。环张力越大，$\nu_{C=O}$越高，如

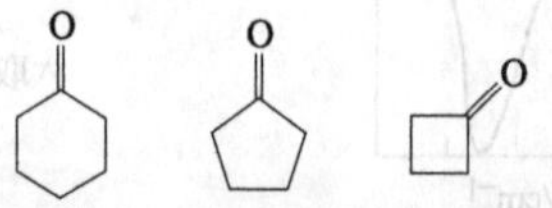

$1715cm^{-1}$　$1745cm^{-1}$　$1784cm^{-1}$

由于四元环（张力）＞五元环＞六元环，所以 >C═O 伸缩振动频率依次降低。

由于空间位阻 >C═O 双键之间的共轭受到限制，使羰基振动频率增高。

如

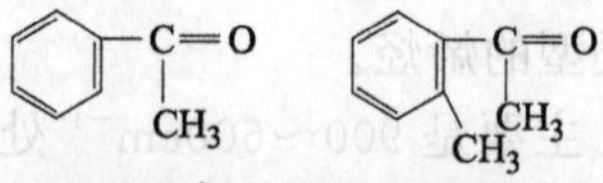

$1663cm^{-1}$　$1686cm^{-1}$

后者由于—CH_3的空间阻碍，羰基与双键不能在同一平面上，结果共轭效应受到限制，使羰基的双键极性增强，因而频率升高。

d.偶合效应　当两个频率相同或相近的基团联结在一起时会发生偶合作用，分裂成两个峰。

如

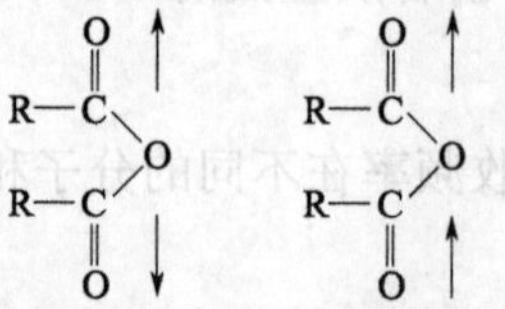

$1750cm^{-1}$　$1820cm^{-1}$

酸酐由于两个羰基振动偶合的结果，出现两个吸收峰。一个频率比原来的谱带高一点，另一个低一点。

e.费米效应　如苯甲醛中的醛基上的碳氢伸缩振动（$2800cm^{-1}$）和其面内弯曲振动（$1400cm^{-1}$）第一倍频（$2800cm^{-1}$）相互共振，而产生$2780cm^{-1}$和$2880cm^{-1}$两个吸收峰。

f.氢键效应　氢键的形成往往使基团的吸收频率降低，谱峰变宽。

例如，乙醇在浓度小于0.01mol/L的CCl_4稀溶液中，分子间不形成氢键，其O—H的伸缩振动在$3640cm^{-1}$。当溶液中乙醇浓度增大时（如$c>0.1mol/L$），乙醇分子间形成了氢键，生成二缔合体或多缔合体，吸收峰逐渐移向低波数。

$$\underset{3640cm^{-1}}{\underset{C_2H_5}{\overset{O-H}{|}}}\qquad \underset{3515cm^{-1}}{\underset{C_2H_5\qquad C_2H_5}{\overset{O-H\cdots O-H}{|\qquad\quad |}}}\qquad \underset{3350cm^{-1}}{\underset{C_2H_5\qquad C_2H_5\qquad C_2H_5}{\overset{\cdots O-H\cdots O-H\cdots O-H\cdots}{|\qquad\quad |\qquad\quad |}}}$$

分子内氢键同样使基团的振动频率向低波数移动。如：

$$C_6H_5-\underset{\|}{C}-R \quad (1690cm^{-1}) \qquad\qquad o\text{-}HOC_6H_4-C(=O)CH_3\ (\text{分子内 }O-H\cdots O=C) \quad (1635cm^{-1})$$

由于后者羰基和邻位的羟基之间形成氢键，频率降低，但是分子内氢键不受溶液浓度的影响，而分子间氢键随溶液的浓度增加而增强。若用稀溶液测定时，分子间氢键可以消失，因此用红外光谱很容易区别这两类氢键。

（2）外部因素　一般主要指测定时物质的状态、溶剂效应等因素。通常在蒸气状态时振动频率最高，在非极性溶剂中次之，在极性溶剂、液体、固体中测定的频率最低。

如，丙酸的羰基在气态时为 $1780cm^{-1}$，在非极性溶剂中为 $1760cm^{-1}$，在极性溶剂中为 $1735cm^{-1}$，而液态丙酸为 $1712cm^{-1}$。

同一种物质在不同溶剂中由于溶质和溶剂间的相互作用不同，测得的光谱也不同。比如，极性基团的伸缩振动频率往往随溶剂的极性增大而减小。因此，在红外光谱测定时往往采取非极性溶剂。

4.1.3　仪器和实验技术

4.1.3.1　红外光谱仪

目前生产和使用的红外光谱仪主要有两大类，即色散型红外分光光度计和傅里叶变换红外光谱仪。用激光做光源的激光红外光谱仪也已出现。

（1）色散型红外分光光度计　图 4-4 为色散型红外分光光度计的方块图。

色散型红外分光光度计是由光源、单色器、检测器、放大器、记录器等几个基本部分组成。

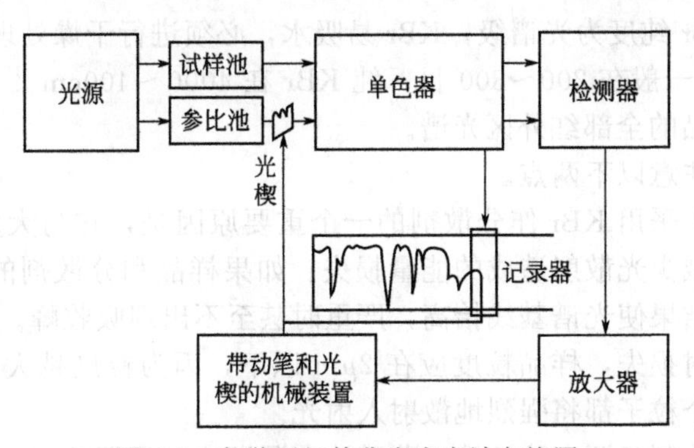

图 4-4　色散型红外分光光度计方块图

（2）傅里叶变换红外光谱仪的主要部件

a. 光源　常用的光源是硅碳棒和能斯特灯，其使用波数范围为 $5000\sim400cm^{-1}$。激光光源是 20 世纪 70 年代末开始发展起来的新型光源。

b. 检测器　所用的检测器，如热电偶、测辐射热计、高莱槽等能将照射在它上面的红外光变成电信号。

热检测器——热电偶等；

光检测器——InSb、InAs、PbSe 等半导体材料，受光照射后导电性变化而产生信号。

光检测器的灵敏度比热检测器高几倍，但需要液氮冷却。

检测器一般要求是热容量低、热灵敏度高、检测器波长范围宽、响应速度快。

c. 单色器　这是傅里叶变换红外光谱仪的核心部件，所使用的色散元件有光栅和棱镜两种。目前一般都采用反射型平面衍射光栅。用光栅作色散元件时，由于不同级次的光谱线互相重叠，降低色散功能，因此在光栅的前面或后面通常加一滤光器。

4.1.3.2　样品制备

（1）样品预处理　红外光谱测定所需样品一般为 1～10mg。样品在测定前应进行一定的处理。首先，样品纯度应在 95%以上。其次，样品应干燥，防止和减少吸收板侵蚀。通常是将样品放在有五氧化二磷的真空干燥器中，干燥 24h。

（2）样品制备

① 气体样品　将气体槽抽至一定真空，将气体样品注入，即可测定。

易挥发的液体也可以使用气体槽测定，当注入 1～2 滴液体后，待其在内蒸发后即可测定。对于测定污染大气或其他气体中 ppm（10^{-6}）级杂质时，往往利用光学上的多次反射，使光程长度提高到几十米。

② 液体样品　液体样品最常用的方法是液膜法，尤其是对沸点较高的样品。所谓液膜法，即在两个圆形盐片之间滴 1～2 滴液体样品，形成一薄的液膜，用专用夹具将两块盐片夹住即可进行测定。在两块盐片之间垫入不同厚度的垫片，可以调节液膜的厚度。

对低沸点的、易挥发的样品不宜用液膜法，而用液体吸收池法测定，将样品用注射器注入液体池即可测定。常用的液体吸收池有两种：固定式吸收池和可拆式吸收池。

③ 固体样品　固体样品最常用的方法是 KBr 压片法。压片法备有专用的模具和油压机。

a. 将样品研成粉末，一般取 1～2mg。

b. 加入约 200mg 的 KBr 粉末，在研钵中研磨，混匀，转移到模具中。

c. 用 10tf（1tf=9.80665kN）压力经 10min 左右即可将样品压成透明的薄片。压片的厚度约 1～2mm。

压片法所用的 KBr 纯度为光谱级，KBr 易吸水，必须进行干燥处理，一般要在 120℃烘烤 4h 以上。KBr 粒度一般在 200～300 目，纯 KBr 在 4000～400cm^{-1} 区域无吸收，因此用 KBr 压片法能获得样品的全部红外区光谱。

使用压片法时应注意以下两点。

首先，在压片法中采用 KBr 作分散剂的一个重要原因是，它与大多数有机化合物的折射率很相近，这样可减少光散射造成的能量损失。如果样品和分散剂的折射率相差较大时，就会发生强烈散射，结果使光谱基线抬高，严重时甚至不出现吸收峰。

其次，为减少散射损失，样品粒度应在 2μm 以下，因为粒度越大，散射越强烈。当粒度远大于波长时，每个粒子都将强烈地散射入射光。

另外，固体样品的制备还有溶液法、薄膜法、调糊法，我们就不一一介绍了。

4.1.4　各类有机化合物的红外光谱特征

4.1.4.1　烃类化合物

（1）烷烃　烷烃光谱比较简单，通常只有几个峰。

C—H 伸缩振动频率为 3000cm^{-1} 左右。

a. 烷烃（除环状化合物外）吸收总是<3000cm^{-1}；

b. 烯烃、炔烃、芳香烃、环丙烷的 C—H 伸缩>3000cm^{-1}；

c. —CH_2—有一个特征吸收，约 1465cm^{-1}（剪式振动，2925cm^{-1}、2850cm^{-1}）；

d. —CH_3 有一个特征吸收，约 1375cm^{-1}，约 1450cm^{-1} 较弱（弯曲，2960cm^{-1}、2870cm^{-1}）。

（2）烯烃

a. ═C—H 伸缩振动>3000cm^{-1}（3100～3000cm^{-1}）；

b. ═C—H 面外弯曲 1000～650cm^{-1}（一般 1000～800cm^{-1}）；

c. C═C 伸缩振动 1660～1600cm^{-1}。

（3）炔烃

a. ≡C—H　3300～3100cm^{-1}；

b. C≡C　2150cm^{-1}。

（4）讨论

① C—H 伸缩振动

a. C—H 伸缩振动频率范围在 3300～2750cm^{-1}；

b. C—H 伸缩振动频率与碳原子的杂化情况有关。

炔烃类化合物中 sp-1s C—H 键的吸收频率比烯烃类化合物中 sp^2-1s C—H 键吸收频率高，这是因为前者有较大的化学键力常数。同样，sp^2-1s C—H 键吸收频率比饱和脂肪族化合物中 sp^3-1s C—H 键吸收频率高。关于 sp，sp^2 和 sp^3 杂化碳所形成C—H 键的某些物理常数见表 4-2。

表 4-2　C—H 键的某些物理常数

键	≡C—H	═C—H	—C—H	键	≡C—H	═C—H	—C—H
类型	sp-1s	sp^2-1s	sp^3-1s	强度/kcal	121	106	101
键长/Å	1.08	1.10	1.12	红外频率/cm^{-1}	3300	3100	2900

注：1Å=10^{-10}m；1kcal=4.2kJ。

sp 杂化，s 成分为 1/2；sp^2 杂化，s 成分为 1/3；而 sp^3 杂化，s 成分为 1/4。由此可见，sp 杂化 s 成分最高。由于 s 电子云的分布比 p 电子云更靠近原子核，因此不饱和 C 原子比饱和碳原子具有较大的电负性，因此它们的化学键力常数较大。

c. 除醛氢外，吸收频率小于 3000cm^{-1} 者，通常表示饱和化合物（sp^3-1s）；吸收频率在 3150～3000cm^{-1}，表示芳香烃或烯氢。

醛 C—H 伸缩振动频率出现在饱和 C—H 吸收右边，并且通常有两个吸收峰，2850cm^{-1} 和 2750cm^{-1}。后者峰形尖锐，容易识别，可作为有无醛基的判断之用。

d. sp^3 杂化的 C—H 伸缩振动中，甲基、亚甲基和次甲基伸缩振动：

次甲基伸缩振动只有一个弱吸收，通常约为 2890cm^{-1}；

亚甲基有两个吸收峰，ν_s 约 2853cm^{-1}，ν_{as} 约 2926cm^{-1}；

甲基有两个吸收峰，约 2962～2872cm^{-1}。

② 甲基和亚甲基的弯曲振动

a. 亚甲基有一个剪式振动，出现在 1465cm^{-1} 附近；亚甲基面内摇摆振动出现在 722cm^{-1} 附近。

当 CH_2 的邻位上有三键或双键存在时，剪式振动下降至 1440cm^{-1}。当与 C═O、NO_2、CN 相连时，其降低到约 1425cm^{-1}，但强度显著增强。

亚甲基面内摇摆振动出现在 722cm^{-1} 附近。当 CH_2 链增高到 4 个以上时，频率稳定在 722cm^{-1}；当链减短时，则吸收向高波数方向移动。

结构	波数/cm^{-1}	结构	波数/cm^{-1}
$CH_3-CH_2-\overset{\vert}{\underset{\vert}{C}}-$	770	$-\overset{\vert}{\underset{\vert}{C}}-CH_2-\overset{\vert}{\underset{\vert}{C}}-$	810
$CH_3-(CH_2)_2-\overset{\vert}{\underset{\vert}{C}}-$	750～740	$-\overset{\vert}{\underset{\vert}{C}}-(CH_2)_2-\overset{\vert}{\underset{\vert}{C}}-$	754
$CH_3-(CH_2)_3-\overset{\vert}{\underset{\vert}{C}}-$	740～730	$-\overset{\vert}{\underset{\vert}{C}}-(CH_2)_3-\overset{\vert}{\underset{\vert}{C}}-$	740
$CH_3-(CH_2)_4-\overset{\vert}{\underset{\vert}{C}}-$	735～730	$-\overset{\vert}{\underset{\vert}{C}}-(CH_2)_4-\overset{\vert}{\underset{\vert}{C}}-$	725
$CH_3-(CH_2)_n-\overset{\vert}{\underset{\vert}{C}}-$	722	$-\overset{\vert}{\underset{\vert}{C}}-(CH_2)_n-\overset{\vert}{\underset{\vert}{C}}-$	722

b. 甲基有一个弯曲振动吸收较强，出现在 1375cm^{-1}，当有两个或三个甲基同时连接在一个碳原子上时，1375cm^{-1} 常被分裂成两个峰。

$(CH_3)_2CH$—在 1375cm^{-1} 分裂成 1370cm^{-1}，1380cm^{-1}（1∶1）两个峰；

$(CH_3)_3C$—在 1375cm^{-1} 分裂成 1370cm^{-1}，1390cm^{-1}（2∶1）两个峰。

c. $(CH_3)_2CH$—，$(CH_3)_3C$—骨架振动：前者在 1170cm^{-1}，后者在 1250cm^{-1}，1200cm^{-1}。

③ 烯烃 C—H 弯曲振动　在 1000～650cm^{-1}，双键上取代情况不同，出现的吸收频率不同，因此在这个范围内出现的吸收峰的频率可用来鉴定烯烃的各种取代类型。这些谱带在烯烃的光谱中往往是很强的。如下所示：

$R^1(H)C=CH_2$　995～985cm^{-1}(s)　915～905cm^{-1}(s)

$R^1(H)C=C(H)R^2$（反式）　990～965cm^{-1}(s)

$R^1(H)C=C(H)R^2$（顺式）　728～670cm^{-1}(s)

$R^1R^2C=CH_2$　895～885cm^{-1}(s)

$R^1R^2C=C(H)R^3$　850～790cm^{-1}(s)

④ C═C 伸缩振动

a. 非共轭的 C═C 伸缩振动吸收通常在 1666～1640cm^{-1}，强度弱。若双键被对称地取代，则在红外光谱中不出现 C═C 振动吸收。一般来说，双键在末端的振动吸收要比双键在中间的稍强一些。

b. 当 C═C 与羰基或另一个双键共轭时，由于出现键长平均化的趋势，它的双键比一般双键长，键力常数下降，因此吸收频率向低波数方向移动，强度增加。在没有对称中心的共轭的双烯中，产生两个伸缩振动吸收谱带，如在 1,3-戊二烯中分裂为 1650cm^{-1} 和 1600cm^{-1}。在有对称中心的共轭双烯中，只产生一个不对称伸缩吸收谱带，在 1600cm^{-1} 附近。

c. 在环状化合物中，环内双键的吸收频率对环的大小很敏感。当内角减小时，环张力变大，但是吸收频率向低波数方向移动，到环丙烯吸收频率增加，这是因为邻接的 C—C 键和 C═C 发生了偶合。而环丁烯中 C═C 的振动方式是垂直的，不发生偶合。

环庚烯	环己烯	环戊烯	环丁烯	环丙烯
1650cm^{-1}	1646cm^{-1}	1611cm^{-1}	1566cm^{-1}	1641cm^{-1}

如下图当∠$C_1C_2C_3$＞90°时，则 C_1—C_2 的伸缩振动可分解为 a 和 b，a 恰好与 C_2 ═ C_3

的伸缩振动方向一致，发生了偶合，吸收频率增加。

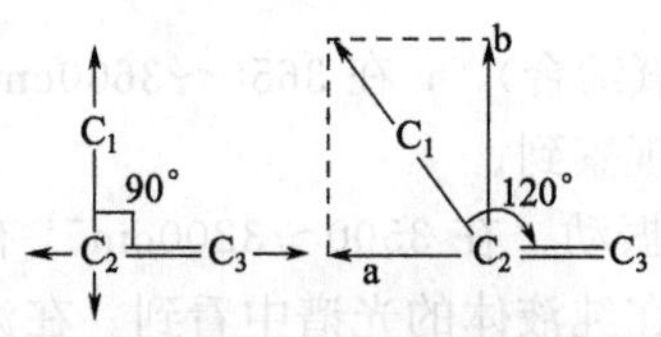

当键角小于 90°时，同样原因使吸收频率向高波数方向移动。

环外双键随着环的减小，吸收频率向高波数方向移动。因为环小，内角也小，在形成 C—C 键时，需要较多的 p 成分来满足小角的需要，从双键的 σ 键移走 p 成分而使双键上 s 成分相应增加，使化学键力常数增大，因而吸收波数向高波数移动。

4.1.4.2 芳烃

(1) ═C—H　ν＞3000cm^{-1}。

(2) ═C—H 面外弯曲　900～690cm^{-1}。

(3) C═C 骨架振动　四条谱带：1600cm^{-1} (s)，1585cm^{-1}（只有与不饱和基团或具有孤对电子基团共轭才出现），1500cm^{-1} (s)，1450cm^{-1}。

(4) ═C—H 倍频　2000～1660cm^{-1}。

(5) 讨论

a. C—H 弯曲振动　C—H 面内弯曲振动吸收发生在 1300～1000cm^{-1}，由于在这个范围出现的谱带较弱，其他谱带的干扰太多，所以这些谱带很少用于结构分析。

C—H 面外弯曲振动和邻近的氢原子有很强的偶合，它们有较强的吸收谱带，可以根据这些强吸收带来判断芳环上的取代情况。

对于烷烃取代的苯，用面外弯曲振动吸收位置来判断苯的取代情况是可靠的，如果极性基团连接在苯环上时，这些基团往往使吸收移向高波数。

单取代的苯，有两个强吸收峰 690cm^{-1}，750cm^{-1}；

邻二取代苯，有一个强吸收峰 750cm^{-1}；

间二取代苯，有三个吸收峰：690cm^{-1}，790cm^{-1}，880cm^{-1}（中等强度）；

对二取代苯，有一个强吸收带，850～800cm^{-1}。

b. 结合频和倍频带　在 2000～1650cm^{-1} 有弱的倍频谱带，它的形状与环上取代基的位置有关。

苯乙烯的红外谱图如图 4-5 所示。

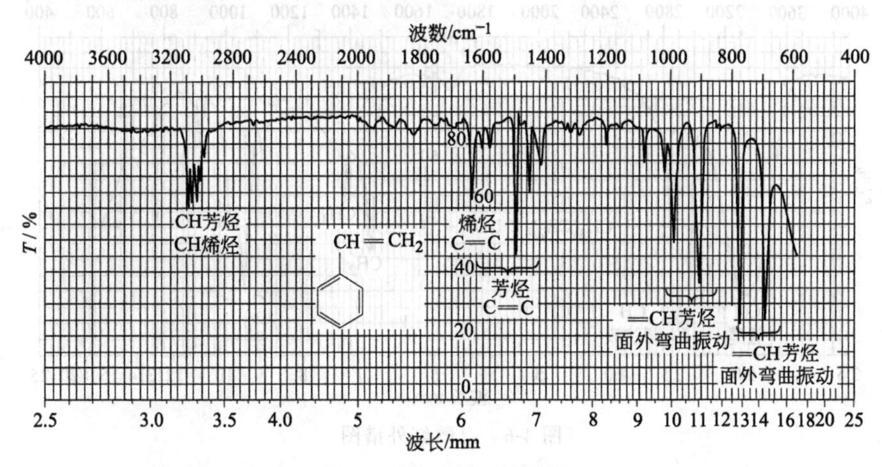

图 4-5　苯乙烯红外谱图

4.1.4.3　醇和酚

（1）游离的O—H（没有氢氧缔合）　ν在3650～3600cm^{-1}有一个尖峰，这个尖峰只有在气态或非极性溶剂的稀溶液中观察到。

（2）氢键缔合的O—H伸缩振动　在3500～3200cm^{-1}有一宽而强的峰，有时与C—H伸缩振动吸收重叠，这样的谱带在纯液体的光谱中看到。在浓溶液中，通常可看到游离的和氢键缔合的两个峰。

（3）C—O伸缩振动吸收　通常发生在1250～1000cm^{-1}，这个峰可用来区分伯醇、仲醇、叔醇。

（4）O—H面内弯曲振动　醇，1410～1250cm^{-1}，w，用处不大；酚，1300～1165cm^{-1}，s。

（5）讨论

a. O—H伸缩振动　当用液膜法测定醇和酚时，由于分子间氢键，得到一宽而强的O—H伸缩振动吸收峰，波数为3500～3200cm^{-1}。

当用CCl_4或$CHCl_3$稀释时，在宽带的左边出现一个尖的游离的O—H伸缩振动吸收带，约3600cm^{-1}。当溶液进一步稀释时，宽带几乎消失，主要的是游离的O—H伸缩振动吸收。

虽然酚的O—H带比醇宽一些，但用O—H带区分醇和酚是很困难的，应该用芳环的C═C和C—O伸缩振动来判断是否有酚的存在。

羧酸的O—H伸缩振动吸收在3400～2400cm^{-1}出现一宽而散的峰，并且有羰基的吸收峰，所以很易与醇和酚相区别。

b. C—O伸缩振动　C—O单键伸缩振动出现在1250～1000cm^{-1}。因为C—O伸缩振动与邻近的C—C伸缩振动偶合，谱带的位置在不同的醇和酚中不同。

化合物	吸收频率/cm^{-1}
酚	1220
饱和叔醇	1150
饱和仲醇	1100
饱和伯醇	1050

己醇的红外谱图如图4-6所示。

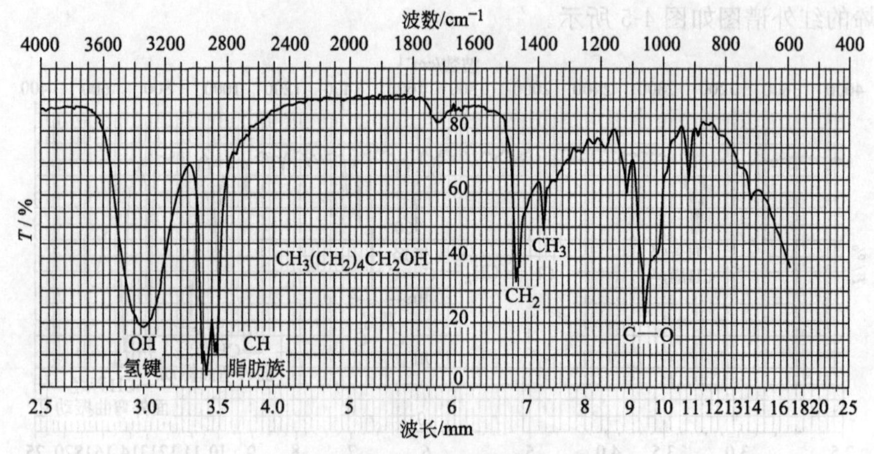

图4-6　己醇红外谱图

4.1.4.4 醚

醚中有C—O—C，因此醚中最突出的是C—O伸缩振动吸收在1300～1000cm^{-1}，因为醇和酯中也有C—O伸缩振动，当不存在C═O和O—H吸收时，就不可能是酯和醇。

（1）二烷基醚　不对称C—O—C伸缩振动有一个强吸收约在1120cm^{-1}，对称伸缩振动带一般很弱。

（2）苯基烷基醚和乙烯基烷基醚　苯基烷基醚有两个吸收带，对称伸缩振动吸收约在1040cm^{-1}，不对称C—O—C伸缩振动吸收约在1250cm^{-1}。

乙烯基烷基醚也有两个带，不对称伸缩振动吸收约在1220cm^{-1}，对称伸缩振动吸收约在1040cm^{-1}。

4.1.4.5 羰基化合物

醛、酮、酸、酯、酰胺、酰卤和酸酐都含有羰基，羰基在1850～1650cm^{-1}有强吸收(因为偶极矩变化大)。

与羰基相连的原子（或基团）不同，将明显地影响羰基伸缩振动吸收频率值，所以从C═O的吸收位置不同，可得到很多结构上的信息。如下面列出各类羰基化合物的C═O吸收频率。

名称	酐（1）	酰氯	酐（2）	酯	醛	酮	酸	酰胺
波数/cm^{-1}	1810	1800	1760	1735	1725	1715	1710	1690

（1）醛

a. C═O伸缩振动吸收约在1725cm^{-1}。

b. CHO的醛氢有两个中等强度的吸收峰，约在2750cm^{-1}和2850cm^{-1}，2750cm^{-1}峰形尖锐，易识别。

一般的醛 $\mathrm{H}-\overset{\diagdown}{\mathrm{C}}=\mathrm{O}$ 在1725cm^{-1}，当其与芳基或α、β双键共轭时，C═O吸收向低波数方向移动。

如：

$H_3C(H)C=C(H)-CHO$　1680cm^{-1}　　C_6H_5-CHO　1700cm^{-1}

醛的C—H伸缩振动有两个中等强度吸收约在2750cm^{-1}和2850cm^{-1}，其中2750cm^{-1}很有用，因为其他C—H伸缩振动不在这个范围，根据这两个峰可区分醛和酮。

苯甲醛的红外谱图如图4-7所示。

（2）酮　酮的C═O伸缩振动吸收约在1715cm^{-1}，共轭使吸收向低波数方向移动。

在3500～3350cm^{-1}有一个羰基吸收的倍频带，但强度很弱。

酮的 $\mathrm{C}-\overset{\mathrm{O}}{\overset{\|}{\mathrm{C}}}-\mathrm{C}$ 振动在1300～1100cm^{-1}有中等到强的吸收，脂肪酮出现在1220～1100cm^{-1}，芳香酮出现在1300～1220cm^{-1}。

（3）羧酸

a. O—H通常在3400～2400cm^{-1}有一宽而强的O—H伸缩振动带，还有一些弱的C—H伸缩振动带往往叠加在宽的O—H谱带上。

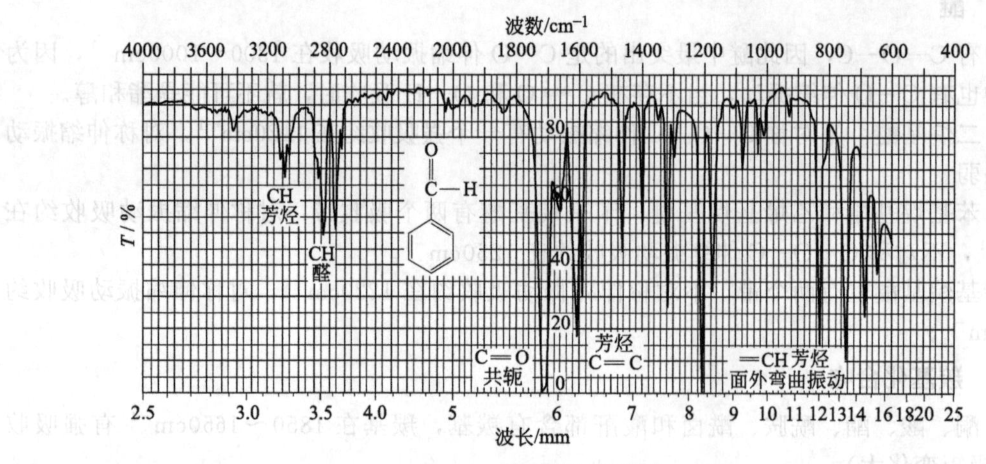

图 4-7 苯甲醛红外谱图

b. C ═ O 在 1730～1700cm^{-1} 有一个较宽的 C ═ O 伸缩振动吸收，共轭使吸收向低波数移动。

c. C—O 在 1320～1210cm^{-1} 有一个中等强度的伸缩振动吸收，一般约在 1260cm^{-1}。

d. O—H 面外弯曲振动出现在约 920cm^{-1}，谱带宽，中等强度。

苯甲酸的红外谱图如图 4-8 所示。

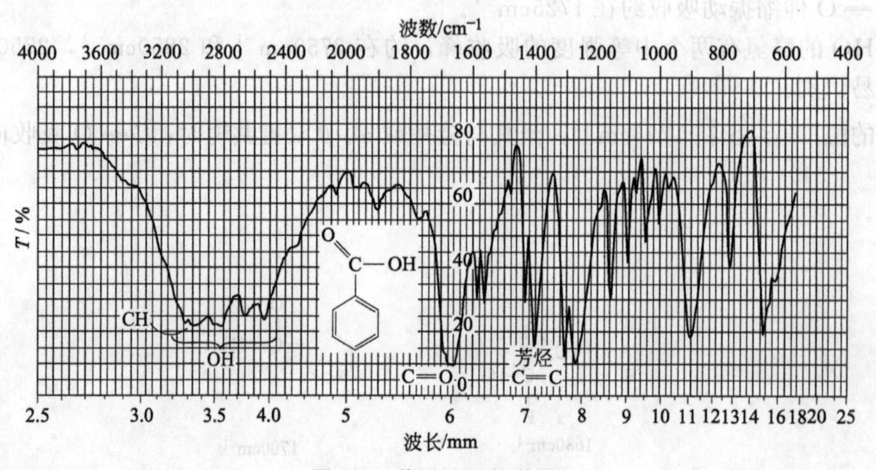

图 4-8 苯甲酸红外谱图

（4）酯

a. C ═ O 伸缩振动吸收约为 1735cm^{-1}。

b. C—O 伸缩振动吸收在 1300～1000cm^{-1} 有两个（或多于两个）谱带，其中一个较宽而强。

酮的 C ═ O 振动在 1300～1100cm^{-1} 和酯的 C—O 振动在 1300～1000cm^{-1} 有区别：酮在此区域的吸收谱带比较尖锐，酯在该区域的吸收谱带比较宽，强度比酮的大，依此可判断酯和酮。

不饱和取代基位置对酯的 $\rangle$C═O 吸收频率的影响如下：

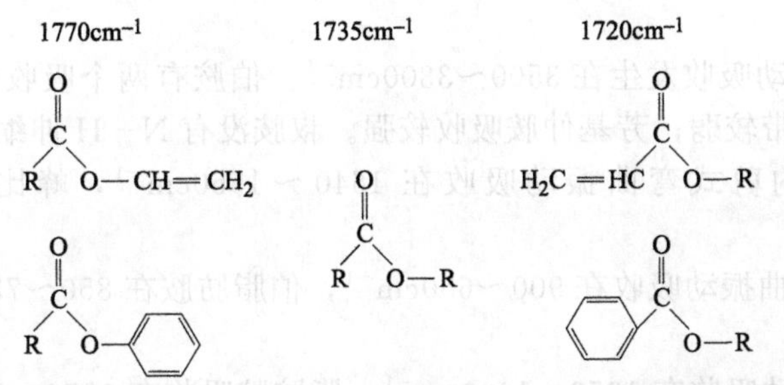

酯的 C—O 伸缩振动在 1300～1000cm^{-1} 有两个谱带，酯的酸部分和酯的醇部分。

$C-\overset{O}{\overset{\|}{C}}-O$在 1300～1150$cm^{-1}$ 有一个强而宽的谱带。芳香酯吸收在这个范围的左边（1310～1250cm^{-1}），饱和酯吸收在这个范围的右边（1210～1150cm^{-1}）。H—CO—OR：1180cm^{-1}；CH_3COOR：1240cm^{-1}；RCOOR：1190cm^{-1}；$RCOOCH_3$：1165cm^{-1}。

C—O—C 在 1150～1000cm^{-1} 有一个较弱的谱带。一般在分析时，在 1300～1000cm^{-1} 找到一个非常强和宽的吸收即可鉴别化合物是否为酯。

丁酸乙酯的红外谱图如图 4-9 所示。

（5）酰胺

a. C ═ O 伸缩振动大约在 1670～1640cm^{-1}，谱带强且宽，这是由于氢键效应。在非常稀的溶液中约为 1690cm^{-1}。叔酰胺不受此影响，在 1670～1640cm^{-1}。

b. N—H 伸缩振动在 3500～3100cm^{-1}，伯酰胺约在 3350 和 3150cm^{-1} 处看到两个吸收峰。它们分别是由氢键缔合的 NH_2 不对称伸缩振动和对称伸缩振动引起的。

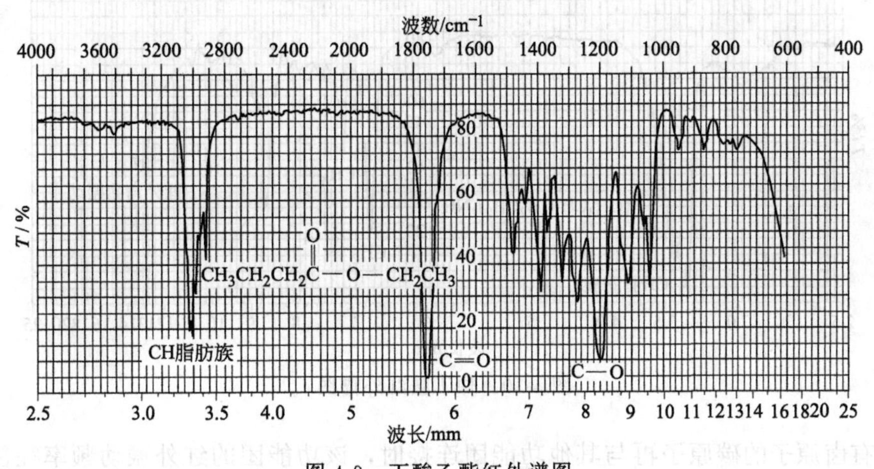

图 4-9　丁酸乙酯红外谱图

仲酰胺只有一个吸收带。

c. 伯酰胺和仲酰胺在 1640～1550cm^{-1} 有一个中等强度的吸收，由 N—H 弯曲振动引起，有时易与 C ═ O 吸收重叠。

d. 伯酰胺在约 1400cm^{-1} 有一中等强度的 C—N 伸缩振动。

（6）酸酐

a. C ═ O 伸缩振动在 1830～1800cm^{-1} 和 1775～1740cm^{-1} 出现两个吸收峰，其相对强度较强。

b. C—O 伸缩振动吸收出现在 1300～900cm^{-1}，强而宽。

(7) 胺

a. N—H 伸缩振动吸收发生在 3500～3300cm^{-1}。伯胺有两个吸收带，仲胺有一个吸收带；烷基仲胺的吸收带较弱；芳基仲胺吸收较强。叔胺没有 N—H 伸缩振动。

b. N—H 伯胺的剪式弯曲振动吸收在 1640～1560cm^{-1}，峰比较宽。仲胺吸收约为 1500cm^{-1}。

c. N—H 面外弯曲振动吸收在 900～650cm^{-1}，伯脂肪胺在 850～750cm^{-1}，仲脂肪胺在 750～700cm^{-1}。

d. C—N 伸缩振动吸收在 1350～1000cm^{-1}，脂肪胺吸收在 1250～1000cm^{-1}，芳胺吸收在 1350～1250cm^{-1}。

仲丁胺的红外谱图如图 4-10 所示。

(8) 硝基化合物　N═O 伸缩振动有两个强吸收带，在 1600～1500cm^{-1} 和 1390～1300cm^{-1}。

1600～1500cm^{-1} 为硝基不对称伸缩振动，脂肪硝基化合物为 1550cm^{-1}，芳香硝基化合物为 1530cm^{-1}。1390～1300cm^{-1} 为硝基对称伸缩振动。当硝基与双键或芳香基团共轭时，吸收就向低波数方向移动。

(9) 有机卤代物

a. C—X 键，小于 1500cm^{-1}。

C—F，1400～1000cm^{-1}；C—Cl，750～700cm^{-1}；C—Br，C—I，680～500cm^{-1}。

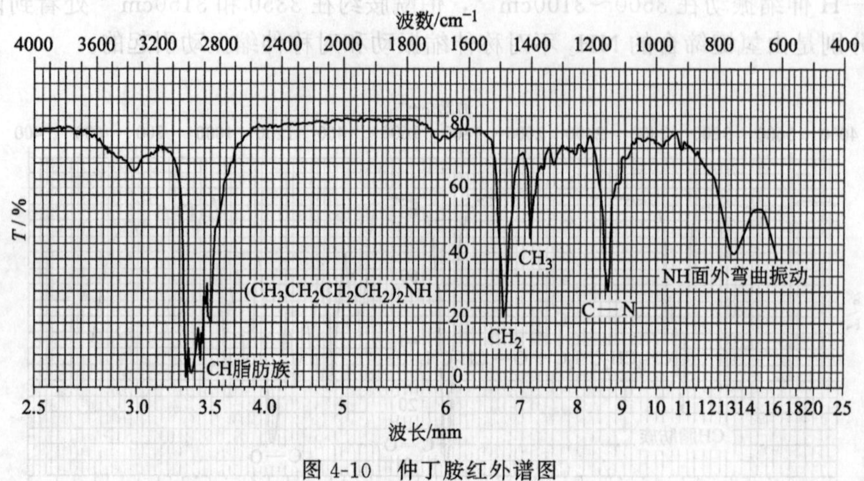

图 4-10　仲丁胺红外谱图

b. 连有卤原子的碳原子再与其他功能团连接时，该功能团的红外振动频率往往发生移动。如，$—CH_2X$ 的非平面摇摆振动产生的红外吸收的共振频率为：$—CH_2Cl$，1300～1250cm^{-1}；$—CH_2Br$，1230cm^{-1}；$—CH_2I$，1170cm^{-1}。

c. 当卤原子直接与苯环相连时，卤代苯有不同的特征吸收：Ar—F，1250～1100cm^{-1}；Ar—Cl，1100～1040cm^{-1}；Ar—Br，1070～1020cm^{-1}。

4.1.5　红外光谱图的解析

当我们分析一张未知物的红外光谱图时，首先应该确定一些主要的官能团是否存在。如 C═O、O—H、N—H 等，这些官能团的吸收峰很明显，如果它们存在，可给出结构信息。一般解析步骤如下。

① 有无羰基。

② 如果有羰基，则按照酸、酰胺、酯、酸酐、醛、酮顺序解谱。

③ 如果没有羰基，则：

检查 O—H（3600～3300cm^{-1}），推测为醇和酚，C—O 在 1300～1000cm^{-1} 确证；

检查 N—H（3500cm^{-1}），推测为胺类化合物；

检查 C—O 在 1300～1000cm^{-1}（羟基不存在），推测为醚。

④ 如果没有以上基团，检查 C＝C 和苯环。

⑤ 检查三键：C≡N（2250cm^{-1}）、C≡C（2150cm^{-1}）。

⑥ 检查硝基：两个强吸收在 1600～1500cm^{-1} 和 1390～1300cm^{-1}。

⑦ 以上各基团都没有，则为烷烃。

【例 4-1】 某未知物的分子式为 C_3H_6O，测得其红外谱图如图 4-11 所示，推测其化学结构式。

解 （1）由分子式求不饱和度 Ω

$$\Omega=3-6/2+1=1$$

（2）图谱解析

由 3324.7cm^{-1} 处的吸收峰可以推测未知化合物中有缔合的羟基基团；

由 1643.1cm^{-1} 处的吸收峰可知化合物中有—C＝C—双键基团。

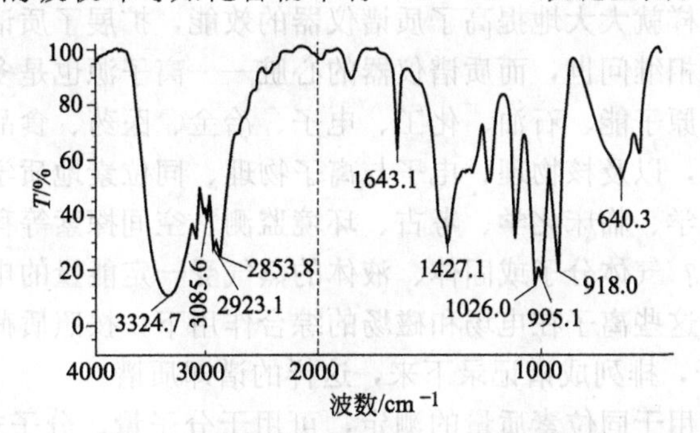

图 4-11　未知化合物 C_3H_6O 的红外谱图

995.1cm^{-1}、918.0cm^{-1} 处的吸收峰是—C＝C—H 的面外弯曲振动吸收峰，说明烯烃为 R—C＝CH_2 型，由此可以推断该化合物的结构为 CH_2＝CH—CH_2OH。

【例 4-2】 图 4-12 是例 4-1 化合物的简单衍生物的红外谱图，试推测该衍生物的化学结构式。

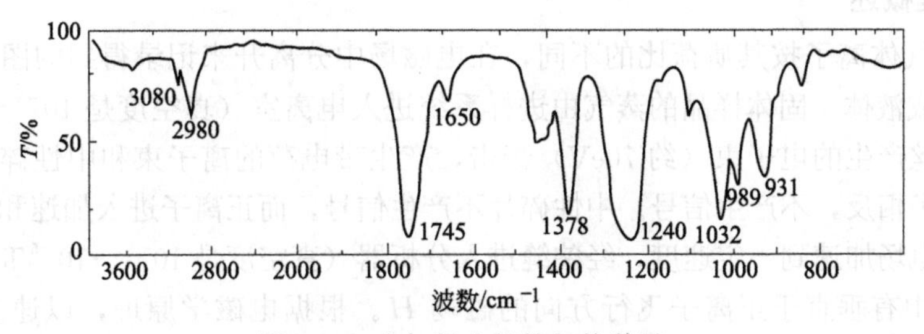

图 4-12　未知衍生物的红外谱图

解 例 4-1 化合物的结构式为 CH_2＝CH—CH_2OH

由衍生物的红外谱图可知：

(1) $1745cm^{-1}$ 为羰基的伸缩振动吸收峰，$1650cm^{-1}$ 为碳碳双键的伸缩振动吸收峰，羟基的吸收峰已消失。

(2) $1240cm^{-1}$ 为 CH_3COO 的骨架振动吸收峰，$1032cm^{-1}$ 为 C—O 键的伸缩振动吸收峰。

(3) 由此可知原来的不饱和醇与乙酸发生酯化反应，生成了如下结构的酯：

$$CH_2=CH-CH_2OOCCH_3$$

所以该衍生物的结构为 $CH_2=CH-CH_2OOCCH_3$

4.2 质谱

质谱分析是现代物理与化学领域内使用的一个极为重要的工具。从第一台质谱仪的出现至今已有近 100 年历史。早期的质谱仪器主要用于测定原子质量、同位素的相对丰度，以及研究电子碰撞过程等物理领域。第二次世界大战时期，为了适应原子能工业和石油化学工业的需要，质谱法在化学分析中的应用受到了重视。以后由于出现了高性能的双聚焦质谱仪，这种仪器对复杂有机物所得的谱图分辨率高、重视性好，因而成为测定有机化合物结构的一种重要手段。20 世纪 60 年代末，色谱-质谱联用技术因分子分离器的出现而日趋完善，使气相色谱法的高效能分离混合物的特点，与质谱法的高分辨率鉴定化合物的特点相结合，加上电子计算机的应用，这样就大大地提高了质谱仪器的效能，扩展了质谱法的工作领域。近年来各种类型的质谱仪器相继问世，而质谱仪器的心脏——离子源也是多种多样。因此，质谱法已日益广泛地应用于原子能、石油、化工、电子、冶金、医药、食品、陶瓷等工业生产部门、农业科学研究部门，以及核物理、电子与离子物理、同位素地质学、有机化学、生物化学、地球化学、无机化学、临床化学、考古、环境监测、空间探索等科学技术领域。

那么什么是质谱呢？气体分子或固体、液体的蒸气受一定能量的电子冲击后，形成具有带正电荷的离子，然后这些离子在电场和磁场的综合作用下，按照质荷比（质量和所带电荷比值 m/z）的大小分开，排列成谱记录下来，这样的谱即质谱。

质谱用途广泛，可用于同位素质量的测定，可用于分子量、分子式和分子结构的测定，它是有机物结构鉴定的有力工具。特点是样品用量很小（1mg 以下），分析迅速、准确，和核磁、红外光谱、紫外可见光谱联用威力更大。色质联用已成为有机物快速分析鉴定的强有力的工具。

4.2.1 基本原理

4.2.1.1 原理概述

我们知道气体离子按其质荷比的不同，在电磁场中分离开来记录得到的图谱便是质谱。

气体样品或液体、固体样品的蒸气由进样系统进入电离室（真空度是 $10^{-5}\sim10^{-3}$ Torr[❶]），样品受到由热丝产生的电子束（约 70eV）轰击，产生带电荷的离子束和中性碎片。负离子运动方向和正离子相反，不产生信号。中性碎片不产生信号，而正离子进入加速和聚焦极板，受到约几千伏的电场加速到一定速度，经狭缝进入分析器（真空度是 $10^{-8}\sim10^{-5}$ Torr）。

在分析器中有垂直于正离子飞行方向的磁场 H。根据电磁学原理，以速度 v 运动的电荷为 z 的带电粒子，在垂直于 v 的磁场 H 中运动将受作用力——洛伦兹力的作用，其大小与 H、z、v 成正比：

❶ 1Torr＝133.322Pa。

$$F=Hzv$$

其方向与 v 和 H 垂直，结果使运动的带电粒子发生偏转，做圆弧运动。洛伦兹力作为向心力决定圆周运动的向心加速度

$$F=Hzv=mv^2/R \tag{4-10}$$

式中　R——粒子运动的曲率半径；

　　　m——粒子质量。若带电粒子的速度 v 是在电场 V 下加速得到，则

$$mv^2/R=zV \tag{4-11}$$

联立式(4-10) 和式(4-11) 可得：

$$\frac{m}{z}=\frac{R^2H^2}{2V} \tag{4-12}$$

$$R^2=\frac{2V}{H^2}\times\frac{m}{z} \tag{4-13}$$

这个结果说明：离子运动轨迹的曲率半径 R 取决于离子的质荷比 m/z、加速电压 V 和磁场强度 H。

在质谱仪中，由入口狭缝到出口狭缝的轨迹 R 值是一定的。在一定的磁场和一定的加速电压下只有一定质荷比的离子能够在出口处被检测。当固定磁场强度改变加速电压时，不同 m/z 的离子将按顺序先后通过出口狭缝，将信号检测放大记录下来便得质谱。其横坐标为 m/z（电压或磁场算成 m/z），纵坐标信号强度（峰高或峰面积）代表某种 m/z 的离子的相对含量。图 4-13 是邻二甲苯的质谱图。

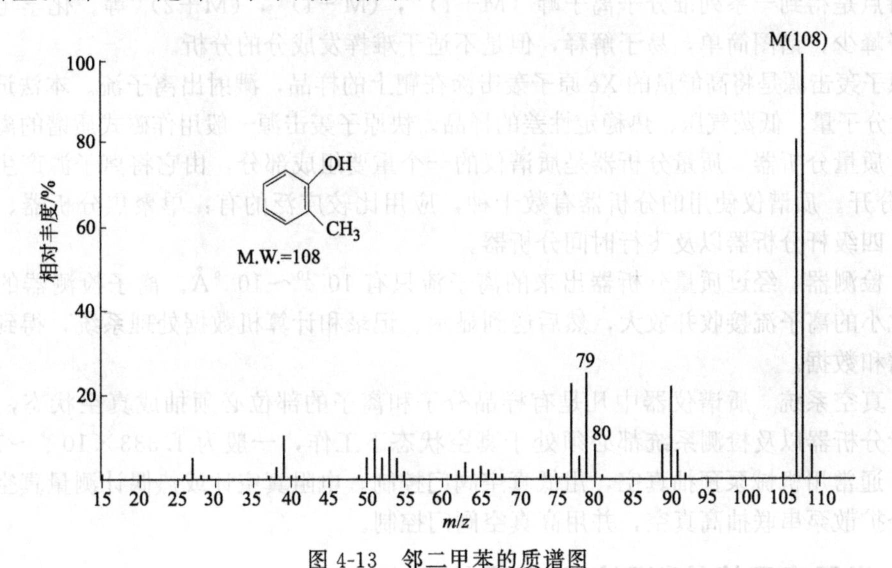

图 4-13　邻二甲苯的质谱图

常常将质谱表示成线条图，其中每根线的高度代表该质荷比的离子的相对含量，通常以最高峰作为 100%。

4.2.1.2　仪器简介

典型的质谱仪主要由进样系统、离子源、质量分析器、检测器和真空系统组成。现就一般质谱仪的主要部件叙述如下。

(1) 进样系统　用于气体分析的质谱仪，进样系统一般由管道、阀门、压强测量仪、样品储存器和漏口组成。进样前，系统预先抽到真空，然后将气体导入，测量压强后进入储存器，然后由储存器经过漏口进入离子源。目前，有机质谱仪多与色谱仪联用，组成 GC-MS

或 LC-MS 联用技术。色谱仪作为质谱仪的进样系统，由色谱仪流出的样品经过接口装置（分子分离器或传送带）进入质谱仪。对于高沸点液体或固体有机样品，由于很难汽化，为此仪器备有直接进样探头。进样探头可以把微克数量级的样品直接送入离子源，探头中的样品可以在数秒钟之内加热到很高温度，如此既可增加样品压强，又可提高样品利用率。

（2）离子源　质谱分析的对象是样品离子，因此首先要把样品分子电离成离子，产生离子的装置叫离子源。对离子源的要求是产生的离子强度大、稳定性好、质量歧视效应小。质谱仪的离子源种类很多，其原理和用途各不相同。如电子轰击源、化学电离源、快原子轰击源、电喷雾源等。

电子轰击源由阴极发射电子束，通过离子化室到达阳极，电子能量 70eV，有机化合物的电离电位 8～15eV。可在平行电子束的方向附加一弱磁场，使电子沿螺旋轨道前进，增加碰撞机会，提高灵敏度。其特点是碎片离子多，结构信息丰富，有标准化合物的质谱图，因此其应用最广泛。其缺点是，当样品分子太大或稳定性差时，很难得到分子离子峰。

化学电离源的结构与电子轰击源相似，但是在离子化室充 CH_4，电子首先将 CH_4 离解，其电离过程如下：

$$CH_4 + e \longrightarrow CH_4^+ + 2e$$

$$CH_4^+ + CH_4 \longrightarrow CH_5^+ + CH_3\cdot$$

生成的气体离子再与样品分子 M 反应：

$$CH_5^+ + M \longrightarrow CH_4 + MH^+$$

其特点是得到一系列准分子离子峰 $(M+1)^+$，$(M-1)^+$，$(M+2)^+$ 等。化学电离源的碎片离子峰少，谱图简单，易于解释，但是不适于难挥发成分的分析。

快原子轰击源是将高能量的 Xe 原子轰击涂在靶上的样品，溅射出离子流。本法适合于高极性、大分子量、低蒸气压、热稳定性差的样品。快原子轰击源一般用作磁式质谱的离子源。

（3）质量分析器　质量分析器是质谱仪的一个重要组成部分，由它将离子源产生的离子按 m/z 分开。质谱仪使用的分析器有数十种，应用比较广泛的有：单聚焦分析器、双聚焦分析器、四级杆分析器以及飞行时间分析器。

（4）检测器　经过质量分析器出来的离子流只有 10^{-10}～10^{-9}Å。离子检测器的作用就是将如此小的离子流接收并放大，然后送到显示、记录和计算机数据处理系统，得到所要分析的图谱和数据。

（5）真空系统　质谱仪器中凡是有样品分子和离子的部位必须抽成真空状态，如离子源、质量分析器以及检测系统都必须处于真空状态下工作，一般为 1.333×10^{-6}～1.333×10^{-4}Pa。通常用机械泵预抽真空，用低真空阀门控制，电阻真空计或热偶计测量真空度，然后用两个扩散泵串联抽高真空，并用高真空阀门控制。

4.2.2　常见离子峰的判别与分子量的测定

在上一节中讲到有机化合物经电子轰击，可产生多种离子。现在就介绍有机质谱中常见的离子。

4.2.2.1　分子离子

分子离子的形成：有机化合物分子在电子轰击下，失去一个电子形成离子，这种离子叫分子离子。

$$M\colon + e \longrightarrow M^{\stackrel{+}{\cdot}} + 2e$$

其荷质比为 $m/z=M/1=M$，即为分子量。式中，M: 是中性分子，右侧两个圆点表示某化学键的一对电子，如果失去一个电子，就成为分子离子。当轰击电子的能量比较低时（约 10eV），有机化合物主要形成分子离子；当轰击电子的能量较高（约 70eV）时，分子离子会进一步裂化，生成带电荷的碎片离子和不带电荷的中性碎片。由于分子离子是离子中 m/z 最大的，因此在一个化合物的质谱中，分子离子处在最右端，它的质量即化合物的分子量。

分子离子峰的强弱因化合物而异，一般的规律是：

a. 分子链越长，分子离子越弱；

b. 带有侧链或有羟基的分子，分子离子比较弱；

c. 含有芳环或共轭双键的分子，分子离子比较强。

一般来讲，分子离子的强弱顺序为：

芳烃＞共轭烯＞烯＞酮＞不分支烃＞醚＞酯＞胺＞酸＞醇＞高分支烃

当然，分子离子峰的强弱也与实验条件有关，如电离室温度、轰击电子的能量等。

4.2.2.2 碎片离子

当轰击电子的能量超过分子离子所需要的能量时，电子的过剩能量可以使分子离子发生碎裂，产生各种碎片离子。分子的碎片和分子结构有关，因此根据碎片离子的情况可以推测化合物的结构。

4.2.2.3 重排离子

有些离子不是由简单断裂产生的，而是由简单断裂组合重排的，这样产生的离子称为重排离子。重排方式很多，其中最常见的和最重要的是麦氏重排。

当化合物分子中含有C═X(X 为 O、N、S、C）基团且与这个基团相连的链上具有 γ-H 时，此氢可以转移到 X 原子上，同时，β 键发生断裂，该断裂过程称为麦氏重排。

一般来说，凡具有 γ-H 的醛、酮、酯、烯烃、侧链芳烃等化合物，都可发生麦氏重排，如：

$$\left[R-C(=O)-CH_2-CH_2-CH_2-H\right]^{+\cdot} \longrightarrow R-C(\overset{+}{O}H)=CH_2 + CH_2=CH_2$$

4.2.2.4 亚稳离子

分子离子和碎片离子都是在电离室形成的，这些离子经加速后进入分析器、接收器，经放大记录得到质谱峰。

但是有一些离子，或由于内能太高，自身不稳定，或由于中途发生碰撞，在进入接收器前发生断裂，这种中途发生断裂的离子称为亚稳离子。亚稳离子断裂后生成的离子峰称为亚稳离子峰。

亚稳离子峰能给出中性碎片的信息，并证实分子离子与碎片离子、碎片离子与碎片离子之间的内在联系，有助于确定碎片联结与分子结构的判断。

其形成过程是这样的：某一裂片（m_1）经电场加速后，若中途分析器中丢失一个中性碎片，而形成新的正离子碎片（m_2），新碎片被加速后记录下来，则在质谱图上出现的不是尖锐的峰，而是一个突起，其跨度可以有几个质量单位，突起的最高点可表示出来。

在电离室产生的质量为 m_2 的离子，被加速后，动能为：

$$\frac{1}{2}\times m_2 v_2^2 = eV \qquad (4\text{-}14)$$

进入强度为 H 的磁场，在磁场中所受的力

$$F=Hev_2=m_2v_2^2/R \tag{4-15}$$

从式(4-14)、式(4-15) 解：

$$R=\sqrt{m_2\frac{2V}{eH^2}} \tag{4-16}$$

而对于 m_1 来说，被加速电压 V 加速出电离室获得动能为：

$$\frac{1}{2}\times m_1v_1^2=eV \tag{4-17}$$

在分析器中失去一个中性电子碎片，形成 m_2 的碎片离子，该离子仍以 v_1 为初速运动，因此 m_2 在磁场中受力

$$Hev_1=m_2v_1^2/R \tag{4-18}$$

从式(4-17)、式(4-18)：

$$R=\sqrt{\frac{m_2^2}{m_1}\frac{2V}{eH^2}} \tag{4-19}$$

比较式 (4-16)、式 (4-19) 两式，不难看出：m_1 所产生的子离子 m_2 只有在相当于 m_2^2/m_1 质量时的磁场强度才能沿着半径为 R 的轨道运动到达检测器。中途裂解生成的 m_2 其行为相当于在电离室产生质量为 m_2^2/m_1 的正常离子。一般用 m^* 表示亚稳峰的质量。

所以由 $m_1 \to m_2$ 后产生的亚稳离子，在质谱图上的 $m^*=m_2^2/m_1$ 处可见到一个突起。如：

发现 $m^*=71.5$，$m^*=m_2^2/m_1=93^2/121=71.5$，说明 $m/z=93$ 的碎片离子来自 $m/z=121$ 的碎片，而不是由分子离子断裂而来。

例题：在 α-紫罗兰酮的质谱中除 $m/z=192$ 的分子离子峰和较强峰 $m/z=93$，121，136 外，发现有亚稳离子 m_1^*108.2 和 m_2^*71.8。证明裂解机理。

标记：$m_1^*\approx 121^2/136\approx 107.7$

$m_2^*\approx 93^2/121\approx 71.5$

因此可以推断：136→121→93 的断裂历程

4.2.2.5 同位素峰离子

大多数元素都是由具有一定自然丰度的同位素组成的，有机化合物一般由C、H、O、N、Cl、Br、S等元素组成，这些元素都具有同位素。

元素在自然界以同位素混合物存在，并且每种元素所含同位素的比例是固定的。如：自然界中^{12}C的含量是98.931%，^{13}C的含量是1.069%。若以^{12}C的含量为100%，则^{13}C：$^{13}C/^{12}C \times 100\% = 1.069/98.931 \times 100\% = 1.081\%$。这个含义是：自然界中若有100个$^{12}C$原子，必然有1.08个$^{13}C$原子。例如$CH_4$：有100个$^{12}CH_4$分子，必然有1.08个$^{13}CH_4$个分子。一些元素的同位素和其天然丰度见表4-3。

在质谱图上会出现含有这些同位素的不同质量的离子峰，这些同位素峰的相对强度正比于同位素在自然界存在的丰度，利用同位素峰与分子离子峰相对强度之比可以决定分子式。

表4-3　一些元素的同位素和其天然丰度

元素	同位素	天然丰度	同位素	天然丰度	同位素	天然丰度	元素	同位素	天然丰度	同位素	天然丰度	同位素	天然丰度
H	^{1}H	100	^{2}H	0.016			P	^{31}P	100				
C	^{12}C	100	^{13}C	1.08			S	^{32}S	100	^{33}S	0.78	^{34}S	4.40
N	^{14}N	100	^{15}N	0.38			Cl	^{35}Cl	100	^{37}Cl	32.5		
O	^{16}O	100	^{17}O	0.04	^{18}O	0.20	Br	^{79}Br	100	^{81}Br	98.0		
F	^{19}F	100					I	^{127}I	100				
Si	^{28}Si	100	^{29}Si	5.10	^{30}Si	3.15							

在化合物分子中，某元素的原子个数和该元素轻同位素丰度、重同位素丰度以及各同位素强度之间的关系，可由下面二项式的展开式表示：

$$(a+b)^n$$

式中　a——某元素轻同位素丰度；

b——某元素重同位素丰度；

n——分子中某元素的原子个数。

该展开式是一个多项式，多项式各项之比为各同位素峰强度之比。

如：某化合物分子中含有1个Cl、2个Cl、3个Cl时同位素峰情况为$^{35}Cl : ^{37}Cl = 3 : 1$

a. 1个Cl

$$(a+b)^1 = (3+1)^1 = 3+1$$

$$R^{35}Cl \quad R^{37}Cl$$

b. 2个Cl

$$(3+1)^2 = 9+6+1$$

$$R^{35}Cl^{35}Cl、R^{35}Cl^{37}Cl、R^{37}Cl^{37}Cl$$

c. 3个Cl

$$(3+1)^3 = 27+27+9+1$$

$$R^{35}Cl^{35}Cl^{35}Cl、R^{35}Cl^{35}Cl^{37}Cl、R^{35}Cl^{37}Cl^{35}Cl、R^{37}Cl^{37}Cl^{37}Cl$$

反之，如果知道各同位素峰强度之比，可以很容易地估计出某元素个数。如图4-14所示，分子中含有不同的Cl、Br原子时，分子离子峰各同位素峰的强度之比。

4.2.2.6 化学键的断裂方式

(1) 正电荷表示方法　正电荷用“+”或“$\dot{+}$”表示，前者表示分子中含有偶数个电子，后者表示有奇数个电子。要把正电荷的位置尽可能在化学式中明确表示出来，这样就易

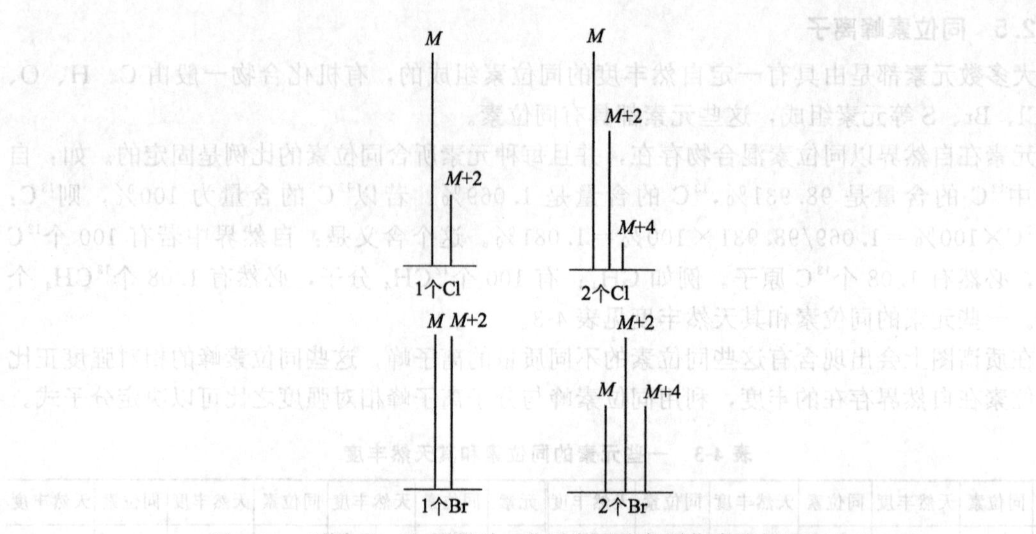

图 4-14 不同 Cl、Br 原子时，分子离子峰各同位素峰的强度之比

于说明裂解过程。

正电荷一般留在分子中杂原子、不饱和键 π 电子系统和苯环上。如：

$$CH_2{=}\overset{+}{O}R \quad CH_2{=}CH{-}\overset{+\cdot}{C}H_2 \quad CH_2{=}\overset{+\cdot}{N}{-}NHCH_3$$

当正电荷的位置不十分明确时，可以用 $[\ \ ]^+$ 或 $[\ \ ]^{+\cdot}$ 表示。如果裂片离子的结构复杂，可以在式子右上角标出正电荷。如：

判断裂片离子含偶数个电子还是奇数个电子，有下列规则。

a. 由 C、H、O、N 组成的离子，其中 N 为偶数（或 0）个时，如果离子的 m（质量数）为偶数，则必含有奇数个电子；如果 m 为奇数，则必含有偶数个电子。

b. 由 C、H、O、N 组成的离子，其中 N 为奇数个时，若离子的 m 为偶数，必含有偶数个电子；若 m 为奇数，则含有奇数个电子。

如：

$$CH_3\overset{\overset{+\cdot}{O}\|}{C}CH_3 \ (m/z=58) \quad CH_2{=}\overset{+\cdot}{N}{-}NHCH_3 \ (m/z=58) \quad CH_3{-}\overset{+\cdot}{N}{-}NHCH_3 \ (m/z=59)$$

$$C_3H_7C{\equiv}\overset{+}{N}H \ (m/z=70) \quad CH_3CH_2\overset{+\cdot}{N}(CH_3)_2 \ (m/z=93)$$

（2）化学键的几种断裂方式

a. 均裂　均裂时构成单键的两个电子各自回到原来提供电子的碳原子上。

$$R{-}CH_2{-}CH_2{-}X^{+\cdot} \longrightarrow R{-}CH_2\cdot \ \cdot CH_2{-}X^{+} \longrightarrow RCH_2\cdot + CH_2{=}X^{+}$$

为了简便起见，上式可简化为：

$$R{-}CH_2{-}CH_2{-}X^{+\cdot} \longrightarrow RCH_2\cdot + CH_2{=}X^{+}$$

b. 异裂（非均裂） 成键的两个电子向同一方向转移的断裂称为异裂。在异裂中，电荷转换的方向和电子转移方向相反。

$$\text{PhCH=O}^{+\cdot} \xrightarrow{\text{均裂}} \text{PhC}\equiv\text{O}^{+} \longrightarrow \text{C}_6\text{H}_5^{+}$$

$m/z=122$ $m/z=105$ $m/z=77$

c. 半异裂 已经失去了一个电子的化学键断裂时，只发生一个电子的转移。

$$RCH_2CH_2R' \longrightarrow RCH_2^{\cdot} + CH_2R' \longrightarrow RCH_2^{\cdot} + \overset{+}{C}H_2—R'$$

（3）化学键易发生断裂的几种情况

a. α-断裂 这种断裂主要发生在含有杂原子的化合物（如醇、醚、酮、胺类化合物）中。在这些化合物中都含有C—X或C═X基团（X代表杂原子），与这个基团的C原子相连的键就是α键。该键由于受到杂原子的影响，容易断裂，这种断裂称为α断裂。

$$R—CH_2—\overset{+\cdot}{O}R' \xrightarrow{-R\cdot} CH_2═\overset{+}{O}R'$$

$$R—CH_2—\overset{+\cdot}{N}R_2' \xrightarrow{-R\cdot} CH_2═\overset{+}{N}R_2'$$

b. β-断裂 当化合物分子含有C═C双键或苯环时，C═C双键或苯环的β键容易发生断裂，这种断裂称为β-断裂。

$$\text{Ph}—CH_2—CH_2—R'^{+\cdot} \longrightarrow \text{Ph}—CH_2^{+} \longrightarrow C_7H_7^{+}$$

$m/z=91$

$$H_2C═CH—CH_2—CH_2—CH_3^{+\cdot} \longrightarrow CH_2═CH—CH_2^{+}$$

c. 两个键的断裂 在这个过程中，奇电子离子产生一个奇电子碎片离子和一个中性碎片（小分子），如：

$$\left[\begin{matrix}H & OH\\ RCH— & CHR'\end{matrix}\right]^{+\cdot} \longrightarrow [RCH═CHR']^{+\cdot} + H_2O$$

$$\left[\begin{matrix}RCH—CH_2—O—CO—CH_3\\ H\end{matrix}\right]^{+\cdot} \longrightarrow [RCH═CH_2]^{+\cdot}$$

当碎片离子是羟基正离子时，断裂总是优先形成稳定的正离子。正离子的稳定性次序为：

$$Ph—CH_2^{+} > CH_2═CH—CH_2^{+} > R_3C^{+} > R_2C^{+} > RCH_2^{+} > CH_3^{+}$$

4.2.2.7 分子量的测定

质谱法是目前测化合物分子量最准确而消耗样品量最少的方法。质谱法所得分子量是由质量最轻的同位素组成的分子质量，务必与根据元素在自然界存在的同位素质量平均而得的分子量相区别。

如：甲烷CH_4相对分子质量＝12.01115＋1.00797×4＝16.04303

在高分辨质谱中甲烷分子离子的质量是一个^{12}C原子的精密质量与4个^{1}H原子的精密质量之和。

$$12.0000+1.0078\times4=16.0312$$

在CH_4分子中含有重同位素时，则$^{13}C^{1}H_4$，即$M+1$同位素离子质量是

$$13.0034+1.0078\times4=17.0346$$

在低分辨质谱中，用原子质量的整数部分，如CH_4分子离子质量为

$$12+1\times4=16$$

前面我们已经介绍，分子离子（当$z=1$时）的质量就是分子质量。如果能够判断质谱中的分子离子峰，就可决定未知物质的分子量，因此关键在于判断出分子离子峰。

4.2.2.8 分子式的决定

利用质谱决定分子式有两种方法，第一，正确测定M、$M+1$、$M+2$峰的相对强度，然后根据P_{M+1}/P_M和P_{M+2}/P_M的百分比来决定分子式；第二，测定精确分子量来决定分子式。

① 利用同位素峰与分子离子峰相对强度决定分子式　在天然状态下各种元素是它们的同位素的混合物，各种元素所含同位素的比例是固定的，因此一个分子式确定的化合物，其同位素峰和分子离子峰的相对强度比也是一定的。

由重同位素产生的同位素与分子离子的相对强度之比，即P_{M+1}/P_M，与分子中存在的该元素的原子个数及重同位素的相对含量有关，理论上等于重同位素的相对含量与相应元素的原子数的乘积。下面举例说明：

甲烷分子离子峰 $^{12}C+^{1}H+^{1}H+^{1}H+^{1}H$　$m/z=16$

同位素峰　$^{13}C+^{1}H+^{1}H+^{1}H+^{1}H$　$m/z=17$

由于^{13}C在自然界相对丰度是1.08%（以^{12}C的天然丰度100%计），$^{13}C^{1}H_4$对同位素的贡献是1.08%×1。

氢也有同位素，同理^{2}H对$M+1$峰的贡献为：0.016%×4

所以甲烷质谱中同位素峰与分子离子峰相对强度之比。

$$P_{M+1}/P_M=1.08\%\times1+0.016\%\times4=1.14\%$$

由于分子式不同，P_{M+1}/P_M和P_{M+2}/P_M百分比不同，所以可以用同位素峰与M峰的相对强度之比来决定分子式，如：C_3H_6和CH_2N_2的相对分子质量都是42，但：

$$C_3H_6\ P_{M+1}/P_M=1.08\%\times3+0.016\%\times6=3.34\%$$

$$CH_2N_2\ P_{M+1}/P_M=1.08\%\times1+0.016\%\times2+0.38\%\times2=1.87\%$$

所以从同位素峰的相对强度可以判断是C_3H_6还是CH_2N_2。

对含有C、H、O、N的化合物来说，我们可以用下列公式计算：

$$(P_{M+1}/P_M)\times100\approx1.08\times\text{C个数}+0.016\times\text{H个数}+0.38\times\text{N个数}+0.04\times\text{O个数}$$

$$(P_{M+2}/P_M)\times100\approx(1.1\times\text{C个数})^2/200+(0.016\times\text{H个数})^2/200+0.2\times\text{O个数}$$

Beynon的“C、H、N和O的各种组合的质量和同位素丰度比”表（表4-4）就是根据同位素的天然丰度计算出来的，我们可以应用该表来决定分子式。

如：从某化合物的质谱中得到以下数据

m/z	相对强度
100 (M)	100%
101 ($M+1$)	5.64%
102 ($M+2$)	0.60%

分子离子峰的$m/z=100$，可以确定它的相对分子质量为100。从Beynon表中，相对分子质量为100而$M+1$的百分比在4.5%～6.5%的分子式有：

表4-4 Beynon表

分子式	$M+1$	$M+2$	分子式	$M+1$	$M+2$
$C_4H_4O_3$	4.5	0.68	$C_5H_8O_2$	5.61	0.53
$C_4H_6NO_2$	4.88	0.50	$C_5H_{10}NO$	5.98	0.35
$C_4H_8N_2O$	5.25	0.31	$C_5H_{12}N_2$	6.36	0.17
$C_4H_{10}N_3$	5.63	0.13	$C_6H_{12}O$	6.72	0.39

根据N规则，分子量为偶数的化合物不可能含有奇数个N原子，因此我们可以确定该化合物分子式为$C_5H_8O_2$。

用同位素丰度比的方法来确定分子式时，必须准确测量同位素峰的强度。因此，要求有较强的分子离子峰，如果分子离子峰的强度太低，会带来很大的误差。

② 测定化合物的精确分子量来决定分子式　用低分辨率质谱仪只能得到整数分子量，但是往往有许多种不同物质的分子具有相同的整数分子量。高分辨率质谱仪（分辨率＞10000）能测定离子的质量精确到几位小数，借此可以加以区别。

如：相对分子质量为60的分子可以是C_3H_8O、$C_2H_8N_2$、$C_2H_4O_2$和CH_4N_2O，但它们的精确相对分子质量为：

C_3H_8O	60.05754	$C_2H_4O_2$	60.02112
$C_2H_8N_2$	60.06884	CH_4N_2O	60.03242

分子式精密质量表已有人完成，我们只需查表即可知分子式。

当手边没有Beynon表时，可用下式计算求得分子式。当一个化合物含有C、H、O、N原子时

C数目　$n_C=[(M+1)/M\times100]/1.1$　若含N，$n_C=(M+1)/M\times100-0.361n_N$

O数目　$n_O=[(M+2)/M\times100-0.006n_C^2]/0.20$

N数目　$n_N=[(M+1)/M\times100-1.1n_C]/0.36$

H数目　$1/2n_C\leqslant n_H\leqslant4+2n_C+n_N$

$n_H=M-(12n_C+16n_O+14n_N)$

4.2.3　常见有机物的质谱及解析

4.2.3.1　烃类化合物

(1) 烷烃　烷烃质谱有以下特征。

a. 直链烃的分子离子峰常可观察到，其强度随分子量的增大而减小。

b. $M-15$峰最弱。因为直链烃不易失去CH_3（且有$\Delta M=14$的一簇一簇的峰）。

c. m/z 43($C_3H_7^+$)和m/z 57($C_4H_9^+$)峰总是很强（基准峰），因为丙基离子和丁基离子很稳定。

d. 有支链的烷烃分子离子峰很弱，甚至观察不到，支链烃在分支处裂解形成的峰强度较大，因为形成稳定的仲或叔正碳离子。

e. 环烷烃的分子离子峰一般较强。环开裂时一般失去含两个碳的裂片，所以往往出现m/z 28($C_2H_4^+$)，m/z 29($C_2H_5^+$)和$M-28$、$M-29$的峰。

不同烷烃裂解的可能机理如下。

a. 直链烃

$$CH_3CH_2CH_2CH_2CH_2CH_3 \xrightarrow[\text{形成分子离子峰}]{\text{离子化}} CH_3CH_2\cdot+CH_2CH_2CH_2CH_3 \quad m/z=86$$

$$\downarrow$$

$$CH_3CH_2^{\cdot}+\overset{+}{C}H_2CH_2CH_2CH_3 \quad m/z=57$$

$$\downarrow$$

$$\cdot CH_2+\overset{+}{C}H_2CH_2CH_3 \quad m/z=43$$

b. 支链烃

$$CH_3CH_2-\overset{CH_3}{\underset{CH_3}{C}}-CH_3 \longrightarrow CH_3CH_2\overset{+\cdot}{}\overset{CH_3}{\underset{CH_3}{C}}-CH_3 \quad m/z=86$$

$$\downarrow$$

$$CH_3CH_2^{+}+\overset{CH_3}{\underset{CH_3}{C}}-CH_3 \quad m/z=57$$

c. 环烷烃

$$\text{(环己烷)} \longrightarrow \text{(环己烷自由基正离子)} \longrightarrow \| + \overset{+}{\ }\!\!\diagup\!\!\diagdown\!\cdot \quad m/z=56$$

$$\text{(环己烷)} \longrightarrow \text{(环己基正离子)}^{\oplus} + \dot{R}$$

(2) 烯烃　烯烃质谱有以下特征。

a. 分子离子峰较强，其强度随分子量增大而减弱。

b. 烯烃质谱中最强峰是双键 β 位置的C—C链断裂，形成丙烯基正离子。

$$CH_2{=}CH-CH_2CH_2R \longrightarrow CH_2\overset{+\cdot}{-}CH \diagup CH_2-CH_2R \longrightarrow \overset{+}{C}H_2-CH{=}CH_2+\dot{C}H_2R$$

由于此类裂解，于是出现 m/z 为 41、55、69 等离子峰。

c. 麦氏重排。

$$\left[\begin{matrix} & H & \\ CH_2 & & CH_2 \\ \| & & \\ CH & & CH_2 \\ & CH_2 & \end{matrix}\right]^{+\cdot} \longrightarrow \begin{matrix}\overset{+}{C}H_3 \\ | \\ CH \\ \diagdown \\ CH_2\end{matrix} + \begin{matrix}CH_2\\ \|\\ CH_2\end{matrix}$$

d. 环烯烃类易发生 Diels-Alder 反应。

$$\left[\text{(环己烯)}\right]^{+\cdot} \longrightarrow \left[\text{(丁二烯)}\right]^{+} + \|$$

正丁烯的质谱图如图 4-15 所示。

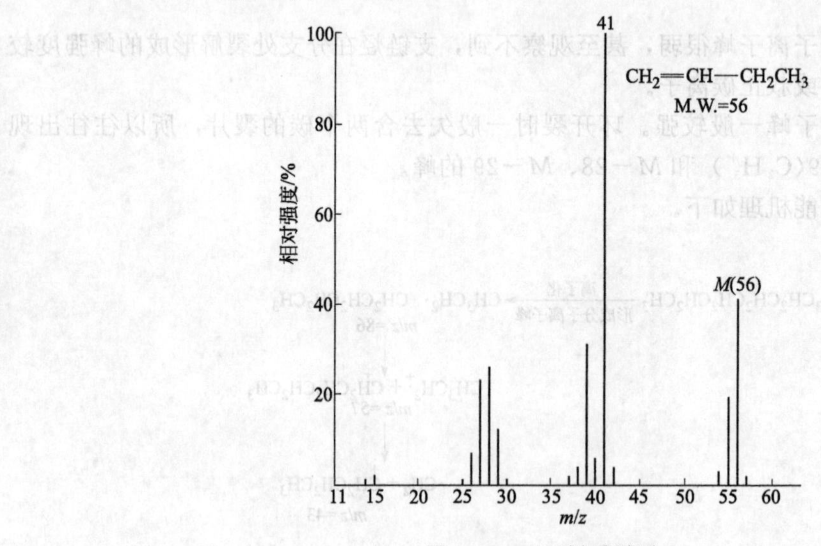

图 4-15　正丁烯质谱图

（3）炔烃　分子离子峰较强，m/z39 的峰重要。

$$[H-C\equiv C-CH_2R]^{+\cdot} \longrightarrow [H-C\equiv C-\overset{+}{C}H_2]+R\cdot$$
$$\updownarrow$$
$$[H-C=C=CH_2]^{+}$$

（4）芳烃

a. 分子离子峰强。

b. 带有侧链的芳烃常发生 β-断裂，生成 m/z91 的基准峰，该峰为革鎓离子（即苄基离子）。

$$\left[C_6H_5-CH_2-R\right]^{+\cdot} \longrightarrow C_6H_5-CH_2^{+} \rightleftharpoons C_7H_7^{+}\ (\text{革鎓离子})$$
$$m/z=91$$

革鎓离子有时进一步裂解形成环戊烯基离子和环丙烯基离子，质谱上有明显的 m/z39 和 m/z65 峰。

$$C_3H_3^{+}\ (m/z=39) \longleftarrow C_7H_7^{+}\ (m/z=91) \longrightarrow C_5H_5^{+}\ (m/z=65)$$

c. 当侧链有直链烃基，且 C 的个数≥3 时，有麦氏重排。

$$\left[C_6H_5-CH_2-CH_2-CH_2-H\right]^{+\cdot} \longrightarrow [C_7H_8]^{+\cdot}\ (m/z=92) + CH_2=CH_2$$

d. 侧链 α-裂解虽然发生机会较少，但仍然有可能，所以质谱中可以见到 m/z77($C_6H_5^+$) 的离子峰，以及 m/z39($C_3H_3^+$)、m/z50($C_4H_2^+$)、m/z51($C_4H_3^+$)、m/z53($C_4H_5^+$)。虽然它们不可能同时出现，但如有此类峰，即可考虑有无苯环。

邻二甲苯质谱图如图 4-16 所示。

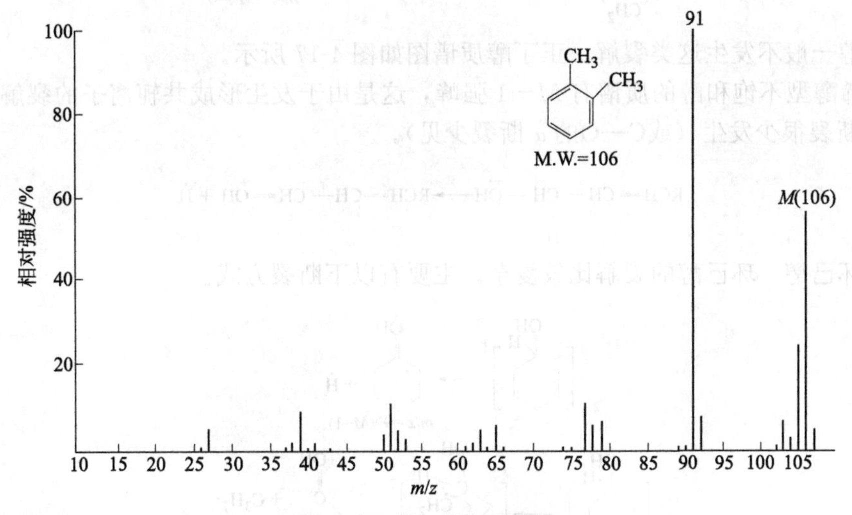

图 4-16　邻二甲苯质谱图

4.2.3.2 羟基化合物

（1）醇

a. 分子离子峰很弱，甚至消失。

b. 所有伯醇（除 CH_3OH）及高分子量仲醇和叔醇易脱水形成 $M-18$ 峰，5 个 C 以上的高分子量的醇中，失水峰非常重要。

$$\mathrm{RCH(H)-(CH_2)_n-CHR'(OH)}^{+\cdot} \longrightarrow \left[\mathrm{RCH-CHR'}\,(\mathrm{CH_2})_n\right]^{+\cdot} + \mathrm{H_2O}$$

c. 醇的分子离子峰易发生 α-断裂，失去烷基，且优先失去大的 R 基团。

$$\mathrm{R-C(R')(R'')-\overset{+\cdot}{O}H} \longrightarrow \dot{\mathrm{R}} + \mathrm{R'R''C=\overset{+}{O}H} \qquad \mathrm{R>R'>R''}$$

当 R′和 R″为 H 时，即伯醇，主要的裂解离子峰为 m/z31，且往往为基峰。

当 R″为 H 时，即仲醇，则为 m/z45、59、73 等。

当为叔醇时，则 m/z59、73、84 等。

例如，

$$\mathrm{CH_3CH_2CH_2CH_2CH_2\overset{+\cdot}{O}H} \longrightarrow \mathrm{CH_2=\overset{+}{O}H} + \mathrm{CH_3CH_2CH_2CH_2\cdot}$$

m/z =31(基峰)

$$\mathrm{CH_3CH_2CH(\overset{+\cdot}{O}H)CH_3} \longrightarrow \mathrm{CH_3CH=\overset{+}{O}H}$$

m/z =45

$$\mathrm{(CH_3)_3C-OH^{+\cdot}} \longrightarrow \mathrm{(H_3C)_2C=\overset{+}{O}H}$$

m/z =59

d. 正丁醇以上长链伯醇，常常同时失去正乙烯和水分，而形成 $M-46$ 的峰。

$$\mathrm{\overset{+\cdot}{O}H-CH_2-CH_2-CH_2-CHR(H)} \longrightarrow \mathrm{H_2O} + \mathrm{CH_2=CH_2} + [\mathrm{CH_2=CHR}]^{+}$$

m/z =M–46

仲醇及叔醇一般不发生这类裂解。正丁醇质谱图如图 4-17 所示。

e. 丙烯醇型不饱和醇的质谱有 $M-1$ 强峰，这是由于发生形成共轭离子的裂解。而氧原子 β-键的断裂很少发生（或C—O的 α 断裂少见）。

$$\mathrm{RCH=CH-CH(H)-\overset{+\cdot}{O}H} \longrightarrow \mathrm{RCH=CH-CH=\overset{+}{O}H} + \dot{\mathrm{H}}$$

（2）环己醇　环己醇的裂解比较复杂。主要有以下断裂方式。

$$[\text{环己醇}]^{+\cdot} \longrightarrow \text{环己酮}\overset{+}{\mathrm{O}}\mathrm{H} + \dot{\mathrm{H}}$$

m/z =99(M–1)

$$[\text{环己醇}]^{+\cdot} \longrightarrow [\text{开环中间体}]^{+\cdot} \longrightarrow \mathrm{CH_2=CH-C=\overset{+}{O}H} + \mathrm{C_3H_7\cdot}$$

m/z =57

$$[\text{双环}]^{+\cdot}\ \xleftarrow[\text{1,4消除}]{-\mathrm{H_2O}}\ \text{环己醇}\ \xrightarrow[\text{1,3消除}]{-\mathrm{H_2O}}\ [\text{双环}]^{+\cdot}$$

m/z =82　　　　m/z =82

（3）苄醇　苄醇有很强的分子离子峰，其主要裂解方式：

$$\left[C_6H_5CH_2OH\right]^{+\cdot} \xrightarrow{-H_2O} \text{(OH-环庚三烯正离子)} \xrightarrow{-CO} \text{(环己二烯正离子)} \xrightarrow{-H_2} C_6H_5^+$$

$m/z=108$　　$m/z=107$　　$m/z=79$　　$m/z=77$

$$\left[C_6H_5OH\right]^{+\cdot} \longrightarrow [\ \ ]^{+\cdot} \xrightarrow{-CO} [\ \ ]^{+\cdot}\quad m/z=66(M-28)$$

$$\xrightarrow{-CHO} m/z=65(M-29)$$

$$\left[CH_3C_6H_4OH\right]^{+\cdot} \longrightarrow [\ \ ]^{+\cdot} \longrightarrow [\ \ ]^{+\cdot}\quad m/z=80$$

$$\xrightarrow{-CHO} m/z=79$$

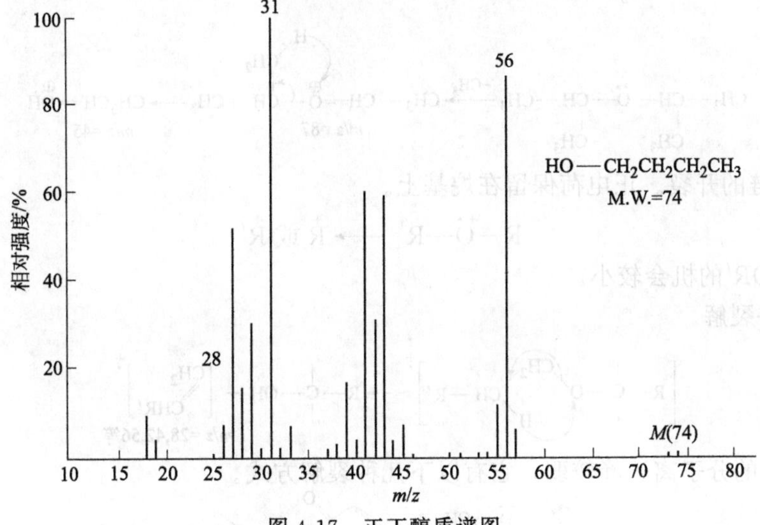

图 4-17　正丁醇质谱图

（4）酚

a. 酚有很强的分子离子峰，且往往是基峰。

b. 酚的主要裂解方式是失去 CO 和 CHO，生成 $M-28$ 和 $M-29$ 的裂片峰。

邻甲苯酚质谱图如图 4-18 所示。

4.2.3.3　醚

① 醚的分子离子峰很弱。当增加样品量时，可以看到 M 峰和 $M+1$ 峰。$M+1$ 峰是由于中性分子与分子离子峰碰撞的结果。

② C—O链的 α-裂解。

$$R \not| CH_2-\ddot{O}^{+\cdot}-R' \longrightarrow CH_2{=}\overset{+}{O}R' \qquad R>R'$$

当 R' 的 C 个数≥2 时：

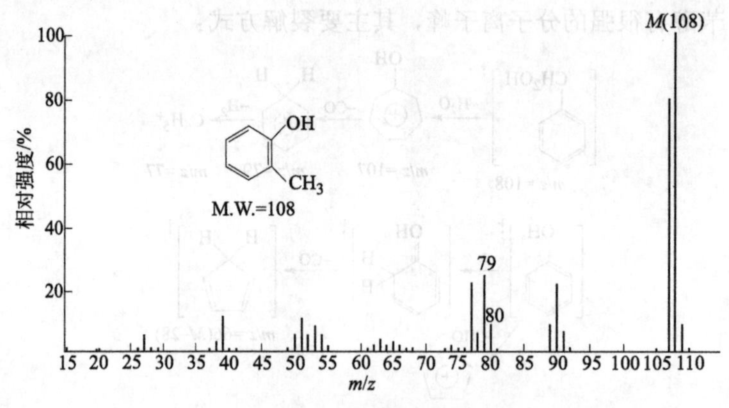

图 4-18 邻甲苯酚质谱图

$$CH_2{=}\overset{+}{O}{-}CH_2{-}CH(H){-}R'' \longrightarrow CH_2{=}\overset{\oplus}{O}H + CH_2{=}CHR''\quad (m/z=31)$$

$$CH_3CH_2\underset{CH_3}{CH}{-}\overset{+\cdot}{O}{-}CH_2CH_3 \longrightarrow \underset{m/z=73}{CH_3CH{=}\overset{\oplus}{O}{-}CH_2{-}CH_2(H)} \longrightarrow \underset{m/z=45(100\%)}{CH_3CH{=}\overset{\oplus}{O}H}$$

如：

$$CH_3{-}\underset{CH_3}{CH}{-}\overset{+\cdot}{O}{-}\underset{CH_3}{CH}{-}CH_3 \xrightarrow{-CH_3^{\cdot}} \underset{m/z=87}{CH_3{-}CH{=}\overset{\oplus}{O}{-}CH(CH_2H){-}CH_3} \longrightarrow \underset{m/z=45}{CH_3CH{=}\overset{\oplus}{O}H}$$

③ C—O链的开裂。正电荷保留在烷基上。

$$R{-}\overset{\cdot\cdot}{O}{-}R' \longrightarrow \overset{+}{R} \text{ 或 } \overset{+}{R'}$$

形成OR—和 OR′的机会较小。

④ 重排 α-裂解。

$$\left[R{-}\overset{|}{\underset{|}{C}}{-}O{-}CH_2{-}CH(H){-}R'\right]^{+\cdot} \longrightarrow R{-}\overset{|}{\underset{|}{C}}{-}OH + \underset{m/z=28,42,56\text{等}}{\left[CH_2{=}CHR'\right]^{+\cdot}}$$

⑤ 芳香醚的分子离子峰较弱，它有以下几种裂解方式。

$$C_6H_5{-}\overset{+\cdot}{O}{-}CH_3 \xrightarrow{-CH_3} \underset{m/z=93}{C_6H_5O^{+}} \xrightarrow{-CO} \underset{m/z=65}{C_5H_5^{+}}$$

$$\left[C_6H_5{-}O{-}CH_2(H)\right]^{+\cdot} \longrightarrow C_6H_7^{+} + CH_2O \xrightarrow{-H\cdot} \underset{m/z=77}{C_6H_5^{+}}$$

$$\left[C_6H_5{-}O{-}CH_2{-}CH_2(H)\right]^{+\cdot} \xrightarrow{\text{重排裂解}} C_6H_5{-}OH + \underset{m/z=28}{[CH_2{=}CH_2]^{+}}$$

4.2.3.4 醛

① 脂肪醛分子离子峰通常是可以看到的，芳香醛分子离子峰很强。

② α-裂解。

$$\mathrm{R{-}C(\overset{+\cdot}{O}){-}H \longrightarrow R{-}C{\equiv}\overset{+}{O}} \quad M-1$$

$$\mathrm{R{+}C(=O){-}H \longrightarrow HC{\equiv}\overset{+}{O}} \quad M-\mathrm{R}$$

$M+1$ 峰是醛的特征峰。在高级脂肪醛中 $m/z=29$ 不是 HCO^{+}，而是 $C_2H_5^{+}$。

③ 4 个 C 以上的脂肪醛会发生麦氏重排，形成 $m/z44$ 的峰。

④ 芳香醛主要发生以下断裂。

$$\mathrm{C_6H_5{-}CHO^{+\cdot}} \longrightarrow \underset{m/z=105}{\mathrm{C_6H_5{-}C{\equiv}\overset{+}{O}}} \longrightarrow \underset{m/z=77}{\mathrm{C_6H_5^{\oplus}}} \longrightarrow \underset{m/z=51}{\mathrm{C_4H_3^{\oplus}}}$$

苯甲醛质谱图如图 4-19 所示。

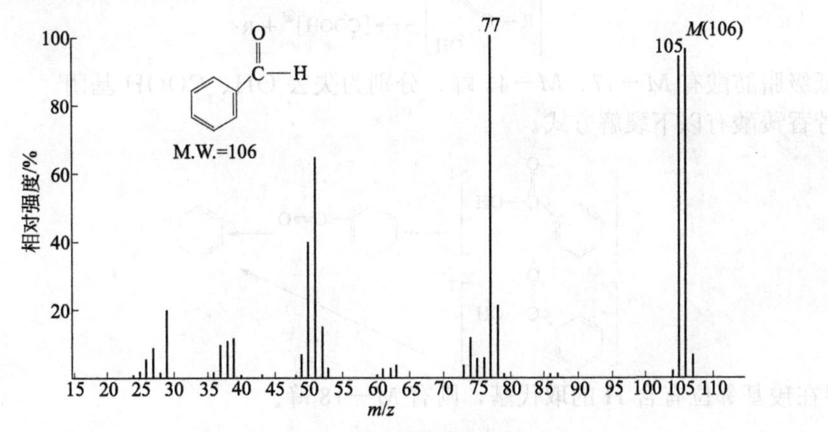

图 4-19　苯甲醛质谱图

4.2.3.5 酮

① 大多数酮的分子离子峰强，长链酮分子离子峰弱。

② α-断裂

$$\mathrm{RR'C{=}\overset{+\cdot}{O} \longrightarrow R{-}C{\equiv}O^{\oplus}}$$

$$\mathrm{RR'C{=}\overset{+\cdot}{O} \longrightarrow R'{-}C{\equiv}O^{\oplus}} \qquad m/z=43,57,71\text{等}$$

也有可能发生异裂，生成 R^{+}，产生 $m/z29$、43、57 等峰。在 R 与 R′中优先失去大的基团。

③ 麦氏重排，产生 $m/z58$、72、86 的峰。

④ 芳香酮的分子离子峰很强。

a. 芳香酮一般发生 α 裂解，形成基峰，然后进一步脱去 CO 生成苯基正离子。其裂解过程如下：

$$\mathrm{C_6H_5{-}C(\overset{+\cdot}{O}){+}R \longrightarrow C_6H_5{+}C{\equiv}\overset{\oplus}{O} \longrightarrow C_6H_5^{\oplus} \longrightarrow C_4H_3^{\oplus}}$$

b. 当烷基 C 数＞3 时，发生麦氏重排。

$m/z=120$

4.2.3.6 羧酸

① 分子离子峰较弱，但仍可观察到。它们最特征峰是 m/z 60，由麦氏重排而来。

$m/z=60$

② 羧酸 α 裂解形成羧基正离子。

$$[R-COOH]^{+\cdot} \longrightarrow [COOH]^{\oplus} + R\cdot$$

③ 低级脂肪酸有 $M-17$、$M-45$ 峰，分别为失去 OH、COOH 基团。

④ 芳香羧酸有以下裂解方式。

如果在羧基邻位有含 H 的取代基，则有 $M-18$ 峰。

$m/z=136$　　$m/z=118$

对甲氧基苯甲酸质谱图如图 4-20 所示。

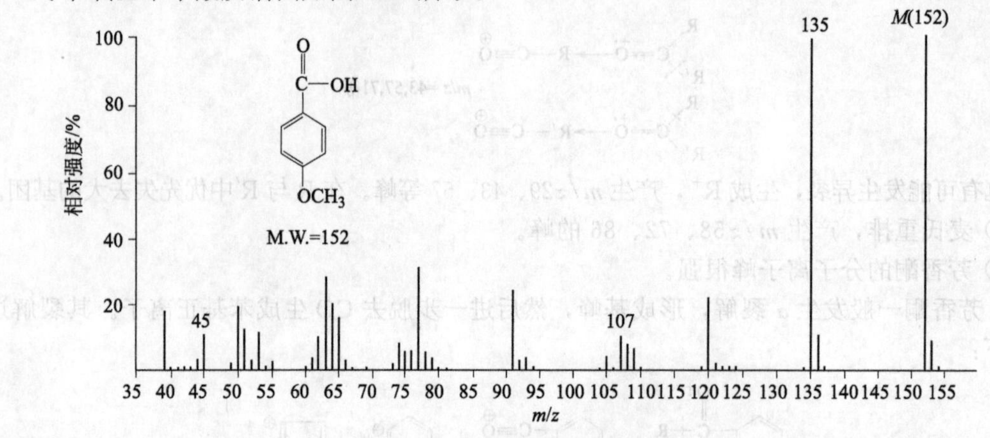

图 4-20　对甲氧基苯甲酸质谱图

4.2.3.7 酯

① 分子离子峰：直链一元羧酸酯通常可以看到；芳香羧酸酯的分子离子峰明显。

② 羧酸酯的基准峰或强峰通常来源于下列两类 α-裂解。

$$R-\overset{\overset{+\cdot}{O}\,\|}{C}-OR' \longrightarrow RC\equiv\overset{+}{O} \xrightarrow{-CO} \overset{+}{R} \quad m/z=43,57,71,\cdots \quad m/z=15,29,43,\cdots$$

$$R-\overset{\overset{+\cdot}{O}\,\|}{C}-OR' \longrightarrow \overset{\overset{+}{O}\,\|}{C}-OR' \longrightarrow \overset{+}{O}R' \quad m/z=45,59,\cdots \quad m/z=17,31,45,\cdots$$

③ 麦氏重排产生 m/z74，88，102，116 等重排离子峰。

④ 双重重排：高级脂肪羧酸酯容易发生两个氢转移的重排（双重重排）。

$$R-C(=\overset{+\cdot}{O})-O-CH_2-CH_2-CH-CHR' \longrightarrow R-\overset{+}{C}(OH)(OH) + CH_2=CH-\dot{C}HR' \quad m/z=61,75,\cdots$$

⑤ 羧酸苄酯可经过重排消去中性分子烯酮。

$$\left[C_6H_5-CH_2-O-\overset{\overset{O}{\|}}{C}-CH_2-H\right]^{+\cdot} \longrightarrow \left[C_6H_5-CH_2OH\right]^{+\cdot} + CH_2=C=O$$

这类化合物中 $m/z=108$ 的峰往往为基峰。

⑥ 芳酸酯：在苯甲酸酯的邻位有含 H 的取代基时，容易失去醇分子。

$$\left[o\text{-}CH_3C_6H_4-\overset{\overset{O}{\|}}{C}-OR\right]^{+\cdot} \longrightarrow \left[C_6H_4(=C=O)(=CH_2)\right]^{+\cdot} + ROH$$

乙酸甲酯的质谱图如图 4-21 所示。

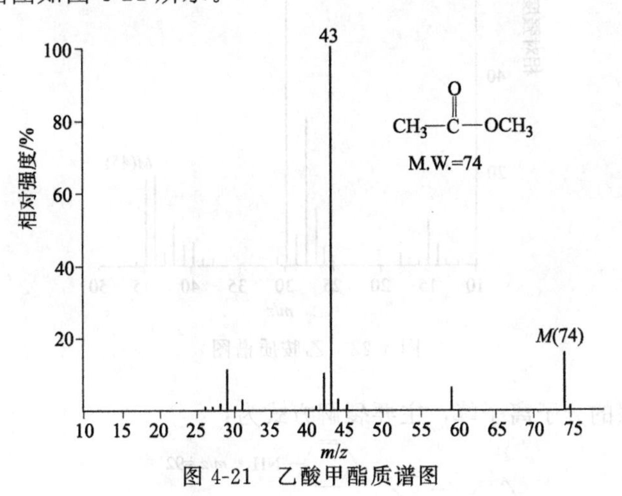

图 4-21 乙酸甲酯质谱图

4.2.3.8 胺

（1）脂肪族胺

a. 脂肪族胺的分子离子峰很弱，或者消失。低级脂肪胺以及芳香胺可能出现（$M-1$）峰。

b. 在脂肪胺中，最强峰来自 α-断裂峰。在大多数情况下，这种碎片峰往往是基峰。

$$R-CH_2-\overset{+\cdot}{N}H_2 \longrightarrow \dot{R}+CH_2=\overset{\oplus}{N}H_2 \quad m/z=30$$

这一峰可作为分子中有伯氨基存在的辅证，因为伯胺以及叔胺由于两次裂解和 H-迁移也可能产生 m/z 30 峰，但强度较伯胺弱一些。

如：

$$CH_3CH_2-\overset{+\cdot}{N}H-CH_2CH_3 \longrightarrow CH_3CH_2\overset{\oplus}{N}H=CH_2 \quad m/z=58(\text{基峰})$$

$$\downarrow$$

$$CH_2=\overset{\oplus}{N}H_2 \longleftarrow \underset{H}{CH_2CH_2}-\overset{\oplus}{N}H=CH_2$$

$$m/z=30$$

$$\overset{+\cdot}{N}(CH_2CH_3)_3 \longrightarrow \overset{+}{N}(=CH_2)(CH_2CH_3)-CH_2CH_2H \longrightarrow \overset{\oplus}{N}H(=CH_2)-CH_2CH_2H \longrightarrow CH_2=\overset{\oplus}{N}H_2$$

$$m/z=86(100\%) \qquad m/z=58 \qquad m/z=30$$

c. 胺类极为特征的峰是 m/z 18 峰——NH_4^+ 峰。醇中也有 m/z 18 峰，但两者区别是胺 P_{18}/P_{17} 远远大于醇 P_{18}/P_{17}。

乙胺质谱图如图 4-22 所示。

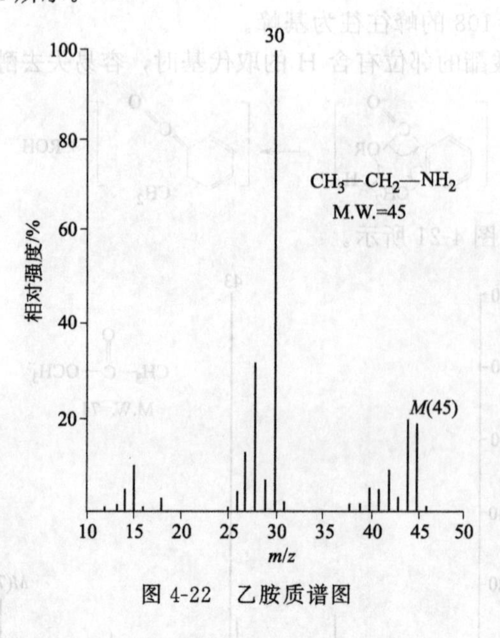

图 4-22　乙胺质谱图

（2）芳胺　有强的分子离子峰，主要裂解方式为：

$$C_6H_5\overset{+\cdot}{N}H_2 \xrightarrow{-H\cdot} C_6H_5\overset{+}{N}H \quad m/z=92$$

$$C_6H_5\overset{+\cdot}{N}H_2 \xrightarrow{-HCN} [C_5H_6]^{+\cdot} \xrightarrow{-H\cdot} C_5H_5^{+}$$

$$m/z=93 \qquad m/z=66 \qquad m/z=65$$

4.2.3.9　其他含 N 化合物

（1）酰胺

a. 分子离子峰通常可以看到，其裂解方式类似于羧酸。

b. C═O 基的 α-断裂或者 N 的 β-断裂。

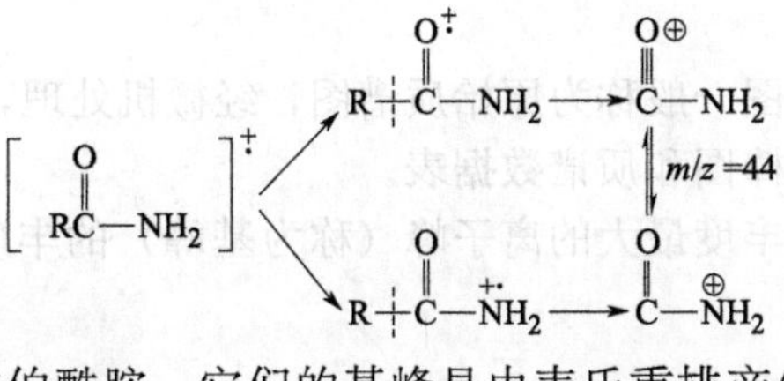

$m/z=44$

c. 丙酰胺以上所有直链伯酰胺，它们的基峰是由麦氏重排产生。

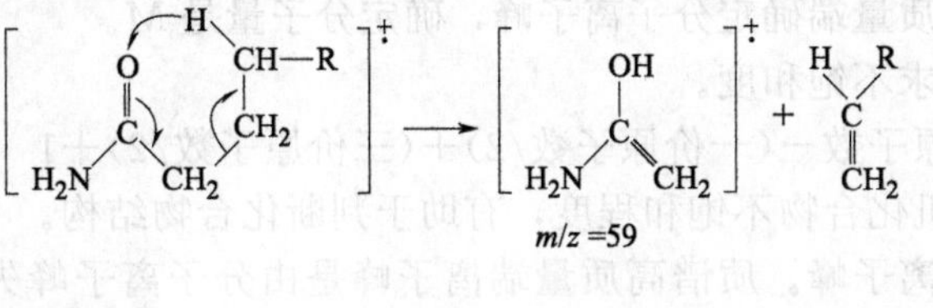

$m/z=59$

（2）腈

a. 分子离子峰很弱或者没有。

b. 由于失去 α-H，形成（$M-1$）峰，虽然这个峰比较弱，但对判断结构还是有用的。

c. 重排离子：$C_4 \sim C_9$ 直链腈化合物的基峰 m/z 41 即是由麦氏重排而来。

d. 芳香腈分子离子峰为基峰，特征峰为 $M-HCN(M-27)$，$M-CN(M-26)$。

（3）硝基化合物

a. 分子离子峰一般看不到。

b. 在 $m/z=30$（NO^+）和 $m/z=46$ 处（NO_2^+）有碎片离子峰，由这两个峰可以说明硝基的存在。

c. 高级脂肪族硝基化合物的一些强峰主要是由烃基离子产生。

d. $ArNO_2$ 类分子离子峰强，此外有 $m/z=30$，$m/z=46$ 以及 $M-30$，$M-46$，$M-58$ 峰。

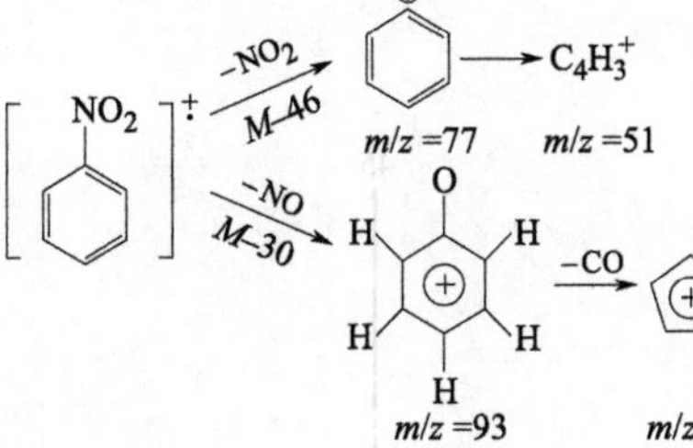

$-NO_2$，$M-46$：$m/z=77$ → $C_4H_3^+$ $m/z=51$

$-NO$，$M-30$：$m/z=93$ → $-CO$ → $m/z=65$

4.2.3.10 含卤素的有机物

① F、I 没有同位素，Br、Cl 有 ^{79}Br、^{81}Br、^{35}Cl、^{37}Cl，因此根据分子离子峰峰形即可判断含有什么卤素。

② 在 Br、I 化合物中，C—X 键的断裂较重要，形成 $M-35$ 的峰。

③ 在 Cl、F 类化合物中，消除一分子 HX 是非常重要的。

$$[R-CH_2CH_2X]^{+\cdot} \longrightarrow [RCH=CH_2]^{+\cdot} + HX$$

④ 重排和烷基失去，这样的断裂方式在长链烷基氯化物和溴化物的质谱中是重要的。

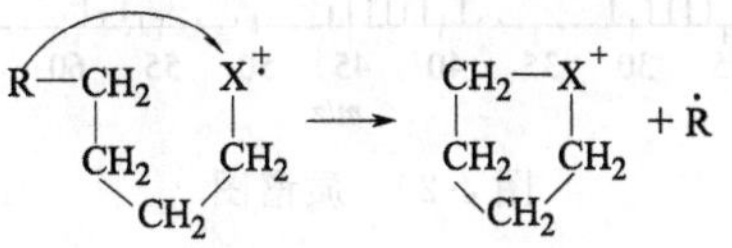

4.2.4 质谱解析过程

由质谱仪记录下的质谱图一般称为原始质谱图，经微机处理，可得样品的标准质谱。标准质谱可表示为低分辨质谱棒图和质谱数据表。

在标准质谱中，通常把丰度最大的离子峰（称为基峰）的丰度定为100%，其他峰与基峰比较，求得各自的丰度。

质谱解析的一般步骤是：

① 由质谱图的高质量端确定分子离子峰，确定分子量是 M。

② 确定分子式，求不饱和度。

不饱和度＝四价原子数－(一价原子数/2)＋(三价原子数/2)＋1

不饱和度表示有机化合物不饱和程度，有助于判断化合物结构。

③ 研究高质量端离子峰。质谱高质量端离子峰是由分子离子峰失去碎片形成的，从分子离子峰失去的碎片可以确定化合物中含有哪些取代基。

④ 从特征离子峰推测化合物的种类。

⑤ 如存在亚稳离子 m^*，推断出 m_1 和 m_2，由此判断裂解过程，有助于了解官能团和碳骨架。

⑥ 推断化合物的结构。将所推断的结构式按相应化合物的规律，找出峰归属和裂解过程常见的分子离子失去中性碎片的情况。

$M-15(CH_3)$	$M-16(O、NH_2)$	$M-30(NO)$	$M-31(CH_2OH、OCH_3)$
$M-17(OH、NH_3)$	$M-18(H_2O)$	$M-32(S、CH_3OH)$	$M-35(Cl)$
$M-26(C_2H_2)$	$M-27(HCN)$	$M-42(CH_2CO、CH_2N_2)$	$M-45(OC_2H_5、COOH)$
$M-28(CO、C_2H_4、N_2)$	$M-29(CHO、C_2H_5)$	$M-44(CO_2)$	$M-46(NO_2)$

【例 4-3】 已知某有机化合物的质谱图如图 4-23 所示，其分子式为 $C_4H_{10}O$，试推导它的分子结构式。

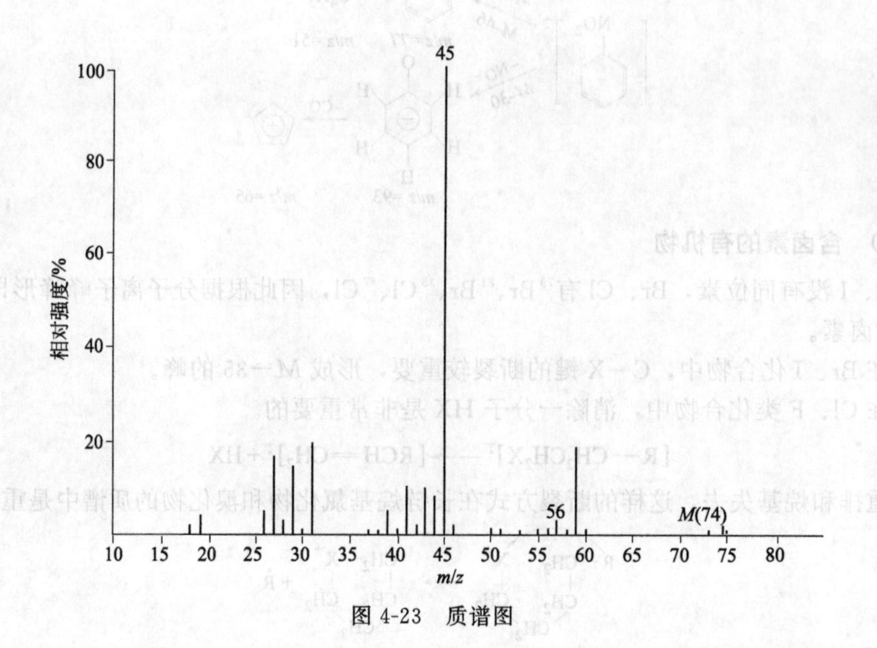

图 4-23 质谱图

解 从分子式求得该化合物的不饱和度为 0，从谱图中分子离子峰非常弱以及 m/z 56 ($M-18$) 峰的出现可以判断该化合物为醇类。m/z 31、45 的峰出现且 45 为基峰可推测该化合物为仲醇。

由质谱图可知，$M-29$ 为 45，基峰，是 CH_3CHOH 离子，所以可推断化合物结构如下：

$$\underset{\displaystyle CH_3CHCH_2CH_3}{\overset{OH}{|}}$$

【例 4-4】 已知某有机化合物的质谱图如图 4-24 所示，其分子式为 $C_5H_{10}O_2$，试推导它的分子结构式。

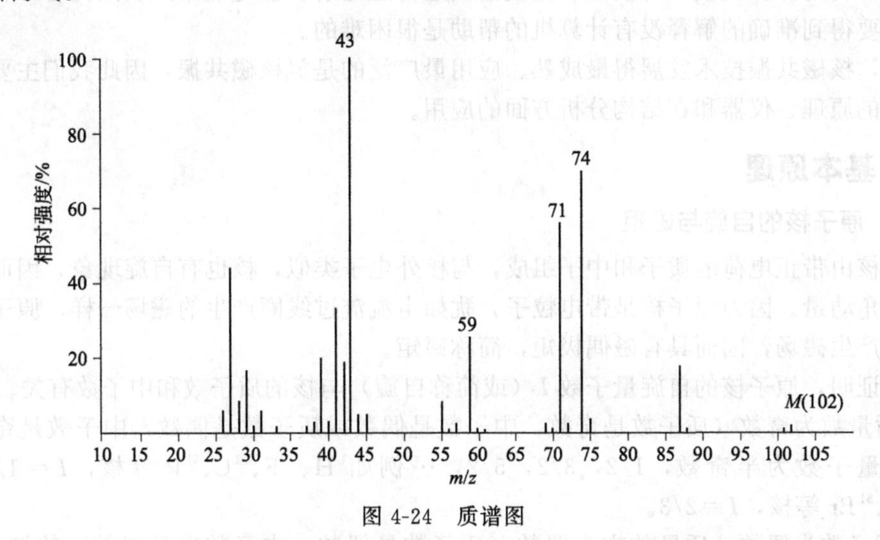

图 4-24 质谱图

解 由分子式求得该化合物的不饱和度为 1，即结构中有 1 个双键。从谱图中 m/z 43、59、31、71 的峰出现可推测该化合物为酯类化合物。

由质谱图可知：分子离子峰为 m/z 102，$M-59$ 峰为 m/z 43，其强度非常强，为基峰，推测为 $CH_3CH_2CH_2$，由 $M-28$ 产生 m/z 74 的峰，可知 m/z 74 的峰为重排离子峰，所以丙基为正构直链。

由 m/z 31 离子峰可推测为 OCH_3，

由 m/z 59 离子峰可推测为 $COOCH_3$。

所以可推断化合物结构如下：

$CH_3CH_2CH_2COOCH_3$

4.3 核磁共振波谱

核磁共振波谱实际上也是一种吸收光谱。如前所述，紫外-可见吸收光谱来源于分子电子能级间的跃迁，红外吸收光谱来源于分子的振动能级间的跃迁，而核磁共振波谱则来源于原子核能级间的跃迁。在核磁共振中，电磁辐射的频率为兆赫数量级，波长很长（10^6～$10^9\mu m$）、能量很低，属于射频区。但是，在 NMR 中，射频辐射只有作用在置于强磁场下的原子核上，才会发生能级的跃迁，因为原子核在无外加磁场存在时，其能级是简并的。只有在强磁场的作用下，才发生能级裂分，当吸收的辐射其能量与核能级差相等时，就发生能级跃迁，辐射能量就被吸收，从而产生核磁共振信号。

核磁共振现象是 1946 年由波塞尔和布洛赫等人发现的，当时主要用于固体物质的研究，直到 1951 年 Arnold 等人发现乙醇的核磁共振是由三组峰（即—CH_3，—CH_2，—OH）组成，也即发现共振频率的精细变化（化学位移）以后，NMR 就成为化学家测定有机化合物结构的有力工具。目前，核磁共振与其他仪器的配合已经鉴定了十几万种以上的化合物。

20 世纪 70 年代以来，核磁共振波谱在技术和应用方面都有迅速发展。高强磁场超导核磁共振仪的发展，大大提高了仪器的灵敏度，由于磁场强度的提高，使原来比较复杂的谱图的分析变得简单容易。超导 NMR 在生物学领域的研究和应用正在发挥着广泛的作用。脉冲傅里叶变换核磁共振仪的问世极大地推动了 NMR 技术，特别是使^{13}C、^{15}N 等核磁待以广泛应用。

此外，利用计算机技术对核磁共振波谱图进行理论解析也是非常重要的内容，特别是复杂的谱图要得到准确的解释没有计算机的帮助是很困难的。

目前，核磁共振技术发展得最成熟、应用最广泛的是氢核磁共振，因此我们主要讨论氢核磁共振的原理、仪器和在结构分析方面的应用。

4.3.1 基本原理

4.3.1.1 原子核的自旋与磁矩

原子核由带正电荷的质子和中子组成，与核外电子类似，核也有自旋现象，因而具有一定的自旋角动量。因为原子核是带电粒子，犹如电流流过线圈产生的磁场一样，原子核自旋运动也会产生磁场，因而具有磁偶极矩，简称磁矩。

实验证明，原子核的自旋量子数 I（或简称自旋）与核的质子数和中子数有关。

① 质量数为奇数（质子数是奇数，中子数是偶数或质子数是偶数，中子数是奇数）的核，自旋量子数为半奇数，1/2，3/2，5/2，… 例如^{1}H、^{19}F、^{13}C、^{31}P 等核，$I=1/2$；^{35}Cl、^{37}Cl、^{79}Br、^{81}Br 等核，$I=2/3$。

② 质子数为偶数，质量数亦为偶数（质子数是偶数，中子数也是偶数）的核，$I=0$，即没有自旋现象，如^{12}C、^{4}He、^{16}O 等核。

③ 质子数为偶数，质量数为奇数（质子数是奇数，中子数也是奇数）的核，$I=1,2,3$ 等正整数，如^{14}N，^{2}H 核的 $I=3$。

根据量子力学原理，核自旋角动量不能任意地等于某一数值，其大小决定于核的自旋量子数，原子核的总自旋角动量的数值为：

$$p=\sqrt{I(I+1)}\frac{h}{2\pi}$$

原子核磁矩与核自旋角动量成正比，

$$\vec{\mu}=\gamma\vec{p}$$

γ 为核的磁旋比，是核的特征常数（对于氢核，$\gamma=g_{\mathrm{p}}\frac{e}{2m_{\mathrm{p}}c}$，$g_{\mathrm{p}}$ 是核的朗德因子），即核的磁矩决定于它的自旋和磁旋比，自旋等于零的原子核不产生磁矩。

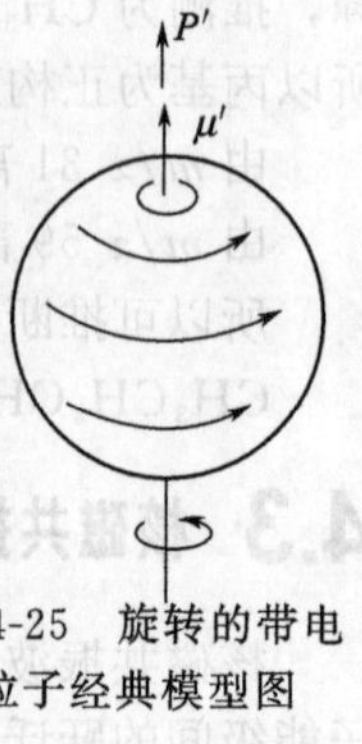

图 4-25 旋转的带电粒子经典模型图

4.3.1.2 核磁能级——原子核在磁场中的行为

核自旋角动量与磁矩都是矢量。根据经典力学概念，角动量的方向服从右手螺旋定则，因为核电荷和质子同时作自旋运动，因此，磁矩与角动量矢量是平行的，其关系如图 4-25 所示。

若将原子核放于磁场中，由于磁矩与磁场相互作用，核磁矩相对磁场会有不同的排列方式（或取向）。根据量子力学原理，核磁矩（或自旋轴）相对磁场只能有 $2I+1$ 个取向。同样，核磁矩在外磁场方向上的分量只能取对应的一定数值。

$$\mu_H=\gamma\times m\frac{h}{2\pi}$$

式中　m——核自旋磁量子数，$m=I$，$I-1$，$I-2$，…，$-I+1$，$-I$ 共计 $2I+1$ 个值。如：$I=1/2$ 的核，核磁矩有两种取向，其在外磁场方向上的分量为：

$$\mu_H=+\frac{1}{2}\gamma\frac{h}{2\pi},\ \mu_H=-\frac{1}{2}\gamma\frac{h}{2\pi}$$

$I=1$ 的核，核磁矩有三种取向，其在外磁场方向的分量（图 4-26）分别为

$$\gamma\frac{h}{2\pi},\ 0,\ -\gamma\frac{h}{2\pi}$$

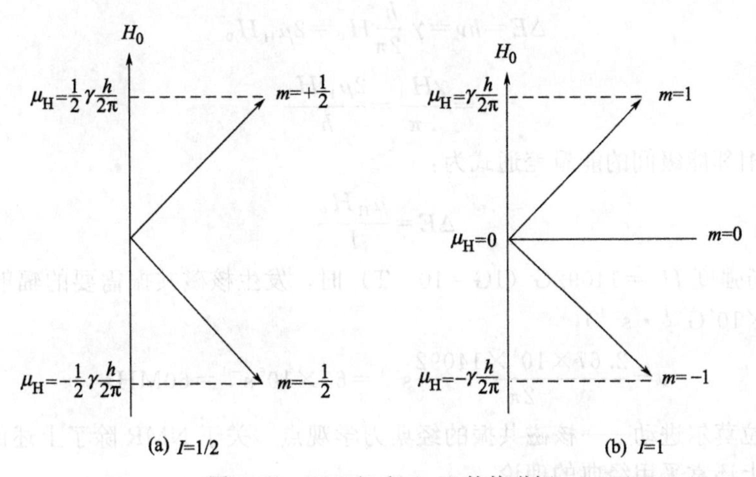

图 4-26　$I=1/2$ 和 $I=1$ 的核磁矩

根据电磁理论，在磁场 H_0 中，放入一个磁矩为 μ_N 的小磁铁。则它们的相互作用能为：

$$E=-\mu_N g H_0=-\mu_N H_0\cos\theta$$

$$或\ E=-m\gamma\frac{h}{2\pi}H_0$$

式中　θ——磁矩与外磁场之间的夹角。

对于空间取向量子化的核磁矩，同样也可用上述公式表示原子核处在磁场中的能量。当 $\theta=0$ 时，$E=-\mu_N\times H_0$，负号表示体系能量最低，即核磁矩与磁场同向。反之，当 $\theta=180°$时，$E=\mu_N\times H_0$，体系能量最高，即核磁矩与磁场方向相反。当核磁矩与磁场方向垂直时，位能等于 0。

当无外加磁场存在时，核磁矩具有相同的能量。当磁矩处于磁场中时，由于磁矩的取向不同，而具有不同的能量，也就是说核磁矩在磁场的作用下，将原来简并的 $2I+1$ 个能级分裂开来，这些能级通常叫塞曼能级。如图 4-27 所示。

4.3.1.3　核磁共振的量子力学观点及经典力学观点

（1）核磁共振的量子力学观点　如上所述，核磁矩在磁场中有 $2I+1$ 种不同的能量状态（核磁能级），当外来辐射的频率为 ν 的电磁波能量正好和两个核能级差相同时，低能级的核就会吸收电磁波跃迁到高能级，从而产生核磁共振吸收。

核磁共振与其他吸收光谱一样，能级间的跃迁服从选律。核磁能级的跃迁选律是 $\Delta m=\pm1$，对氢核来说，由前述可知核磁共振的条件为：

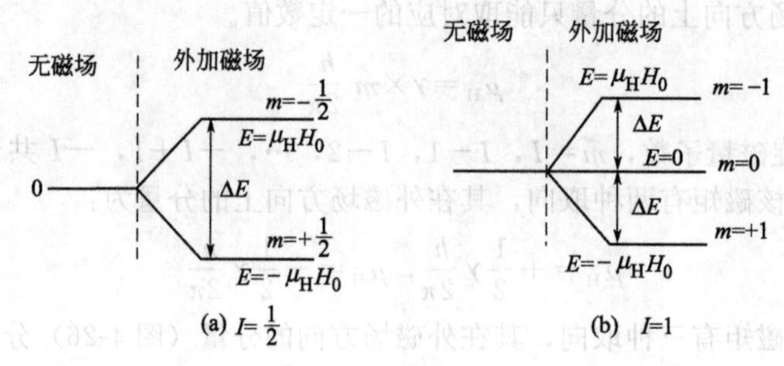

图 4-27 能级简并

$$\Delta E=h\nu=\gamma\frac{h}{2\pi}H_0=2\mu_H H_0$$

$$\nu=\frac{\gamma H_0}{2\pi}=\frac{2\mu_H H_0}{h}$$

对各核来说，相邻能级间的能量差通式为：

$$\Delta E=\frac{\mu_H H_0}{I}$$

如，^1H，在磁场强度 $H_0=14092G$（$1G=10^{-4}T$）时，发生核磁共振需要的辐射频率为（^1H 核的 $\gamma=2.67\times10^4G^{-1}\cdot s^{-1}$）

$$\nu=\frac{2.67\times10^4\times14092}{2\pi}s^{-1}=60\times10^6s^{-1}=60MHz$$

（2）核的拉莫尔进动——核磁共振的经典力学观点　关于 NMR 除了上述的量子力学解释外，在文献上还常采用经典的理论。

把原子核放到 H_0 中，由于核磁矩（即自旋轴）与外磁场方向成一定的角度，自旋的核就要受到一个力矩的作用，在此力矩作用下，核就绕外磁场做圆锥形转动，如图 4-28 所示，有磁矩的原子核在磁场中一方面取一定的角度绕外磁场转动，这种现象通常叫拉莫尔进动。

不同的原子核有不同的进动频率，根据经典力学，拉莫尔进动频率为

$$\omega=\gamma H_0$$

因为 $\omega=2\pi\nu$，所以 $\nu=H_0\frac{\gamma}{2\pi}$，结果与上述推导相同。

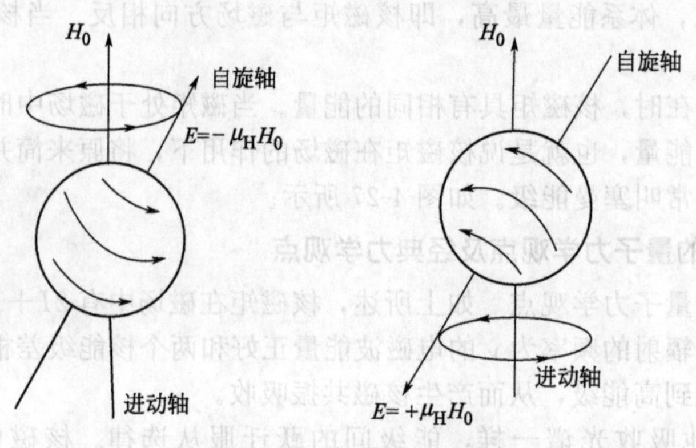

图 4-28 核的拉莫尔进动理论

核的拉莫尔进动服从量子力学规律，进动时受磁量子数制约。对氢核来说，它相对外磁场只有两种取向，两个角分别为 54°24′和 125°36′，它们都绕外磁场进动。若对这个体系提供能量，其射频频率等于核的拉莫尔进动频率时，能量即由射频给予核磁子，处于低能级进动状态的氢核就跃迁到高能级的进动状态，即产生核磁共振信号。

4.3.1.4 弛豫过程

氢的磁性核在外磁场作用下，能级分裂为二，如果处于两种能级上的氢核数目相等，则跃迁到高能级和跌落到低能级的概率相等，就见不到吸收和发射现象，也就不会产生核磁共振现象。

但事实上，根据玻尔兹曼分配定律计算结果，处于低能级的原子核数占有极微弱的优势。

如外磁场为 1.4092T（相当于 60MHz 的射频），温度为 27℃时（300K），两个能级上的氢核数目 n 之比为：

$$\frac{n\left(+\frac{1}{2}\right)}{n\left(-\frac{1}{2}\right)}=e^{\frac{\Delta E}{kT}}=e^{\frac{\gamma hH}{2\pi kT}}=1.0000099$$

即

$$\frac{n_1}{n_2}=\frac{1000000}{1000007}$$

式中　k——玻尔兹曼常数，1.38066×10^{-23} J/K。

也就是每百万个氢核中低能级的氢核数目仅比高能级多 10 个左右，即氢核在外磁场存在下，倾向于取 $m=+1/2$ 的状态，即与外磁场同向。

虽然这种分配差别很小，但仍能产生净吸收现象。这个微弱的氢核数目优势，使低能级的核在强磁场及射频场作用下吸收能量从低能级跃迁到高能级。随着低能态核数目的减少，吸收信号减弱，最后 NMR 信号消失，此为饱和。

但实际上只要合理地选用照射强度，就可以连续地观察到 NMR 信号，这说明必然存在使低能级上的氢核始终保持微弱多数的内在因素。也就是说，高能级核必须要放出能量返回低能级，才能维持低能态的核数目始终占优势。在兆周频率范围内，高能级的核回到低能级是通过非辐射的途径，这个过程就称为弛豫过程。

弛豫过程一般分为两类：自旋-晶格弛豫和自旋-自旋弛豫。

（1）自旋-晶格弛豫　在此过程中，一些核由高能态回到低能态，其能量转移到周围粒子中去，如在固体样品中传递给晶格，在液体样品中传递到周围分子或溶剂分子等。弛豫的结果使高能态的数目减少，因此就全体核来说，总能量下降了，也叫纵向弛豫。

一个体系通过自旋-晶格弛豫的过程而达到热平衡状态需要一定时间，通常用半衰期 T_1 表示，T_1 是处于高能态核寿命的一个量度。T_1 越小，表示弛豫过程的效率越高；T_1 越大，则效率越低，容易达到饱和。T_1 的数值与核的种类、样品种类和温度有关。固体样品的振动和转动频率比较小，不能有效地产生纵向弛豫，所以 T_1 值较大，有时可达几小时或更长；气体及液体样品 T_1 值则很小，一般在 10^{-2}～100s。

（2）自旋-自旋弛豫　所谓自旋-自旋弛豫就是一个核的能量被转移至另一核，而各种取向的核总数并未改变的过程，故叫横向弛豫。

一个自旋核在外磁场作用下吸收能量发生共振，从低能级跃迁到高能级，在一定距离内被另一个与它相邻的核觉察到。当两者频率相同时，就发生能量交换，高能级的核将能量交给另一个核后跳回到低能级而使另一个核能量增加而跃迁到高能级。交换能量后，两个核的自旋方向被调换，各种能级的核数目不变，系统的总能量不变。

横向弛豫过程所需时间以 T_2 表示，一般气体及液体样品 T_2 为 1s 左右，固体及黏度大的液体试样由于核与核之间较靠近，有利于核磁间的能量转移，因此 T_2 很小，有的只有 $10^{-5} \sim 10^{-4}$s。

横向弛豫过程只是完成了同种磁核自旋状态的交换，对恢复玻尔兹曼平衡没有贡献。但 T_2 和 T_1 一样能影响 NMR 信号的宽度。弛豫时间虽分为 T_1 和 T_2，但对每一个核来说，它在某一较高能级停留平均时间只取决于 T_2 和 T_1 中的较小者。如固体样品 T_1 虽然很长，但 T_2 很短，总的弛豫过程仍取决于 T_2。

弛豫时间对谱线宽度的影响很大，按照海森伯测不准原理来估计（从量子力学知道，微观粒子能量 E 和测量时间 t 这两个值不可能同时精确确定，但两者的乘积为一常数）：

$$\Delta E \Delta t \approx \frac{h}{2\pi}$$

因为

$$\Delta E = h \Delta \nu$$

所以

$$\Delta \nu = \frac{1}{2\pi \Delta t}$$

即谱线宽度与弛豫时间成反比。固体样品 T_2 很小，所以谱线非常宽，因此，要得到高分辨的共振谱需先配制成溶液。

由弛豫引起的谱线加宽是自然加宽，不能由仪器的改进而变宽。对红外、紫外光谱来说，弛豫对谱线的宽度影响很小，可以不加考虑。

4.3.1.5 核磁共振波谱仪

核磁共振波谱仪有两大类型：高分辨核磁共振波谱仪和宽谱线核磁共振波谱仪。高分辨核磁共振波谱仪只能测定液体样品，固体样品必须配成溶液，所得的谱线宽度小于 1Hz，主要用于有机物的分析。宽谱线核磁共振波谱仪可直接测量固体样品，谱线很宽，达 10^4 Hz，这种仪器在物理学领域中用得较多。

核磁共振波谱仪主要由磁铁、探头、谱仪三部分组成。磁铁的作用是产生一个恒定的磁场，探头放置在磁极间，用来检测核磁共振信号。谱仪内装有射频发生器和信号放大显示装置。谱仪的工作方式一般有两种类型，一种是以连续改变频率的方式扫描，或以连续改变磁场的方式扫描，统称为连续波方式；另一种是脉冲傅里叶变换方式。

4.3.2 核磁共振波谱

4.3.2.1 核磁共振波谱与分子结构

（1）核磁共振波谱（NMR） 对 ^{1}H NMR 来说，主要可以提供三个方面的结构信息：

a. 吸收峰频率（即化学位移）；

b. 峰的裂分及偶合常数；

c. 各峰的面积。

图 4-29 是用 60MHz 仪器测定的乙醚的 NMR，图中所示是质子的共振谱线，谱图刻度为零处是参考峰，其他峰都对应于样品中某一基团的质子。其中右边的三重峰为乙基中甲基质子吸收峰。图上的阶梯线是各峰面积的积分线。

NMR 上吸收峰的面积与相应的各种质子数目成正比，因此将各吸收峰的面积进行比较，就能决定各质子的相对数目。吸收峰面积用阶梯式的积分线表示，积分线是从低磁场往高磁场画，从积分线的出发点到终点的高度与所有的质子数成正比。通过峰面积测定的各种质子数，既可用于定量分析，又可帮助推断化学结构。

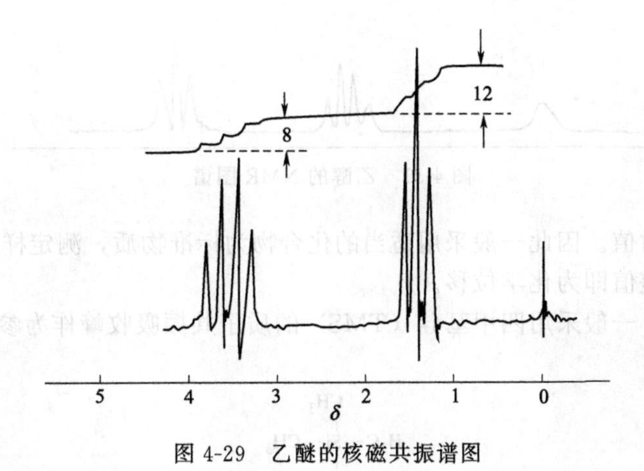

图 4-29　乙醚的核磁共振谱图

(2) 化学位移

a. 化学位移的产生——磁屏蔽与化学位移。如前所述，对孤立的^{1}H 核来说，其共振频率$\nu=\frac{\gamma H_0}{2\pi}$，只取决于外磁场强度，当磁场强度一定时，其共振频率是一定的。

但是，在分子体系中，由于各种氢核所处的化学环境不同，而产生不同的共振频率。

由于核周围分子环境不同使共振频率发生位移的现象叫化学位移。化学位移来源于核外电子云的磁屏蔽效应。

核外电子云在外磁场的作用下，倾向于在垂直磁场的平面里做环流运动，从而产生一个与外磁场反向的感应磁场，因而核实际所受的磁场强度被减弱，核外电子云的磁屏蔽效应如图 4-30 所示。

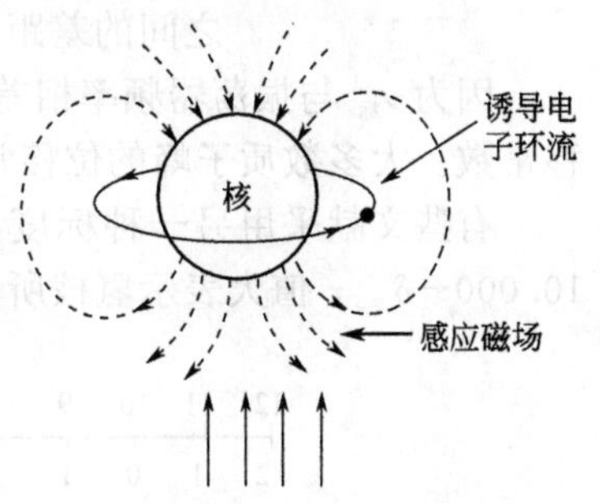

图 4-30　核外电子云的磁屏蔽效应

屏蔽作用的大小与核外电子云密度有关，绕核电子云密度越大，核受到的屏蔽作用越大，核实际受到的磁场强度降低越多，共振时外加 H_0 就必须加得越多，而电子云密度和氢核所处的化学环境有关。因此，由屏蔽作用引起的共振时磁场强度的移动现象叫化学位移。

屏蔽磁场强度与外场强度成正比。

即：
$$H_e=H_0\sigma$$

σ 是原子核的屏蔽常数（数量级为 10^{-5}），因此核的实受磁场强度 $H_{实}$ 为：

$$H_{实}=H_0-H_0\sigma=H_0(1-\sigma)$$

则共振频率

$$\nu=\frac{\gamma H_0(1-\sigma)}{2\pi}$$

若固定射频频率，由于核的磁屏蔽效应，则必须增加外磁场的强度才能达到共振条件。若固定外磁场强度，则需要降低射频频率才能达到共振条件。

图 4-31 是乙醇的 NMR 图谱，甲基氢核的 σ 最大，在高场出峰，其次是—CH_2 氢核，—OH 氢核磁屏蔽小，在低场出峰。

b. 化学位移的标度。化合物处于各种不同的化学环境中的质子共振频率虽有差异，但差异范围不大，约为百万分之十。如果用 60MHz 的仪器测定，质子产生共振的频率变化范围为 600Hz。在测定共振频率时，常要求几个赫兹的准确度，目前还不能精确测定这么小的

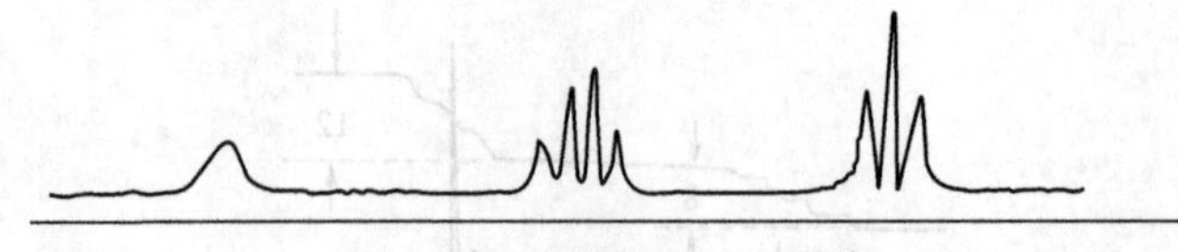

图 4-31　乙醇的 NMR 图谱

频率差异范围的绝对值。因此一般采用适当的化合物为标准物质，测定样品和标准物质的吸收频率之差，这个差值即为化学位移。

对氢核的波谱，一般采用四甲基硅（TMS）的质子共振吸收峰作为参考标准。

TMS 的结构式：

$$H_3C-\underset{CH_3}{\overset{CH_3}{Si}}-CH_3$$

化学位移通常用位移常数 δ 表示，其定义为：

$$\delta=\frac{\nu_{样}-\nu_{标}}{\nu_{标}}\times10^6=\frac{\Delta\nu}{振荡器频率}\times10^6$$

式中　$\nu_{标}$、$\nu_{样}$——样品中的氢核与标准物中的氢核的吸收频率；

$\Delta\nu$——样品中的氢核与标准物中的氢核的吸收频率之差，即样品峰与标准物峰之间的差距。

因为 $\nu_{标}$ 与振荡器频率相差十万分之一，故其可用振荡器频率代替，乘以 10^6，表示位移常数。大多数质子峰的位移常数值在 1～20。

有些文献采用另一种标度，规定 TMS 氢核 $\tau=10$，τ 和 δ 的关系（图 4-32）为：$\tau=10.000-\delta$。τ 值大表示氢核所受的屏蔽作用强。

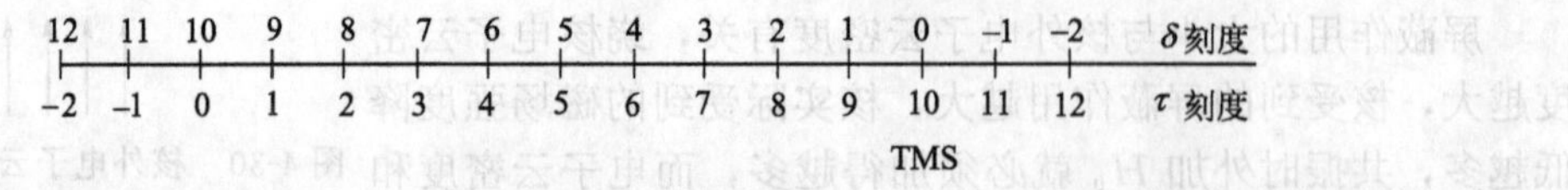

图 4-32　τ 和 δ 的关系

（3）影响化学位移的因素

a. 核外电子云密度的影响——电负性的作用。磁屏蔽作用来源于外磁场作用下的环电子流运动，因此核周围电子云密度越大则对核产生的屏蔽作用越强，而与氢核相连的原子或基团的电负性强弱直接影响电子云密度的大小。

如卤代甲烷的化学位移随取代基电负性的增强而增大。$X-CH_3$，电负性越大，质子周围电子云密度越小，屏蔽作用就越小，质子的信号就处在低场高频区。如表 4-5 所示。

表 4-5　$X-CH_3$ 电负性与 δ 关系

取代基	F	Cl	Br	I	H
电负性	4.0	3.0	2.8	2.5	2.1
δ	4.26	3.05	2.68	2.16	0.4

b. 磁各向异性效应。由于在外磁场作用下，环电流所产生的感应磁力线具有闭合性质，在不同的部位其屏蔽效应是不同的。与外磁场反向的磁力线部位起屏蔽作用，与外磁场同向

的磁力线部位起去屏蔽作用。处在屏蔽区的氢核，其化学位移在高场低频区$\left[\nu=\dfrac{\gamma H_0(1-\sigma)}{2\pi}\right]$；处于去屏蔽区的氢核，其化学位移在低场，即所谓磁各向异性效应。如苯环的磁各向效应，如图4-33所示，在外磁场作用下（苯环平面垂直于磁场），苯环的介电引流（环电子流）所产生的感应磁场使环上π环的氢核处于屏蔽区，与苯环相连的氢核处于去屏蔽区。所以，苯环上的氢在低场出峰（$\delta=7$）。

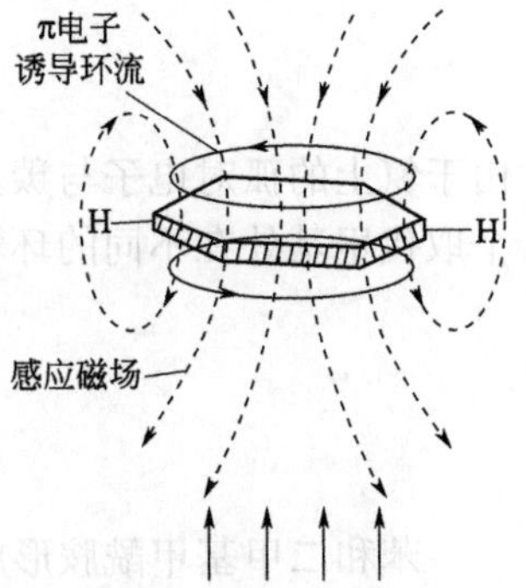

图4-33　苯环的磁各向效应图

醛基质子在$\delta=7.8\sim10.5$出峰，也是因为羰基的磁各向异性效应［如图4-34所示（a）］。在醛基质子附近产生同向磁场，因此在很低的磁场处出峰。

乙炔分子也是如此，当乙炔分子与外部磁场平行时，圆柱状的π电子流在乙炔质子附近产生屏蔽效应［图4-34(b)］，所以乙炔质子在高场出峰，$\delta=2.88$。

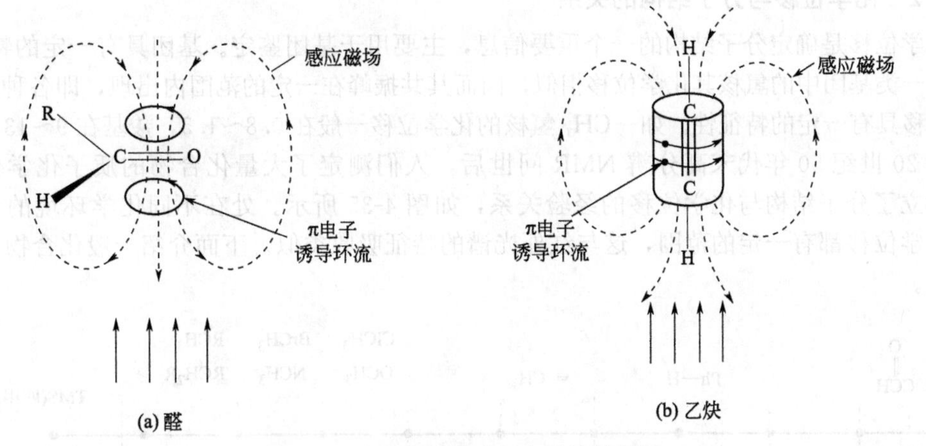

图4-34　常见化合物磁各向异性效应图

除了含π键的分子，如苯、烯、炔、羰基等具有磁各向异性效应外，C—C单键的δ电子也可产生磁各向异性效应，但很小。

应用诱导效应和磁各向异性效应原理，一般可以解释各种不同的氢核所处的化学位移范围。

c. 其他影响因素。氢键对化学位移的影响也比较明显，具有氢键的质子比没有氢键的质子化学位移大，因为氢键的形成会降低核外电子云密度。如乙醇的—OH峰通常在$\delta=4.6$，随着缔合增强，化学位移也变大。

如醇、胺、酚类化合物，都具有氢键作用。当存在分子间氢键时，化学位移受到溶液浓度、温度、溶剂的影响较明显，当升温或用非极性溶剂稀释时，都会使分子间生成氢键的趋势减少，而使化学位移向高场低频方向移动。分子内氢键也使化学位移向低场移动，大分子内氢键不受溶液浓度、温度和溶剂的影响。

同一种化合物在不同溶剂中的化学位移是不相同的，溶质质子受到各种溶剂的影响而引起化学位移的变化叫做溶剂效应。溶剂效应主要是溶剂的各向异性效应及溶质与溶剂内生成氢键的影响。

如二甲基甲酰胺：

由于氮上的孤对电子与羰基发生共轭，使氮上的两个取代甲基与羰基处在同一平面内，使两个取代甲基处在不同的环境。

苯和二甲基甲酰胺形成分子复合物，苯环靠近正电一端，远离负电一端。由于苯环的各向异性，使得 αCH_3 和 βCH_3 分别处于苯环的不同屏蔽区。

随各向异性溶剂苯的加入，α 和 β 两个甲基的化学位移发生变化。此外，溶质分子和溶剂内形成氢键也会使溶质质子的化学位移发生变化。当溶剂含活泼氢时，溶剂效应就比较大，因此溶剂最好不含氢。一般常用溶剂为 CCl_4、$CDCl_3$ 等。

4.3.2.2 化学位移与分子结构的关系

化学位移是确定分子结构的一个重要信息，主要用于基团鉴定。基团具有一定的特征性，处在同一类基团中的氢核其化学位移相似，因而其共振峰在一定的范围内出现，即各种基团的化学位移具有一定的特征性。如—CH_3 氢核的化学位移一般在 0.8～1.5，羧基在 9～13。

自 20 世纪 50 年代末高分辨 NMR 问世后，人们测定了大量化合物的质子化学位移数据，建立了分子结构与化学位移的经验关系，如图 4-35 所示。处在不同化学环境的各种质子的化学位移都有一定的范围，这与红外光谱的特征吸收类似。下面介绍一般化合物的化学位移值。

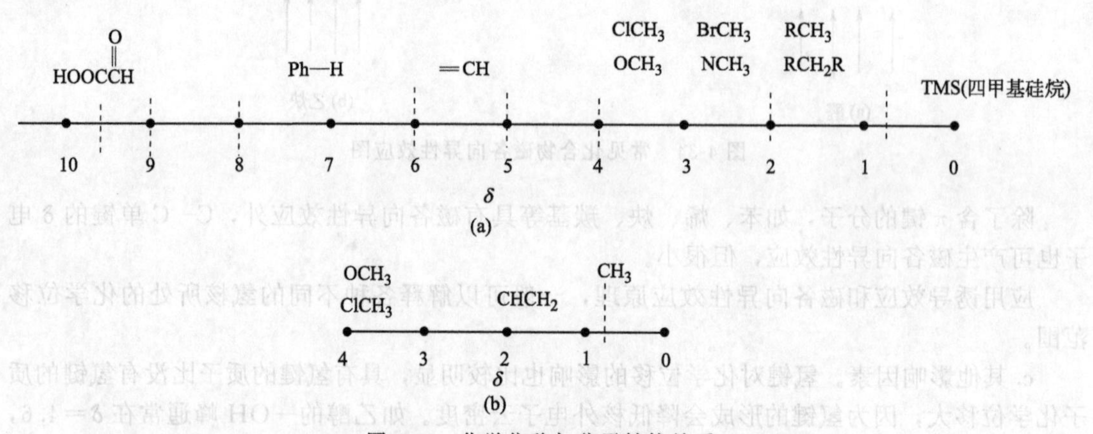

图 4-35 化学位移与分子结构关系

(1) 烷基化合物的化学位移 CH_4 的 $\delta=0.23$，当 CH_4 的一个氢被其他官能团取代后，δ 值就改变，其 δ 值改变程度根据不同取代基而不同。δ 值除了可利用各种化学位移表直接求得外，还可以用某些经验公式计算得到。如亚甲基，将含亚甲基的化合物用 X—CH_2—Y 表示，X 和 Y 基团的引入，对于—CH_2—的 δ 值的影响具有加和性。

舒里公式：

$$\delta_{CH_2}=0.23+\sum\sigma$$

0.23 为 CH_4 的 δ 值，$\sum\sigma$ 为各基团屏蔽常数之和。如 $ClCH_2Cl$，$\delta_{Cl}=2.53$，则 $\delta=0.23+2.53+2.53=5.29$，实验值为 5.26。

(2) 烯烃的化学位移

$$\mathrm{H}\backslash\mathrm{C}{=}\mathrm{C}/\mathrm{R}_{顺}\ ,\ \mathrm{R}_{同}/\ \backslash\mathrm{R}_{反}$$

$$\delta_{\mathrm{C=C-H}}=5.28+\mathrm{R}_{同}+\mathrm{R}_{顺}+\mathrm{R}_{反}$$

如：

H_3C、$H_2C{=}CH$ 与 $C{=}C$ 相连，另一碳上为 H_a、H_b

$$\delta_{\mathrm{C=C-H_a}}=5.28+0+(-0.26)+0.1=5.12(5.27)$$

$$\delta_{\mathrm{C=C-H_b}}=5.28+0+0.35+(-0.29)=5.34(5.37)$$

(3) 苯氢核化学位移 苯氢核化学位移可用下式计算：

$$\delta=7.27+\sum a$$

式中 7.27——未取代苯氢核的δ值；

$\sum a$——取代基对苯氢核δ值影响相对值之和。

如：

COOH、H_a、H_b、OCH_3 取代的苯环

$$\delta_{\mathrm{H_a}}=7.27+(0.85-0.09)=8.03(8.08)$$

$$\delta_{\mathrm{H_b}}=7.27+(0.18-0.48)=6.97(6.93)$$

(4) 醛基氢核 醛基氢核在 NMR 中的吸收峰容易分辨，δ值一般在 9.3～10.5。RCHO 的δ值为 9.26～10.11，ArCHO 的δ值为 9.65～10.2（间、对位）、10.2～10.5（邻位）。

(5) 活泼氢化学位移 常见活泼氢如—OH、═NH 等，由于易形成氢键及受相互交换的影响，它们的δ值很不固定，与温度、浓度、溶剂有很大关系。利用活泼氢可被重水交换，常加入重水交换质子峰来证明活泼氢的存在。

如羧酸（—COOH）一般为二聚态，δ值 10～13，—OH 的δ值 0.5～13。试样中加入 1 滴重水，由于试样中的 H 被重水中的 D 交换，即不再出现 OH 吸收峰，可用来鉴定。$—NH_2$、═NH 随结构不同，δ值一般为 0.5～6、5～8.5、9～12。N 上氢吸收峰很宽，不易观察，加重水进行交换质子峰消失可以证明。

4.3.2.3 自旋偶合及自旋裂分

(1) 自旋偶合机理 从 CH_3CH_2I 的核磁共振谱图中可以看到，$\delta=1.6$～2.0 的$—CH_3$ 峰是三重峰，在$\delta=3.0$～3.4 的$—CH_2$ 峰是四重峰，这种峰的裂分是由于质子之间相互作用引起的，这种作用称自旋-自旋偶合，简称自旋偶合。由自旋偶合所引起的谱线增多的现象称自旋-自旋裂分，简称自旋裂分。偶合表示质子间的相互作用，裂分表示谱线增多的现象。

为什么会发生这种现象？以碘乙烷为例说明。

```
      d   c
      H   H
      |   |
 dH—C—C—I
      |   |
      H   H
      d   c
```

CH_3CH_2I 存在着两组质子，即 H_d（结合在一个 C 上，组成甲基）和 H_c（组成次甲基）。在进行 NMR 分析时，在甲基中的 H_d 除了受外界磁场作用外，还受到相邻碳原子上

H_c 的影响。由于质子是在不断地自旋的，自旋的质子产生一个小磁矩，已如前述。对于 H_d 来说，在相邻碳原子上有两个 H_c，也就是在 H_d 的近旁存在着两个小磁铁，通过成键的价电子的传递，就必然要对 H_d 产生影响，两个 H_c 的自旋就有三种可能组合，即：

$$\begin{matrix} \rightrightarrows & \rightleftarrows & \leftleftarrows \\ 1 & 2 & 3 \end{matrix}$$

如果 1 这种情况产生的核磁矩与外界磁场方向一致，使 H_d 受到磁场力增强，于是 H_d 的共振信号将出现在比原来稍低的磁场强度处。3 与外界磁场方向相反，使 H_d 受到的磁场力降低，于是使 H_d 的共振信号出现在比原来稍高的磁场处。2 对于 H_d 的共振不产生影响，共振峰仍处在原处。由于 H_c 的影响，H_d 的共振峰将要一分为三，形成三重峰。又由于 2 这种组合出现的概率两倍于 1 和 3，于是中间的共振峰强度也两倍于 1 和 3，其强度为 1∶2∶1。同样情况，H_d 也影响 H_c 的共振，三个 H_d 的自旋取向有 8 种，但这 8 种取向中只有 4 个组合是有影响的，故三个 H_d 质子使 H_c 的共振峰裂分为四重峰，各个峰强度之比为 1∶3∶3∶1。一般来讲，裂分数可以应用 $n+1$ 规律，即二重峰表示相邻碳原子上有一个质子，三重峰表示有两个质子，四重峰表示有三个质子。而裂分后各组多重峰的强度比为：二重峰 1∶1，三重峰 1∶2∶1，四重峰 1∶3∶3∶1 等。比例系数为 $(a+b)^n$ 展开后各项的系数。

如果 B 原子上质子同时受 A 原子和 C 原子上质子的影响，而它们不等效，则 B 的多重性等于 $(na+1)(nc+1)$。

(2) 偶合常数　由自旋偶合产生的谱线间距叫偶合常数，用 J 表示，单位为 Hz。偶合常数是核自旋裂分强度的量度，它只是化合物分子结构的属性，即只随氢核的环境不同而有不同的数值。一般不超过 20Hz。

偶合常数与分子结构关系的理论尚不完善，和化学位移一样，关于它们之间的检验关系和经验数据，对于化合物结构的鉴定是非常有用的。

裂分后各个多重峰之间的距离即用偶合常数 J 表示，偶合是通过成键电子对间接传递的，不是通过空间磁性传递的，因此偶合的传递程度也是有限的。在饱和烃类化合物中，自旋-自旋偶合效应一般只能传递到第三个单键，越过三个单键偶合作用趋近于零。但在共轭体系中，偶合作用可沿共轭键传递 4 个键以上。

偶合常数一般分为三类，即同碳偶合，H—C—H，用 $2J$ 或 J_{gem} 表示；邻碳偶合，即相邻碳上的质子偶合常数，H—C—C—H，用 $3J$ 或 J_{vic} 表示；第三种为远程偶合常数。

邻碳偶合在质子 NMR 中涉及最多，两个碳原子都是 sp^3 杂化轨道时，J_{vic} 较小，一般为 0～16Hz。两个碳原子都是 sp^2 杂化轨道时，J_{vic} 为 12～18Hz，有时可达 25Hz。顺式乙烯基的质子的 J_{vic} 比反式小，一般为 6～12Hz，乙炔的 J_{vic} 为 9.1Hz。

由于偶合裂分现象的存在，使我们可以从核磁共振谱上获得更多的信息，这对有机物的结构剖析极为有用。

4.3.2.4　谱图解析

(1) 简单谱图解析　总的来讲，从一张 NMR 图谱上可以获得三方面的信息，即化学位移、偶合裂分和积分曲线。

【例 4-5】　未知物的分子式为 $C_5H_{10}O_2$，核磁共振氢谱如图 4-36 所示，根据谱图推导化合物结构。

解　a. H 数目 6∶4∶4∶6＝3∶2∶2∶3。

b. 不饱和度＝1，有一个双键。

c. δ＝3.6 处为单峰，可能的结构为 CH_3—O—CO—。

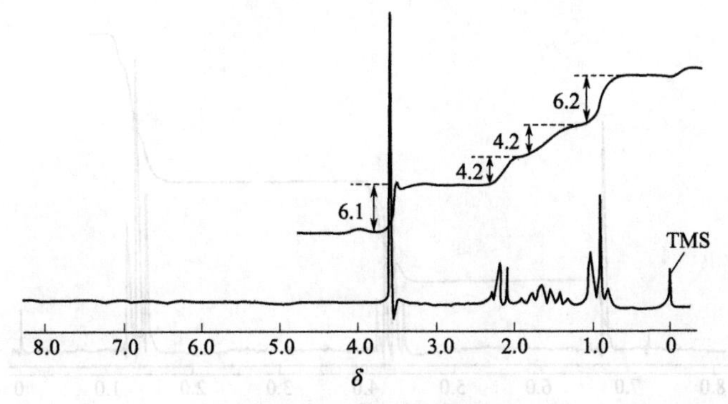

图 4-36 未知物核磁共振氢谱

$\delta=0.9$ 处三重峰是典型的$-CH_2-CH_3$ 峰。

$\delta=2.2$ 处三重峰为羰基相邻的 CH_2 的两个质子。

另一个 CH_2 在 $\delta=1.7$ 处产生 12 个峰（4×3），但仪器分辨率不够，只看到 6 个峰。由此推得该化合物为 $CH_3CH_2CH_2COOCH_3$

【例 4-6】 化合物分子式为 $C_8H_{12}O_4$ 的核磁共振谱图如图 4-37 所示，请解析谱图。

解 该化合物不饱和度计算为：8−12/2+1=3

$\delta=6.8$ 为 OH，$\delta=1.3$ 为甲基，$\delta=4.3$ 是乙基，其主要受到羰基的影响向低场高频移动。

从积分曲线可知，积分比为 1∶2∶3。从分子式可知为 12 个 H，所以为 2∶4∶6。所以分子结构中有 2 个羰基，1 个 C═C。

由此可推断分子结构为：

$$\begin{array}{c} CH_3CH_2-C(=O)-C(OH)=C(OH)-C(=O)-CH_2CH_3 \end{array}$$

在以上例题中各组峰的化学位移相差较大，化学位移的差值比偶合常数大得多，即 $\Delta\nu/J\geqslant6$，这种谱图称为一级谱图，其特点如下。

① 等价质子之间尽管有偶合，但是没有裂分现象，其信号为单峰。如 $Cl-CH_2CH_2-Cl$ 的亚甲基质子信号为单峰。

② 相邻质子之间互相偶合产生的多重峰，其峰数目等于相邻偶合质子的数目的 $n+1$，即 $n+1$ 规律。

③ 各峰的相对强度比，可用二项式的展开式 $(a+b)^n$ 系数表示。

④ 谱线以化学位移为中心，大体左右对称，各峰间距相等。

如果 $\Delta\nu/J<6$，属于高级谱图，高级自旋偶合行为较复杂。

(2) 复杂光谱的简化方法 对复杂的光谱可用一些辅助实验手段进行简化，常用的方法如下。

① 增加磁场强度 当仪器的磁场增强时，样品中偶合磁核的 $\Delta\nu/J$ 增大，就可以将相当数量的高级图谱变为一级图谱，简化了图谱。

$$\Delta\nu=\delta\times\text{振荡器频率}$$

② 双共振法

a. 双照射去偶器 所谓双照射去偶器，实质上是一个辅助振荡器，它能产生可变频率的

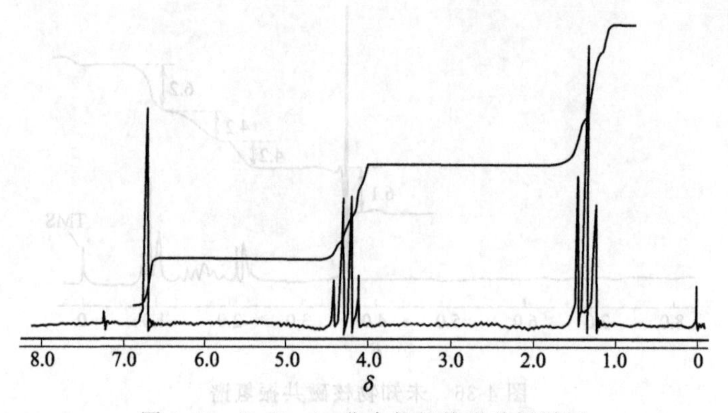

图 4-37 $C_8H_{12}O_4$ 化合物的核磁共振谱图

电磁波。假定 H_a 和 H_b 为一对相互偶合的质子，如果用第一个振荡器扫描至所产生的频率刚好与 H_a 发生共振，使辅助振荡器刚好照射到 H_b，并使照射足够强烈，则可以发现 H_b 的共振吸收峰消失不见。同时 H_a 由于 H_b 偶合所产生的多重谱线将消失，而剩下一个单一的尖峰，即发生去偶现象。

发生去偶的原因，是由于在辅助振荡器的强烈照射下使高能态的 H_b 达到饱和，不再产生净吸收，H_b 峰消失，同时使 H_b 质子在两种自旋状态进动取向之间迅速发生变化，于是对于 H_a 的两种不同磁场强度影响相互抵消，H_a 就只剩下一个单峰。

利用双照射法去偶不但可使图谱简化易于解释，而且还可以测得哪些质子之间是相互偶合的，从而获得有关结构的信息，有助于确定分子结构。

b. 核 Overhauser 效应（NOE） 当分子内有在空间位置上互相靠近的两个质子 H_a 和 H_b 时，如果用双共振照射法照射其中的一个质子 H_b，使之饱和，则另一靠近的质子 H_a 的共振信号就会增强，这种现象称为 NOE 效应。

这一效应的大小与质子之间距离的六次方成反比，当质子间距离在 0.3nm 以上时，就观察不到这一现象。

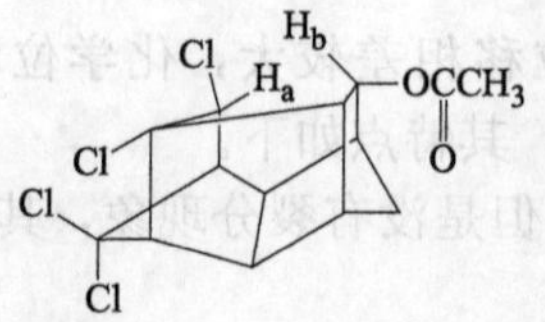

照射 H_a 时，H_b 的信号面积增强 45%，照射 H_b 时，H_a 的信号面积也增加 45%。这表明 H_a 和 H_b 虽相距 5 个键，但在空间位置上却十分接近。这一现象对于决定有机物分子的立体构型十分有用。产生这一现象的原因可以解释如下：两个质子空间位置十分靠近，相互弛豫较强，因此当 H_b 受到照射达到饱和时，它要把能量转换给 H_a，于是 H_a 能量吸收增多，共振吸收峰的峰面积明显增大。

c. 位移试剂 同一分子中有一些质子的化学环境近似，化学位移相差不大，以致吸收峰重叠。镧系元素的络合物能与有机化合物中的某些官能团相互作用，从而影响质子外围电子的屏蔽效应，选择性地加强了各质子的化学位移。这种能使样品的质子信号发生位移的试剂叫做位移试剂。常用的位移试剂主要是 Eu、Pr 的络合物。

Eu、Pr 等离子都有未成对电子，能与有机化合物中含未共用电子对的官能团，如 —NH_2、—OH、—C═O、—O— 等生成络合物，因此位移试剂应用于醇、醚、酯、胺等化合物的分析。

M 为 Pr 或 Eu，其作用原理是：Eu^{3+} 有强烈的吸电子性，与孤对电子配位后使邻近的质子去屏蔽，因而使之移向低场。

参考文献

[1] 苏克曼，潘铁英，张玉兰. 波谱分析法. 上海：华东理工大学出版社，2002.

[2] 田丹碧. 仪器分析. 北京：化学工业出版社，2007.

[3] Robert M S, Francis X W. Spectrometric Identification of Organic Compounds. New York: Library of Congress Cataloging in Publication, 2002.

[4] 孟令芝，何永炳. 有机波谱分析. 武汉：武汉大学出版社，2001.

[5] 朱明华. 仪器分析. 北京：高等教育出版社，2002.

[6] 沈淑娟. 波谱分析法. 上海：华东理工大学出版社，1994.

第5章 有机化合物色谱分析

色谱法（chromatography）是一种重要的分离分析技术，发展至今已有近100年的历史。色谱法是由俄国植物学家茨维特（Tswett）首先提出来的。1906年，茨维特用一根装满细颗粒状碳酸钙的玻璃管分离树叶色素的提取液。他将提取液注入柱子顶端，再用石油醚淋洗柱子，经过一段时间的冲洗，柱上出现了不同颜色的色带（溶液中不同色素分离），色谱法因此而得名，此后这种方法广泛应用于无色物质的分离，但“色谱”这个名称一直沿用至今。在色谱学中，将上述颜色不同的色层称为色谱，装有碳酸钙的玻璃柱称为色谱柱，这种分离方法称为色谱法。色谱分离技术是借助色谱分离原理而使混合物中各组分分离的技术，将色谱分离技术应用于化学分析，称为色谱分析。

近年来，色谱法各分支如气相色谱、液相色谱、凝胶色谱、薄层色谱、纸色谱都得到了深入研究和发展，并广泛应用于石油化工、有机合成、生物科学、食品分析和环境监测等多个领域。

5.1 色谱法基本原理及分类

5.1.1 色谱法基本原理

色谱法是一种分离分析技术，就是利用不同物质在不同的两相中具有不同的分配系数或溶解度，当两相作相对运动时，这些物质在两相中反复进行多次的分配，使得那些分配系数只有微小差异的组分产生很大的分离效果，从而使不同组分得到完全分离。所谓“相”就是指一个体系中的某一均匀部分。如茨维特实验中液体石油醚称为流动相，固体碳酸钙称为固定相。

可见，色谱分离需要使混合物在色谱柱中与其他物质发生作用，如吸附、溶解等，并利用不同组分在固定相和流动相两相间分配的差异来达到分离的目的。一般吸附分离的差异要求在10%以上，但采用色谱法，当两种组分的差异只有1%，甚至5‰时就可达到分离，这是其他分离方法所无法比拟的。越是复杂的化合物，用色谱分离越有利，它可以使几十种乃至几百种化合物进行分离和分析，如石油馏分的分析。

5.1.2 色谱法分类

色谱法的种类很多，分类较复杂。

① 根据固定相和流动相的物态不同，色谱法可分为气相色谱法（流动相为气相）、液相色谱法（流动相为液相）、超临界流体色谱法（流动相为超临界流体）。

② 根据固定相使用的形式不同，色谱法可分为柱色谱法（固定相装在色谱柱中）、纸色谱法（滤纸为固定相）和薄层色谱法（将吸附剂粉末制成薄层做固定相）等。

③ 根据分离原理的不同，色谱法可分为吸附色谱法（固定相为吸附剂，利用吸附剂表面对不同组分的物理吸附性能的差异进行分离）、分配色谱法（固定相为液体，利用不同组

分在两相中有不同的分配系数来进行分离）、离子交换色谱法（固定相为离子交换树脂，利用固定相对各组分离子交换能力的差别来进行分离）和排阻色谱法（固定相为分子筛或凝胶，利用多孔性物质对分子大小的差异而进行分离）等。

柱色谱法的基本分类如表 5-1 所示。

表 5-1 柱色谱法的基本分类

基本分类	流动相	固定相	色谱方法	平衡类型
液相色谱法	液体	吸附在固定相的液体	液液(分配)色谱法	在不混溶的液体间的分配
		有机物键合到固体表面	键合相液相色谱法	在液体和键合相表面间的分配
		固体	液固(或吸附)色谱法	吸附
		离子交换树脂	离子交换色谱法	离子交换
		聚合物空隙间的液体	尺寸排斥色谱法	分配/过滤
气相色谱法	气体	吸附在固体上的液体	气液色谱法	在气相和液体间的分配
		固体吸附剂	气固色谱法	吸附
超临界流体色谱法	超临界流体	有机物键合到固体表面	超临界流体色谱法	在超临界流体和键合相表面间的分配

5.2 气相色谱仪和分析方法

5.2.1 气相色谱流程与气相色谱仪结构

5.2.1.1 气相色谱流程

气相色谱法用于分离分析试样的基本流程如图 5-1 所示。由载气钢瓶供给的流动相载气，经减压阀、净化器、稳压阀和转子流量计后，以稳定的压力、恒定的流速连续经过汽化室、色谱柱、检测器。汽化室与进样口相接，它的作用是把从进样口注入的液体试样瞬间汽化为蒸气，随载气带入色谱柱中进行分离，分离后的试样随载气依次进入检测器。检测器将组分的浓度（或质量）变化转变为电信号。电信号经放大后，由记录仪记录下来，即得到色谱图。

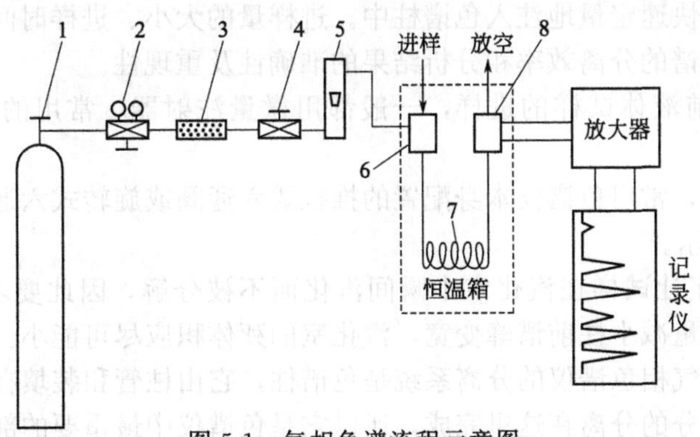

图 5-1 气相色谱流程示意图

1—载气钢瓶；2—减压阀；3—净化器；4—稳压阀；5—转子流量计；6—汽化室；7—色谱柱；8—检测器

5.2.1.2 气相色谱仪结构

目前国内外气相色谱仪的型号和种类很多，但它们均由以下五大系统组成：气路系统、进样系统、分离系统、温控系统以及检测和记录系统。

(1) 气路系统　气相色谱仪上有一个让载气连续运行、管路密闭的气路系统。它的气密性、载气流速的稳定性对色谱分离有很大的影响。

a. 载气　常用的载气有氢气、氮气、氦气和氩气。至于选用何种载气，主要取决于选用的检测器和其他一些具体因素。热导检测器（TCD）常选用氢气作载气，氢火焰离子化检测器常选用氮气或氦气作载气。

b. 气路结构　气相色谱仪主要有两种气路形式：单柱单气路和双柱双气路。目前多数气相色谱仪属双柱双气路。补偿式双气路结构如图 5-2 所示。

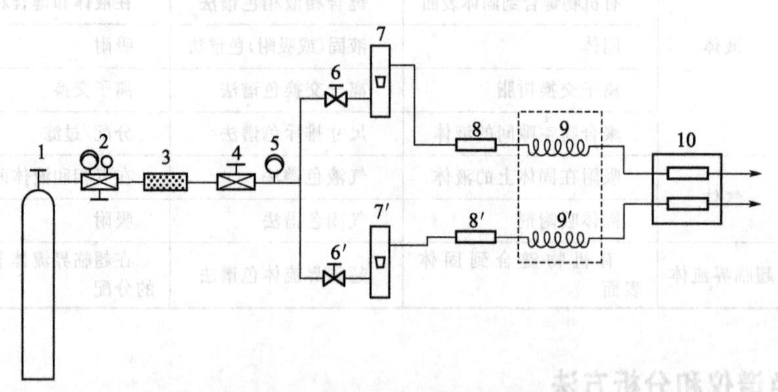

图 5-2　补偿式双气路结构示意图

1—载气；2—加压阀；3—净化器；4—稳压阀；5—压力表；6,6′—针形阀；7,7′—转子流速计；8,8′—汽化室；9,9′—色谱柱；10—检测器

c. 净化器　净化器是用来提高载气纯度的装置。净化剂主要有活性炭、硅胶和分子筛等，用来除去载气中的水分、氧气、油等。

d. 稳压恒流装置　由于载气流速是影响色谱分离和定性分析的重要操作参数之一，因此要求载气流速稳定。在恒温色谱中，操作条件一定时，整个系统阻力不变，因此用一个稳压阀就可使柱子的进口压力稳定，从而保持流速恒定。但在程序升温色谱中，柱内阻力不断增加，载气的流速逐渐变小，因此必须在稳压阀后串接一个稳流阀。

(2) 进样系统　进样系统包括进样装置和汽化室。其作用是将液体或固体试样，在进入色谱柱前瞬间汽化，快速定量地注入色谱柱中。进样量的大小、进样时间的长短、试样的汽化速度等都会影响色谱的分离效率和分析结果的准确性及重现性。

a. 进样器　目前液体试样的进样，一般都用微量注射器，常用的规格用 1μL、5μL、10μL 等。

气体试样的进样，常用色谱仪本身配置的推拉式六通阀或旋转式六通阀定量进样。旋转式六通阀如图 5-3 所示。

b. 汽化室　为了让试样在汽化室中瞬间汽化而不被分解，因此要求汽化室热容量大，无催化效应。为了尽量减小柱前谱峰变宽，汽化室的死体积应尽可能小。

(3) 分离系统　气相色谱仪的分离系统是色谱柱，它由柱管和装填在其中的固定相等组成。由于混合物各组分的分离在这里完成，所以它是色谱仪中最重要的部件之一。

色谱柱分毛细管柱和填充柱。毛细管柱一般采用涂渍固定液的石英柱，柱内径有 0.22mm、0.32mm、0.52mm 等。填充柱柱材为金属或玻璃，其内径一般为 2～4mm，长度 1～10m。

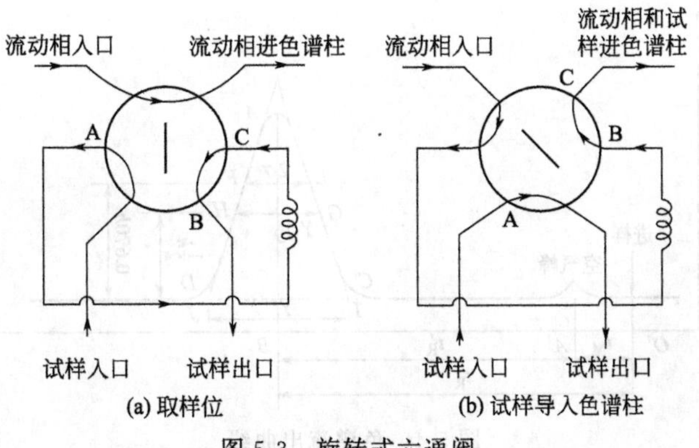

图 5-3　旋转式六通阀

色谱柱的分离效果除与柱长、柱径有关外，还与所选用的固定相和柱填料的制备技术以及操作条件等许多因素有关。

(4) 温控系统　温控系统是用来设定、控制、测量色谱柱炉、汽化室、检测室三处的温度。气相色谱的流动相为气体，试样仅在气态时才能被载气携带通过色谱柱。因此，从进样到检测完毕为止，都必须控温。同时温度也是气相色谱分析的重要操作变量之一，它直接影响色谱柱的选择性、分离效率和检测器的灵敏度及稳定性。

对于沸点范围很宽的混合物，可采用程序升温法分析。所谓程序升温，是指在一个分析周期内，炉温连续地随时间由低温向高温线性或非线性地变化，以使沸点不同的各组分在其最佳柱温下流出，从而改善分离效果，缩短分析时间。

汽化室的温度应使试样瞬时汽化而又不分解。在一般情况下，汽化室的温度比柱温高10～50℃。

除氢火焰离子化检测器外，所有检测器对温度的变化都很敏感，尤其是热导池检测器，温度的微小变化将影响检测器的灵敏度和稳定性，因此，检测室的控温精度要求优于±0.1℃。

(5) 检测和记录系统　气相色谱检测器是将由色谱柱分离的各组分的浓度或质量变化转换成响应信号的装置。目前检测器的种类多达数十种，根据检测原理的不同，可将其分为浓度型检测器和质量型检测器两类。详见 5.2.5 气相色谱检测器。

5.2.2　气相色谱基本理论

5.2.2.1　气相色谱基本术语

当组分从色谱柱流出时，记录仪记录的信号——时间曲线即色谱图（见图 5-4）。其纵坐标为检测器输出的电信号（电压或电流），它反映流出组分在检测器内的浓度或质量的大小，横坐标为流出时间、记录纸移动距离或载气消耗体积。该曲线也称为色谱流出曲线，它反映了试样在色谱柱内分离的结果，是组分定性和定量分析的依据，同时也是研究色谱动力学与热力学因素的依据。一般色谱图中的色谱峰呈高斯分布曲线，可用正态分布函数表示。现以图 5-4 为例来说明有关的色谱术语。

(1) 基线（baseline）　当色谱柱后没有组分进入检测器时，记录到的信号称为基线。它反映了检测器系统噪声随时间的变化。稳定的基线是一条水平直线。

(2) 保留值（retention value）　表示试样中各组分在色谱柱中的停留时间或将组分带出色谱柱所需流动相体积的数值。在一定的固定相和操作条件下，任何物质都有确定的保留

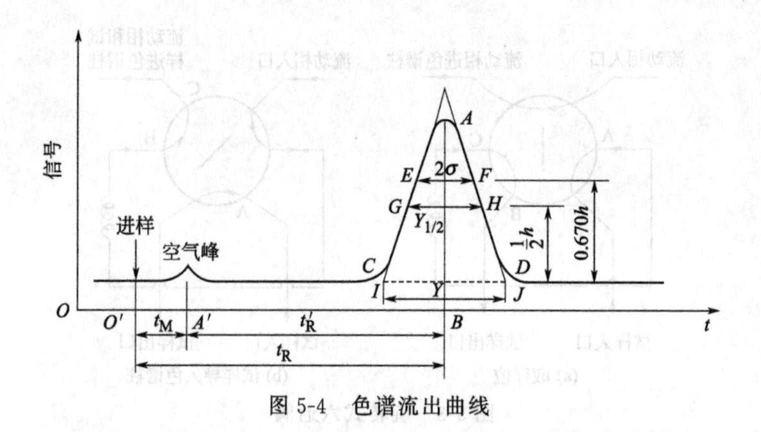

图 5-4 色谱流出曲线

值，因此保留值可用作定性分析的参数。

a. 保留时间（retention time） 从进样开始到柱后被测组分出现浓度最大值所需的时间，以 t_R 表示，如图 5-4 中 $O'B$ 所示。

b. 保留体积（retention volume） 从进样开始到柱后被测组分出现浓度最大值时流动相所通过的体积，用 V_R 表示。

(3) 死时间（dead time） 不被固定相滞留的组分（如空气、甲烷等）从进样开始到柱后出现浓度最大值所需的时间，用 t_M 表示，如图 5-4 中 $O'A'$所示。它表示不被固定相滞留的组分在柱内空隙中运行所耗费的时间，正比于色谱柱的空隙体积。

(4) 死体积（dead volume） 不被固定相滞留的组分从进样开始到柱后出现浓度最大值时所需流动相的体积，用 V_M 表示。它表示色谱柱在填充后柱管内固定相颗粒间所剩留的空间、色谱仪中管路和连接头间的空间以及检测器的空间总和。当后两项很小可以忽略不计时，它可由死时间与色谱柱出口的载气流速来计算。

$$V_M = t_M F_c \tag{5-1}$$

(5) 调整保留时间（adjusted retention time） 扣除死时间后的保留时间，用 t'_R表示，如图 5-4 中 $A'B$ 所示。调整保留时间可理解为组分在固定相中实际滞留的时间。

$$t'_R = t_R - t_M \tag{5-2}$$

(6) 调整保留体积（adjusted retention volume） 扣除死体积后的保留体积，用 V'_R表示。同理有

$$V'_R = V_R - V_M \tag{5-3}$$

V'_R与 t'_R间的关系为

$$V'_R = t'_R F_c$$

死体积反映了色谱柱的几何特性，它与被测物质的性质无关，故调整保留值 t'_R和 V'_R更合理地反映被测组分的保留特性。

(7) 相对保留值（relative retention value） 在相同条件下，组分 2 与组分 1 的调整保留值之比，用 r_{21} 表示。

$$r_{21} = \frac{t'_{R_2}}{t'_{R_1}} = \frac{V'_{R_2}}{V'_{R_1}} \tag{5-4}$$

采用相对保留值可以消除某些操作条件对保留值的影响，只要柱温、固定相和流动相的性质保持不变，即使柱长、柱径、填充情况及流动相流速有所变化，由于相对保留值在较短的时间间隔内进行测定，实验条件对保留值的影响在分子分母中都存在，其比值仍基本保持不变，所以它是色谱定性分析的重要参数。

(8) 半峰宽（peak width at half-height）$Y_{1/2}$ 又称半宽度或区域宽度，即峰高一半处的色谱峰的宽度，如图 5-4 中的 GH。由于 $Y_{1/2}$ 易于测定、使用方便，常用它表示区域宽度。

(9) 峰底宽度（peak width at peak base）Y 自色谱峰两侧的拐点所作切线在基线上截距间的距离，如图 5-4 中的 IJ 所示。

(10) 标准偏差（standard deviation）σ 0.607 倍峰高处色谱峰宽的一半。如图 5-4 中 EF 一半。

(11) 分配比（partition ratio）k 即在一定温度压力下，当两相间达分配平衡时，组分在两相中的质量比。

$$k=\frac{m_s}{m_m} \tag{5-5}$$

分配比亦称为容量因子（capacity factor）或容量比（capacity ratio）。

$$k=\frac{t'_R}{t_M}=\frac{V'_R}{V_M} \tag{5-6}$$

k 值一般为 1～5 比较适宜，若 k 值远小于 1，则 $t_R \approx t_M$，组分的保留时间和死时间几乎相等，化合物流出太快；若 k 超过 20，则保留时间太长。

(12) 分离度（resolution）R 相邻两组分色谱峰保留值之差与两组分色谱峰峰底宽度之和的一半的比值。

$$R=\frac{t_{R_2}-t_{R_1}}{\frac{1}{2}(Y_1+Y_2)}=\frac{t'_{R_2}-t'_{R_1}}{\frac{1}{2}(Y_1+Y_2)} \tag{5-7}$$

若色谱峰峰形对称且满足高斯分布，当 $R \leqslant 1$ 时，分离程度小于 98%，两组分有明显交叠；当 $R \geqslant 1.5$ 时，分离程度可达 99.7%，因此常以 $R=1.5$ 作为相邻两峰已完全分开的标准。

5.2.2.2 塔板理论

塔板（塔片）理论是把色谱柱看作一个分馏塔，在每个塔板的间隔内，样品混合物在气液两相中达到分配平衡。经过多次的分配平衡后，分配系数小的组分（挥发性大的组分）先到达塔顶（先流出色谱柱）。由于色谱柱的塔板相当多，因此分配系数的微小差别，即可获得很好的分离效果。

(1) 基本假设 组分被载气带入色谱柱后在两相中分配，由于流动相移动较快，组分不能在柱内各点瞬间达到分配平衡。但塔板理论假定：

① 在柱内一小段高度内，组分可以很快在两相中达到分配平衡，且称为理论塔板高度（height equivalent to theoretical plate），用 HETP 或 H 表示；

② 载气通过色谱柱不是连续前进，而是间歇式的，每次进气为一个塔板体积；

③ 样品和新鲜载气都加在第 0 号塔板上，且样品的纵向扩散可以忽略；

④ 分配系数在各塔板上是常数。

塔板理论的假设实际上是把组分在两相间的连续转移过程，分解为间歇的在单个塔板中的分配平衡过程，也就是用分离过程的分解动作来说明色谱过程。

(2) 理论塔板高度和理论塔板数 理论塔板高度和理论塔板数都是柱效指标。

理论塔板数为：

$$n=\frac{L}{H} \tag{5-8}$$

在实验中，理论塔板数由峰宽和保留时间计算：

$$n=16\left(\frac{t_R}{Y}\right)^2 \tag{5-9}$$

或

$$n=5.54\left(\frac{t_R}{Y_{1/2}}\right)^2 \tag{5-10}$$

由上式可以说明，$Y_{1/2}$ 越小，色谱柱的塔板高度越小，柱效越高。若用 t'_R 代替 t_R 计算塔板数，称为有效理论塔板数（n_{eff}），求得塔板高度为有效理论塔板高度（H_{eff}）。

塔板理论运用热力学的观点，在解释流出曲线的形状（呈正态分布）、浓度极大点的位置以及计算评价柱效能等方面都取得了成功，但它的某些假设不符合色谱的实际过程，也没有考虑各种动力学因素对色谱柱内过程的影响，因而不能找出影响塔板高度的因素，也不能说明峰为什么会展宽。

5.2.3 气相色谱定性定量方法

5.2.3.1 气相色谱定性方法

色谱定性分析是鉴定样品中各组分是何种化合物。用气相色谱法通常只能鉴定范围已知的未知物，对范围未知的混合物单纯用气相色谱法定性则很困难，常需与化学分析或其他仪器分析方法配合。

（1）已知物对照法　根据同一种物质在同一根色谱柱上和相同的操作条件下保留值相同的原理进行定性。将适量的已知对照物质加入样品中，混匀进样。对比加入前后的色谱图，若加入后某色谱峰相对增高，则该色谱组分与对照物质可能为同一物质。由于所用的色谱柱不一定适合于对照物质与待定性组分的分离，即使为两种物质，也可能产生色谱峰叠加现象。为此，需再选一根与上述色谱柱极性差别较大的色谱柱，再进行实验。若在两根柱上该色谱峰都产生叠加现象，一般可认定二者是同一物质。

已知物对照法对于工厂的定型产品分析尤为实用。

（2）利用相对保留值定性　测定各组分的相对保留值 r_{is}，与色谱手册数据对比进行定性。相对保留值是待定性组分（i）与参考物质（s）的调整保留值之比，即：

$$r_{is}=\frac{t'_{R(i)}}{t'_{R(s)}}=\frac{V'_{R(i)}}{V'_{R(s)}} \tag{5-11}$$

由于分配系数只决定于组分的性质、柱温与固定液的性质，因而 r_{is} 与固定液的用量、柱长、载气流速及柱填充情况等无关，故气相色谱手册及文献都登载相对保留值。利用此法时，先查手册，根据手册规定的实验条件及参考物质进行实验。

相对保留值定性法适用于没有待定性组分的纯物质的情况，也可与已知物对照法相结合，先用此法缩小范围，再用已知物进行对照。

（3）利用两谱联用定性　气相色谱的分离效率很高，但仅用色谱数据定性却很困难。而红外吸收光谱、质谱及核磁共振谱等是鉴定未知物的有力工具，但却要求所分析的样品成分尽可能单一。因此，把气相色谱仪作为分离手段，把质谱仪、红外分光光度计等充当检测器，两者取长补短，这种方法称为色谱-光谱联用，简称两谱联用。

a. 气相色谱-质谱联用仪（GC-MS）　由于质谱仪的灵敏度高（需样量仅 10^{-11}～10^{-8}g)、扫描时间快（0～1000 质量数，扫描时间可短于 1s），并能准确测定未知物的分子量，给出许多结构信息，因此，气相色谱-质谱联用仪是目前最成功的联用仪器。它在获得色谱图的同时，可得到对应于每个色谱峰的质谱图，根据质谱图对每个色谱组分进行定性。

b. 气相色谱-傅里叶变换红外光谱联用仪　傅里叶变换红外分光光度计（FTIR）扫描速度快（全波数扫描 0.1s 至几秒），灵敏度高（信号可累加），而且红外吸收光谱的特征性强，因此气相色谱-傅里叶变换红外光谱联用仪（GC-FTIR）也是一种很好的联用仪器，能对组分进行定性鉴定。但其灵敏度与图谱自动检索还不如 GC-MS。

5.2.3.2 气相色谱定量分析

定量分析的依据是：在一定的色谱条件下，检测器响应信号的大小（色谱图的峰面积 A 或峰高 h）与进入检测器某组分的质量 m 或浓度成正比。

$$m=fA(\text{或 } m\propto fh) \tag{5-12}$$

式中 m——质量；

f——校正因子；

A——峰面积；

h——峰高。

（1）峰面积的测量方法

a. 峰高乘半峰宽法

$$A=1.065hY_{1/2} \tag{5-13}$$

此法目前应用最广泛，但只适宜测量对称峰。

b. 峰高乘平均峰宽法　在峰高 0.15 和 0.85 处分别测出峰宽，然后取平均值，再乘以峰高。

$$A=1/2(Y_{0.15}+Y_{0.85})h \tag{5-14}$$

此法适宜测定那些不对称峰并获得较准确的结果。

c. 自动积分　色谱工作站是快速、准确的测量工具，精密度可达 0.2%，不对称峰亦能测出准确结果。

（2）定量校正因子

① 绝对定量校正因子　定量分析是基于峰面积与组分的量成正比关系。但同一检测器对不同的物质具有不同的敏感度，两种物质即使含量相同，得到的色谱峰面积却不同，故不能用峰面积来直接计算物质的含量。为使峰面积能够准确地反映物质的含量，在定量分析时需要对峰面积进行校正，因此引入绝对定量校正因子，在计算时将面积乘上绝对定量校正因子，使组分的面积转换成相应的物质的含量。即

$$w_i=f_i'A_i \tag{5-15}$$

式中 w_i——组分 i 的量，它可以是质量，也可以是物质的量或体积（对气体）；

A_i——峰面积；

f_i'——换算系数，即绝对定量校正因子。

② 相对定量校正因子　在定量测定时，由于精确测定绝对进样量 w_i 比较困难，因此要精确求出 f_i'值往往是比较困难的。在实际工作中，以相对定量校正因子 f_i 代替绝对定量校正因子 f_i'。

相对定量校正因子定义为：样品中各组分的绝对定量校正因子与标准物的绝对定量校正因子之比。平常所指及文献查得的校正因子都是相对校正因子，因此相对校正因子通常简称为校正因子。根据所使用的计量单位的不同，校正因子可分为质量校正因子、摩尔校正因子。

a. 质量校正因子

$$f_{\mathrm{m}}=\frac{f'_{i(\mathrm{m})}}{f'_{\mathrm{s(m)}}}=\frac{A_{\mathrm{s}}m_i}{A_i m_{\mathrm{s}}} \tag{5-16}$$

式中，下标 i、s 分别代表被测物和标准物质。

b. 摩尔校正因子　如果以物质的量计量，则

$$f_M=\frac{f'_{i(M)}}{f'_{s(M)}}=\frac{A_s m_i M_s}{A_i m_s M_i}=f_m\frac{M_s}{M_i} \tag{5-17}$$

式中　M_i，M_s——被测物和标准物的相对分子质量。

校正因子的测定方法是：准确称量被测组分和标准物质，混合后在实验条件下进行分析（注意进样量应在线性范围之内），分别测量相应的峰面积，然后通过公式计算校正因子，如数次测量数值接近，可取其平均值。

表 5-2 列出一些化合物的校正因子。相对校正因子只与试样、标准物质和检测器的类型有关，与操作条件、柱温、载气流速、固定液性质无关。

表 5-2　一些化合物的校正因子

化合物	沸点/℃	相对分子质量	热导池检测器		氢焰离子化检测器 f_m
			f_M	f_m	
甲烷	−160	16	2.80	0.45	1.03
乙烷	−89	30	1.96	0.59	1.03
丙烷	−42	44	1.55	0.68	1.02
丁烷	−0.5	58	1.18	0.68	0.91
乙烯	−104	28	2.08	0.59	0.98
乙炔	−83.6	26			0.94
苯	80	78	1.00	0.78	0.89
甲苯	110	92	0.86	0.79	0.94
环己烷	81	84	0.88	0.74	0.99
甲醇	65	32	1.82	0.58	4.35
乙醇	78	46	1.39	0.64	2.18
丙酮	56	58	1.19	0.68	2.04
乙醛	21	44	1.54	0.68	
乙醚	35	74	0.91	0.67	
甲酸	100.7	46			1.00
乙酸	118.2	60			4.17
乙酸乙酯	77	88	0.9	0.79	2.64
氯仿		119	0.93	1.10	
吡啶	115	79	1.0	0.79	
氨	33	17	2.38	0.42	
氮		28	2.38	0.67	
氧		32	2.5	0.80	
二氧化碳		44	2.08	0.92	
四氯甲烷		154	0.93	1.43	
水	100	18	3.03	0.55	

(3)　定量方法

a. 归一化法（normalization method）　归一化法是气相色谱中常用的定量方法之一，该法应用的前提条件是：试样中各组分都能流出色谱柱，并在色谱图上显示色谱峰。试样中某个组分的含量可用下式计算

$$w_i=\frac{m_i}{m}\times 100\%=\frac{A_i f_i}{A_1 f_1+A_2 f_2+\cdots+A_m f_m}\times 100\% \tag{5-18}$$

如果样品中主要组分是同分异构体，或同系物中沸点接近的各组分其校正因子近似一致时，校正因子项可以消去，上式可简化为

$$w_i=\frac{A_i}{A_1+A_2+\cdots+A_m}\times 100\% \tag{5-19}$$

对于狭窄的色谱峰，可用峰高代替峰面积来进行定量测定。当各种操作条件保持严格不

变时，在一定的进样范围内，峰的半宽度是不变的，因此峰高就直接代表某一组分的量。这种方法快速简便，最适合工厂和一些具有固定分析任务的化验室使用。

$$w_i=\frac{h_i f''_i}{h_1 f''_1+h_2 f''_2+\cdots+h_m f''_m}\times 100\% \tag{5-20}$$

式中　f''_i——峰高校正因子，测定方法同峰面积校正因子。

归一化法的优点是简便、准确，操作条件对结果影响较小，但样品中所有组分必须全部出峰，某些不需要定量测定的组分也要测出其校正因子和峰面积，因此该法在使用中受到一些限制。

b. 外标法（external standard method）　外标法即标准曲线法，是工厂最常采用的一种简便、快速的定量方法。它是用纯物质配制成不同浓度的标准样品，在一定条件下定量进样，由所得数据绘制浓度对峰面积的标准曲线。进行样品分析时，在与标准样品严格相同的条件下定量进样，由所得峰面积可在标准曲线上查出被测组分的含量。外标法的主要缺点是由于操作条件很难稳定不变，容易出现较大的误差。

在工厂控制分析中，被测样品组成一般变化不大，这样的分析对象不必作校正曲线，常采用所谓单点校正法。即配制一个和被测组分含量十分接近的标准样，定量进样，由被测组分和外标组分峰面积比或峰高比来求被测组分的质量分数。

$$\frac{w_i}{w_s}=\frac{A_i}{A_s}$$

$$w_i=\frac{w_s}{A_s}\times A_i=K_i A_i \tag{5-21}$$

用标准溶液可以求出 K_i，然后根据式(5-21)，只需测出待测组分的峰面积 A_i，即可求出 w_i。在工厂分析中，往往把校正系数 K_i 求出后，列出一个面积-含量（或峰高-含量）的对照表，这样在控制分析中，进样后测其峰面积或峰高，从表中立即查出含量，一个熟练的分析工可在很短的时间内完成分析任务。外标法的优点是操作简单、计算方便，不需要校正因子，但进样量要求十分准确，操作条件也需严格控制，否则不易得到准确的结果。

c. 内标法（interal standard method）　内标法是选择适宜的组分作待测组分的参比物（内标物），将内标物定量加入样品中进行分析，根据样品和内标物的量，以及待测组分和内标物的峰面积，计算要求测定组分的含量方法。

内标法适用于样品中各组分不能全部流出色谱柱或检测器、不能对所有组分产生信号的情况，如果只需测定样品中的某几个组分时，采用内标法也更为简便。内标法抵消了实验条件和进样量变化带来的误差，操作条件不必严格控制，也不必严格定量进样。

对于所选内标物的要求是：与样品各组分不能发生反应；样品中不含内标物；内标物与待测组分能完全分离，且色谱峰位置相近；内标物浓度恰当，使其峰面积与待测组分相差不大。另外，称样要准确，一般取四位有效数字。内标法计算公式为

$$w_i=\frac{f_i m_s}{f_s m_i}\times\frac{A_i}{A_s}\times 100\% \tag{5-22}$$

式中　m_i，m_s——样品和内标物质量；

A_i，A_s——被测组分和内标物峰面积；

f_i，f_s——被测组分和内标物质量校正因子，一般常以内标物为参比物，则 $f_s=1$。

在工厂控制分析中，如果每次都取同样量的试样和内标物，这样式(5-22) 中$\frac{f_i m_s}{f_s m_i}$为一常数，则公式变为

$$w_i = K \times \frac{A_i}{A_s} \times 100\% \tag{5-23}$$

即被测物含量和峰面积比 A_i/A_s 成正比。画 w_i-A_i/A_s 标准曲线，只要测出 A_i/A_s 值，即可由标准曲线求出待测组分的含量。在控制分析中，还可用量取体积代替称重，操作更为简便。

d. 标准加入法（standard additional method） 当试样的基体干扰测定，又无纯净的基体空白时，通常采用标准加入法较好。该法是在若干份具有相同体积的试样中，分别加入不同量的待测组分的标准溶液（其中必有一份不加标准液），稀释到一定体积后进样，分别测量响应值，以响应值对相应的浓度作图得一直线，将此直线向左延伸（称外推法）至与横坐标相交，则交点与坐标原点之间的距离即为试样中待测组分的浓度，如图 5-5 所示。

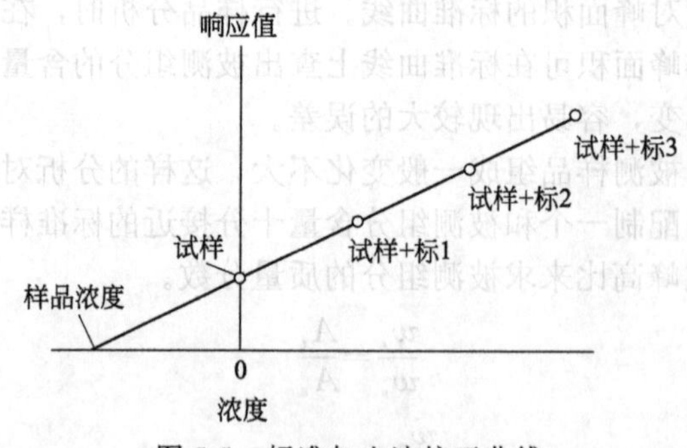

图 5-5 标准加入法校正曲线

由于标准加入法对每个待测试样的基体效应相同，故试样中的各种干扰均能被校正，所得的结果精密度较高。但应注意，用此法时必须使整个测量范围具有较好的线性关系。

5.2.4 气相色谱固定相及色谱条件选择

气相色谱分析中，遇到的样品经常是混合物。要实现混合物组分的彼此分离，主要依据固定相的正确选择。目前气相色谱固定相可分为固体固定相和液体固定相。

(1) 固体固定相 用气相色谱分析永久性气体时，常用固体吸附剂作固定相。因为气体在一般固定液里的溶解度小，目前还没有一种满意的固定液能用于它们的分离。然而在固体吸附剂上，它们的吸附热差异较大，故可以得到满意的分离。

气-固色谱中的固体吸附剂有非极性的活性炭及具有特殊吸附作用的分子筛、弱极性的氧化铝、强极性的硅胶等。使用时，可根据它们对各种气体吸附能力的不同，选择最合适的吸附剂。常见的吸附剂及其用途列于表 5-3 中。

表 5-3 常见固体吸附剂及其用途

吸附剂	使用温度/℃	性 质	分析对象	使用前活化处理
活性炭	<200	非极性	惰性气体、N_2、CO_2 和低沸点碳氢化合物	装柱，在 N_2 保护下加热到 140～180℃，活化 2～4h
氧化铝	<400	弱极性	烃类异构体	粉碎过筛，600℃下烘烤 4h，装柱，高于柱温 20℃下活化
硅胶	<400	氢键型极性	永久性气体及低级烃类	装柱，在 200℃下通载气活化 2～4h
分子筛	<400	极性	惰性气体和永久性气体	粉碎过筛，在 550℃下烘烤 4h
GDX	<250	按聚合物原料不同，可从非极性到强极性	各种气体、低沸点化合物、微量水等	170～180℃下烘去水分后，在 H_2 或 N_2 中活化处理 10～20h

固体吸附剂的种类较少，且不同批号的吸附剂其性能常有差别，故分析数据不易重复。固体吸附剂的柱效较低，活性中心易中毒，从而使保留值改变，柱寿命缩短。为了克服这些缺点，近年来提出了对固体吸附剂的表面进行物理化学改性的方法，并研究出一些结构均匀的新型吸附剂，它们不但能避免极性化合物的色谱峰拖尾，而且还可以成功地分离一些顺式、反式空间异构体。

如高分子多孔微球是一类人工合成的多孔共聚物。它既是载体又起固定液作用，可在活化后直接用于分离，也可作为载体在其表面涂渍固定液后再用。由于是人工合成的，可控制其孔径大小及表面性质。圆球形颗粒容易填充均匀，数据重现性好。在无液膜存在时，没有“流失”问题，有利于大幅度程序升温，这类高分子多孔微球特别适用于有机物中痕量水的分析，也可用于多元醇、脂肪酸、腈类、胺类的分析。

高分子多孔微球分为极性和非极性两种：非极性的是由苯乙烯、二乙烯苯共聚而成，如国内的 GDX 1 型和 GDX 2 型、国外的 Chromosorb 系列等；极性的是在苯乙烯、二乙烯苯共聚物中引入了极性官能团，如国内的 GDX 3 型和 GDX 4 型、国外的 Porapak N 等。

(2) 液体固定相　固定相为液体，一般为高沸点有机物，均匀地涂在载体表面呈液膜状态。固定液的流失是气液色谱法最根本的弱点，因此选择性能良好并能长久使用的固定液是气相色谱法的一项关键技术。对固定液的要求是：挥发性小，在操作温度下有较低蒸气压，其沸点要比柱温高 150～200℃；化学稳定性好，固定液不与载体、载气及被分析组分发生任何化学反应；对试样中各组分有适当的溶解能力，否则样品迅速被载气带走，从柱后流失而得不到分离。

在气相色谱分析中，试样先在固定液中溶解，然后再进行分离，根据“相似相溶”原理，试样分离效果的好坏与固定液的极性有关。固定液和被测组分的极性相似，两者分子之间的作用力就强，被测组分在固定液中的溶解度就大，分配系数也就大。柱的选择性及组分的流出规律是由试样分子和固定液分子之间的作用力所决定的。试样分子和固定液分子之间的作用力主要是静电力、诱导力、色散力和氢键。

静电力又称为定向力（orientation force)，是由于极性分子之间永久偶极所形成的。在极性固定液上分离极性试样时，分子间作用力主要是静电力。当一个极性分子和非极性分子接近时，在极性分子的永久偶极电场作用下，非极性分子会产生诱导偶极，此时两分子互相吸引的力为诱导力（induction force)。非极性分子之间虽然没有静电力和诱导力，但存在色散力（dispersion force)。在分子中由于各原子之间瞬间的周期性变化而形成瞬间偶极矩，它们的平均值等于零，在宏观上显示不出偶极矩。这种瞬间偶极矩有一个同步电场，能使周围的分子极化，极化的分子又反过来加剧瞬间偶极矩变化的幅度，产生色散力。对非极性和弱极性分子而言，分子间作用力主要是色散力。

当氢原子和一个电负性很大的原子（如 F、O、N 等）构成共价键时，它又能和另一个电负性很大的原子形成一种强有力的有方向性的力，这种力就叫做氢键。这种相互作用关系表示为“X—H┈Y”，其中 X、Y 表示电负性很大的原子。X 与 H 之间的实线表示共价化学键，H 与 Y 之间的虚线表示氢键。同时氢键的强弱还与 Y 的半径有关，半径越小，越容易接近 X—H，其氢键越强。氢键的类型和强弱次序为

F—H┈F＞O—H┈O＞O—H┈N＞N—H┈N＞N≡C—H┈N

当分析样品确定之后，首要的工作是制备色谱柱，选择恰当的固定液。试样分离的好坏往往取决于固定液的选择，固定液的选择又依靠实践经验，已发表的相似化合物的文献是很有参考价值的。有时候为了探索一个未知化合物的分离方案，会选择若干种不同极性的固定

液作初步实验，但通过对固定液分离特征的研究，也找出了一些固定液选择的实用方法。根据“相似相溶”原理而得出的色谱流出规律如下。

① 分离非极性化合物一般选用非极性固定液，组分和固定液之间的作用力主要是色散力，没有特殊选择性，各组分按沸点顺序先后出峰，沸点低的先出峰，沸点高的后出峰。

② 分离极性物质时，选用极性固定液，起作用的是定向力。各组分按极性顺序先后出峰，极性小的先出峰，极性大的后出峰。

③ 分离非极性和极性混合物时，一般选用极性固定液，这时非极性组分先出峰，极性组分（或易被极化的组分）后出峰。

对于能形成氢键的试样，如醇、酚、胺和水等的分离，一般选择极性的或是氢键型的固定液，这时试样中各组分按与固定液分子间形成氢键的能力大小先后流出，不易形成氢键的先流出，最易形成氢键的最后流出。

例如，分离相对分子质量较低的烃类选用角鲨烷为固定液可取得较好的分离效果；欲分离带有羟基的醇类，宜采用有羟基的聚乙二醇为固定液；而在分离酯类化合物时，采用癸二酸二异辛酯为固定液有较好的分离效果。

固定液选择中“相似相溶”原理具有一定的实际意义，它可以给予初学者一个简单清晰的思索途径，但它也有局限性，有时所选择的固定液根本不符合“相似相溶”原理，但可取得良好的分离效果。较为简便实用的方法是选用四种固定液，即甲基硅橡胶（SE-30）、苯基（20%）甲基聚硅氧烷、聚乙二醇-20000（PEG-20M）和丁二酸二乙二醇聚酯（DEGS），以适当条件进行色谱初步分离，观察未知试样分离情况，然后再作进一步的调整。也可以利用手册获得有关固定液选择的资料，从手册中列出的各种化合物类型以及曾采用过的各种固定液，并通过各种保留数据可判断固定液对试样的选择性。

气液色谱分析可选择的固定液有几百种，它们具有不同的组成、性质和用途。如何将这么多类型不同的固定液做一科学分类，对于使用和选择固定液是十分重要的。现在大都按固定液的极性和化学结构分类。按固定液极性分类，可用固定液的极性和特征常数（罗氏常数和麦氏常数）表示。按化学结构分类是将有相同官能团的固定液排列在一起，然后按官能团的类型分类，这样就便于按组分与固定液结构相似原则选择固定液。表 5-4 列出了按化学结构分类的各种固定液。

表 5-4　按化学结构分类的固定液

固定液的结构类型	极　性	固定液举例	分离对象
烃类	最弱极性	角鲨烷、石蜡油	分离非极性化合物
硅氧烷类	极性范围广，从弱极性到强极性	甲基硅氧烷、苯基硅氧烷、氨基硅氧烷、氰基硅氧烷	不同极性化合物
醇类和醚类	强极性	聚乙二醇	强极性化合物
酯类和聚酯	中强极性	苯甲酸二壬酯	应用较广
腈和腈醚	强极性	氰二丙腈、苯氰腈	极性化合物
有机皂土			分离芳香族化合物异构体

（3）色谱分离条件选择

① 柱温的选择　柱温是一个重要的色谱操作参数。它直接影响分离效能和分析速度。很明显，柱温不能高于最高使用温度，否则会造成柱中固定液大量挥发流失，如 PEG-20M 使用温度一般不能超过 200℃。某些固定液有最低操作温度，如 Carbowax 20M 和 FFAP，一般说来，操作温度至少必须高于固定液的熔点，以使其有效地发挥作用。

降低柱温可使色谱柱的选择性增大，但升高柱温可以缩短分析时间，并且可以改善气相和液相的传质速率，有利于提高柱效能。所以，这两方面的情况均要考虑到。在实际工作中，一般根据试样的沸点来选择柱温、固定液用量及载体的种类等，其相互配合情况大致如表 5-5 所示。

表 5-5　根据试样沸点选择柱温等条件

试样沸点范围	柱　温	固定液用量(固定液：载体)	载体种类
气体、气态烃、低沸点试样	室温～100℃	(20～30)：100	红色载体
100～200℃	150℃	(10～20)：100	红色载体
200～300℃	150～180℃	(5～10)：100	白色载体
300～450℃	200～250℃	(1～5)：100	白色载体、玻璃载体

对于宽沸程混合物一般采用程序升温法进行分析。图 5-6 为宽沸程试样在恒温和程序升温时分离结果的比较。

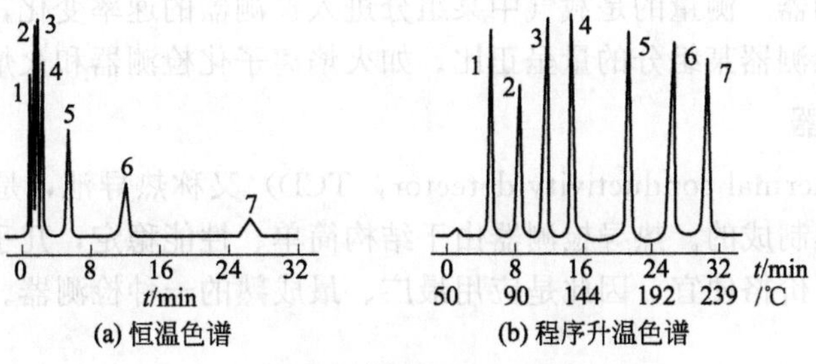

图 5-6　恒温色谱和程序升温色谱比较

② 柱长和内径的选择　由于分离度正比于柱长的平方根，所以增加柱长对分离是有利的。但增加柱长会使各组分的保留时间增加，延长分析时间。因此，在满足一定分离度的条件下，应尽可能地使用短柱子。一般填充柱的柱长以 2～6m 为宜，毛细管柱柱长一般选 30m。

增加色谱柱内径可以增加分离的试样量，但由于纵向扩散路径的增加，会使柱效降低。在一般分析工作中，色谱填充柱内径常为 2～6mm。

③ 填充柱载体粒度的选择　由范氏速率理论方程式可知，载体的粒度直接影响涡流扩散和气相传质阻力，间接地影响液相传质阻力。随着载体粒度的减小，柱效将明显提高（见图 5-7）。但是粒度过细时，阻力将明显增加，使柱压降增大，给操作带来不便。因此，一般根据柱径来选择载体的粒度，保持载体的直径约为柱内径的 1/25～1/20 为宜。对于 3mm 内径填充柱，选用 60～80 目载体为好。

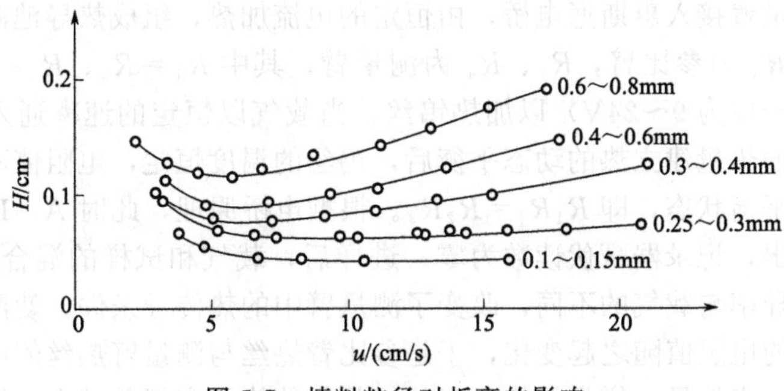

图 5-7　填料粒径对板高的影响

④ 进样时间和进样量　进样速度必须很快，因为当进样时间太长时，试样原始宽度将变大，色谱峰半峰宽随之变宽，有时甚至使峰变形。一般说来，进样时间应在1s以内。

色谱柱的有效分离试样量随柱内径、柱长及固定液用量的不同而异，柱内径大，固定液用量高，可适当增加进样量。但进样量过大，会造成色谱柱超负荷，柱效急剧下降，峰形变宽，保留时间改变。一般来说，理论上允许的最大进样量是使塔板数下降不超过10%。总之，最大允许的进样量，应控制在使峰面积或峰高与进样量呈线性关系的范围内。

5.2.5 气相色谱检测器

气相色谱检测器是将由色谱柱分离的各组分的浓度或质量转换成响应信号的装置。目前检测器的种类多达数十种。

根据检测原理的不同，可将其分为浓度型检测器和质量型检测器两类。

(1) 浓度型检测器　测量的是载气中某组分浓度瞬间的变化，即检测器的响应值和组分的浓度呈正比。如热导检测器和电子捕获检测器。

(2) 质量型检测器　测量的是载气中某组分进入检测器的速率变化，即检测器的响应值和单位时间内进入检测器某组分的量呈正比。如火焰离子化检测器和火焰光度检测器等。

5.2.5.1 热导检测器

热导检测器（thermal conductivity detector，TCD）又称热导池，是根据不同物质具有不同的热导率的原理制成的。热导检测器由于结构简单、性能稳定，几乎对所有物质都有响应，且线性范围宽，价格便宜，因此是应用最广、最成熟的一种检测器。其主要缺点是灵敏度较低。

(1) 热导池的结构和工作原理　热导池由池体和热敏元件构成，可分双臂热导池和四臂热导池两种［见图5-8(a)和图5-8(b)］。由于四臂热导池热丝的阻值比双臂热导池增加一倍，故灵敏度也提高一倍。

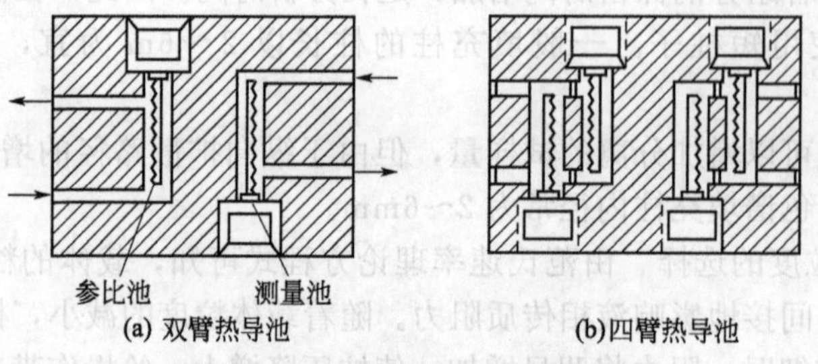

图5-8　双臂热导池和四臂热导池

目前，仪器中都采用4根金属丝组成的四臂热导池。其中两臂为参比臂，另两臂为测量臂，将参比臂和测量臂接入惠斯通电桥，由恒定的电流加热，组成热导池测量线路，如图5-9所示。图中R_2、R_3为参比臂，R_1、R_4为测量臂，其中$R_1=R_2$、$R_3=R_4$。由电源给电桥提供恒定电压（一般为9～24V）以加热钨丝，当载气以恒定的速率通入时，池内产生的热量与被载气带走的热量建立热的动态平衡后，钨丝的温度恒定，电阻值不变。调节电路电阻值可使电桥处于平衡状态，即$R_1R_4=R_2R_3$。根据电桥原理，此时A、B两点间的电位差为零，并无信号输出，记录器毫伏读数为零。进样后，载气和试样的混合气体进入测量臂，由于混合气体的热导率与载气的不同，改变了测量臂中的热传导条件，使测量臂的温度发生变化，测量臂热丝的电阻值随之起变化，于是参比臂热丝与测量臂热丝的电阻值不相等，电桥不平衡，则输出一定信号。样品的热导率与纯载气的热导率相差越大，输出信号就越大。

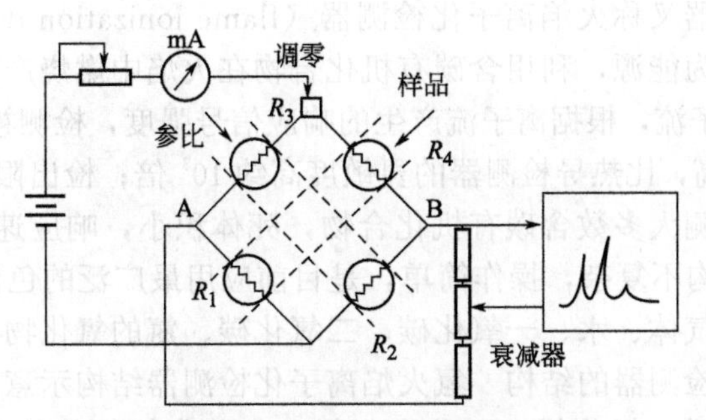

图 5-9 热导池惠斯通电桥测量电路

(2) 影响热导检测器灵敏度的因素

① 桥电流　桥电流增加，使钨丝温度提高，钨丝和热导池池体的温差加大，气体就容易将热量传出去，灵敏度就提高。响应值与工作电流的三次方呈正比。所以，增大电流有利于提高灵敏度，但电流太大会影响钨丝寿命。一般桥电流控制在 100～200mA（N_2 作载气时为 100～150mA，H_2 作载气时 150～200mA 为宜）。

② 池体温度　池体温度降低，可使池体和钨丝温差加大，有利于提高灵敏度。但池体温度过低，被测试样会冷凝在检测器中，池体温度一般不应低于柱温。

③ 载气种类　载气与试样的热导率相差愈大，则灵敏度愈高，故选择热导率大的氢气或氦气作载气有利于灵敏度提高。表 5-6 列出某些气体与蒸气的热导率。

④ 热敏元件的阻值　阻值高、电阻温度系数较大的热敏元件，灵敏度高。钨丝是一种目前广泛应用的热敏元件，它的电阻值随温度升高而增大，其电阻温度系数为 6.5×10^{-3}cm/(Ω·℃)，电阻率为 5.5×10^{-6}Ω·cm。为防止钨丝气化，可在表面镀金或镍。

表 5-6 某些气体与蒸气的热导率

气体或蒸气	λ /[10^{-4}J/(cm·s·℃)]		气体或蒸气	λ /[10^{-4}J/(cm·s·℃)]	
	0℃	100℃		0℃	100℃
空气	2.17	3.14	正己烷	1.26	2.09
氢	17.41	22.4	环己烷	—	1.80
氦	14.57	17.41	乙烯	1.76	3.10
氧	2.47	3.18	乙炔	1.88	2.85
氮	2.43	3.14	苯	0.92	1.84
二氧化碳	1.47	2.22	甲醇	1.42	2.30
氨	2.18	3.26	乙醇	—	2.22
甲烷	3.01	4.56	丙酮	1.01	1.76
乙烷	1.80	3.06	乙醚	1.30	—
丙烷	1.51	2.64	乙酸乙酯	0.67	1.72
正丁烷	1.34	2.34	四氯化碳	—	0.92
异丁烷	1.38	2.43	氯仿	0.67	1.05

5.2.5.2 氢火焰离子化检测器

氢火焰离子化检测器又称火焰离子化检测器（flame ionization detector，FID），是以氢气和空气燃烧的火焰作为能源，利用含碳有机化合物在火焰中燃烧产生离子，在外加的电场作用下，使离子形成离子流，根据离子流产生的响应信号强度，检测被色谱柱分离出的组分。它的特点是：灵敏度很高，比热导检测器的灵敏度高约 10^3 倍；检出限低，可达 10^{-12} g/s；氢火焰离子化检测器能检测大多数含碳有机化合物，死体积小，响应速率快，线性范围也宽，可达 10^6 以上；而且结构不复杂，操作简单，是目前应用最广泛的色谱检测器之一。其主要缺点是不能检测永久性气体、水、一氧化碳、二氧化碳、氮的氧化物、硫化氢等物质。

（1）氢火焰离子化检测器的结构　氢火焰离子化检测器结构示意图见图 5-10。它的主体是离子室，内有石英喷嘴、极化极（又称发射极）和收集极等部件。喷嘴用于点燃氢气火焰，在极化极和收集极间加直流电压，形成一个静电场。溶质随载气进入火焰，发生离子化反应，燃烧生成的电子、正离子在电场作用下向收集极和极化极做定向移动从而形成电流，此电流经放大，由记录仪记录得色谱图。

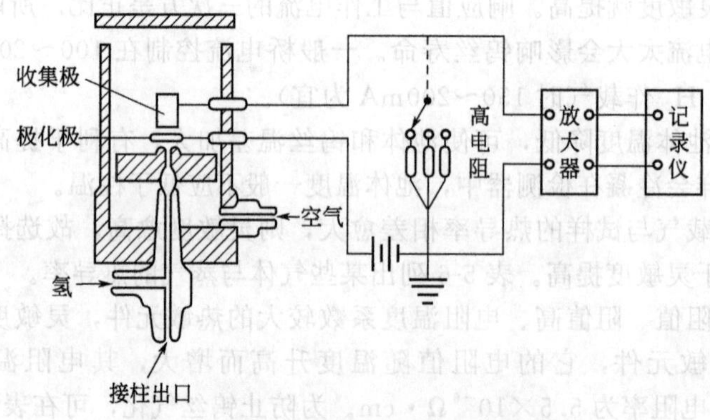

图 5-10　氢火焰离子化检测器结构示意图

（2）火焰离子化机理　火焰离子化的机理至今还不十分清楚，普遍认为这是一个化学离子化过程。有机物在火焰中先形成自由基，然后与氧产生正离子，再同水反应生成 H_3O^+。以苯为例，在氢火焰中的化学离子化反应如下：

$$C_6H_6 \xrightarrow{\text{裂解}} 6CH\cdot$$

$$3O_2 + 6CH\cdot \longrightarrow 6CHO^+ + 6e$$

$$CHO^+ + H_2O \longrightarrow CO + H_3O^+$$

化学离子化产生的正离子（CHO^+ 和 H_3O^+）及电子在电场作用下形成微电流，经放大后记录下色谱峰。

（3）影响操作条件的因素　离子室的结构对氢火焰离子化检测器的灵敏度有直接影响，操作条件的变化包括氢气、载气、空气流速和检测室的温度等都对检测器的灵敏度有影响。

5.2.5.3 电子捕获检测器

电子捕获检测器（electron capture detector，ECD）也称电子俘获检测器，它是一种选择性很强的检测器，对具有电负性物质（如含卤素、硫、磷、氰等的物质）的检测有很高灵敏度（检出限约 10^{-14} g/mL）。它是目前分析痕量电负性有机物最有效的检测器。电子捕获检测器已广泛应用于农药残留量、大气及水质污染分析，以及生物化学、医学、药物学和环境监测等领域中。它的缺点是线性范围窄，只有 10^3 左右，且易受操作条件的影响，重现性较差。

（1）电子捕获检测器的结构与工作原理　电子捕获检测器是一种放射性离子化检测器，与火焰离子化检测器相似，也需要一个能源和一个电场。能源多数用^{63}Ni或^{3}H放射源，其结构如图 5-11 所示。

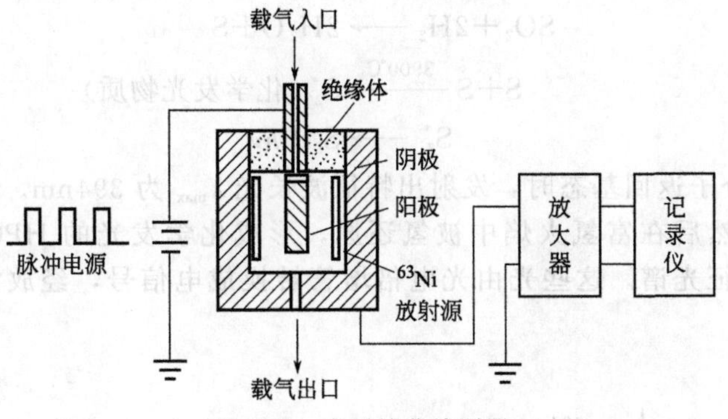

图 5-11　电子捕获检测器

检测器内腔有两个电极和筒状的β放射源。β放射源贴在阴极壁上，以不锈钢棒作正极，在两极施加直流电压或脉冲电压，放射源产生的β射线将载气（N_2 或 Ar）电离，产生次级电子和正离子，在电场作用下，电子向正极定向移动，形成恒定基流。当载气带有电负性溶质进入检测器时，电负性溶质就能捕获这些低能量的自由电子，形成稳定的负离子，负离子再与载气正离子复合成中性化合物，使基流降低而产生负信号——倒峰。

（2）捕获机理　捕获机理可用以下反应式表示

$$N_2 \xrightarrow{\beta} N_2^+ + e$$

$$AB + e \longrightarrow AB^- + E$$

$$AB^- + N_2^+ \longrightarrow N_2 + AB$$

被测组分浓度愈大，捕获电子概率愈大，结果使基流下降愈快，倒峰愈大。

5.2.5.4　火焰光度检测器

火焰光度检测器（flame photometric detector，FPD）又称硫、磷检测器，它是一种对含磷、硫有机化合物具有高选择性和高灵敏度的质量型检测器，检出限可达 10^{-12} g/s（对 P）或 10^{-11} g/s（对 S）。这种检测器可用于大气中痕量硫化物以及农副产品、水中的纳克级有机磷和有机硫农药残留量的测定。

（1）火焰光度检测器的结构　检测器包括燃烧系统和光学系统两部分（见图 5-12）。燃烧系统包括火焰喷嘴、点火器等。光学系统包括石英窗、滤光片和光电倍增管。石英窗的作用是保护滤光片不受水汽和燃烧产物的侵蚀。

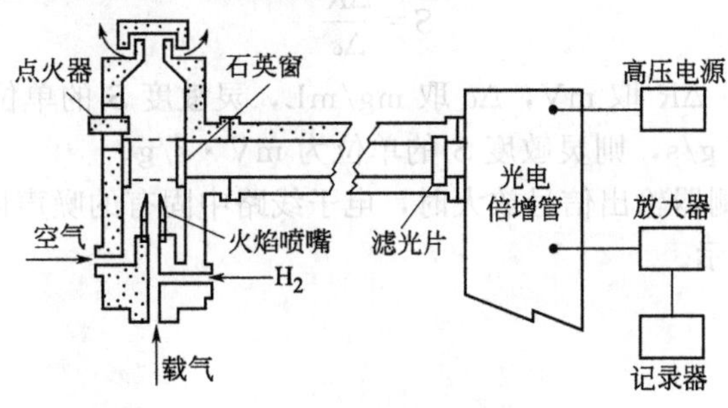

图 5-12　火焰光度检测器

(2) 火焰光度检测器的工作原理　根据硫化合物、磷化合物在富氢火焰中燃烧时生成化学发光物质，并能发射出特征波长的光，记录这些特征光谱，就能检测硫和磷。以硫为例，有以下反应发生：

$$CS+2O_2 \longrightarrow CO_2+SO_2$$

$$SO_2+2H_2 \longrightarrow 2H_2O+S$$

$$S+S \xrightarrow{3900℃} S_2^*（化学发光物质）$$

$$S_2^* \longrightarrow S_2+h\nu$$

当激发态 S_2^* 分子返回基态时，发射出特征波长光 λ_{max} 为 394nm。含磷化合物燃烧时生成磷的氧化物，然后在富氢火焰中被氢还原，形成化学发光的 HPO 碎片，并发射出 λ_{max} 为 526nm 的特征光谱。这些光由光电倍增管转换成电信号，经放大后由记录仪记录（见图 5-13）。

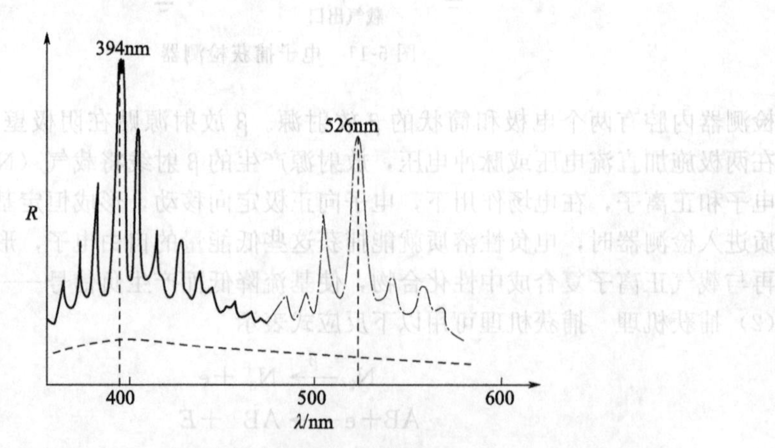

图 5-13　硫、磷的特征光谱（狭缝 0.5mm）

------火焰本底；— —磷化物；———硫化物

5.2.5.5　检测器的性能指标

一个优良的检测器应具有以下性能指标：灵敏度高，检出限低，死体积小，响应迅速，线性范围宽，稳定性好。通用型检测器要求适用范围广；选择性检测器要求选择性好。

(1) 灵敏度　当一定浓度或一定质量的组分进入检测器，产生一定的响应信号，以进样量对响应信号作图，得到一条通过原点的直线（见图 5-14）。直线的斜率就是检测器的灵敏度。因此，灵敏度可定义为信号（R）对进入检测器的组分量（c）的变化率

$$S=\frac{\Delta R}{\Delta c}$$

对于浓度型检测器，ΔR 取 mV，Δc 取 mg/mL，灵敏度 S 的单位是 mV·mL/mg；对于质量型检测器，Δc 取 g/s，则灵敏度 S 的单位为 mV·s/g。

(2) 检出限　当检测器输出信号放大时，电子线路中固有的噪声同时也被放大，使基线起伏波动，如图 5-15 所示。

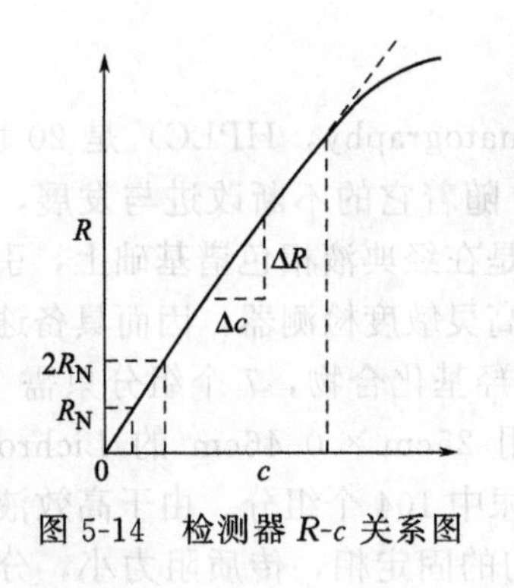

图 5-14　检测器 R-c 关系图

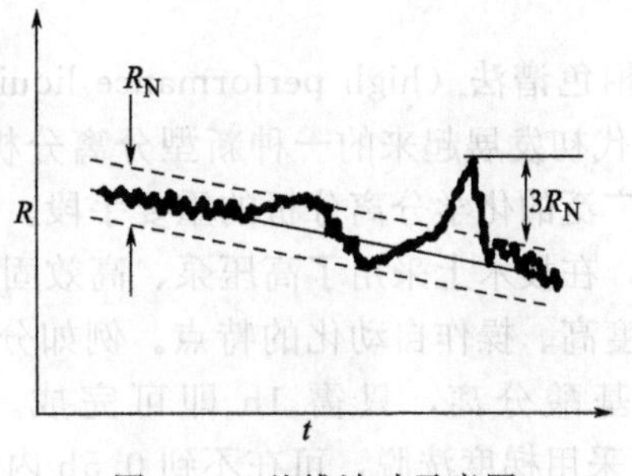

图 5-15　基线波动示意图

取基线起伏的平均值为噪声的平均值，用符号 R_N 表示。由于噪声会影响试样色谱峰的辨认，所以在评价检测器的质量时提出了检出限这一指标。

检出限定义为：检测器恰能产生 3 倍于噪声信号时的单位时间引入检测器的样品质量或单位体积载气中需含的样品质量。对于浓度型检测器，检出限 D_c 表示为

$$D_c = \frac{3R_N}{S_c}$$

D_c 的物理意义是指每毫升载气中含有恰好能产生 3 倍于噪声信号的溶质质量（mg）。质量型检测器的检出限为

$$D_m = \frac{3R_N}{S_m}$$

D_m 的物理意义是指每秒通过的溶质质量（g），恰好产生 3 倍于噪声的信号。

热导检测器的检出限一般约为 10^{-5} mg/mL，即每毫升载气中约有 10^{-5} mg 溶质所产生的响应信号相当于噪声的 3 倍。火焰离子化检测器的检出限一般为 10^{-12} g/s。无论哪种检测器，检出限都与灵敏度呈反比，与噪声呈正比。检出限不仅决定于灵敏度，而且受限于噪声，所以它是衡量检测器性能好坏的综合指标。

检出限的测定可用一个接近检出限浓度的样品进行分析，根据所得色谱峰高来计算。设浓度为 c、相应峰高为 h（信号强度单位）、基线噪声为 R_N，则检出限按下式计算

$$\frac{c}{h} = \frac{D_L}{3R_N} \qquad 即\ D_L = \frac{3R_N c}{h}$$

（3）线性范围　检测器的线性范围定义为在检测器呈线性响应时最大和最小进样量之比，或叫最大允许进样量（浓度）与最小定量限（浓度）之比。图 5-16 为某检测器对两种组分的 R-c_i 图，R 为检测器响应值，c_i 为进样浓度。对于组分 A，进样浓度在 $c_A \sim c'_A$ 为线性，线性范围为 c'_A/c_A；对于组分 B，则 $c_B \sim c'_B$ 为线性，线性范围为 c'_B/c_B。不同组分的线性范围不同，不同检测器的线性范围差别也很大。如火焰离子化检测器，其线性范围可达 10^7；热导检测器则在 10^5 左右。

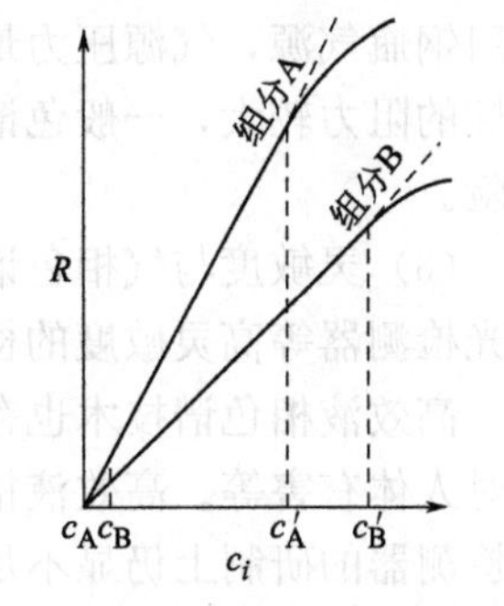

图 5-16　检测器的线性范围

5.3 液相色谱仪器和分析方法

高效液相色谱法（high performance liquid chromatography，HPLC）是 20 世纪 60 年代末～70 年代初发展起来的一种新型分离分析技术，随着它的不断改进与发展，目前已成为应用极为广泛的化学分离分析的重要手段。HPLC 是在经典液相色谱基础上，引入了气相色谱的理论，在技术上采用了高压泵、高效固定相和高灵敏度检测器，因而具备速度快、效率高、灵敏度高、操作自动化的特点。例如分离苯的羟基化合物，7 个组分只需 1min 就可完成。对氨基酸分离，只需 1h 即可完成。又如用 25cm × 0.46cm 的 Lichrosorb-ODS（5μm）柱，采用梯度洗脱，可在不到 0.5h 内分离出尿中 104 个组分。由于高效液相色谱柱应用了颗粒极细（几微米至几十微米直径）、规则均匀的固定相，传质阻力小，分离效率很高。因此，在经典色谱法中难分离的物质，一般在高效液相色谱法中能得到满意的结果。高灵敏度是由于现代高效液相色谱仪普遍配有高灵敏度检测器，使其分析灵敏度比经典色谱有较大提高。例如，紫外检测器的最小检出限可达 10^{-9}g，而荧光检测器则可达 10^{-11}g。高效液相色谱可以分离分析极性、高分子质量和离子型的各种物质，只要被分析对象能够溶解于可作为流动相的溶剂中并能够被检测，就可以直接进行分析。某些目前尚不能被直接检测或检测灵敏度不够的，也可以采用各种衍生技术，实现这些物质的检测。

HPLC 与 GC 比较，具有以下特点。

（1）能测高沸点的有机物　气相色谱分析需要将被测样品汽化才能进行分离和测定，但仪器只能在 500℃以下工作，所以相对分子质量大于 400 的有机物采用 GC 分析就有困难，而液相色谱可分析相对分子质量大于 2000 的有机物，也能测定金属离子。应用气相色谱和高效液相色谱两种手段，可以解决大部分的有机物的定量分析问题。

（2）柱温要求比气相色谱低　气相色谱要求柱温条件很高，复杂组分还要求程序控制升温，而液相色谱柱常在室温下工作，早期生产的高效液相色谱仪没有恒温层析室，色谱柱就暴露在大气中。

（3）单位柱长的柱效高　气相色谱柱的柱效为 2000 塔板/m，液相色谱柱的柱效则可达 5000 塔板/m，这是由于液相色谱柱使用了许多新型的固定相。因为分离效能高，故液相色谱柱的长度较短，早期为 20～50cm，目前多采用 10～30cm。又由于填料的不断发展和改进，目前最短的柱子只有 3cm 长，塔板数可达 3000～4000，已能够满足一般分析的需要。

（4）分析速度与气相色谱相似　高效液相色谱的载液流速一般为 1～10mL/min，分析样品只需要几分钟或几十分钟，一般小于 1h。

（5）柱压高于气相色谱　液相色谱和气相色谱的主要区别是流动相不同。气相色谱如果采用钢瓶气源，气源压力最高可达 12MPa，进入色谱柱的压力为 0.1～0.4MPa，但液相色谱柱的阻力较大，一般色谱柱进口压力为 15～30MPa，液体不容易被压缩，因为没有爆炸危险。

（6）灵敏度与气相色谱相似　液相色谱已广泛采用高灵敏度检测器，例如紫外检测器、荧光检测器等高灵敏度的检测器，大大提高了检测的灵敏度，检测下限可达 10^{-11}g。

高效液相色谱技术也存在一些问题，如柱子价格昂贵，要消耗大量的溶剂，而且许多溶剂对人体有害等。高效液相色谱仪的价格和损耗也比气相色谱仪高。另外，高效液相色谱仪在检测器的研制上仍显不足，尚缺少像气相色谱中氢火焰离子化检测器那样的通用型、高灵敏度的检测手段。高效液相色谱无论在技术上、理论上，还是在应用上仍处于发展阶段，它是色谱技术中一个发展中的领域。

5.3.1 高效液相色谱仪结构

高效液相色谱仪的结构见图 5-17，一般可分为 4 个主要部分：高压输液系统、进样系统、分离系统和检测系统。此外，还配有辅助装置，如梯度淋洗、自动进样及数据处理等。其工作过程如下：首先是高压泵将储液器中的流动相溶剂经过进样器带入色谱柱，然后从控制器的出口流出；当注入欲分离的样品时，流入进样器的流动相再将样品同时带入色谱柱进行分离，然后依先后顺序进入检测器；记录仪将检测器送出的信号记录下来，由此得到液相色谱图。

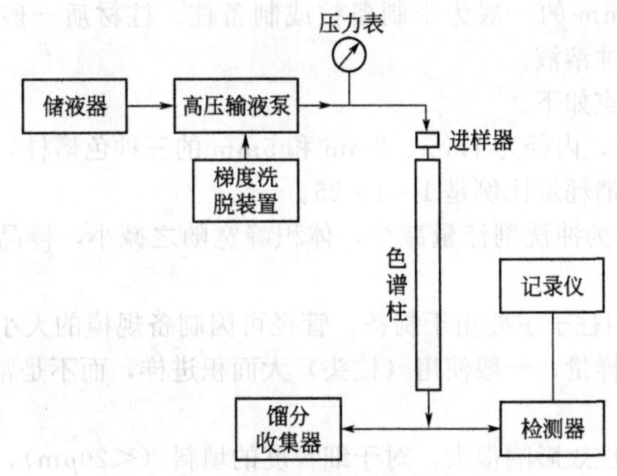

图 5-17 高效液相色谱仪结构示意图

(1) 高压输液系统　由于高效液相色谱法所用的固定相颗粒极细，因此对流动相阻力很大，为使流动相较快流动，必须配备有高压输液系统。它是高效液相色谱仪最重要的部件，一般由储液器、高压输液泵、过滤器、压力脉动阻力器等组成，其中高压输液泵是核心部件。对于一个好的高压输液泵，应符合密封性好、输出流量恒定、压力平稳、可调范围宽、便于迅速更换溶剂及耐腐蚀等要求。

液相色谱仪中的高压输液泵应具有如下性能：

① 有足够的输出压力，使流动相能顺利地通过颗粒很细的色谱柱，通常其压力范围为 25～40MPa；

② 输出恒定的流量，其流量精度应在 1%～2%；

③ 输出流动相的流量范围可调，对分析仪器一般为 3mL/min，制备仪器为 10～20mL/min；

④ 压力平稳，脉动小。

常用的高压输液泵分为恒流泵和恒压泵两种。恒流泵又称机械泵，它又分机械注射泵和机械往复泵两种，应用最多的是机械往复泵。恒流泵特点是在一定操作条件下，输出流量保持恒定而与色谱柱引起阻力变化无关；恒压泵是指能保持输出压力恒定，但其流量则随色谱系统阻力的变化而变化，故保留时间的重现性差，它们各有优缺点。目前恒流泵逐渐取代恒压泵。

(2) 进样系统　高效液相色谱柱比气相色谱柱短得多（约 5～30cm），所以柱外展宽（又称柱外效应）较突出。柱外展宽是指色谱柱外的因素所引起的峰展宽，主要包括进样系统、连接管道及检测器中存在死体积。柱外展宽可分柱前展宽和柱后展宽，进样系统是引起柱前展宽的主要因素，因此高效液相色谱法对进样技术要求较严。进样装置一般有两类。

① 隔膜注射进样器　这种进样方式与气相色谱类似。它是在色谱柱顶端装入耐压弹性隔膜，进样时用微量注射器刺穿隔膜将试样注入色谱柱。其优点是装置简单、价廉、死体积小，缺点是允许进样量小、重复性差。

② 高压进样阀　目前多采用六通阀进样，其结构和工作原理与气相色谱中所用六通阀完全相同。由于进样可由定量管的体积严格控制，因此进样准确，重复性好，适于做定量分析。更换不同体积的定量管，可调整进样量。

(3) 分离系统——色谱柱　色谱柱是高效液相色谱仪的心脏部件。高效液相色谱柱大致可分为三种类型：内径小于 2mm 的细管径柱或微管径柱；内径在 2～5mm 的是常规高效液相色谱柱；内径大于 5mm 的一般为半制备柱或制备柱。柱材质一般采用不锈钢，可耐溶剂、水和一定范围的缓冲溶液。

细管径柱的主要优点如下。

① 节省溶剂　例如，内径为 1mm、2mm 和 5mm 的三种色谱柱，当保持相同的冲洗剂线速度时，每天的溶剂消耗量比例是 1∶4∶25。

② 灵敏度增加　因为冲洗剂流量减少，体积峰宽随之减小，样品稀释得少，从而提高了峰高灵敏度。

内径大于 5mm 的粗柱子主要用于制备，管径可因制备规模的大小而异。此时，为了在足够短的时间内扩大进样量，一般使用（柱头）大面积进样，而不是常规高效柱那样强调点进样。

柱子装填的好坏对柱效影响很大。对于细粒度的填料（$<20\mu m$），一般采用匀浆填充法装柱。先将填料调成匀浆，然后在高压泵作用下，快速将其压入装有洗脱液的色谱柱内，经冲洗后即可备用。

(4) 检测系统　详见 5.3.5 液相色谱检测器。

5.3.2 高效液相色谱固定相和流动相

5.3.2.1 固定相

固定相又称为柱填料，高效液相色谱柱主要是采用了 3～10μm 的微粒固定相，以及相应的色谱柱工艺和各种先进的仪器设备。据统计，在所使用的各种分析柱液相色谱填料中，粒度在 3～4μm 的占 6.3%，5～7μm 的占 54.1%，10～15μm 的占 35.9%，20μm 以上的不到 4%。这说明 5～7μm 填料是目前使用最广的高效填料，而细粒度是保证高效的关键。使用微粒填料有利于减小涡流扩散效应，缩短溶质在两相间的传质扩散过程，提高了色谱柱的分离效率。

在高效液相色谱中，流动相是有机溶剂或者水溶液，在一定的线速度下，液体流动相对固定相表面有相当大的冲刷能力。如果像气相色谱那样，把固定相涂渍在载体表面，是不可靠也不方便的，尽管可以采取诸如溶剂预饱和等措施，但严格来讲，几乎没有一对完全互不溶解的液体存在，所以固定相的流失是相当严重的。这就导致了化学键合固定相（键合相）的出现，即通过化学反应把某一个适当的官能团引入到硅胶表面上，形成不可抽提固定相。通过对液相色谱柱操作方法的统计，表明各种类型的化学键合固定相占了将近 78%，其余不到 1/4 是硅胶或有机高分子固定相。传统的液-液分配色谱几乎全部被键合相所取代，这就是说广泛地、大量地使用不被溶剂抽提的以微粒硅胶为基质的各种化学键合固定相是近代液相色谱填料的又一特点。

固定相的分类情况介绍如下。

a. 按化学组成分类　可分为微粒硅胶、高分子微球和微粒多孔炭等类型。

3～10μm 的微粒硅胶和以此为基质的各种化学键合固定相目前在高效液相色谱填料中占统治地位。这是由于硅胶具有良好的机械强度、容易控制的孔结构和表面积、较好的化学稳定性和表面化学反应专一等优点。硅胶基质固定相的一个主要缺点是只能在 pH＝2～7.5 的流动相条件下使用。碱度过大，特别是当有季铵离子存在下，硅胶易于粉碎溶解。酸度过大，连接有机基团的化学键容易断裂。

高分子微球是另一类重要的液相色谱填料，大部分的基体化学组成是苯乙烯和二乙烯基苯的共聚物（PS-DVB），也有聚乙烯醇、聚酯类型。高分子填料的主要优点是能耐较宽的 pH 范围，例如 pH＝1～14，化学惰性好。一般说来柱效率比硅胶基质的低得多，往往还需要升温操作，不同溶剂收缩率不同，主要用于离子交换色谱、凝胶渗透色谱和某些柱液相色谱。

微粒多孔炭填料由聚四氟乙烯还原或石墨化炭黑制成的，优点在于完全非极性的均匀表面，是一种天然的“反相”填料，可以在 pH＞8.5 条件下使用。但机械强度较差，对强保留溶质柱效较低，有待改进。

其他一些填料，例如氧化铝，耐高 pH 条件的能力比一般硅胶好，但硅烷化后不稳定。

b. 按结构和形状分类　可分为薄壳型和全孔型（包括一般孔径填料和大孔填料），无定形和球形。

薄壳型填料是 20 世纪 60 年代中期出现的一种填料，4μm 左右的玻璃球表面上覆盖一层 1～2μm 厚的硅胶层，形成许多向外开放的孔隙。这样孔浅了，传质快，柱效得以提高（与经典液相色谱相比）。但柱负荷太小，所以很快就被 5～10μm 全孔硅胶所代替。现在只用于预净化或预浓缩柱上，或作某些简单的混合物分离。

在高效液相色谱中使用的全孔微球硅胶，孔径一般为 6～10nm，比表面积为 300～500m^2/g。就形状来说，有球形的，也有非球形的。至于这两种微粒型硅胶哪一种好，至今还有争论。

对于低聚和高聚大分子物质的分离分析，扩大固定相粒子的孔径是很重要的。一种情况是在大孔填料上对较大分子的样品进行常规的液相色谱分离；另一种是做空间排斥色谱分离，按分子量从大到小顺序流出色谱柱。

c. 按填料表面改性（与否）分类　在无机吸附剂基质固定相的情况下，可以分为吸附型和化学键合相两类。商品化学键合相填料有以下几种表面官能团：C_{18}、C_8、C_2、苯基、氰基、氨基、硝基、二醇基、醚基、离子交换以及不对称碳原子的光学活性键合相等。

d. 按液相色谱冲洗模式（方法）分类　可分为反相、正相、离子交换和凝胶渗透色谱固定相。

在液相色谱中通常把使用极性固定相和非（或弱）极性流动相的操作称为“正相色谱”，相应的固定相习惯称为“正相填料”（如硅胶、氰基、氨基或硝基等极性键合相属于此列）；把非极性或弱极性的固定相称为“反相填料”（如烷基、苯基键合相、多孔炭填料等）。当然，在液相色谱中，同一色谱柱，原则上可以使用性质相差很大的流动相冲洗，因而正相填料和反相填料名称的概念具有一定的相对性。

离子交换固定相的颗粒表面都带有磺酸基、羧基、季铵基、氨基等强、弱离子交换基团，可以和流动相中样品离子之间发生离子交换作用，使样品中无机或有机离子，或可解离化合物在固定相上有不同的保留。凝胶渗透色谱固定相都是具有一定不同孔径分布范围的系列产品，用以分离高分子样品或进行高聚物分子量分布的测定。

5.3.2.2　流动相

流动相又称为冲洗剂、洗脱剂或载液，它有两个作用，一是携带样品前进，二是给样品提供一个分配相，进而调节选择性，以达到混合物的满意分离。对流动相溶剂的选择要考虑分离、检测、输液系统的承受能力及色谱分离目的等各个方面。就流动相本身而言，主要有如下要求。

① 溶剂对于待测样品，必须具有合适的极性和良好的选择性。

② 应注意选用的检测器波长比溶剂的紫外截止波长要长。所谓溶剂的紫外截止波长指当小于紫外截止波长的辐射通过溶剂时，溶剂对此辐射产生强烈吸收，此时溶剂被看作是光学不透明的，它严重干扰组分的吸收测量。表 5-7 列出了一些常用溶剂的紫外截止波长。

③ 高纯度。由于高效液相色谱法灵敏度高，对流动相溶剂的纯度也要求高，不纯的溶剂会引起基线不稳，或产生“伪峰”。痕量杂质的存在，将使紫外截止波长增加 50～100nm。

④ 化学稳定性好。不能选用与样品发生反应或聚合的溶剂。

⑤ 低黏度。若使用高黏度溶剂，势必增高 HPLC 的流动压力，不利于分离。常用的低黏度溶剂有丙酮、甲醇、乙腈等。但黏度过于低的溶剂也不宜采用，例如戊烷、乙醚等，它们易在色谱柱或检测器形成气泡，影响分离。

⑥ 毒性小，安全性好。

在 HPLC 中分离好坏的关键是选择合适的流动相，因此了解溶剂的相关特性参数有助于对流动相的选择。其中主要有溶剂强度参数、溶解度参数和极性参数等。HPLC 最常用的溶剂及其参数见表 5-7。

表 5-7　HPLC 流动相常用溶剂的特性参数

溶剂	紫外截止波长/nm	折射率(25℃)	沸点/℃	黏度(25℃)/mPa·s	极性参数	溶剂强度参数	介电常数(20℃)	溶解度参数
正庚烷	195	1.385	98	0.40	0.2	0.01	1.92	7.4
正己烷	190	1.372	69	0.30	0.1	0.01	1.88	7.3
环己烷	200	1.404	49	0.42	−0.2	0.05	1.97	8.2
1-氯丁烷	220	1.400	78	0.42	1.0	0.26	7.4	
溴己烷		1.421	38	0.38	2.0	0.35	9.4	
四氢呋喃	212	1.405	66	0.46	4.0	0.57	7.6	9.1
丙胺		1.385	48	0.36	4.2		5.3	
乙酸乙酯	256	1.370	77	0.43	4.4	0.53	6.0	8.6
氯仿	245	1.443	61	0.53	4.1	0.40	4.8	9.1
甲乙酮	329	1.376	80	0.38	4.7	0.51	18.5	
丙酮	330	1.356	56	0.3	5.1	0.56	37.8	9.4
乙醇	190	1.341	82	0.34	5.8	0.65	32.7	11.8
甲醇	205	1.326	65	0.54	5.1	0.95	80	12.9
水	187	1.333	100	0.89	10.2			21

5.3.3 高效液相色谱法分类

高效液相色谱法根据分离机制不同，可分为以下几种类型：液-液分配色谱法、液-固吸附色谱法、离子交换色谱法、尺寸排阻色谱法与亲和色谱法等。

5.3.3.1 液-液分配色谱法

在液-液分配色谱法（liquid-liquid partition chromatography，LLPC）中，流动相和固定相均为液体，作为固定相的液体涂在很细的惰性载体上，适用于各种类型样品的分离和分析，无论是极性和非极性的、水溶性和油溶性的、离子型和非离子型的化合物。

(1) 分离原理　液-液分配色谱法的分离原理基本与液-液萃取相同，都是根据物质在两种互不相溶的液体中溶解度的不同，具有不同的分配系数。所不同的是液-液色谱分配是在柱中进行的，使这种分配平衡可反复多次进行，造成各组分的差速迁移，提高了分离效率，从而能分离各种复杂组分。

(2) 固定相　由于液-液色谱中流动相参与选择竞争，因此，对固定相选择较简单，只需使用几种极性不同的固定液即可解决分离问题。例如，最常用的强极性固定液 β,β-氧二丙腈、中等极性的聚乙二醇和非极性的角鲨烷等。

为了更好解决固定液在载体上的流失问题，产生了化学键合固定相。它是将各种不同有机基团通过化学反应键合到载体表面的一种方法。由于它代替了固定液的机械涂渍，因此它对液相色谱法的迅速发展起着重大作用，可以认为它的出现是液相色谱法的一个重大突破。它是目前应用最广泛的一种固定相。据统计，约有 3/4 以上的分离问题是在化学键合固定相上进行的。

(3) 流动相　在液-液色谱中，为了避免固定液的流失，对流动相的一个基本要求是流动相尽可能不与固定相互溶，而且流动相与固定相的极性差别越显著越好。根据所使用的流动相和固定相的极性程度，将其分为正相分配色谱和反相分配色谱。如果采用流动相的极性小于固定相的极性，称为正相分配色谱，它适用于极性化合物的分离，其流出顺序是极性小的先流出，极性大的后流出。如果采用流动相的极性大于固定相的极性，称为反相分配色谱，它适用于非极性化合物的分离，其流出顺序与正相分配色谱恰好相反。

5.3.3.2 化学键合相色谱法

采用化学键合相的液相色谱称为化学键合相色谱法（chemically bonded phase chromatography，CBPC），简称键合相色谱法。由于键合固定相非常稳定，在使用中不易流失，适用于梯度淋洗，特别适用于分离容量因子 k 值范围宽的样品。由于键合到载体表面的官能团可以是各种极性的，因此它适用于种类繁多样品的分离。

(1) 键合固定相类型　用来制备键合固定相的载体，几乎都用硅胶。利用硅胶表面的硅醇基（Si—OH）与有机分子之间可成键，即可得到各种性能的固定相。一般可分三类。

① 疏水基团　如不同链长的烷烃（C_8 和 C_{18}）和苯基等。

② 极性基团　如氨丙基、氰乙基、醚和醇等。

③ 离子交换基团　如作为阴离子交换基团的氨基、季铵盐，作为阳离子交换基团的磺酸等。

(2) 键合固定相的制备

① 硅酸酯（≡Si—OR）键合固定相　它是最先用于液相色谱的键合固定相，利用醇与硅醇基发生酯化反应：

$$\equiv Si-OH + ROH \longrightarrow \equiv Si-OR + H_2O$$

由于这类键合固定相的有机表面是一些单体，具有良好的传质性能。但这些酯化过的硅胶填料易水解且受热不稳定，因此仅适用于不含水或醇的流动相。

② ≡Si—C 或≡Si—N 共价键键合固定相　制备反应如下：

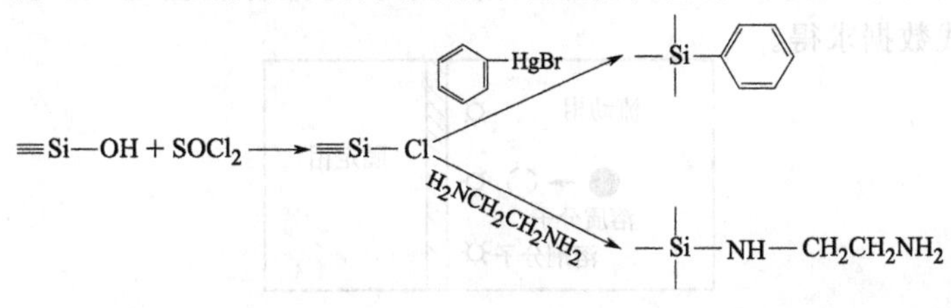

此类共价键键合固定相不易水解，并且热稳定性较硅酸酯好。缺点是格氏反应不方便；当使用水溶液时，必须限制 pH 在 4～8。

③ 硅烷化键合固定相　制备反应如下：

$$\equiv Si—OH + ClSiR_3 \longrightarrow —\underset{|}{\overset{|}{Si}}—O—SiR_3 + HCl$$
$$(或ROSiR_3)$$

这类键合固定相具有热稳定性好，不易吸水，耐有机溶剂的优点。能在 70℃以下、pH2～8 正常工作，应用较广泛。

(3) 反相键合相色谱法　此法的固定相是采用极性较小的键合固定相，如硅胶—$C_{18}H_{37}$、硅胶-苯基等；流动相是采用极性较强的溶剂，如甲醇-水、乙腈-水、水和无机盐的缓冲溶液等。它多用于分离多环芳烃等低极性化合物；若采用含一定比例的甲醇或乙腈的水溶液为流动相，也可用于分离极性化合物；若采用水和无机盐的缓冲液为流动相，则可分离一些易离解的样品，如有机酸、有机碱、酚类等。反相键合相色谱法具有柱效高，能获得无拖尾色谱峰的优点。

在高效液相色谱领域中，反相键合相色谱法也称为反相高效液相色谱法（RP-HPLC），它已成为通用型液相色谱的方法被广泛用于极性、非极性和离子型化合物的分离。据统计，在高效液相色谱的工作中，约有 85%以上是在反相高效液相色谱法中进行的。

(4) 正相键合相色谱法　此法是以极性的有机基团，如—CN、—NH_2、双羟基等键合在硅胶表面作为固定相；而以非极性或极性小的溶剂（如烃类）中加入适量的极性溶剂（如氯仿、醇、乙腈等）为流动相，分离极性化合物。此时，组分的分配比随其极性的增加而增大，但随流动相极性的增加而降低，这种色谱方法主要用于分离异构体、极性不同的化合物，特别适用于分离不同类型的化合物。

5.3.3.3　液-固吸附色谱法

液-固吸附色谱法是根据吸附作用的不同来达到物质的分离。其作用机理如图 5-18 所示。在固定相表面产生溶质分子和固定相之间的相互作用，这种作用表现为溶质分子和流动相（溶剂）分子在固定相表面发生的竞争吸附现象。溶质分子 X 和溶剂分子 S 对活性表面产生的竞争用下列方程式表示

$$X_m + \eta S_a \rightleftharpoons X_a + \eta S_m$$

式中　X_m——流动相中的溶质分子；

X_a——被吸附的溶质分子；

S_a——被吸附在表面上的溶剂分子；

S_m——流动相中的溶剂分子；

η——被吸附的溶剂分子数。当溶质分子 X 被吸附时，它便取代了固定相表面的溶剂分子。这种竞争吸附达到平衡时，可用下式表示

$$K = \frac{[X_a][S_m]^\eta}{[X_m][S_a]^\eta}$$

此式表明如果溶剂分子吸附性更强，则被吸附的溶质分子将相应地减少。K 是分配系数，可通过吸附等温线数据求得。

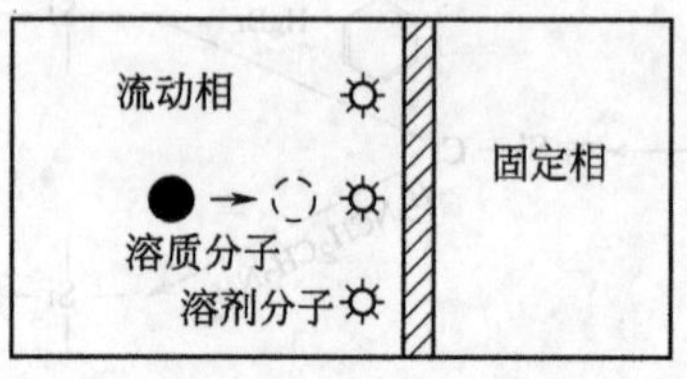

图 5-18　液-固吸附色谱机理

液-固吸附色谱法用的固定相，都是一些吸附活性强弱不等的吸附剂，例如硅胶、氧化铝、分子筛、聚酰胺等。样品分子与溶剂分子在固体表面竞争吸附时，官能团极性强度大且数目多的样品分子有较大的保留值，反之，保留值较小。因此，液-固吸附色谱法有利于对混合物进行族分离。例如，烷烃、烯烃、芳烃在全孔硅胶（μ-porasil）上已得到成功分离。薄壳型填料和全孔型微粒可用作液-固色谱法的吸附剂。

5.3.3.4 离子交换色谱法

离子交换色谱法是基于离子交换树脂上可电离的离子与流动相中具有相同电荷的溶质离子进行可逆交换，依据这些离子在交换剂上有不同的亲和力而被分离。

凡是在溶剂中能够离解的物质通常都可以用离子交换色谱法来进行分离。当被分析物质离解后产生的离子与树脂上带相同电荷的离子（反离子）进行交换而达到平衡时，可用下列方程式来表示

$$[M]^+ + [Na]^+ [O_3S\text{—树脂}]^- \rightleftharpoons [M]^+ [O_3S\text{—树脂}]^- + [Na]^+$$

$$[X]^- + [Cl]^- [R_4N\text{—树脂}]^+ \rightleftharpoons [X]^- [R_4N\text{—树脂}]^+ + [Cl]^-$$

式中 $[M]^+$——阳离子；

$[X]^-$——阴离子。

在上述方程式达平衡后的平衡常数 K 为分配系数，分配系数 K 值越大，表示溶质的离子与离子交换剂的相互作用愈强。由于不同的物质在溶剂中离解后，对离子交换中心具有不同的亲和力，因此就产生了不同的分配系数。亲和力越高的物质在柱中的保留时间也就越长。

目前，液相色谱中常用两种离子交换树脂——薄壳型树脂及多孔型树脂，前者是在玻璃微球上涂覆薄层的离子交换树脂，这种树脂柱效高，柱内沿柱长方向的压降小，在缓冲溶液成分变化时不会膨胀也不会压缩。这种类型的树脂主要用来分离简单混合物，被分析试样的绝对进样量小。多孔型树脂是极小（<25μm）的球形纯离子交换树脂，这种树脂主要用在分离组分复杂（例如 8～9 个组分以上）的物质，进样容量较大。

5.3.3.5 凝胶渗透色谱法

详见 8.1.3 凝胶渗透色谱方法。

5.3.4 高效液相色谱分离类型的选择

HPLC 的特点之一是分离方法比较多，而每一种分离方法都不是万能的，它们各自适应一定的分析对象。因此，在选择分离类型时，既要考虑每种分析类型的特点，还要考虑样品本身的特性。一般可根据样品的分子量、溶解度和分子结构(官能团)等进行分析方法的初步选择。

（1）根据样品的分子量选择

a. 对于相对分子质量小且容易挥发的样品，适宜用气相色谱分析；

b. 相对分子质量在 200～2000 的样品，适宜用液-固色谱、液-液色谱、离子交换色谱、离子排斥色谱进行分析；

c. 相对分子质量大于 2000 样品的适宜用体积排阻色谱。

（2）根据样品的溶解度选择　凡能溶解于烃类（如苯或异辛烷）的样品则用液-固色谱。一般芳香族化合物在苯中溶解度高，脂肪族化合物在异辛烷中有较大的溶解度。如果样品溶于二氯甲烷则多用常规的分配色谱和吸附色谱进行分离，样品如果不溶于水但溶于异丙醇，常用水和异丙醇混合液做液-液分配色谱的流动相，用憎水性化合物做固定相。体积排阻色谱对溶解于任何溶剂的物质都适用。

（3）根据样品的分子结构（官能团）选择　化合物中有能离解的官能团（如有机酸、有

机碱）可用离子交换色谱来分离。脂肪族或芳香族可以用分配色谱、吸附色谱来分离。一般用液-固色谱来分离异构体，用液-液色谱来分离同系物。

关于样品的液相色谱分离类型选择一般为：

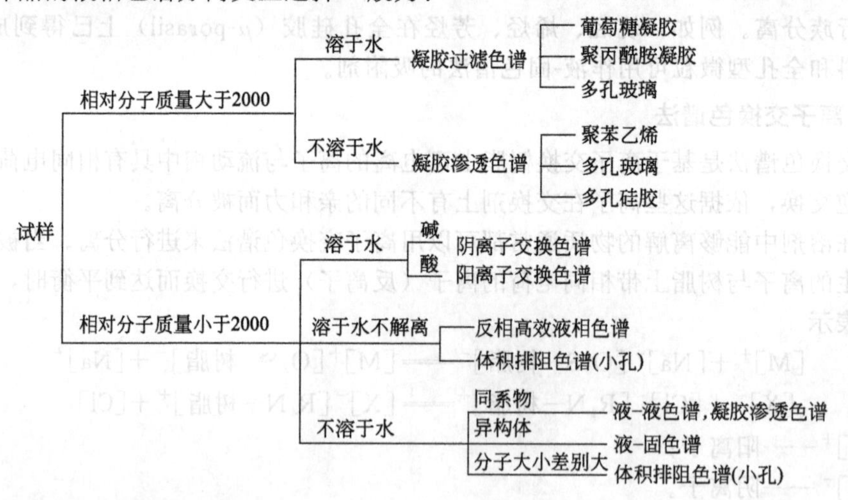

5.3.5 液相色谱检测器

（1）紫外吸收检测器和紫外可见吸收检测器　目前在高效液相色谱中广泛使用的检测器是紫外吸收检测器，几乎所有的高效液相色谱仪都配有紫外吸收检测器。它对能吸收紫外光的所有溶质都有响应值，是一种性能优良、应用普遍的检测器。这种检测器对温度和流速波动不敏感，适合梯度洗脱，应用范围宽，对许多溶质都有很高的灵敏度。其灵敏度能达到0.005吸光单位，对具有中等程度紫外吸收的溶质能检测到纳克数量级，噪声水平为满刻度吸光单位的±1%。

图5-19中（a）和（b）是紫外吸收检测器采用的两种常见结构的流通池（测量池）。（a）是经典的Z形流通池，现已较少采用。为了减少流速变化造成的噪声和漂移，常用（b）所示的H形流通池，流动相从池下方中间流入，经两侧流入光通道窗口后向上方中间汇合流出。对流通池内壁应抛光和保持非常清洁的表面，以防止孔壁形成的多次反射和折射。

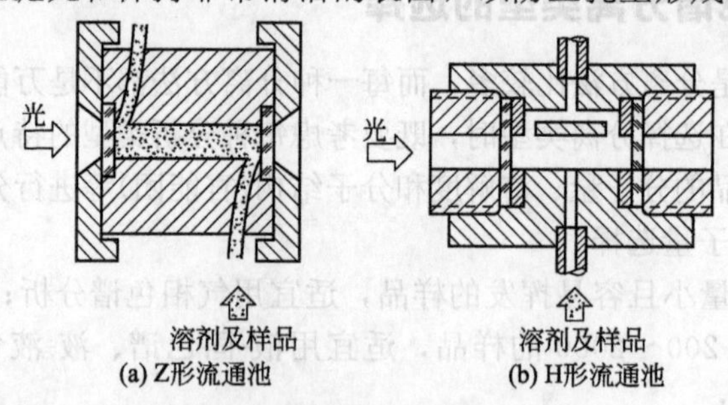

图5-19　两种常见结构的流通池

由于紫外-可见分光光度计采用了精密的分光技术、自动扫描和双光路光学系统，使其应用范围、选择性大为提高，目前已成为高效液相色谱仪的主要检测器之一。

（2）示差折光检测器　示差折光检测器是一种浓度型通用检测器，应用也很广泛，特别在凝胶渗透色谱中是十分理想的检测器。它是一种连续监测流通池中溶液折射率变化的方法。溶液的折射率是溶剂（流动相）和溶质（待测组分）各自的折射率乘以各自的摩尔分数之和。因此，溶有溶质的流动相和纯流动相之间的折射率之差表示了溶质在流动相中浓度的变化。只要溶质和流动相的折射率有 0.1 的差别，就能容易地检测到 1mg/mL 的溶质。差值愈大，灵敏度愈高。示差折光检测器不能用于一般的梯度洗脱，因为必须严格地保持测量池和参比池的折射率相等。

（3）荧光检测器　荧光检测器是一种很灵敏的、有选择性的检测器，它是一种测量溶液荧光强度的装置。当某些溶质受紫外光照射后，能吸收紫外光线而处于激发状态，随之辐射出大于紫外光波长的光线，这种光线一般是可见的，称为荧光。如果入射紫外光光强一定，溶液的厚度不变，在被测溶液浓度较低时，溶质受激而发生荧光强度与被测溶质的浓度成正比。某些代谢物、药物、氨基酸、胺类、维生素和甾族化合物等都能用荧光检测器检测。许多不能吸收紫外光产生荧光的化合物经过荧光衍生化处理后也可进行荧光检测。一些荧光较弱的化合物经荧光增强处理后也能进行荧光检测。

如果选用的溶剂对紫外光和荧光是绝对透明的，溶剂对检测无干扰，则可以很方便地使用梯度洗脱技术。用荧光检测器检测强荧光化合物，如硫酸喹啉，其最低检测浓度可达 10^{-9} g/mL。

图 5-20 是美国 DuPont 公司 836 型吸光-荧光式检测器的光路系统（虚线内为垂直角度光源单光束）。

由中压汞灯发出的紫外光透过半透半反射镜后，经激发光滤光片滤光，只允许一定波长的紫外光透过，然后由透镜聚焦在测量池内。当柱后流出物中有能被激发产生荧光的溶质流入检测池内时，则吸收紫外光发出荧光。此荧光透过发射光滤光片，除去荧光以外的其他光，照射到光电倍增管，转变为光电流并放大后送记录仪记录。为了提高灵敏度并消除来自流动相发射出的基底荧光，目前多使用设有参比池和测量池的双光束光电池测量系统。

（4）电导检测器　电导检测器是根据物质在某些介质中电离后所产生的电导变化来测定电离物质含量的检测器。电导检测器在液相色谱中可直接检测柱后流出物的电导变化，从而计算出物质的含量。以水中微量氯化钠检测为例，其灵敏度可达 10^{-8} g/mL。

图 5-21 是这种检测器的结构示意。电导池内的检测探头是由一对平行的电极组成，铂丝、不锈钢或其他惰性金属都可制作电极，将两个电极构成惠斯通电桥的一个测量臂。当电离组分通过时，其电导值和流动相电导值之差被记录下来。电导检测器的响应受温度影响较大，如果被测溶液温度升高 1℃，则溶液的电导率将增加 2%，因此要求严格控制温度。一般在电导检测器旁置热敏电阻器进行监测。电导检测器不能用于梯度洗脱。

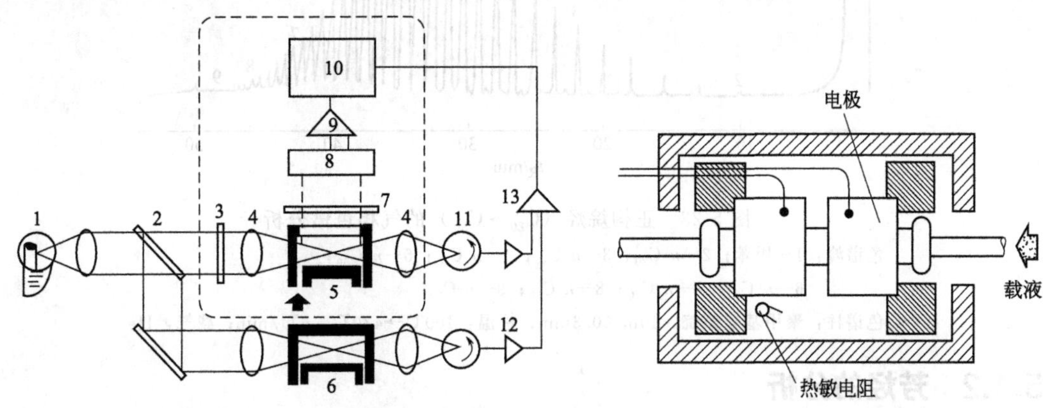

图 5-20　836 型吸光-荧光式检测器的光路系统

1—中压汞灯光源；2—10%反射棱镜；3—激发光滤光片；4—透镜；5—测量池；6—参比池；7—发射光滤光片；8—光电倍增管；9—放大器；10—记录器；11—光电管；12—对数放大器；13—线性放大器

图 5-21　电导检测器的结构

关于高效液相色谱的定性、定量方法与气相色谱基本相同，本章不再赘述。

5.4 色谱法的典型应用

5.4.1 烷烃的分析

中等沸点烷烃的分析可采用气相色谱法，并在非极性柱上进行（见图 5-22）。高温毛细管柱的出现，为高沸点石油馏分的测定开辟了广阔的前景。对高碳数、宽沸程的原油、重油等样品，用高温、短柱、薄膜、大口径的毛细管柱分离可取得满意的效果（见图 5-23）。

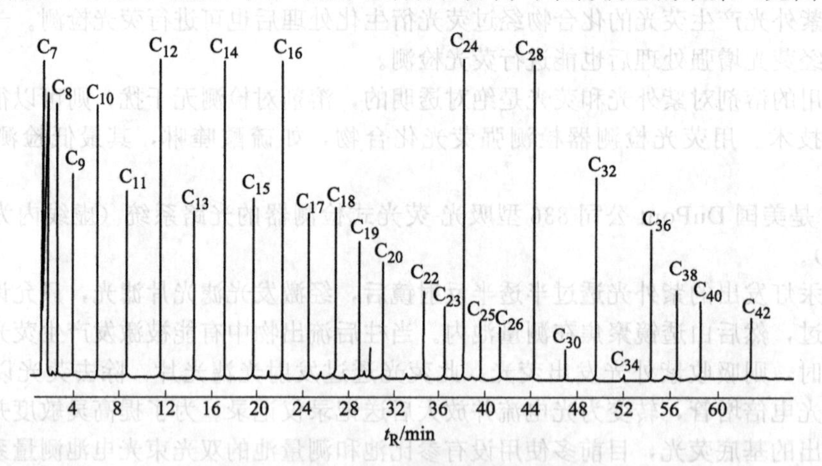

图 5-22　C_7～C_{42} 烃的气相色谱分析

色谱峰：组分名称见色谱图；色谱柱：OV-1，30m×0.53mm；
柱温：40℃→340℃，5℃/min；载气：H_2

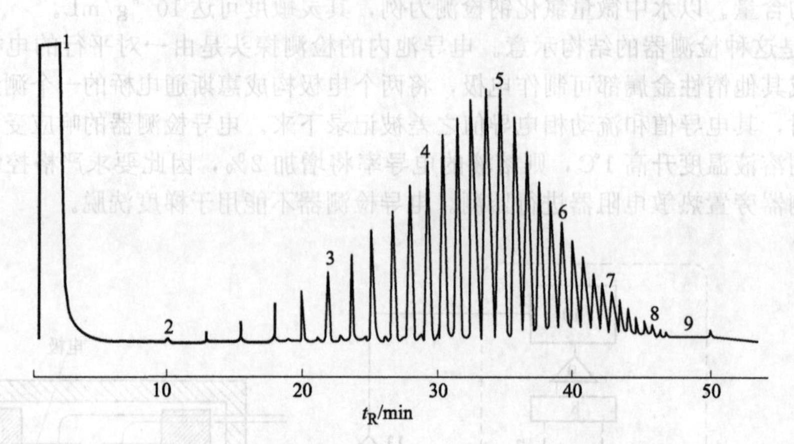

图 5-23　正构烷烃（C_{20}～C_{30}）的气相色谱分析

色谱峰：1—甲苯；2—n-C_{20}；3—n-C_{30}；4—n-C_{40}；5—n-C_{50}；
6—n-C_{60}；7—n-C_{70}；8—n-C_{80}；9—n-C_{90}

色谱柱：聚甲基硅氧烷，10m×0.3mm；柱温：100℃→430℃，6℃/min；载气：He

5.4.2 芳烃的分析

芳烃中邻、间、对异构体分离是关键问题之一。在填充柱中一般要采用特殊选择性的固定液，如有机皂土。在毛细管色谱中，常采用极性或中等极性固定液，如图 5-24 所示。在汽油样品的分析中，由于烷烃和芳烃有着类似的沸点，使用非极性柱分离时，烷烃对芳烃的干扰较大（见图 5-25），采用强极性或中等极性的毛细管柱可以使芳烃流出延迟，从而减少烷烃的干扰。

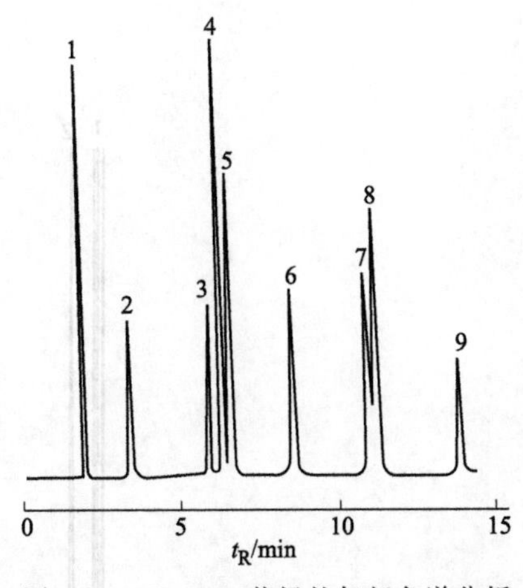

图 5-24　C_6～C_9 芳烃的气相色谱分析

色谱峰：1—苯；2—甲苯；3—乙基苯；4—对二甲苯；5—间二甲苯；6—邻二甲苯；7—对甲基乙基苯；8—间甲基乙基苯；9—邻甲基乙基苯

色谱柱：PEG-20M 交联柱，19m×0.25mm；柱温：40℃；载气：N_2

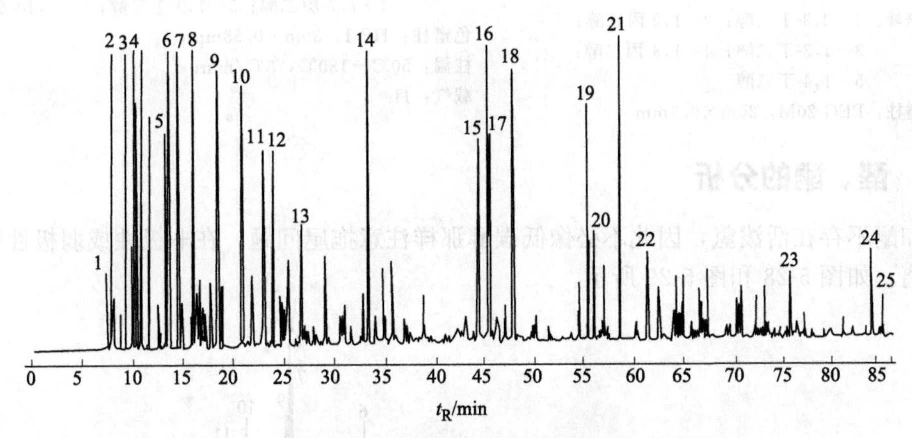

图 5-25　无铅汽油的气相色谱分析

色谱峰：1—异丁烷；2—正丁烷；3—异戊烷；4—正戊烷；5—2,3-二甲基丁烷；6—2-甲基戊烷；7—3-甲基戊烷；8—正己烷；9—2,4-二甲基戊烷；10—苯；11—2-甲基己烷；12—3-甲基己烷；13—正庚烷；14—甲苯；15—乙基苯；16—间二甲苯；17—对二甲苯；18—邻二甲苯；19—1-甲基-3-乙基苯；20—1,3,5-三甲基苯；21—1,2,4-三甲基苯；22—1,2,3-三甲基苯；23—萘；24—2-甲基萘；25—3-甲基萘

色谱柱：AT-Petro，100m×0.25mm；柱温：35℃→200℃，2℃/min；载气：He

5.4.3　醇、酚的分析

醇、酚类化合物由于含活泼氢，因此对低分子量醇、酚的分离，特别要注意拖尾的问题。这类化合物习惯上采用聚乙二醇或 OV-17 等极性固定相来分离，如图 5-26 所示。如果非极性柱惰性较好，也能取得较好的分离效果，如图 5-27 所示。对于高碳数醇，在极性固定液中可能流不出来，因此只能采用非极性柱，必要时还要衍生化后再进行分析。

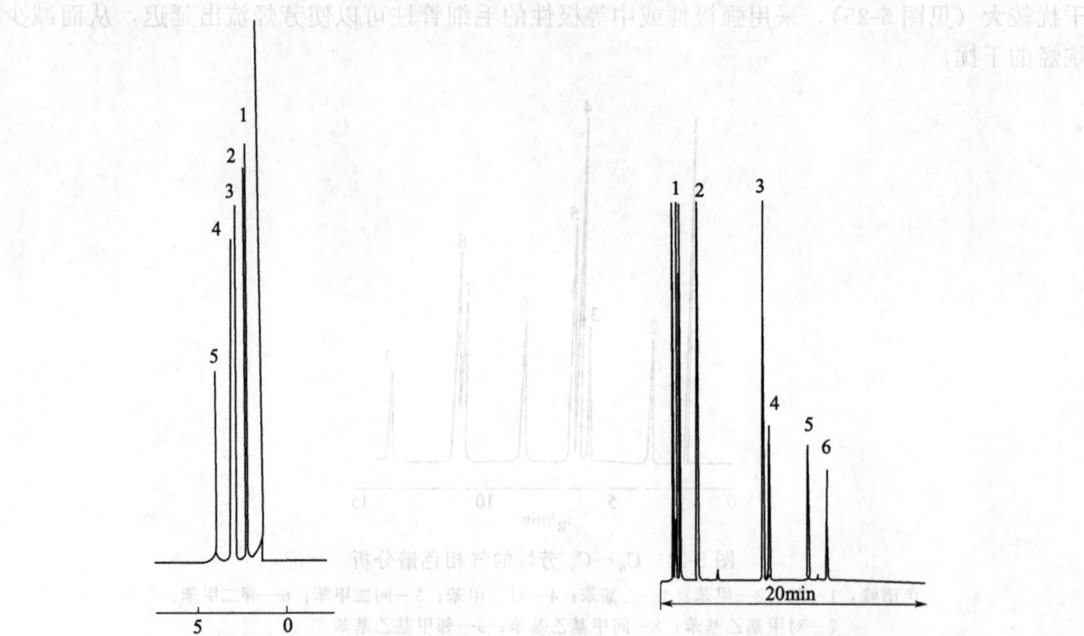

图 5-26　C_2～C_3 二醇的气相色谱分析

色谱峰：1—2,3-丁二醇；2—1,2 丙二醇；3—1,3-丁二醇；4—1,3-丙二醇；5—1,4-丁二醇

色谱柱：PEG-20M，20m×0.3mm

图 5-27　工业用乙二醇的典型气相色谱分析

色谱峰：1—乙二醇；2—1,3 丁二醇；3—乙二醇苯醚；4—1,7-庚二醇；5—1,9-壬二醇；6—1,10-癸二醇

色谱柱：HP-1，30m×0.53mm；

柱温：50℃→180℃，8℃/min；

载气：He

5.4.4　醛、酮的分析

醛和酮不存在活泼氢，因此不必像低碳醇那样注意拖尾问题，在非极性或弱极性柱上能很好分离。如图 5-28 和图 5-29 所示。

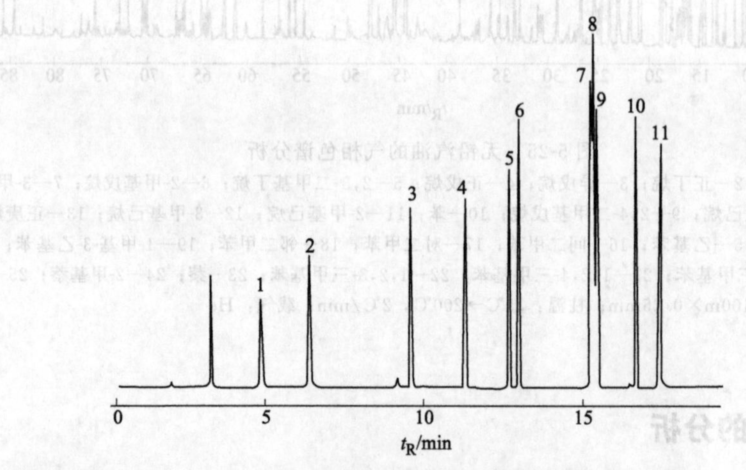

图 5-28　酮的气相色谱分析

色谱峰：1—丙酮；2—甲乙酮；3—2-戊酮；4—甲基异丁基酮；5—2-己酮；6—异亚丙基丙酮；7—乙基丁基酮；8—甲基戊基酮；9—环己酮；10—乙基戊基酮；11—二异丁基酮

色谱柱：DB-1，30m×0.32mm；柱温：40℃（5min）→210℃，10℃/min；载气：He

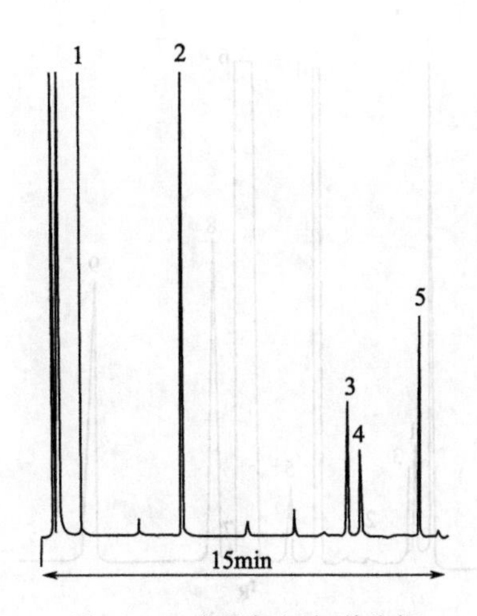

图 5-29　醛的气相色谱分析

色谱峰：1—己醛；2—壬醛；3—十二醛；4—十四醛；5—十六醛

色谱柱：HP-1，30m×0.53mm；柱温：35℃；载气：He

5.4.5 酸、酯的分析

酸类化合物极性太强，又含活泼氢，最好酯化后进行分析。若要分析游离酸，建议使用PEG-20M类或酸性柱子，如FFAP。如果柱子惰性好，在非极性或弱极性柱上分离反而可以取得更短的分析时间。分离酯类化合物，一般选用非极性或弱极性色谱柱。如图5-30所示。

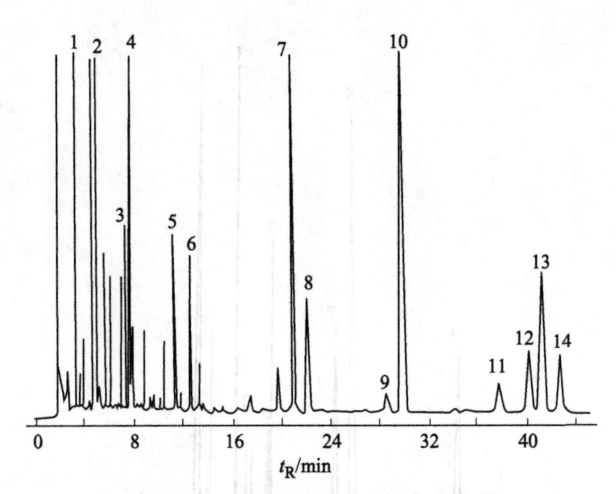

图 5-30　C_{14}～C_{24} 脂肪酸甲酯的气相色谱分析

色谱峰：1—正十四酸甲酯；2—正十六酸甲酯；3—正十八酸甲酯；4—油酸甲酯；
5—十八碳四烯酸甲酯；6—正二十酸甲酯；7—二十碳五烯酸甲酯；8—正二十二酸甲酯；
9—二十一碳五烯酸甲酯；10—正二十三酸甲酯；11—二十二碳五烯酸甲酯；12—正二十四酸甲酯；
13—二十二碳六烯酸甲酯；14—神经酸甲酯

色谱柱：Omegawax 320，30m×0.32mm；柱温：200℃；载气：He

5.4.6 硝基化合物的分析

硝基化合物由于具有较大的极性，可考虑采用极性柱，例如OV-225（见图5-31），RT_X-200等，可得到尖锐对称的峰形。有时也可采用SE-54等弱极性柱。

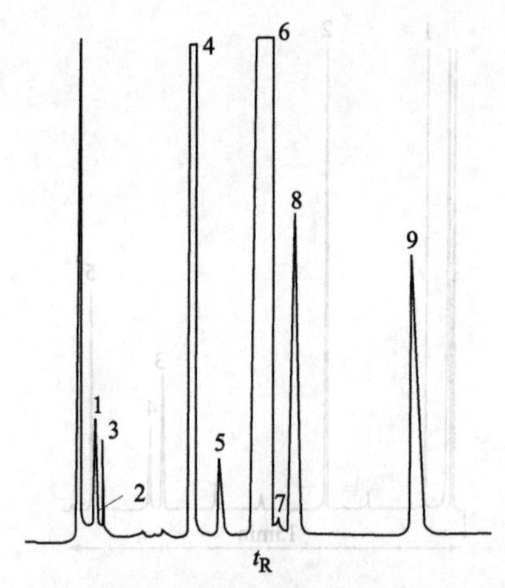

图 5-31　硝基甲苯的气相色谱分析

色谱峰：1—邻甲基硝基苯；2—间甲基硝基苯；3—对甲基硝基苯；4—2,6-二硝基甲苯；5—2,5-二硝基甲苯；6—2,4-二硝基甲苯；7—3,5-二硝基甲苯；8—2,3-二硝基甲苯；9—3,4-二硝基甲苯

色谱柱：OV-225，28m×0.27mm；柱温：195℃；载气：N_2

5.4.7 挥发性卤代烃的分析

挥发性卤代烃在生产中应用较广，常采用气相色谱法分析检测。用弱极性的柱子如 SE-54、DB-624、DB-1310 等均可（见图 5-32）。有时采用较强极性的色谱柱也可得到满意的分离效果。

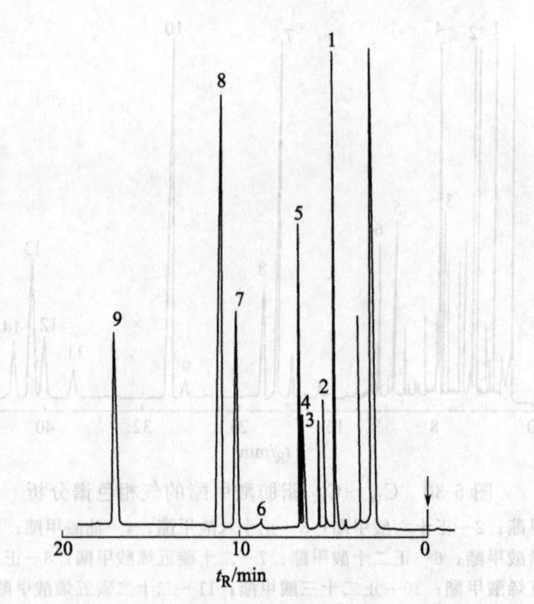

图 5-32　水中氯代烃的气相色谱分析

色谱峰：1—氯仿；2—1,1,1-三氯乙烷；3—四氯化碳；4—三氯乙烯；5—二氯溴甲烷；6—1,1,2-三氯乙烷；7—二溴氯甲烷；8—四氯乙烯；9—溴仿

色谱柱：SE-54，50m×0.32mm；柱温：80℃；载气：N_2

5.4.8 胺类化合物的分析

对于胺类化合物，需特别注意由氨基引起的拖尾问题，此时常采用结构类似的固定液如聚乙醇胺等，也可采用中等极性或强极性柱，如 PEG-20M，DEGS 等。伯胺及胺的气相色谱分析如图 5-33 和图 5-34 所示。

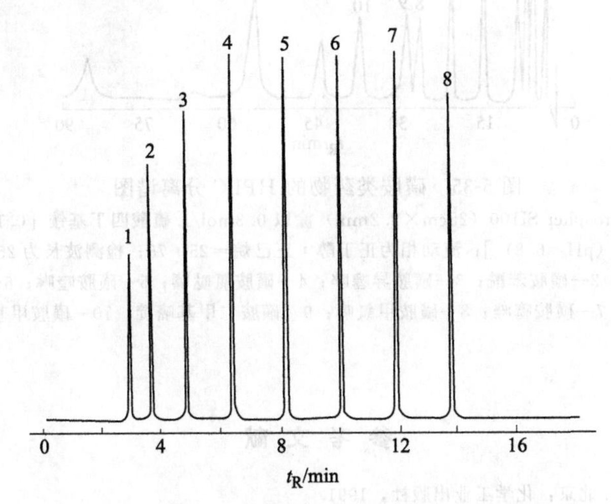

图 5-33　伯胺的气相色谱分析

色谱峰：1—丙胺；2—丁胺；3—戊胺；4—己胺；5—庚胺；6—辛胺；7—壬胺；8—癸胺

色谱柱：Carbowax，Amine，30m×0.53mm；柱温：50℃→200℃，8℃/min；载气：He

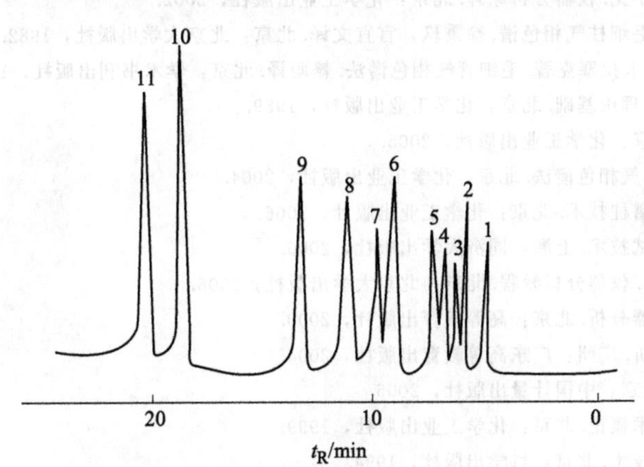

图 5-34　胺的气相色谱分析

色谱峰：1—三甲胺；2—二甲胺；3—甲胺；4—乙胺；5—二乙胺；6—正丙胺；7—三正丙胺；8—二正丙胺；9—正丁胺；10—三正丁胺；11—二正丁胺

色谱柱：*N*,*N*-双羟乙基亚丙基二胺，50m×0.25mm；

柱温：20℃→100℃，10℃/min；载气：N_2

5.4.9 磺胺类药物的 HPLC 分析

磺胺类药物的 HPLC 分离谱图见图 5-35。

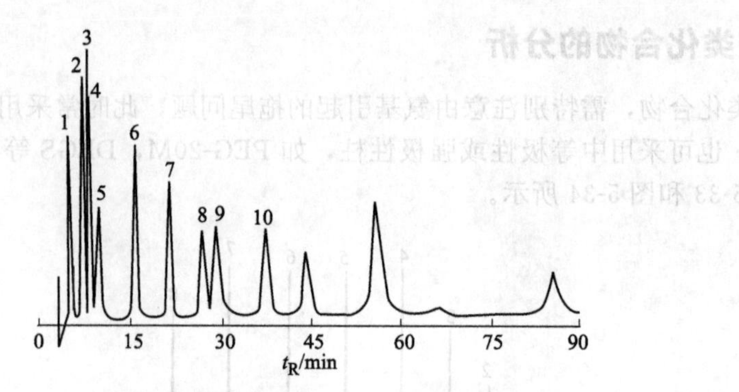

图 5-35 磺胺类药物的 HPLC 分离谱图

固定相为 LiChrospher SI100（25cm×2.2mm）涂以 0.3mol/L 硫酸四丁基铵［0.1mol/L 磷酸缓冲液（pH=6.8）］；流动相为正丁醇∶正己烷=25∶75；检测波长为 254nm

1—酞磺胺噻唑；2—磺胺苯酰；3—磺胺异噻唑；4—磺胺氯哒嗪；5—磺胺喹啉；6—磺胺间二甲氧嘧啶；7—磺胺噻唑；8—磺胺甲氧嗪；9—磺胺二甲基嘧啶；10—磺胺甲基嘧啶

参 考 文 献

[1] 孙传经.毛细管色谱法.北京：化学工业出版社，1991.

[2] Golayin M J E. Gas Chromatographia. New York：Academic Press，1958.

[3] 刘虎威.气相色谱方法及应用.北京：化学工业出版社，2000.

[4] 何金兰，杨克让，李小戈.仪器分析原理.北京：化学工业出版社，2002.

[5] ［美］詹宁斯著.玻璃毛细柱气相色谱.徐秉玖，官宜文译.北京：北京大学出版社，1982.

[6] ［加］F E 奥那斯卡，卡拉塞克著.毛细管气相色谱法.赖聪译.北京：学术书刊出版社，1989.

[7] 顾惠祥，阎宝石.气谱理论基础.北京：化学工业出版社，1989.

[8] 田丹碧.仪器分析.北京：化学工业出版社，2005.

[9] 许国旺，等.现代实用气相色谱法.北京：化学工业出版社，2004.

[10] 刘国诠，余兆楼.色谱柱技术.北京：化学工业出版社，2006.

[11] 祁景玉.现代分析测试技术.上海：同济大学出版社，2006.

[12] 叶宪曾，张新祥，等.仪器分析教程.北京：北京大学出版社，2006.

[13] 武汉大学化学系.仪器分析.北京：高等教育出版社，2000.

[14] 奚长生，等.仪器分析.广州：广东高等教育出版社，2004.

[15] 夏立娅.仪器分析.北京：中国计量出版社，2006.

[16] 傅若农.色谱分析技术概论.北京：化学工业出版社，1999.

[17] 周良模.气相色谱新技术.北京：科学出版社，1994.

[18] 何华，倪坤.现代色谱分析.北京：化学工业出版社，2004.

[19] 魏福祥.仪器分析及运用.北京：中国石化出版社，2007.

[20] 杜斌，张振中.现代气相色谱技术.郑州：河南医科大学出版社，2001.

[21] 金恒亮.手性气相色谱法.北京：化学工业出版社，2006.

第6章 催化材料性能测试

催化技术是建立近代化学工业的基石。催化剂的反应性能是由催化剂的性质决定的。因此，催化剂性质的测试和表征对催化剂的开发和应用非常重要。但是，大多数催化剂都是非常复杂的，要完全了解催化剂的性能和它的物理、化学结构之间的关联比较困难，需要借助各种测试和表征的技术和方法。本章主要介绍工业催化剂基本性能的测试方法。

6.1 催化材料的宏观物性分析

催化剂的宏观物性指的是组成它的各粒子或者粒子聚集体的大小、形状与孔隙结构所构成的体积、形状及大小分布的特点，以及与此有关的机械强度。这些性质对催化反应动力学过程及催化性能具有重要的意义。

6.1.1 颗粒度测定

催化剂颗粒是由许多二次粒子构成的颗粒集合体，其大小或尺寸称为颗粒度。

（1）颗粒直径　单个颗粒的颗粒度称为颗粒直径。颗粒直径常用当量直径 d_p 表示，对于球形颗粒其当量直径就等于它的球直径，即

$$d_p=\frac{V_B}{S_a} \tag{6-1}$$

式中　V_B——小球体积，m^3；

S_a——小球的外表面积，m^2。

对于非球形颗粒，在数值上等于与其具有相同 $\frac{V_B}{S_a}$ 值的球形颗粒的直径。

（2）颗粒大小及其分布　粒度分布的测定常常按照颗粒的大小采用不同的方法。筛分法可以用于测定 30～5000μm 的粒度分布，沉降法用于测定 5～300μm 的粒度分布，而对于纳米级微晶大小的粒度分布测定则要用到 X 射线衍射法和电子显微镜法。

① 筛分法　所谓筛分法测粒度分布，就是将粉末样品振荡通过一系列标准结构的筛子(标准筛)，根据停留在一定筛孔大小的筛子上的质量来计算粒度分布。操作时，把样品放在最上面筛孔最大的筛子中，振荡 30min，称取各个筛中的保留量，然后再振荡 5min，使称重差值不大于 2%，各筛中保留量占样品总质量的百分数即为粒度按筛孔大小的分布。

标准筛是指一系列具有一定大小筛孔的筛子，筛孔的目数是指筛网上每英寸长度筛孔的数目，如 20 目、200 目等，但各国对标准筛的大小规定不同，我国用的标准筛的标准接近泰勒标准。表 6-1 列出了筛网的泰勒标准。

② 淘析法　将一定质量的粉末样品分别放入一组直径不同的管子中，用一定流速的空气由下向上通过，将一部分粒子带出管外，收集后称量。带出管外的粒子取决于粒子的相对密度及气流速率，其最大直径可按斯托克斯公式计算，即

$$u_t=\frac{gd_p^2(\delta-\rho)}{18\mu} \tag{6-2}$$

式中 g——重力加速度；

d_p——颗粒直径；

$\delta-\rho$——固体颗粒密度和流体密度之差；

μ——流体的黏度；

u_t——流体的线速度，即能带出最大直径为 d_p 的颗粒的流体线速度。

表 6-1 筛网的泰勒标准

网目/目(in)	孔径大小/mm	网目/目(in)	孔径大小/mm
4	4.699	100	0.147
8	2.362	115	0.124
10	1.651	150	0.104
20	0.833	200	0.074
42	0.351	270	0.053
60	0.246	325	0.043
80	0.175	400	0.038

③ 沉降法 这是根据颗粒在静止液体中的沉降速率来测定粒度分布的，即将预先分散均匀的悬浮液加入一垂直管中，经过一定时间后，在一定高度上取样分析其中样品质量，或者随时间分析容器底部的沉降物，均可按斯托克斯公式计算出相应的平均颗粒直径 d_p。

6.1.2 密度测定

催化剂的密度是单位体积内含有的催化剂的质量。以 V 表示体积，m 表示质量，则密度 ρ 为

$$\rho=\frac{m}{V} \tag{6-3}$$

实际催化剂是多孔的物质，一群堆积的成型固体催化剂其堆积体积 $V_{堆}$ 包括固体骨架体积 $V_{真}$、孔隙体积 $V_{孔}$ 和颗粒间空隙体积 $V_{空}$。即

$$V_{堆}=V_{真}+V_{孔}+V_{空} \tag{6-4}$$

由于体积的含义不同，催化剂密度通常分为三种。

(1) 堆积密度 ρ_C 表示反应器中密实堆积的单位体积催化剂颗粒的质量。

$$\rho_C=\frac{m}{V_{堆}}=\frac{m}{V_{真}+V_{孔}+V_{空}} \tag{6-5}$$

测量 $V_{堆}$ 通常是将催化剂放入适当直径的量筒中，敲打量筒至体积不变后测定。

(2) 颗粒密度 ρ_p 颗粒密度为单颗粒催化剂的质量与其几何体积之比。但是单颗粒几何体积很难准确测量，实际上是取一定堆积体积 $V_{堆}$ 的催化剂精确测量颗粒间空隙体积 $V_{空}$ 后换算求得，又称为假密度。

$$\rho_p=\frac{m}{V_{真}+V_{孔}}=\frac{m}{V_{堆}-V_{空}} \tag{6-6}$$

$V_{空}$ 的测量常采用汞置换法，因为在常压下汞只能充满颗粒之间的空隙。

(3) 骨架密度 ρ_t 单位体积催化剂的实际固体骨架质量称为骨架密度，又叫真密度。

$$\rho_t=\frac{m}{V_{真}}=\frac{m}{V_{堆}-(V_{空}+V_{孔})} \tag{6-7}$$

氦气分子直径小于 0.2nm，并且几乎不被样品吸附。用氦气置换可以测定颗粒之间的空隙和颗粒内部的孔隙（$V_{空}+V_{孔}$），从而求得骨架密度 ρ_t。

6.1.3 机械强度测定

催化剂的使用寿命与催化剂的机械强度密切相关，因此，成品催化剂往往需要测定机械强度。通常测定机械强度的方法是根据使用条件而定的。一般条件下对于固定床催化剂常用抗压强度来衡量，对于流化床催化剂常用磨损强度来衡量。

（1）抗压强度　对于被测催化剂均匀施加压力直至颗粒被压碎为止前所能承受的最大压力或负荷称为抗压强度或压碎强度。一般多采用单颗粒压碎试验法，有时也使用堆积压碎法。适合的测定对象主要是条状、锭片和球形等成型催化剂颗粒。

① 单颗粒压碎强度　常用的测试方法有正压试验法、侧压试验法和刀刃试验法，前者较为通用。

a. 正压试验法、侧压试验法：将具有代表性的单颗粒催化剂以正向（轴向）或侧向（径向）或任意方向（球形颗粒）放在两平直表面间使经受压缩负荷，测量颗粒被压碎时所施加的外力作为强度值。

b. 刀刃试验法：本方法又称刀口硬度法。测定强度时，催化剂颗粒放到刀口下施加负载直至颗粒被切断。对于圆柱状颗粒，以颗粒切断时的外加负载与颗粒横截面积的比值来表示刀刃切断强度数据。

② 堆积压碎强度　催化剂在使用过程中有时破损百分之几就可能造成压降猛增而被迫停车。因此，单颗粒压碎强度试验并不能反映催化剂整体的破碎情况，需要以某压力下一定量催化剂的破碎率来表示，这就是堆积压碎强度。对于不规则催化剂也只能用这种方法测定其压碎强度。测定时，将一固定压力施加于一定体积的催化剂颗粒顶部，加压后，取出样品，经筛分测定细粉百分数，并以此报告均匀负荷条件下的抗压碎能力，即为堆积压碎强度。

（2）磨损强度　测定催化剂磨损强度的方法主要有旋转碰撞法和高速空气喷射法。固定床催化剂一般采用前者，流化床催化剂、沸腾床催化剂采用后者。不管用哪种方法都要保证催化剂在强度测试中是由于磨损失效而不是破碎失效。前者造成细球形粒子，而后者造成不规则的颗粒。

① 旋转碰撞法　将催化剂装入旋转容器内，催化剂在容器旋转过程中上下滚动而磨损，经过一定时间，取出样品，筛出细粉，用单位质量催化剂样品所产生的细粉量，即磨损率来表示强度数据。

② 高速空气喷射法　在高速空气流的喷射作用下使催化剂呈流化态，颗粒间摩擦产生细粉，规定单位质量催化剂样品在单位时间内所产生的细粉量作为评价催化剂抗磨损性能的指标。

6.2 比表面积、孔结构分析

6.2.1 比表面积的测定

比表面积是催化剂的重要物性参数，在比较不同催化剂或者各种处理对催化剂活性影响的时候，就需要知道活性的改变在多大程度上是因为催化剂表面积改变而引起的。固体吸附剂的表面积常以比表面积求出，每克固体吸附剂的总表面积为比表面积，以符号 S_g 表示。

测定比表面积的方法很多，如气体吸附法、X 射线小角度衍射法、电子显微镜法等。这些方法各有优缺点，常用的方法是气体吸附法。

(1) BET法　BET法一直被认为是测定固体比表面积的标准方法，是由Brunauer、Emmett及Teller（1938）建立起来的。本质上而言，它是把Langmuir的单层吸附理论推广到多分子层吸附。其表达式为

$$\frac{p}{V(p_0-p)}=\frac{1}{V_m C}+\frac{(C-1)p}{V_m C p_0} \tag{6-8}$$

式中　p——吸附平衡时的压力；

p_0——吸附气体在该温度下的饱和蒸气压；

V——平衡压力为p时的吸附量；

V_m——表面形成单分子层的吸附量；

C——给定物系在给定温度下，与吸附第一层气体的吸附热有关的常数。

由实验测得一系列对应的p和V值，然后将$p/[V(p_0-p)]$对p/p_0作图，可得到如图6-1所示的直线，直线在纵轴上的截距是$1/V_m C$，斜率为$(C-1)/(V_m C)$，这样就可求得V_m，即

$$V_m=\frac{1}{截距+斜率}$$

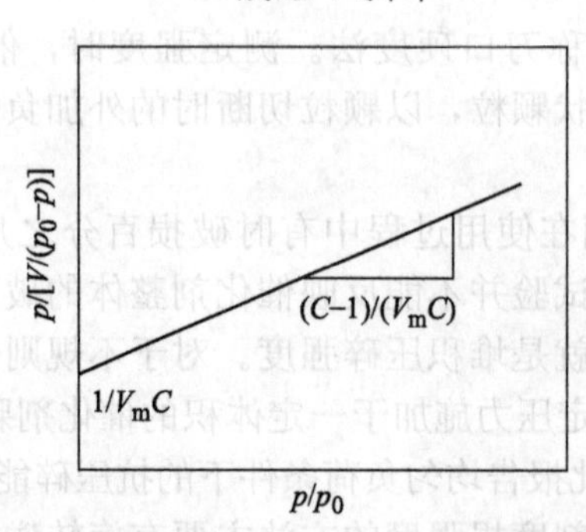

图6-1　$p/[V(p_0-p)]$与p/p_0的关系

当相对压力p/p_0介于0.05～0.35时，实测值和理论值比较吻合，因此这个区间通常用于测定比表面积。在较高p/p_0值时，伴随着多分子层吸附平衡，也会出现一些小孔内吸附质凝聚的复杂性，造成吸附量测定的结果偏离直线关系。当相对压力p/p_0小于0.05时，建立不起多分子层吸附平衡，甚至连单分子层物理吸附也远没有形成，测得的吸附量就会偏低。

如果已知每个吸附分子的横截面积，即可用下式求出吸附剂的比表面积。

$$S_g=\frac{NA_m V_m}{22400W} \tag{6-9}$$

式中　N——阿伏加德罗常数；

A_m——一个吸附分子的横截面积，m^2；

V_m——表面形成单分子层的吸附量，cm^3；

W——样品重量，g。

目前应用最广泛的吸附质是N_2，其$A_m=0.162nm^2$。采用其他气体或蒸气作吸附质时，A_m的值见表6-2。在没有一个比较标准的数值下，A_m的数值也可以按液化或固化吸附质的密度来计算

$$A_m=4\times0.886\times\left(\frac{M}{4\sqrt{2}Nd}\right)^{2/3} \tag{6-10}$$

式中　M——吸附质的分子量；

d——液化或固化吸附质的相对密度。

表 6-2 一些气体分子的横截面积

气体	固体			液体		
	d	温度/℃	横截面积/nm^2	d	温度/℃	横截面积/nm^2
N_2	1.026	−252.5	0.138	0.571	−183	0.17
				0.808	−195.8	0.162
O_2	1.426	−252.5	0.121	1.14	−183	0.141
Ar	1.65	−233	0.128	1.374	−183	0.144
CO		−253	0.137	0.763	−183	0.168
CO_2	1.565	−80	0.141	1.179	−56.6	0.17
CH_4		−253	0.15	0.392	−140	0.181
$n\text{-}C_4H_{10}$				0.601	0	0.321
NH_3		−80	0.117	0.688	36	0.129
SO_2					0	0.192

（2）比表面积的实验测定　BET 法测定比表面积的标准方法是静态氮的低温吸附法，它又分为容量法和重量法。容量法是一种经典测定方法，它是根据吸附前后吸附系统中气体体积的改变来计算吸附量，即测定已进入装置的气体体积和平衡时残留在空间中的气体体积之差，从而求得吸附量。测定装置需要一套复杂的真空吸附装置，而且经常接触水银，操作和计算也很烦琐。重量法与容量法相类似，不同之处在于吸附量不是通过气体方程式计算得出的，而是在改变压力下，由石英弹簧秤吊挂的样品因吸附前后重量变化所引起弹簧伸长而计算得出的，这种方法也需有真空装置，因此这两种方法在使用上受到限制。目前最常使用的是流动吸附色谱法。

流动吸附色谱法测定比表面积的原理仍以 BET 公式为基础。测定时所用的流动气体是一种吸附质和一种惰性气体的混合物，最适宜的是以 N_2 作吸附质，惰性气体 He 作载体。以一定比例的 N_2、He 混合物通过样品，其流出部分用热导池检测。当样品放入液氮中时，样品对混合气中的 N_2 发生物理吸附，而 He 则不会吸附，这时出现一个吸附峰。如果将液氮移去，N_2 又从样品上脱附出来，因此出现一个与吸附峰相反方向的脱附峰。经过校正可以得到在此 N_2 分压下样品的吸附量。改变 N_2、He 的组成则可测出几个不同 N_2 分压下的吸附量，代入 BET 公式即可计算出样品的比表面积。

（3）单点法比表面积　以 N_2 作吸附质时，常数 C 值在 50～200，当 C 较大且用 BET 法作图时，图中直线的截距 $1/(V_mC)$ 常常很小，在计算时往往可以忽略不计，即可以把相对压力 p/p_0 在 0.2～0.25 的一个实验点和原点连成一条直线，由直线斜率的倒数计算 V_m，此法通常称为单点法（一点法）。测出的比表面积称为单点法比表面积。单点法大大简化了实验手续，从而缩短了测试时间，许多 BET 氮吸附法比表面积快速测定仪就是采用单点法。单点法测定的结果比较接近常规 BET 方法的测定值，其误差一般为百分之几。

6.2.2 孔体积的测定

每克催化剂颗粒内所有孔的体积总和称为比孔体积或比孔容，亦称为孔体积（孔容）。根据该定义，比孔容可由颗粒密度与骨架密度算得

$$V_g=\frac{1}{\rho_p}-\frac{1}{\rho_t} \tag{6-11}$$

式中　ρ_p——颗粒密度；

　　　ρ_t——骨架密度。

比孔容可由四氯化碳法直接测定。在一定蒸气压下，使四氯化碳在催化剂的孔内凝聚并充满，凝聚了的四氯化碳体积即为催化剂的孔体积。不同孔径的催化剂需要在不同的分压下操作，产生凝聚现象所需要的孔半径 r 和相对压力 p/p_0 的对应关系可用 Kelvin 方程计算

$$r=\frac{-2\sigma V\cos\varphi}{RT\ln\frac{p}{p_0}} \tag{6-12}$$

当 $T=298\text{K}$ 时，四氯化碳的表面张力 $\sigma=2.61\times10^{-4}\text{N/mol}$，摩尔体积 $V=197\text{cm}^3/\text{mol}$，接触角 $\varphi=0°$，r 与 p/p_0 的计算结果见表 6-3。调节四氯化碳相对压力可使四氯化碳只在真正的孔中凝聚，而不在颗粒之间的空隙处凝聚。由表可知，当 $p/p_0=0.95$ 时，半径小于 400nm 的所有孔都可以被四氯化碳充满。此外，实验结果还表明，相对压力大于 0.95 时，催化剂颗粒间也发生凝聚，使所得结果偏高，通常采用相对压力为 0.95。吸附质是将 86.9 份体积的四氯化碳与 13.1 份体积的正十六烷混合。比孔容按下式计算

$$V_g=\frac{m_1-m_2}{m_1\rho} \tag{6-13}$$

式中　m_1——样品的质量；

　　　m_2——催化剂孔内充满四氯化碳后的总质量；

　　　ρ——实验温度下四氯化碳的密度。

表 6-3　r 与 p/p_0 间的对应关系

p/p_0	r/nm	p/p_0	r/nm
0.995	4000	0.95	400
0.99	2000	0.90	200
0.98	1000	0.80	90

6.2.3　孔隙率

催化剂孔隙率为每克催化剂孔体积与催化剂颗粒体积（不包括颗粒之间的空隙体积）之比，以 θ 表示

$$\theta=\frac{1/\rho_p-1/\rho_t}{1/\rho_p}=V_g\rho_p \tag{6-14}$$

因此，测出颗粒密度和孔体积，或真密度、假密度后都可以测出孔隙率。

6.2.4　平均孔半径

常规孔结构数据，以比表面积、孔体积和平均孔半径报出。平均孔半径是等效圆柱孔的统计半径，以 $\bar{r}$ 表示。若设 $\bar{L}$ 为等效圆柱孔统计平均长度，由这些圆柱孔提供的每克催化剂的孔体积与表面积分别为

$$V_g=\pi\bar{r}^2\bar{L}$$

$$S_g=2\pi\bar{r}\bar{L}$$

两式相比，得到：

$$\bar{r}=\frac{2V_g}{S_g} \quad (6\text{-}15)$$

所以在测定了孔体积和比表面积之后，顺便可以算出平均孔半径。

6.2.5 孔径分布

孔径分布是指催化剂的孔体积随孔径的变化。孔径分布的测定方法很多，细孔一般采用气体吸附法，而粗孔一般采用压汞法。

(1) 气体吸附法　气体吸附法测定细孔半径及分布是以毛细管凝聚理论为基础的，通过 Kelvin 方程式(6-12) 计算孔径。实际发生毛细管凝聚时，管壁上已覆盖有吸附膜，所以相应于一定压力的 r 仅是孔心半径，如将孔简化为圆柱模型，真实的孔径尺寸 r_p 应加以多层吸附厚度 t 的校正，即

$$r_p=r+t \quad (6\text{-}16)$$

对于氮气吸附质，t 取 0.354nm，t 与 p/p_0 的关系可由下述经验式决定

$$t=0.354\left[\frac{-5}{\ln(p/p_0)}\right]^{1/3} \quad (6\text{-}17)$$

在多孔催化剂上吸附等温线常常存在滞后环，即吸附等温线和脱附等温线中有一段是不重合的。对于气体吸附法计算孔分布，一般利用滞后环的脱附数据。

孔径分布测定的过程大致如下。

a. 根据 Kelvin 方程算出各相对压力下产生毛细管凝聚的毛细管半径 r，用式(6-16) 算出真正的孔半径 r_p。

b. 计算得到的 r_p-p/p_0 关系与实验求得的 p/p_0-V（吸附量）关联，用 r_p-V 点绘图得到孔结构曲线，求取曲线上每点的斜率，可得到 $\Delta V/\Delta r_p$-r_p 的对应曲线，即为孔径分布曲线，如图 6-2 所示。与孔径分布曲线的最大值对应的半径称为最可几半径 r_m，即 r_m 是孔半径分布最多的。对孔径分布曲线积分可得到总孔体积。

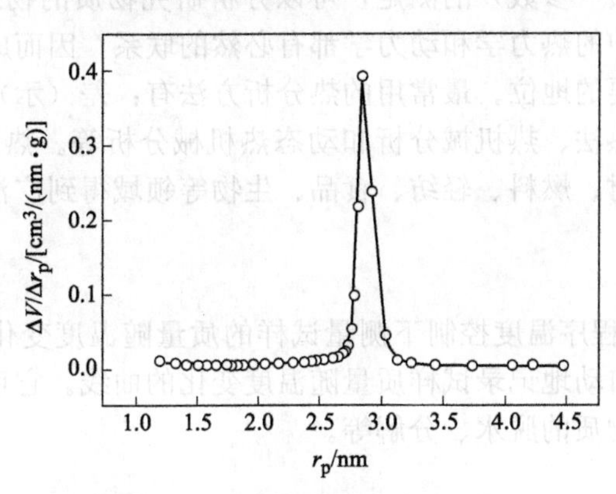

图 6-2　MCM-41 的孔径分布曲线

气体吸附法测量孔径范围为 1.5～30nm，不能测量较大的孔径。

(2) 压汞法　气体吸附法不能测定较大的孔径，而压汞法可以测得 7.5～7500nm 的孔分布，因而弥补了吸附法的不足，其基本原理如下。

汞对于多数固体是不润湿的，汞与固体的接触角大于 90°，需加外力才能进入固体孔中。以 σ 表示汞的表面张力，汞与固体的接触角为 φ，汞进入半径为 r 的孔所需的压力为 p，则孔截面上受到的力为 $\pi r^2 p$，而由表面张力产生的反方向张力为 $-2\pi r\sigma\cos\varphi$，当平衡时，两

力相等，则

$$\pi r^2 p = -2\pi r\sigma\cos\varphi \tag{6-18}$$

即

$$r = -\frac{2\sigma\cos\varphi}{p} \tag{6-19}$$

式(6-19) 表示压力为 p 时，汞能进入孔内的最小半径。可见孔越小，所需的外压就越大。压汞法就是利用此原理，测量压入孔中汞的体积。

在常温下汞的表面张力 $\sigma=480\times10^{-5}$ N/cm，随着固体的不同，接触角 φ 有所变化，但变化不大，对于各种氧化物来说，约为 140°。若压力 p 的单位为 kgf/cm^2 ($1kgf/cm^2=$ 98.0655kPa)，孔半径的单位为 nm，则式(6-19) 可写成

$$r = \frac{7500}{p} \tag{6-20}$$

式中　p——压力，kgf/cm^2，如果压力 p 的单位为 MPa，则上式可写成

$$r = \frac{735}{p} \tag{6-21}$$

式中　p——压力，MPa；

　　　r——孔半径，nm。

因此，当压力由 0.1MPa 增加到 100MPa 时，即可求得 7.35～7350nm 的孔分布。

6.3 热分析

热分析是在程序控制温度下，测量物质的物理性质与温度之间关系的一类技术。热分析的基础在于，物质在加热或冷却的过程中，随着其物理或化学状态的变化，通常伴有相应的热力学性质（如热焓、比热、热导率等）或其他性质（如质量、力学性质、电阻等）的变化，因而通过对某些性质（参数）的测定，可以分析研究物质的物理变化或化学变化过程。这就决定了它与各学科中的热力学和动力学都有必然的联系，因而成为了各学科间的通用技术，并在各学科占有重要的地位。最常用的热分析方法有：差（示）热分析法、热重法、导数热重法、差示扫描量热法、热机械分析和动态热机械分析等。热分析技术在物理、化学、化工、冶金、地质、建材、燃料、轻纺、食品、生物等领域得到广泛应用。

6.3.1 热重法

热重法（TG）是在程序温度控制下测量试样的质量随温度变化的一种技术。为此，需要有一台热天平连续、自动地记录试样质量随温度变化的曲线。它可以用来测量金属络合物的降解、煤的组分以及物质的脱水、分解等。

(1) 热重分析仪

热重分析仪的基本构造是由记录天平、加热炉、程序控温系统和数据处理系统所组成，核心部分是记录天平。记录天平与一般天平原理相同，所不同的是在受热情况下连续称量，能连续记录质量与温度的函数关系。工作时，一般以程序控制温度的方式来加热或冷却试样。记录天平根据其动作方式分成两大类：指零型和偏转型，其中指零型天平应用较广泛。下面以指零型天平为例，来说明热天平的测量原理。测定时，试样因受热产生质量变化时，因支撑试样的天平梁的平衡被破坏而发生倾斜，由光电元件检出，经电子放大后反馈到安装在天平梁上的感应线圈，磁铁产生与重量变化相反的作用力（电磁作用力），使天平又返回到原来的零点。由于线圈转动所施加的力与质量变化成比例，这个力又与线圈中的电流成比

例，因此，测量通过线圈电流的大小变化，就能知道试样重量的变化。由此电流值得知质量的变化，将它在记录仪上作为检测量记录下来，原理如图 6-3 所示。偏转型天平则是通过测量天平梁相对于支点的偏转量转变成相应的重量变化曲线。

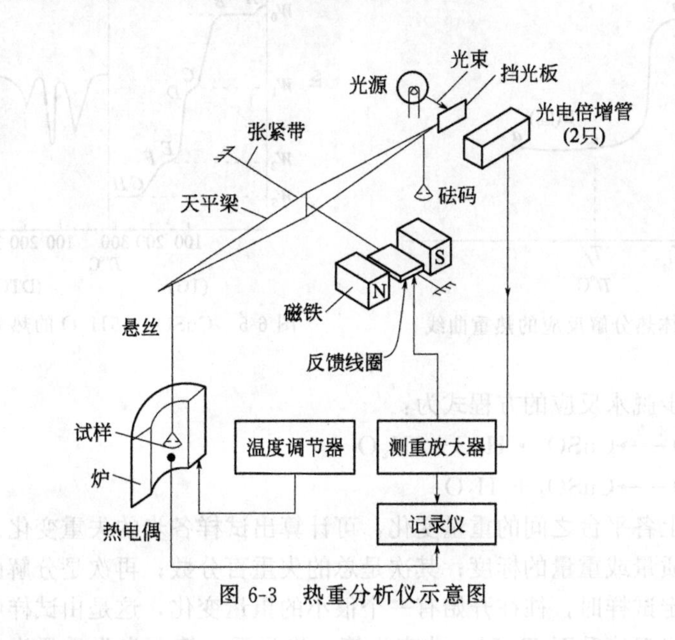

图 6-3　热重分析仪示意图

(2) 热重分析和计算方法

由热重法记录的重量变化对温度的关系曲线称热重曲线（TG 曲线）。曲线的纵坐标为重量，横坐标为温度。例如固体的热分解反应为：

$$\text{A（固）} \longrightarrow \text{B（固）} + \text{C（气）}$$

其热重曲线如图 6-4 所示。

T_i：起始温度，即累积重量变化达到热天平可以检测时的温度。

T_f：终止温度，即累积重量变化达到最大值时的温度。

T_f-T_i：反应区间，起始温度与终止温度的温度间隔。TG 曲线上质量基本不变的部分称为平台，如图 6-4 中的 ab 和 cd。

从热重曲线可得到试样组成、热稳定性、热分解温度、热分解产物和热分解动力学等有关数据。同时还可获得试样质量变化率与温度或时间的关系曲线，即微商热重曲线。

下面以 $CuSO_4 \cdot 5H_2O$ 脱去结晶水的反应为例分析热重法的基本原理和两种类型热重曲线之间的关系。$CuSO_4 \cdot 5H_2O$ 的热重曲线如图 6-5 所示。

图 6-5 中 TG 曲线在 A 点和 B 点之间没有发生重量变化即试样是稳定的。在 B 点开始脱水，曲线上呈现出失重，失重的终点为 C 点。这一步的脱水反应为：

$$CuSO_4 \cdot 5H_2O \longrightarrow CuSO_4 \cdot 3H_2O + 2H_2O$$

在该阶段 $CuSO_4 \cdot 5H_2O$ 失去两个水分子。在 C 点和 D 点之间试样再一次处于稳定状态。然后在 D 点进一步脱水，在 D 点和 E 点之间脱掉两个水分子。在 E 点和 F 点之间生成了稳定的化合物，从 F 点到 G 点开始脱掉最后一个水分子。G 点到 H 点的平台表示形成稳定的无水化合物。

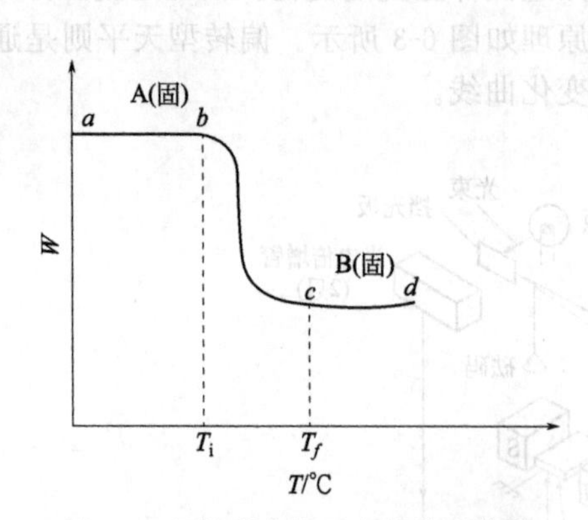

图 6-4　固体热分解反应的热重曲线

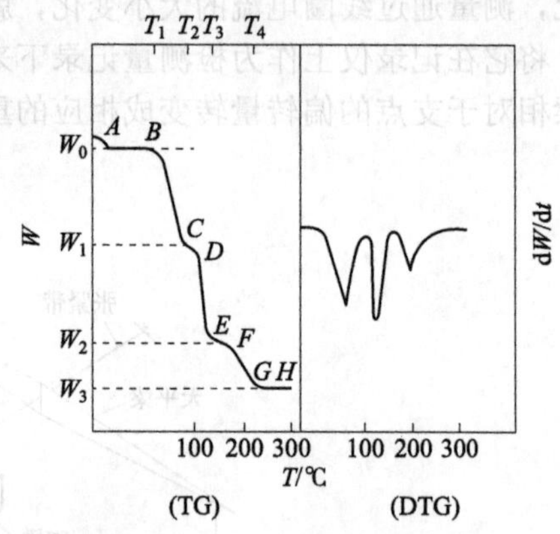

图 6-5　$CuSO_4 \cdot 5H_2O$ 的热重曲线

第二步、第三步脱水反应的方程式为：

$$CuSO_4 \cdot 3H_2O \longrightarrow CuSO_4 \cdot H_2O + 2H_2O$$

$$CuSO_4 \cdot H_2O \longrightarrow CuSO_4 + H_2O$$

根据热重曲线上各平台之间的重量变化，可计算出试样各步的失重变化。图中的纵坐标通常表示：首先是质量或重量的标度；其次是总的失重百分数；再次是分解函数。

利用热重法测定试样时，往往开始有一个很小的重量变化，这是由试样中所存在的吸附水或溶剂引起的。当温度升至 T_1 时，才产生第一步失重。第一步失重量为 $W_0 - W_1$，其失重百分数为：

$$(W_0 - W_1)/W_0 \times 100\% \tag{6-22}$$

式中　W_0——试样重量；

W_1——第一次失重后试样的重量。

第一步反应终点的温度为 T_2，在 T_2 形成稳定相 $CuSO_4 \cdot 3H_2O$。此后，失重从 T_2 到 T_3，在 T_3 生成 $CuSO_4 \cdot H_2O$。再进一步脱水一直到了 T_4，在 T_4 无水硫酸铜生成。根据热重曲线上的各步失重量可以很简便地计算出各步的失重百分数，从而判断试样的热分解机理和各步的分解产物。从热重曲线可看出热稳定性温度区、反应区、反应所产生的中间体和最终产物。该曲线也适合于化学量的计算。

在热重曲线中，水平部分表示重量是恒定的，曲线斜率发生变化的部分表示重量的变化，因此从热重曲线可求算出微商热重曲线（DTG 曲线）。新型热重分析仪都有重量微商单元，通过重量微商线路可直接记录微商热重曲线。微商热重曲线表示重量随时间的变化率（dW/dt），见图 6-5。它是温度或时间的函数，DTG 曲线的峰顶 $d^2W/dt^2 = 0$，即失重速率的最大值，它与 TG 曲线的拐点相应。DTG 曲线上的峰的数目和 TG 曲线的台阶数相等，峰面积与失重量成正比。因此，可从 DTG 的峰面积算出失重量。

在热重法中，DTG 曲线比 TG 曲线更为有用，可在相同的温度范围进行对比和分析而获得有价值的信息。实际测定的 TG 和 DTG 曲线与实验条件，如加热速率、气氛、试样重量、试样纯度和试样粒度等密切相关。最主要的是精确测定 TG 曲线开始偏离水平时的温度即反应的开始温度。总之，TG 曲线的形状和正确的结果解析取决于恒定的实验条件。

（3）影响热重分析的因素

在前面已经提到许多因素影响热重曲线。为了获得精确的实验结果，分析各种因素对 TG 曲线的影响是很重要的。影响 TG 曲线的主要因素基本上包括下列几方面：仪器因素如浮力、试样盘、挥发物的冷凝等；实验条件如升温速率、气氛等；试样的影响如试样质量、粒度等。

① 仪器因素

浮力的影响：由于气体的密度在不同的温度下有所不同，所以随着温度的上升试样周围的气体密度发生变化，造成浮力的变动。在300℃时浮力为常温时的1/2左右，在900℃时大约为1/4，可见，在试样重量没有变化的情况下，由于升温，似乎试样在增重，这种现象通常称之为表观增重。除了浮力的影响，还有对流的影响。为了减小浮力和对流的影响，可在真空下测定或选用水平结构的热重分析仪，因为水平的记录天平可避免浮动效应。

试样盘的影响：试样盘的影响包括盘的大小、形状和材料的性质等。盘的大小实际上与试样用量有关，它主要影响热传导和热扩散。盘的形状与表面积有关，它影响着试样的挥发速率。因此，盘的结构对TG曲线的影响是一个不可忽视的因素，在测定动力学数据时更显得重要。通常采用的试样盘以轻巧的浅盘最好，可使试样在盘中摊成均匀的薄层，有利于热传导和热扩散。在热重分析时试样盘应是惰性材料制作的，常用的盘材料为铂、铝和陶瓷等。显然，对Na_2CO_3一类的碱性试样不能使用铝、石英和陶瓷试样盘，因为它们都和这类碱性试样发生反应而改变TG曲线，这种影响在高聚物分析中也很明显。例如，聚四氟乙烯在一定条件下与石英、陶瓷试样盘反应生成挥发性的硅酸盐化合物。目前常用的试样盘是铂制的，但必须注意铂对许多有机化合物和某些无机化合物有催化作用，并且铂制试样盘也不适用于含有磷、硫和卤素的高聚物。所以在分析时选用合适的试样盘也是十分重要的。

挥发物冷凝的影响：试样受热分解或升华，挥发物往往在热重分析仪的低温区冷凝，这不仅污染仪器，而且使实验结果产生严重的偏差。例如在分析砷黄铁矿时，三氧化二砷先凝聚在较冷的悬吊部件上，进一步升温时凝聚的三氧化二砷再蒸发，以致TG曲线十分混乱。尤其是挥发物在试样杆上的冷凝，会使测定结果毫无意义。对于冷凝问题，可从两方面来解决，一方面从仪器上采取措施，在试样盘的周围安装一个耐热的屏蔽套管或采用水平结构的热天平；另一方面可从实验条件着手，尽量减少试样用量和选择合适的净化气体的流量。应该指出，在热重分析时应对试样的热分解或升华情况有个初步估计，以免造成仪器的污染。

温度测量上的误差：在热重分析仪中，由于热电偶不与试样接触，显然试样真实温度与测量温度之间是有差别的。另外，由升温和反应所产生的热效应往往使试样周围的温度分布紊乱，而引起较大的温度测量误差。为了消除由于使用不同热重分析仪而引起的热重曲线上特征分解温度的差别，就要求有一系列校对温度的标准物质，如硫酸钾、硫酸铝、硫酸铜和邻苯二甲酸氢钾等。

② 实验条件的影响

升温速率的影响：升温速率对热重法的影响比较大，所以在这方面的研究也比较广泛。由于升温速率越大，所产生的热滞后现象越严重，往往导致热重曲线上的起始温度和终止温度均偏高。在热重曲线中，中间产物的检测是与升温速率密切相关的。升温速率高往往不利于中间产物的检出，因为TG曲线上的拐点很不明显。升温速率慢可得到明确的实验结果。总之，升温速率对热分解的起始温度、终止温度和中间产物的检出都有着较大的影响。在热重法中一般采用低的升温速率为宜。

气氛的影响：热重法通常可在静态气氛或动态气氛下进行测定。在静态气氛下，如果测定的是一个可逆的分解反应，虽然随着升温分解速率增大，但是由于试样周围的气体浓度增大又会使分解速率下降。另外，炉内气体的对流可造成样品周围的气体浓度不断地变化。这些因素会严重影响实验结果，所以通常不采用静态气氛。为了获得重复性好的实验结果，一般在严格控制的条件下采用动态气氛。目前，在热重法中大多数采用动态气氛。由于气氛性质、纯度、流速等对热重曲线的影响较大，因此为了获得正确而重复性好的热重曲线，选择合适的气氛和通入气氛的条件是很重要的。

③ 试样的影响

试样对热重分析的影响很复杂，现就试样用量和粒度的影响作以下简单的讨论。

试样用量的影响：在热重法中，试样用量应在热重分析仪灵敏度范围内尽量小，因为试样用量大会导致热传导差而影响分析结果。主要是由于试样的吸热或放热反应会引起试样温度发生偏差。试样用量越大，这种偏差也越大。同时，试样用量对逸出气体扩散也产生影响。总之，试样用量大对热传导和气体扩散都是不利的。

试样粒度的影响：试样粒度同样对热传导、气体扩散有着较大的影响，例如粒度的不同会引起气体产物的扩散作用发生较大的变化，而这种变化可导致反应速率和 TG 曲线形状的改变。粒度越小，反应速率越快，使 TG 曲线上的起始温度和终止温度降低，反应区间变窄，试样颗粒度大往往得不到较好的 TG 曲线。粒度减小不仅使热分解的温度下降，而且也可使分解反应进行得很完全。所以粒度在热重分析中是一个不可忽视的影响因素。

(4) 热重分析的应用

由于热重法可精确测定质量的变化，所以它也是一种定量分析方法。近二十多年来，热重法已成为很重要的分析手段，广泛应用于无机化学、有机化学、高聚物、冶金、地质、陶瓷、石油、煤炭、生物化学、医药和食品等领域。

a. 在分析化学中的应用。虽然早在 1915 年研制成热天平，可是直到 1942 年才用于无机重量分析的研究中。由于热重法比传统的化学分析方法简便而快速，所以在 20 世纪 50 年代已有不少人进行了研究，并对无机重量分析的研究工作做了较详细的探讨。在重量分析中，热重法主要用于物质的成分分析，研究沉淀的干燥温度、灼烧温度，沉淀剂的选择和分析试样在空气中是否吸收 CO_2 与水分等。例如，根据热重曲线测得 $PbSO_4$ 的热分解温度在 840℃以上。因此，可以在 100～840℃很宽的温度范围内选择干燥温度和灼烧温度。由于金属氢氧化物沉淀易呈胶状，选择合适沉淀剂尤为重要。所选沉淀剂不仅要使沉淀易于过滤，而且灼烧温度要低。例如氢氧化铝沉淀时，选用氨水作沉淀剂得到的沉淀要灼烧到 1000℃以上才生成 Al_2O_3；而用氨气作沉淀剂所生成的氢氧化铝沉淀，只需灼烧到约 500℃。

b. 材料的热稳定性和热分解过程。在材料的使用上，不论是无机物还是有机物，热稳定性是主要的指标之一。虽然研究材料的热稳定性的方法有许多种，但唯有热重法因其快速而简便，因此使用得最为广泛。例如，对液晶的热稳定性测量。近年来，液晶材料作为色谱柱的固定液应用于气相色谱分析，液晶固定液对芳香族化合物同分异构体的分离具有高选择性，主要是液晶在介晶态时其有序排列的分子对已溶解的溶质分子有定向效应。除了选择性，液晶的介晶态温度范围和液晶的热稳定性也是比较重要的参数。根据液晶的热重数据，可选择热稳定性好的液晶作为固定液。经研究表明，热稳定性好的液晶固定液基本上无流失现象，使用寿命较长。

c. 在医药上的应用。近年来，热分析在医药中的应用主要是对药物进行分析。例如，对抗生素、磺胺类药品、抗过敏药物、精神抑制药物和维生素的分析。

药物中主要成分的含量基本上可从 TG 曲线估算出，而 DTG 曲线能把主要成分和其他成分的热分解过程区分开。因此，通过测定可确定出脱水、脱羧、中间体的形成和主要成分的挥发或升华。此外，热重分析还可用于药物中赋形剂、起泡剂、糖衣和水分（结合水和结晶水）的测定。热重分析的优点是可以不必把药物的主要成分从片剂、胶囊和丸剂中分离出来而直接进行分析，如果药物中只含有一种主要成分，那是很容易分析的。因为在这些药物中只要主要成分含量超过 40%，它们大多数具有显著的热分解曲线。

d. 在食品工业中的应用。食用油脂的热稳定性和氧化稳定性是制造、储存和消费的最重要的指标之一。如对于葵花油和菜籽油的热稳定性和氧化稳定性而言，在90℃和空气气氛下用热重分析法可以进行测定，由于食用油中所含脂肪酸的成分不同，新鲜菜籽油的抗氧化性要比新鲜葵花油强。

e. 高聚物。自20世纪60年代开始，热重分析法在研究高聚物性质上已获得大量应用。这方面的研究工作不仅在应用上而且在高聚物理论上都有很大价值。所涉及的研究工作大致有以下几个方面：测定高聚物的热稳定性、热稳定性与结构和构型的关系以及添加剂对高聚物热性质的影响；高聚物热降解过程和机理；高聚物的降解动力学。

f. 石油。石油是化学工业中的重要原料之一。石油产品的种类很多，包括燃料、润滑油、沥青等。采用热重分析法研究石油的主要内容有：石油的蒸发过程；石油重馏分中挥发成分的测定；石油产品的热稳定性；石油产品的热分解和分解动力学。

热重分析法控制原油化学成分是一种极为有用的方法。在293～1273K，研究内燃机油（只含精制油和各种添加剂）的热分解可以确定每一种油的失重量和温度分布特征。

根据燃料油与从石油和褐煤中蒸馏出来的厚柏油的热分解，可以测定773K以上所分解出的馏分的含量。这些馏分都是燃料油中不希望有的成分，它们会在储油库中形成固体残渣，引起管路和喷嘴的堵塞。测量结果表明，TG和DTG是测定燃料油、润滑油、沥青和厚柏油等馏分的化学成分和性质最为快速的分析方法。

混合蜡的半定量分析也可应用热重分析法，根据混合蜡的TG曲线形状进行分析。在转折点温度附近，通过外延TG曲线的切线而得到相交点，从相交点即可算出失重量和组分的百分比。

6.3.2 差热分析

差热分析（DTA）是在程序控制温度下，测量物质和参比物的温度差和温度关系的一种技术。当试样发生任何物理或化学变化时，所释放或吸收的热量使试样温度高于或低于参比物的温度，从而相应地在差热曲线上可得到放热峰或吸热峰。差热曲线（DTA曲线）是由差热分析得到的记录曲线。曲线的纵坐标为试样与参比物的温度差（ΔT），向上表示放热反应，向下表示吸热反应。如图6-6所示，为一典型的差热分析曲线，其中基线相当于$\Delta T=0$，样品无热效应发生，向上和向下的峰分别反映了样品的放热过程、吸热过程。

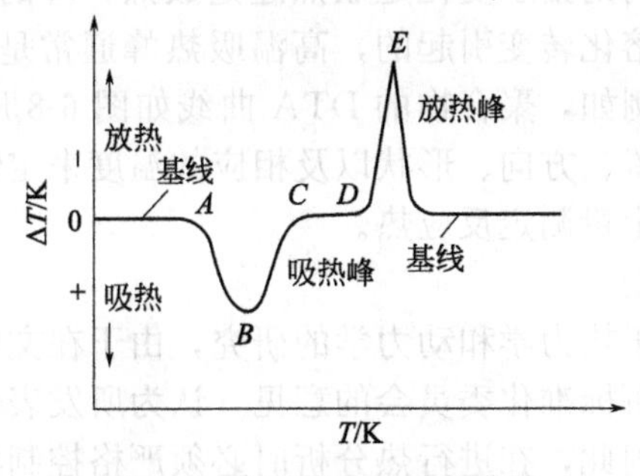

图6-6　典型的差热分析曲线

（1）差热分析仪

尽管目前的差热分析仪种类繁多，其内部结构基本相同。差热分析仪一般由炉子（有试样、参比物、温度敏感元件等），炉温控制器，微伏放大器，气氛控制，记录仪等部分组成，装置简图如图 6-7 所示。样品支持器材料主要包括氧化铝、熔融石英、石墨、铝、铂或铂的合金等，选择何种材料主要取决于差热分析仪所要求的最大工作温度。此外，对碱性物质（如 Na_2CO_3）、含氟高聚物（如聚四氟乙烯易与硅形成化合物）等不能用玻璃、陶瓷类坩埚。铂具有高热稳定性和抗腐蚀性，高温时常选用，但不适用于含有 P、S 和卤素的试样。另外，铂对许多有机反应、无机反应具有催化作用，若忽视可导致严重的误差。炉子加热元件和炉子类型的选择取决于所要求的温度范围。炉子可以垂直或水平安装，但应保证对称加热，炉子的热容量小，便于调节升温、降温速度。此外还要求炉子的线圈无感应现象，避免对热电偶电流干扰。加热炉子可用电阻元件、红外线辐射、高频振动等方法，其中应用最广泛的方法之一是电阻元件加热。根据使用仪器的不同，热电偶可以插入试样中或简化成与试样架直接接触。由于差热分析的主要问题之一是如何能方便、准确地获得试样和参比物实际温度的正确读数，因此，每次实验热电偶都必须准确定位。炉子和样品支持器内气氛控制，主要采用向炉内充所需气体等方法。由于差热分析中温差信号很小，一般只有几微伏到几十微伏，ΔT 信号需由微伏直流放大器放大进入到量程为毫伏级的记录系统，在记录仪中直接得到温差对温度的函数关系曲线。

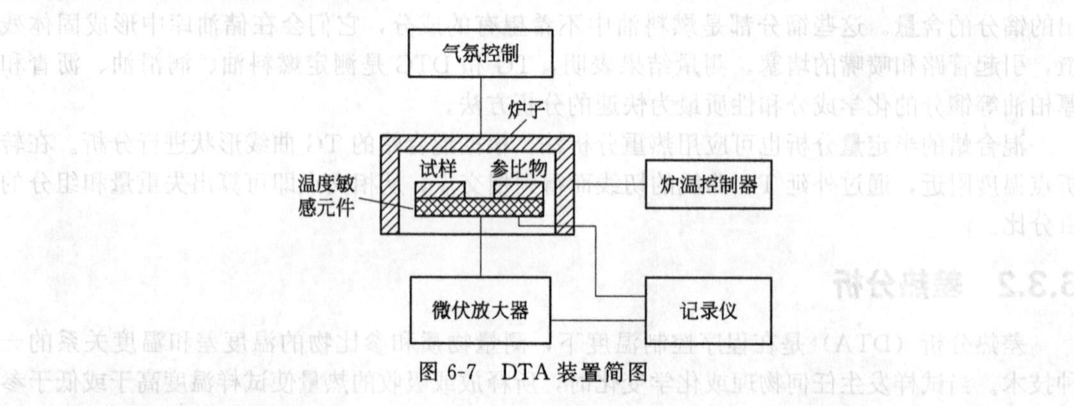

图 6-7 DTA 装置简图

（2）差热曲线

差热分析法得到的记录称为差热曲线（DTA 曲线）。以温度为横坐标，温度差为纵坐标，基线突变的温度与样品的转变温度、反应时吸热或放热有关，典型的 DTA 曲线如图 6-6 所示。差热曲线中，峰的数目表示在测温范围内试样发生变化的次数，峰的位置对应于试样发生变化的温度，峰的方向则指示变化是吸热还是放热，峰的面积表示热效应的大小等。一般低温吸热峰是由熔融或熔化转变引起的，高温吸热峰通常是由分解或裂解反应引起的，而且温差越大，峰也越大。例如，聚合物的 DTA 曲线如图 6-8 所示。因此，可以根据各种吸热峰和放热峰的数目、位置、方向、形状以及相应的温度来定性地鉴定物质，而利用峰面积比例与热量可以半定量或定量测定反应热。

（3）差热分析的影响因素

差热分析虽然广泛应用于热力学和动力学的研究，由于在文献上对同一物质往往给出不一致的数据，根据国际热分析标准化委员会的意见，认为所发表数据的不一致性大部分是由于实验条件不相同引起的。因此，在进行热分析时必须严格控制实验条件和研究实验条件对所测数据的影响，并且在发表数据时应明确测定时所采用的实验条件。

影响差热曲线的因素比较多，其主要的影响因素大致有下列几个方面：仪器方面的因素，如加热炉的形状、尺寸大小和热电偶位置等；实验条件，如升温速率、气氛等；试样的影响，如试样用量、粒度等。下面主要讨论实验条件和试样这两方面的影响因素。

① 实验条件的影响

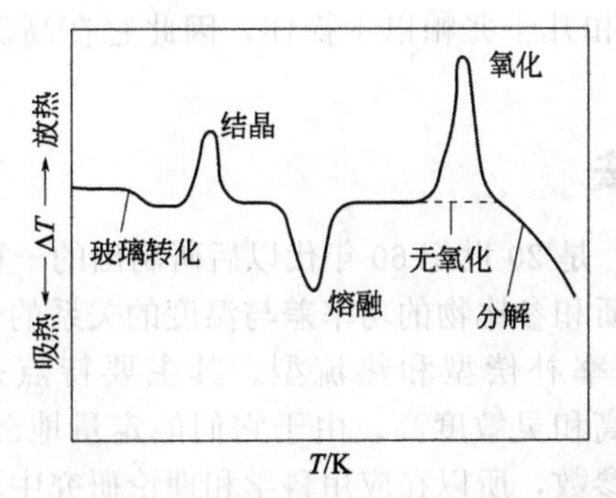

图 6-8 聚合物的 DTA 曲线

升温速率对差热曲线的影响已经有许多报道。它可以影响峰的形状、位置和相邻峰的分辨率，一般而言，升温速率越大，峰的形状越陡，灵敏度越高，但是对相邻峰之间的分辨率却下降。

不同性质的气氛如氧化性、还原性和惰性气氛对差热曲线的影响是很大的。例如在空气和氢气的气氛下对镍催化剂进行差热分析，所得到的结果截然不同。气氛的压力对于差热曲线的影响也非常大，特别是对于涉及释放或消耗气体的反应以及升华、气化过程。

② 试样的影响

在差热分析中试样的热传导性和热扩散性都会对 DTA 曲线产生较大影响。如果涉及有气体参加或释放气体的反应，还和气体的扩散等因素有关。显然这些影响因素与试样的用量、粒度、装填的均匀性和密实程度以及稀释剂等密切相关。

（4）差热分析的应用

差热分析发展的历史在热分析方法中最长，它的应用领域也最广，已经从早先研究的矿物、陶瓷和高聚物等材料，发展到对液晶、药物、络合物、考古、催化以及动力学的研究。

① 物质的鉴别

应用差热分析对物质进行鉴别主要是根据物质的相变（包括熔融、升华和晶型转变等）和化学反应（包括脱水、分解和氧化还原等）所产生的特征吸热峰或放热峰。复杂的无机化合物和有机化合物通常具有比较复杂的 DTA 曲线，虽然不能对 DTA 曲线上所有的峰作出解释，但是它们像“指纹”一样表征物质的特性。例如，根据石英的相态转变的 DTA 峰温、DTA 曲线的形状推断石英的形成过程以及石英矿床、天然石英的种类，并且也可用于检测天然石英和人造石英之间的差别。

② 定量分析

由于 DTA 的峰面积反映了物质的热效应（热焓），故可用其来定量计算参与反应的物质的量或测定热化学参数。DTA 曲线峰包围的面积可用下式表示

$$S=\Delta H\times m/K \tag{6-23}$$

式中　m——反应物的质量，g；

ΔH——转变热或反应热，kJ/mol。

K 是校正系数，与样品支持器的几何形状和热传导率有关。K 的数值可通过测定已知化合物转变（或反应）热来校正。但对于 DTA 来说，K 值是温度的函数，即仪器的量热灵敏度随温度升高而降低，所以它在整个温度范围内是一变量，要用于定量分析，需经多点标定。

目前，差热分析已在有机化合物、无机化合物、高聚物、催化、水泥、陶瓷、金属等领域得到了广泛的应用，特别是在高温、高压方面取得了较大的进展，由于其 DTA 样品支持

器可在高达 2400℃的超高温和几十兆帕以上操作，因此它在高温、高压、抗腐蚀以及矿物等领域具有独特的优势。

6.3.3 差示扫描量热法

差示扫描量热法（DSC）是 20 世纪 60 年代以后研制出的一种热分析方法，它是在程序控制温度下，测量输入到物质和参比物的功率差与温度的关系的一种技术。根据测量方法的不同，又分为两种类型：功率补偿型和热流型。其主要特点是使用的温度范围比较宽（−175～725℃）、分辨能力高和灵敏度高。由于它们能定量地测定各种热力学参数（如热焓、熵和比热等）和动力学参数，所以在应用科学和理论研究中获得广泛的应用。

（1）差示扫描量热法的原理

热流型 DSC 是使用在不同温度下 DTA 曲线峰面积与试样焓变的校正曲线来定量量热的差热分析法，仍属于 DTA 的测量原理，但因结构上与传统的 DTA 有别，故又称为定量差热分析法。常用的功率补偿型 DSC 和 DTA 仪器装置相似，不同的是试样和参比物都有各自独立的加热器和传感器，如图 6-9 所示。整个仪器由两个系统进行监控，其中一个用于控制温度，使试样和参比物在预定的速率下升温或降温，另一个用于补偿试样与参比物之间的温差。当试样在加热过程中由于热效应与参比物之间出现温差时，通过差热放大电路和差动热量补偿放大器，调节样品和参比物加热器的差示功率的增量，从而保证试样与参比物之间的温差始终趋于零，即保持一种动态零位平衡的状态，这也是 DSC 与 DTA 技术最本质的不同。这样，试样在热反应时发生的热量变化由于及时输入电功率而得到补偿，所以实际记录的是试样和参比物的热功率差与温度的变化关系。此外，如果样品在加热过程中放出挥发性的物质，在 DSC 曲线上也有反映。

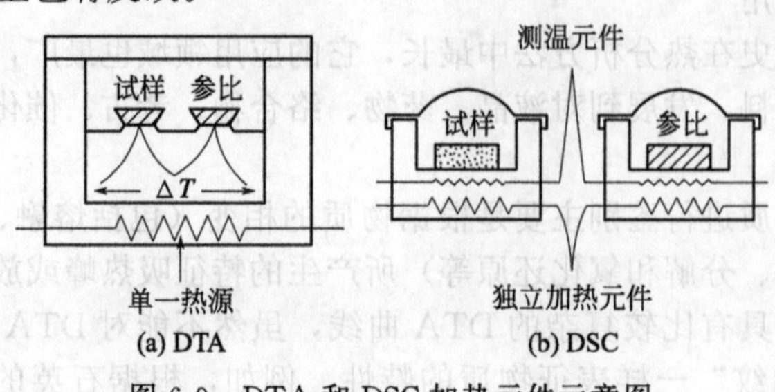

图 6-9　DTA 和 DSC 加热元件示意图

（2）影响差示扫描量热法的因素

差示扫描量热法的影响因素与差热分析类似，由于它用于定量测定，因此实验因素的影响显得更为重要，其主要的影响因素大致有下列几方面。

① 实验条件：程序升温速率和所通气体的性质。气体性质涉及气体的氧化还原性、惰性、热导性和气体处于静态还是动态。程序升温速率主要影响 DSC 曲线的峰温和峰形。一般升温速率越大，峰温越高、峰形越大和越尖锐。在实际中，升温速率的影响是很复杂的，它对温度的影响在很大程度上与试样种类和转变的类型密切相关。在实验时，一般对所通气体的氧化还原性和惰性比较注意，而往往容易忽视其对 DSC 峰温和热焓值的影响。实际上，气氛的影响是比较大的，在氦气中所测定的起始温度和峰温都比较低。这是由于炉壁和试样盘之间的热阻下降引起的，因为氦气的热导性近乎空气的五倍，温度响应就比较慢。相反，在真空中温度响应要快得多。

② 试样特性：试样用量、粒度、装填情况、试样的稀释和试样的热历史条件等。试样用量是一个不可忽视的因素。通常用量不宜过多，因为过多会使试样内部传热慢、温度梯度

大，导致峰形扩大和分辨率下降。试样用量对不同物质的影响也有差别，有时试样用量对热焓值呈现不规律的影响。

粒度的影响比较复杂。通常由于大颗粒的试样热阻较大而使试样的熔融温度和熔融热焓值偏低，但是当结晶的试样研磨成细颗粒时，往往由于晶体结构的歪曲和结晶度的下降也可导致相类似的结果。对于带静电的粉状试样，由于粉末颗粒间的静电引力使粉末形成聚集体也会引起熔融热焓值变大。总之，粒度对 DSC 峰的影响比较大，虽然有些影响可从热交换来解释，但是粒度分布对温度的影响还无圆满的解释，尚待进一步的研究。

在高聚物的研究中，发现试样几何形状的影响十分明显。例如，用一定重量的试样（0.05mg）测定聚乙烯的熔点，当试样厚度从 1μm 增至 8μm 时，其峰温可增高 1.7K。对于高聚物，为了获得比较精确的峰温值，应该增大试样盘的接触面积、减小试样的厚度并采用低的升温速率。

许多材料如高聚物、液晶等往往由于热历史条件的不同而产生不同的晶型或相态（包括亚稳态），以致对 DSC 曲线有较大的影响。大部分的液晶化合物不仅具有复杂的介晶相，而且还具有各种晶型和玻璃态，所以在不同的热历史条件下产生的影响更为突出。

③ 参比物特性：参比物用量、参比物的热历史条件。

为了从 DSC 曲线获得正确而可靠的定量数据，掌握和了解上述影响因素是十分必要的。

（3）差示扫描量热法的应用

聚合物熔点在 DSC 曲线上都表现为一宽的吸热峰，如图 6-10（b）所示。关于熔点的确定，至今没有统一的规定，根据要求不同，一般有三种方法。一种是从样品的熔融峰顶作一条直线，其斜率为高纯铟的熔融峰前沿的斜率，如图 6-10（a）所示为 $(1/R_0)\cdot(\mathrm{d}T/\mathrm{d}t)$，其中 R_0 是样品皿与样品支持器之间的热阻（产生热滞后的主要原因），该直线与等温基线交于 C 点，C 点即为真正的熔点（误差不超过±0.2℃）。这种确定熔点的方法一般是在需要非常精密测定时才用，如利用熔点测定物质的纯度。一般情况下是将直线与扫描基线的交点 C' 所对应的温度作为熔点。第二种是以熔融峰前沿最大斜率点的切线与扫描基线的交点 B 对应的温度作为熔点，这也是确定熔点通用的方法。第三种是直接以熔融峰定点 A 对应的温度作为熔点，但要注意样品升温速率对峰温的影响。

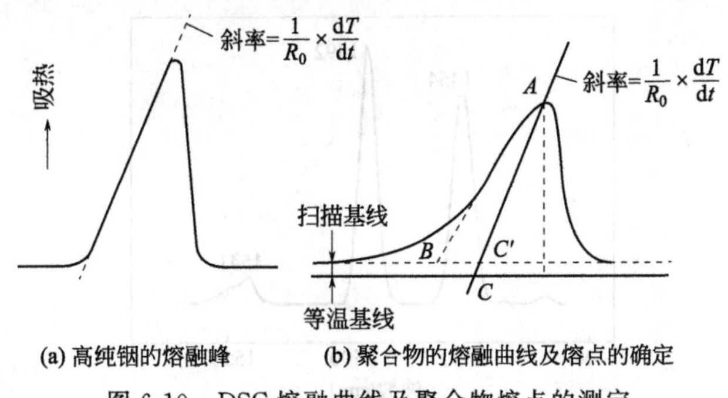

图 6-10　DSC 熔融曲线及聚合物熔点的测定

虽然热分析已在各个学科领域中获得了广泛的应用，但与其他分析手段一样，有时单靠其一种热分析技术不能得出准确的结果，往往需要几种分析技术联用获得更有价值的资料。目前已实现了多种分析仪器的联用技术，如 TG-DTA-DSC 联用、DTA-GC 联用、TG-MS 联用、FYIR-TG-MS 联用等多种联用技术，需要时可查阅相关书籍。

6.4 固体酸碱催化剂的表观酸碱性强度分析

固体表面酸性质包括三个方面：酸中心的类型、酸中心的浓度（酸中心的数目）和酸中心的强度。

6.4.1 酸中心的类型及鉴定

通常与催化相关的酸中心分为B酸和L酸，可以通过固体酸吸附碱性分子的红外光谱来区分。常用的碱性吸附质有吡啶、氨、三甲基胺、正丁胺等，其中应用最广泛的是吡啶和氨。

吡啶分子既可以与B酸作用生成吡啶离子 $C_5H_5NH^+$（BPy），又可与L酸作用生成配合物（LPy）。它们各自的特征红外振动谱带的归属见表6-4。

表6-4 催化剂表面吸附吡啶的红外振动谱带 单位：cm^{-1}

BPy	LPy	HPy	Py
1638	1620	1514	1580
1620	1577	1593	1572
1490	1490	1490	1482
1545	1450	1438	1439

对于物理吸附的吡啶（Py），在室温下抽真空可以除去，而以氢键吸附在表面羟基上的吡啶（HPy）要在420K温度下才能抽去。从表6-4中可以看出，BPy和LPy的若干吸收谱带相距很近，甚至相互重叠，但BPy的 $1545cm^{-1}$ 吸收带和LPy的 $1450cm^{-1}$ 吸收带不受干扰，因此它们分别可以用来作为B酸和L酸存在的表征。

图6-11为磷酸铝的吡啶吸附红外光谱图。$1454cm^{-1}$ 的吸收峰说明磷酸铝上具有L酸中心，$1541cm^{-1}$ 的出现表明磷酸铝上还具有B酸中心，$1492cm^{-1}$ 是L酸中心与B酸中心共同叠加的吸附峰。

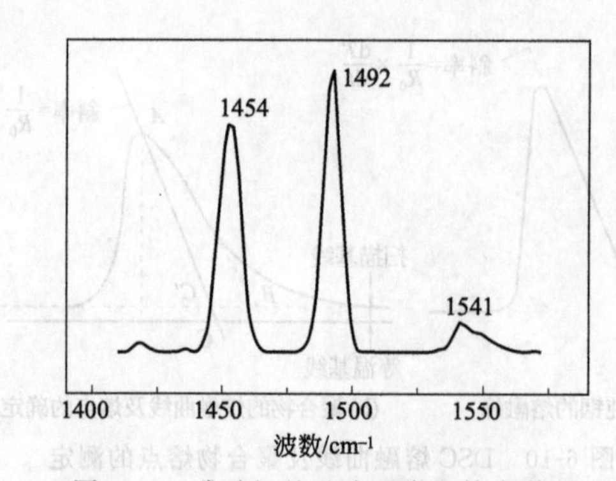

图6-11 磷酸铝的吡啶吸附红外光谱图

同样氨吸附在B酸中心的红外特征峰为 $3120cm^{-1}$ 或 $1450cm^{-1}$，而吸附在L酸中心的红外特征峰为 $3330cm^{-1}$ 或 $1640cm^{-1}$。

吡啶或氨的红外光谱法不但能区分B酸和L酸，而且可由特征谱带的强度（面积）得到有关酸中心数目的信息，还可由吸附吡啶脱附温度的高低定性检测出酸中心强弱。

6.4.2 固体酸的强度和酸量测定

酸强度的概念是指给出质子或接受电子对的能力，通常用酸强度函数 H_0 表示，H_0 也称为 Hammett 函数。

若一固体酸表面能够吸附一未解离的碱，并且将它转变为相应的共轭酸，且转变是借助于质子自固体酸表面移向吸附碱，即

$$HA+B \longrightarrow A^- + BH^+$$

则酸强度函数 H_0 可表示为

$$H_0 = pK_a + \lg \frac{c_B}{c_{BH^+}} \tag{6-24}$$

式中 c_B，c_{BH^+}——未解离的碱（碱指示剂）和共轭酸浓度；

pK_a——共轭酸 BH^+ 解离平衡常数的负对数。H_0 越小，酸强度越强。关于固体酸强度的测定主要有胺滴定法和气态碱吸附脱附法。

（1）胺滴定法　选用一种适合的 pK_a 指示剂(碱)，吸附于固体酸表面上，它的颜色将给出该酸的强度。由于指示剂与其共轭酸颜色不同，如果固体酸吸附指示剂刚好使之变色，即在等当点，此时的 $c_B = c_{BH^+}$。根据式(6-24) 得 $H_0 = pK_a$，即由指示剂的 pK_a 值可得到固体酸强度函数 H_0。滴定时先称取一定量的固体酸悬浮于苯中，隔绝水蒸气条件下加入几滴所选定的指示剂，用正丁胺进行滴定。利用各种不同 pK_a 值的指示剂，就可以求得不同强度的 H_0。表 6-5 列出了用于测定酸强度的指示剂。胺滴定法在测定酸强度的同时也可测出总酸量。此法的优点是简单直观；缺点是不能区分 B 酸和 L 酸，也不能用于测定颜色较深的催化剂。

表 6-5　测定酸强度的指示剂

指　示　剂	碱型色	酸型色	pK_a	H_2SO_4/%①
中性红	黄	红	6.8	8×10^{-8}
甲基红	黄	红	4.6	—
苯偶氮萘胺	黄	红	4.0	5×10^{-5}
二甲基黄	黄	红	3.3	3×10^{-4}
2-氨基-5-偶氮甲苯	黄	红	2.0	5×10^{-3}
苯偶氮二苯胺	黄	紫	1.5	2×10^{-2}
2,4-二甲基偶氮-1-萘	黄	红	1.2	3×10^{-2}
结晶紫	蓝	黄	0.8	0.1
对硝基苯偶氮-对硝基二苯胺	橙	紫	0.43	—
二肉桂丙酮	黄	红	−3.0	48
苯亚甲基苯乙酮	无色	黄	−5.6	71
蒽醌	无色	黄	−8.2	90

① 与某 pK_a 相当的硫酸的质量分数。

（2）碱脱附-TPD 法　吸附的碱性物质与不同酸强度中心作用时有不同的结合力，当催化剂吸附碱性物质达到饱和后，进行程序升温脱附(TPD)。吸附在弱酸中心的碱性物质分子可在较低温度下脱附，而吸附在强酸中心的碱性物质分子则需要在较高的温度下才能脱附，还可得到不同温度下脱附出的碱性物质的质量，它们代表不同酸强度下的酸浓度。因此，该

法可同时测定出固体酸催化剂的表面酸强度和酸浓度。常用的碱性分子为 NH_3，也可用正丁胺，后者碱性强于前者。图 6-12 所示为 NH_3 吸附在 HZSM-5 等分子筛上的 TPD 谱图。从图中明显地看出 HZSM-5 上有两种强弱不同的酸中心。虽然目前 NH_3-TPD 法已经成为一种简单快速表征固体酸性质的方法，但也有其局限性：

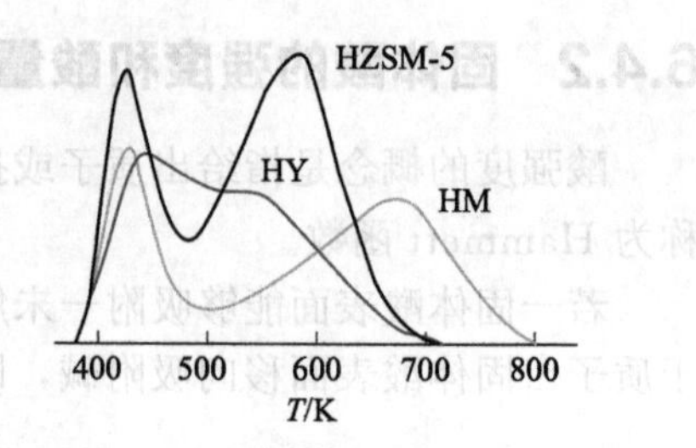

图 6-12 不同分子筛的 NH_3-TPD 谱图

a. 不能区分 B 酸或 L 酸中心上解吸的 NH_3，以及从非酸位解吸的 NH_3；

b. 对于具有微孔结构的沸石，在沸石孔道及空腔中的吸附中心上进行 NH_3 脱附时，由于扩散限制，要在较高温度下才能解吸。

参 考 文 献

[1] 刘希尧. 工业催化剂分析测试表征. 北京：中国石化出版社，1990.
[2] 黄仲涛，耿建铭. 工业催化. 北京：化学工业出版社，2008.
[3] 王桂茹. 催化剂与催化作用. 大连：大连理工大学出版社，2004.
[4] 辛勤. 固体催化剂研究方法. 北京：科学出版社，2004.
[5] 刘维桥，孙桂大. 固体催化剂实用研究方法. 北京：中国石化出版社，2000.
[6] 林西平. 石油化工催化概论. 北京：石油工业出版社，2008.
[7] 王幸宜. 催化剂表征. 上海：华东理工大学出版社，2008.
[8] [美] Satterfield C N. 实用多相催化. 庞礼等译. 北京：北京大学出版社，1990.

第7章 催化材料形貌观察及组成分析

催化材料的微观结构观察和分析对于理解材料的本质至关重要。探索微观世界的历史，是建立在不断发展的显微技术之上的，从光学显微镜到电子显微镜，再到扫描探针显微镜，人们观测显微组织的能力不断提高，现在已经可以直接观测到原子的图像。

1924年，德国物理学家De Broglie鉴于光的波粒二象性提出这样一个假设：运动的实物粒子都具有波动性质。这个假设后来被电子衍射实验所证实。运动电子具有波动性使人们想到可以用电子作为显微镜的光源。1926年，Busch提出用轴对称的电场和磁场聚焦电子线。在这两个理论的基础上，1931—1933年，Ruska等设计并制造了世界第一台透射电子显微镜。1952年，英国工程师Charles Oatley发明了用于组织形貌分析的扫描电子显微镜(SEM)。

扫描电子显微镜是将电子枪发射出来的电子聚焦成很细的电子束，用此电子束在样品表面进行逐行扫描，电子束激发样品表面发射二次电子，二次电子被收集并转换成电信号，在荧光屏上同步扫描成像。由于样品表面形貌各异，发射的二次电子强度不同，对应地在屏幕上亮度不同，从而得到表面形貌像。目前扫描电子显微镜的分辨率已经达到了2nm左右。扫描电子显微镜与X射线能谱配合使用，能够在分析表面形貌的同时还能分析样品的元素成分及在相应视野内的元素分布。因此，扫描电子显微镜不是对光学显微镜的简单延伸，而是一种能够同时实现形貌和成分分析的仪器。在研究物质的微观结构及性能方面，它已经成为必要的分析手段。在各类分析手段中，它使用率最高，是研究物质表面结构最有效的工具，不但可以用来检查金属或非金属的断口、磨损面、涂覆面、粉末、复合材料、切削表面、抛光以及蚀刻表面等，而且可对物体表面迅速进行定性与定量分析。其也广泛地应用于磁头、印刷电路板、半导体元件、材料、生物、医学、电子束微影等的研究、生产制造与分析检验中。

7.1 光学显微技术

7.1.1 光学显微镜的发展历程

早在公元前1世纪，人们就已发现通过球形透明物体去观察微小物体时，可以使其放大成像。后来，人们逐渐对球形玻璃表面能使物体放大成像的规律有了认识。1590年，荷兰和意大利的眼镜制造者已经造出类似显微镜的放大仪器。1610年前后，意大利的伽利略和德国的开普勒在研究望远镜的同时，改变物镜和目镜之间的距离，得出合理的显微镜光路结构，当时的光学工匠纷纷从事显微镜的制造、推广和改进。

17世纪中叶，英国的罗伯特·胡克和荷兰的列文·虎克，都对显微镜的发展作出了卓越的贡献。1665年前后，胡克在显微镜中加入粗动和微动调焦机构、照明系统和承载标本片的工作台。这些部件经过不断改进，成为现代显微镜的基本组成部分。

1673—1677年，列文·虎克制成单组元放大镜式的高倍显微镜。罗伯特·胡克和列文·虎克利用自制的显微镜，在动、植物机体微观结构的研究方面取得了杰出的成就。19世纪，高质量消色差浸液物镜的出现，使显微镜观察微细结构的能力大为提高。1827年，阿米奇第一个采用了浸液物镜。19世纪70年代，德国人阿贝奠定了显微镜成像的古典理论基础。这些都促进了显微镜制造和显微观察技术的迅速发展，并为19世纪后半叶包括科赫、巴斯德等在内的生物学家和医学家发现细菌和微生物提供了有力的工具。

7.1.2 光学显微镜的成像原理

光学显微镜是利用凸透镜的放大成像原理，将人眼不能分辨的微小物体放大到人眼能分辨的尺寸，其主要是增大近处微小物体对眼睛的张角（视角大的物体在视网膜上成像大），用角放大率（M）表示它们的放大本领。因同一件物体对眼睛的张角与物体离眼睛的距离有关，所以一般规定像离眼睛距离为25cm（明视距离）处的放大率为仪器的放大率。显微镜观察物体时通常视角甚小，因此视角之比可用其正切之比代替。

光学显微镜由两个会聚透镜组成，光学光路图如图7-1所示。物体AB经物镜成放大倒立的实像A_1B_1，A_1B_1位于目镜的物方焦距的内侧，经目镜后成放大的虚像A_2B_2于明视距离处。

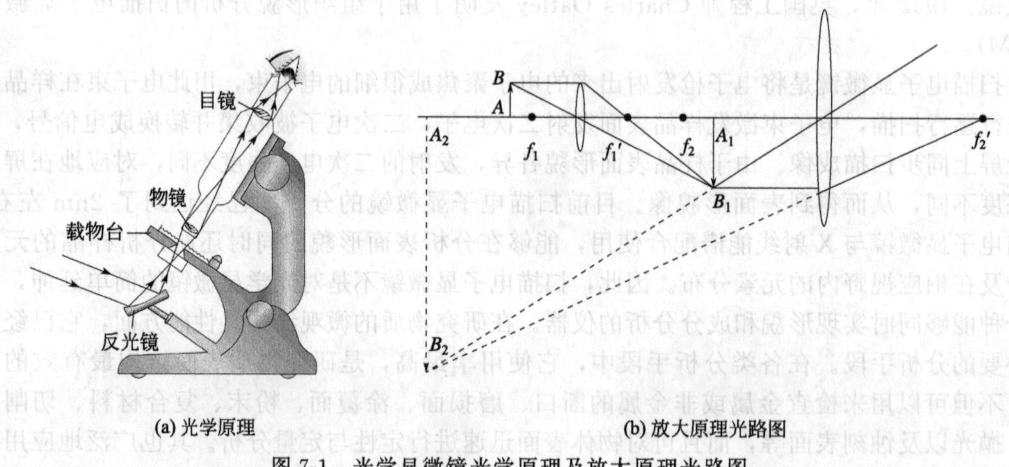

图7-1 光学显微镜光学原理及放大原理光路图

7.1.3 光学显微镜的构造和光路图

光学显微镜是由光学系统和机械装置部分构成。光学显微镜的光学系统主要包括物镜、目镜、反光镜和聚光器四个部件。广义地说，也包括照明光源、滤光器、盖玻片和载玻片等。

（1）物镜　物镜是决定显微镜性能的最重要部件，安装在物镜转换器上，接近被观察的物体，故叫做物镜或接物镜。物镜的放大倍数与其长度成正比。物镜放大倍数越大，物镜越长。

（2）目镜　因为它靠近观察者的眼睛，因此也叫接目镜，安装在镜筒的上端。

目镜的作用是将已被物镜放大的、分辨清晰的实像进一步放大，达到人眼能容易分辨清楚的程度。常用目镜的放大倍数为5～16倍。

（3）聚光器　聚光器也叫集光器，位于标本下方的聚光器支架上。它主要由聚光镜和可变光阑组成。其中，聚光镜可分为明视场聚光镜（普通显微镜配置）和暗视场聚光镜。

聚光镜的作用相当于凸透镜，起会聚光线的作用，以增强标本的照明。一般地把聚光镜的聚光焦点设计在它上端透镜平面上方约 1.25mm 处。

(4) 反光镜　反光镜是一个可以随意转动的双面镜，直径为 50mm，一面为平面，一面为凹面，其作用是将从任何方向射来的光线经通光孔反射上来。平面镜反射光线的能力较弱，在光线较强时使用；凹面镜反射光线的能力较强，在光线较弱时使用。

(5) 照明光源　显微镜的照明可以用天然光源或人工光源。天然光源的光线来自天空，最好是由白云反射来的，不可利用直接照来的太阳光。常用的人工光源有显微镜灯、日光灯等。对人工光源的基本要求是有足够的发光强度、光源发热不能过多。

(6) 滤光器　安装在光源和聚光器之间。作用是让所选择的某一波段的光线通过，而吸收掉其他的光线，即为了改变光线的光谱成分或削弱光的强度。分为两大类：滤光片和液体滤光器。

(7) 盖玻片和载玻片　盖玻片和载玻片的表面应相当平坦，无气泡，无划痕。最好选用无色、透明度好的，使用前应洗净。盖玻片的标准厚度是 (0.17±0.02) mm，如不用盖玻片或盖玻片厚度不合适，都会影响成像质量。载玻片的标准厚度是 (1.1±0.04) mm，一般可用范围是 1～1.2mm，若太厚会影响聚光器效能，太薄则容易破裂。

显微镜的机械装置是显微镜的重要组成部分，其作用是固定与调节光学镜头，固定与移动标本等，主要由镜座、镜臂、载物台、镜筒、物镜转换器与调焦装置组成。

(1) 镜座和镜臂　镜座的作用是支撑整个显微镜，装有反光镜，有的还装有照明光源。镜臂的作用是支撑镜筒和载物台，分为固定、可倾斜两种。

(2) 载物台　又称工作台、镜台。载物台的作用是安放载玻片，形状有圆形和方形两种。分为固定式与移动式两种。

(3) 镜筒　镜筒上端放置目镜，下端连接物镜转换器，分为固定式和可调节式两种。机械筒长（从目镜管上缘到物镜转换器螺旋口下端的距离称为镜筒长度或机械筒长）不能变更的叫做固定式镜筒，能变更的叫做调节式镜筒，新式显微镜大多采用固定式镜筒。

(4) 物镜转换器　物镜转换器固定在镜筒下端，有 3～4 个物镜螺旋口，物镜应按放大倍数高低顺序排列。旋转物镜转换器时，应用手指捏住旋转碟旋转，不要用手指推动物镜，因时间长容易使光轴歪斜，使成像质量变坏。

(5) 调焦装置　显微镜上装有粗准焦螺旋和细准焦螺旋。有的显微镜粗准焦螺旋与细准焦螺旋装在同一轴上，大螺旋为粗准焦螺旋，小螺旋为细准焦螺旋。有的则分开安置，位于镜臂的上端较大的一对螺旋为粗准焦螺旋，其转动一周，镜筒上升或下降 10mm。位于粗准焦螺旋下方较小的一对螺旋为细准焦螺旋，其转动一周，镜筒升降值为 0.1mm，细准焦螺旋调焦范围不小于 1.8mm。

7.1.4　光学显微镜的应用

晶体和无定形体是聚合物聚集态的两种基本形式，很多聚合物都能结晶。结晶聚合物材料的实际使用性能（如光学透明性、冲击强度等）与材料内部的结晶形态、晶粒大小及完善程度有着密切的联系。因此，对于聚合物结晶形态等的研究具有重要的理论和实际意义。聚合物在不同条件下形成不同的结晶，比如单晶、球晶、纤维晶等。聚合物从熔融状态冷却时主要生成球晶，它是聚合物结晶时最常见的一种形式，对制品性能有很大影响。

球晶是以晶核为中心成放射状增长构成球形而得名，是“三维结构”，但在极薄的试片中也可以近似地看成是圆盘形的“二维结构”。球晶是多面体，由分子链构成晶胞，晶胞的堆积构成晶片，晶片叠合构成微纤束，微纤束沿半径方向增长构成球晶。晶片间存在着结晶缺陷，微纤束之间存在着无定形夹杂物。球晶的大小取决于聚合物的分子结构及结晶条件，因此随着聚合物种类和结晶条件的不同，球晶尺寸差别很大，直径可以从微米级到毫米级，甚至可以大到厘米级。球晶分散在无定形聚合物中，一般说来无定形是连续相，球晶的周边可以相交，成为不规则的多边形。球晶具有光学各向异性，对光线有折射作用，因此能够用偏光显微镜进行观察。聚合物球晶在偏光显微镜的正交偏振片之间呈现出特有的黑十字消光图像。有些聚合物生成球晶时，晶片沿半径增长时可以进行螺旋性扭曲，因此还能在偏光显微镜下看到同心圆消光图像。

偏光显微镜的最佳分辨率为 200 nm，有效放大倍数超过 500～1000 倍，与电子显微镜、X 射线衍射法结合可提供较全面的晶体结构信息。

光是电磁波，也就是横波，它的传播方向与振动方向垂直。但对于自然光来说，它的振动方向均匀分布，没有任何方向占优势。但是自然光通过反射、折射或选择吸收后，可以转变为只在一个方向上振动的光波，即偏振光。一束自然光经过两片偏振片，如果两个偏振轴相互垂直，光线就无法通过了。光波在各向异性介质中传播时，其传播速度随振动方向不同而变化，折射率也随之改变，一般都发生双折射，分解成振动方向相互垂直、传播速度不同、折射率不同的两束偏振光。而这两束偏振光通过第二个偏振片时，只有在与第二偏振轴平行方向的光线可以通过，而通过的两束光由于光程差将会发生干涉现象。

在正交偏光显微镜下观察，非晶体聚合物因为其各向同性，没有发生双折射现象，光线被正交的偏振镜阻碍，视场黑暗，球晶会呈现出特有的黑十字消光现象，黑十字的两臂分别平行于两偏振轴的方向。而除了偏振片的振动方向外，其余部分就出现了因折射而产生的光亮。图 7-2 是等规聚丙烯的球晶照片，在偏振光条件下，还可以观察晶体的形态、测定晶粒大小和研究晶体的多色性等。

图 7-2　等规聚丙烯的球晶照片

7.2 扫描电子显微镜

7.2.1 扫描电子显微镜的特点

反射式的光学显微镜虽然可以直接观察大块样品，但分辨本领、放大倍数、景深都比较低，透射电子显微镜分辨本领、放大倍数虽高，但对样品厚度的要求却十分苛刻，因此在一定程度上限制了它的应用。扫描电子显微镜的成像原理与光学显微镜及透射电子显微镜不同，它不用透镜放大成像，而是以类似电视或摄像机的成像方式，用聚焦电子束在样品表面扫描时激发产生的某些物理信号来调制成像。

由于采用精确聚焦的电子束作为探针，扫描电子显微镜表现出了独特的优势，包括以下几个方面。

① 高的分辨率。近些年来，由于超高真空技术的发展，场发射电子枪的应用得到普及，使扫描电子显微镜的分辨本领获得较显著的提高，现代先进的扫描电子显微镜的分辨率已经达到 1nm 左右。

② 有较高的放大倍数，在 20～20 万倍之间连续可调。

③ 有很大的景深，视野大，成像富有立体感，可直接观察各种样品凹凸不平表面的细微结构。

④ 配有 X 射线能谱仪装置，可以同时进行显微组织形貌的观察和微区成分分析，这大大提高了扫描电子显微镜的在线分析功能。

⑤ 样品制备简单

图 7-3 为多孔硅样品在光学显微镜和扫描电子显微镜下所成的图像，二者相比，光学显微镜的图像景深很小，只能看清硅柱在某一高度附近的形貌，成像质量很差，但扫描电子显微镜的图像景深很大，多孔硅胶的不同高度都能成清晰的像，而且分辨率很高，因此可以得到完整的多孔硅的形貌像。

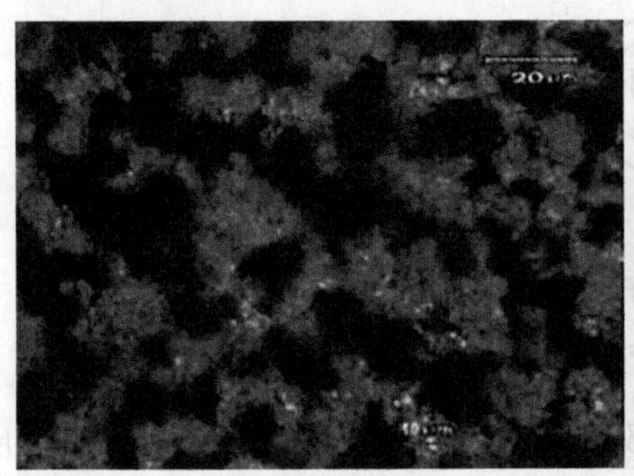

(a) 光学显微镜图像

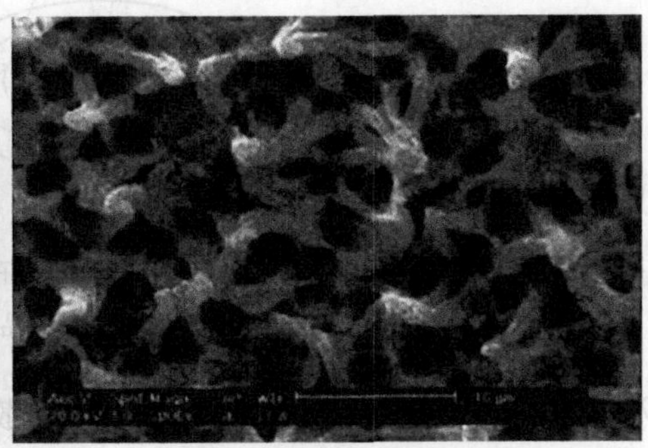

(b) 扫描电子显微镜图像

图 7-3　多孔硅的两种图像比较

7.2.2　电子束与固体样品作用时产生的信号

扫描电子显微镜利用电子束激发样品中的原子，收集各种信号，并加以分析处理，得到样品的形貌和成分信息。

当一束聚焦电子束沿一定方向入射到样品内时，由于受到固体物质中晶格位场和库仑场的作用，其入射方向会发生改变，这种现象称为散射。按照电子的动能是否变化，可以将散射分为两类，弹性散射和非弹性散射。

如果在散射过程中入射电子只改变方向，总动能基本上无变化，这种散射称为弹性散射。弹性散射的电子符合布拉格定律，携带有晶体结构、对称性、取向和样品厚度等信息，在电子显微镜中用于分析材料的结构。

如果在散射过程中入射电子的方向和动能都发生改变，这种散射称为非弹性散射。在非弹性散射情况下，入射电子会损失一部分能量，并伴有各种信息的产生。非弹性散射电子损失了部分能量，方向也有微小变化。其可用于电子能量损失谱，提供成分和化学信息，也能用于特殊成像或衍射模式。

在扫描电子显微镜收集的某一种信号中，常常既包括弹性散射电子，又包括非弹性散射电子。

扫描电子显微镜通常采集的信号包括二次电子、背散射电子、X 射线光子等，如图 7-4

所示。二次电子是指被入射电子轰击出来的样品中原子的核外电子。当入射电子和样品中原子的价电子发生非弹性散射作用时会损失部分能量（30～50 eV），这部分能量激发核外电子脱离原子，能量大于材料逸出功的价电子可从样品表面逸出，变成真空中的自由电子，即二次电子。二次电子对样品表面状态非常敏感，能有效地显示样品表面的微观形貌。由于它发自样品表层，产生二次电子的面积与入射电子的照射面积大体一致，所以二次电子的分辨率较高，一般可达到 5～10nm。扫描电子显微镜的分辨率一般就是二次电子的分辨率。

背散射电子是指被固体样品中原子反射回来的一部分入射电子。它既包括与样品中原子核作用而产生的弹性背散射电子，又包括与样品中核外电子作用而产生的非弹性背散射电子，其中弹性背散射电子远比非弹性背散射电子所占的份额多。背散射电子反映了样品表面不同取向、不同平均原子量的区域差别，产额随原子序数的增加而增加。利用背散射电子作为成像信号不仅能分析形貌特征，也可以显示原子序数衬度，进行定性成分分析。

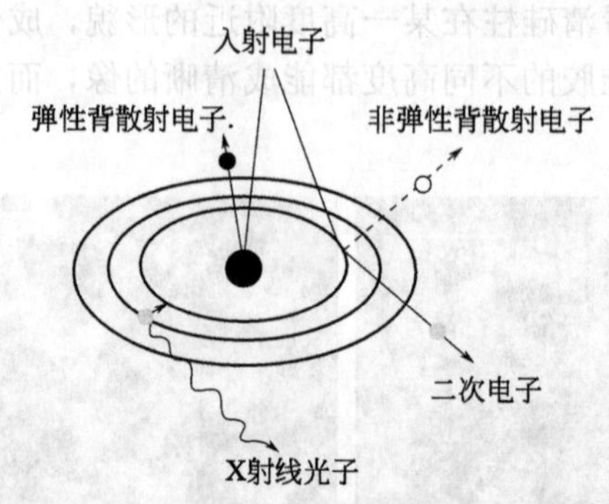

图 7-4　电子束与固体样品作用产生的主要信号

当入射电子和原子中内层电子发生非弹性散射作用时也会损失部分能量（几百电子伏特），这部分能量将激发内层电子发生电离，使一个原子失去一个内层电子而变成离子，这种过程称为芯电子激发。在芯电子激发过程中，除了能产生二次电子外，还伴随着另外一种物理过程。失掉内层电子的原子处于不稳定的较高能量状态，它们将依据一定的选择定则向能量较低的量子态跃迁，跃迁的过程中可能发射具有特征能量的 X 射线光子。由于 X 射线光子反映了样品中元素的组成情况，因此可以用于分析材料的成分。

此外，电子束与样品作用还可以产生俄歇电子和透射电子等。入射电子在样品原子激发内层电子后外层电子跃迁至内层时，多余的能量如果不是以 X 射线光子的形式放出，而是传递给一个最外层电子，该电子获得能量挣脱原子核的束缚，并逸出样品表面，成为自由电子，这样的自由电子称为俄歇电子。俄歇电子是俄歇电子能谱仪的信号源。

透射电子是穿透样品的入射电子，包括未经散射的入射电子、弹性散射电子和非弹性散射电子。这些电子携带着被样品衍射、吸收的信息，用于透射电镜的成像和成分分析。

当一束高能电子照射在材料上时，电子束将受到物质原子的散射作用，偏离原来的入射方向，向外发散，所以随着电子束进入样品的深度不断增加，入射电子的分布范围不断增大，同时动能不断减小，直至减小为零，最终形成一个规则的作用区域。对于轻元素样品，入射电子经过许多次小角度散射，在尚未达到较大散射角之前即已深入样品内部一定的深度，随散射次数的增多，散射角增大，才达到漫散射的程度。此时电子束散射区域的外形被叫做“梨形作用体积”。如果是重元素样品，入射电子在样品表面不很深的地方就达到漫散射的程度，电子束散射区域呈现半球形，被称为“半球形作用体积”。可见电子在样品内散射区域的形状主要取决于原子序数。改变电子能量只引起作用体积大小的变化，而不会显著地改变形状。

除了在作用区的边界附近，入射电子的动能很小，无法产生各种信号，在作用区内的大部分区域，均可以产生各种信号，可以产生信号的区域称为有效作用区，有效作用区的最深处为电子有效作用深度。但在有效作用区内的信号并不一定都能逸出材料表面，成为有效的可供采集的信号。这是因为各种信号的能量不同，样品对不同信号的吸收和散射也不同。只有在距离表层 0.4～2nm 深度的俄歇电子才能逸出材料表面，所以，俄歇电子信号是一种表面信号。与背散射电子相比，二次电子的能量相对较小，因此只有在距离表面 5～10nm 深度的二次电子才能逸出材料表面，而背散射电子却能够从更深的作用区（100nm～1μm）逃逸出来。与电子相比，X 射线光子不带电荷，受样品材料的原子核及核外电子的作用较小，因此穿透深度更大，可以从较深的作用区（500nm～5μm）逸出材料表面。

从图 7-5 可以看出，随着信号的有效作用深度增加，作用区的范围增大，产生信号的空间范围也增大，这对于信号的空间分辨率是不利的，因此在各种信号中，俄歇电子和二次电子的空间分辨率最高，背散射电子的分辨率次之，X 射线光子的空间分辨率最低。理论分析表明，二次电子像的分辨率主要取决于电子探针的束斑（场发射电子枪）的尺寸和电子枪的亮度，目前最高分辨率可低至 0.25nm。因此，扫描电子显微镜的分辨率指的是二次电子的分辨率。

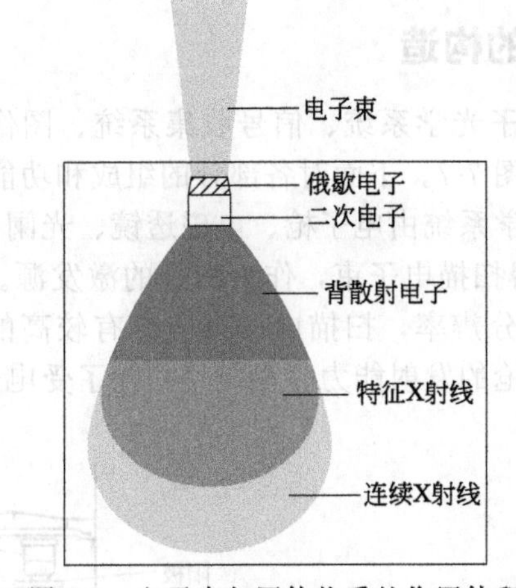

图 7-5　电子束与固体物质的作用体积

7.2.3 扫描电子显微镜的工作原理

扫描电子显微镜的工作原理（见图 7-6）可以简单地归纳为“光栅扫描，逐点成像”。“光栅扫描”的含义是电子束受扫描系统的控制在样品表面上逐行扫描，同时，控制电子束的扫描线圈上的电流与显示器相应的偏转线圈上的电流同步，因此，样品上的扫描区域与显示器上的图像相对应，每一物点均对应于一个像点。

“逐点成像”的含义为电子束所到之处，每一物点均会产生相应的信号（如二次电子等），产生的信号被接收放大后用来调节像点的亮度，信号越强，像点越亮。这样，就在显示器上得到了与样品上的扫描区域相对应但经过高倍放大的图像，图像客观地反映着样品的形貌（或成分）信息。

扫描电子显微镜图像的放大倍数定义为显像管中电子束在荧光屏上的扫描振幅和电子光学系统中电子束在样品上的扫描振幅的比值，即

$$M = L/l \tag{7-1}$$

式中　M——放大倍数；

　　　L——显像管的荧光屏尺寸，μm；

l——电子束在样品上的扫描距离，μm。

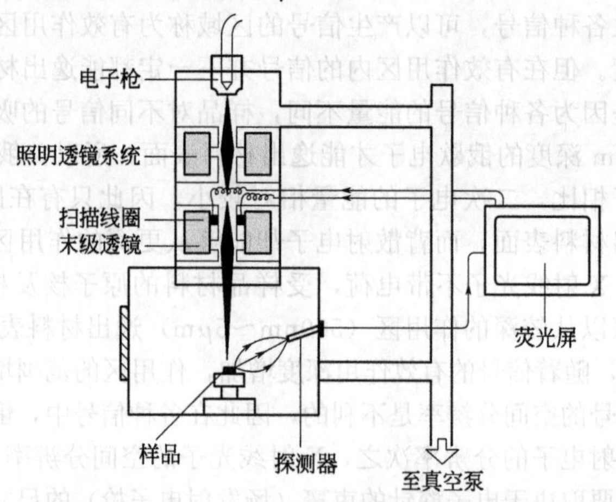

图 7-6　扫描电子显微镜的工作原理

7.2.4　扫描电子显微镜的构造

扫描电子显微镜主要由电子光学系统、信号收集系统、图像显示和记录系统、真空系统、电源系统组成，其结构见图 7-7。下面对各部分的组成和功能分别给以介绍。

扫描电子显微镜的电子光学系统由电子枪、电磁透镜、光阑、扫描系统和样品室等部件组成，见图 7-8。其作用是获得扫描电子束，作为信号的激发源。为了获得较高的信号强度和图像（尤其是二次电子像）分辨率，扫描电子束应具有较高的强度和尽可能小的束斑直径。电子束的强度取决于电子枪的发射能力，束斑尺寸除了受电子枪的影响之外，还取决于电磁透镜的会聚能力。

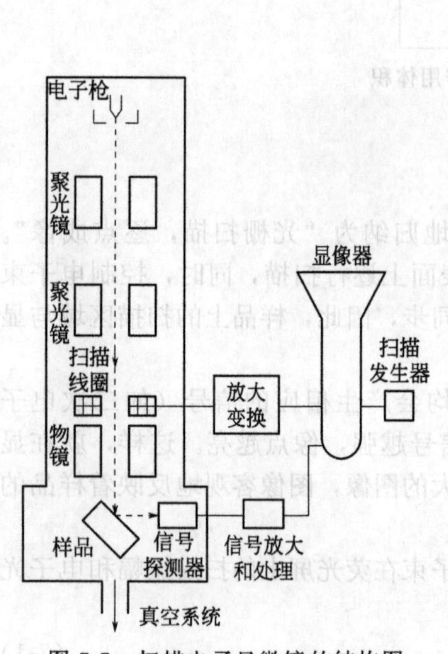

图 7-7　扫描电子显微镜的结构图

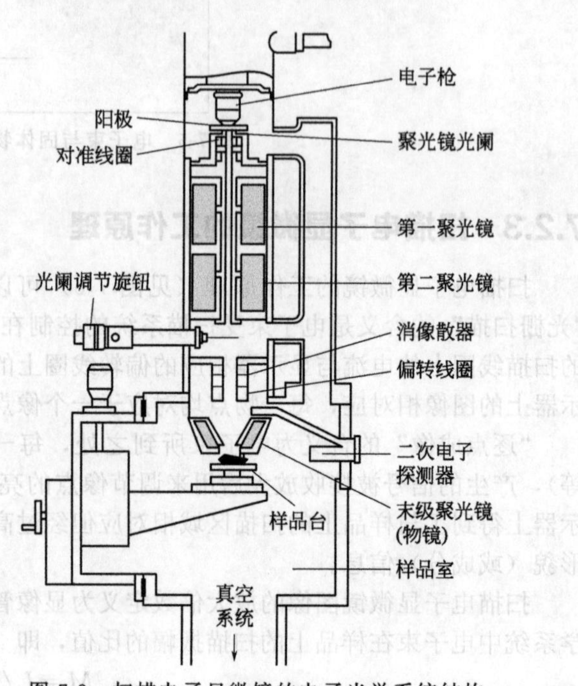

图 7-8　扫描电子显微镜的电子光学系统结构

人们一直在努力获得亮度高、直径小的电子源，在此过程中，电子枪的发展经历了发卡式钨灯丝热阴极电子枪、六硼化镧（LaB_6）热阴极电子枪和场发射电子枪三个阶段。发卡式钨灯丝热阴极电子枪依靠电流加热灯丝，使灯丝发射热电子，并经过阳极和灯丝之间的强电场加速得到高能电子束。栅极的作用是利用负电场排斥电子，使电子束得以会聚。

发卡式钨灯丝热阴极电子枪发射率较低，只能提供亮度为 $10^4 \sim 10^5 A/cm^2$、直径为 20～50μm 的电子源。经电子光学系统中的二级或三级聚光镜缩小聚焦后，在样品表面电子束流强度为 $10^{11} \sim 10^{13} A/cm^2$ 时，扫描电子束的最小直径才能降至 60～70nm。

六硼化镧阴极发射率比较高，有效发射截面可以做得小些（直径约为 20μm），无论是亮度还是电子源的直径等性能都比钨阴极好。如果用 30% 的六硼化钡和 70% 的六硼化镧混合制成阴极，性能还要好些。

场发射电子枪工作原理如图 7-9，是利用靠近曲率半径很小的阴极尖端附近的强电场，使阴极尖端发射电子，所以叫做场致发射，简称场发射。就目前的技术水平来说，建立这样的强电场并不困难。如果阴极尖端半径为 1000～5000nm，在尖端与第一阳极之间加 3～5kV 的电压，在阴极尖端附近建立的强电场足以使它发射电子。在第二阳极几十千伏甚至几百千伏正电势的作用下，阴极尖端发射的电子被加速到具有足够大的动量，以获得短波长的入射电子束，然后电子束被会聚在第二阳极孔的下方（即场发射电子枪第一交叉点的位置），直径小至 100nm，经聚光镜缩小聚焦，在样品表面可以得到 3～5nm 的电子束斑。场发射电子枪在亮度、能量分散、束斑尺寸和寿命等方面均表现出明显的优势。

在扫描电子显微镜中，电子枪发射出来的电子束经三个电磁透镜聚焦后，作用于样品上。如果要求在样品表面扫描的电子束直径为 d_p，电子源（即电子枪第一交叉点）直径为 d_c，则电子光学系统必须提供的缩小倍数（M）为：

$$M = d_p / d_c \quad (7\text{-}2)$$

经过电磁透镜的二级或三级聚焦，在样品表面上可得到极细的电子束斑，在采用场发射电子枪的扫描电镜中，可形成一个直径为几纳米的电子束斑。最末级聚光镜因为紧靠样品上方，且在结构设计等方面有一定特殊性，也被称为物镜。扫描电子束的发散度主要取决于物镜光阑的半径与其至样品表面的距离（工作距离 L）之比。

扫描电子显微镜的扫描系统由扫描信号发生器、放大控制器等电子线路和相应的扫描线圈所组成。其作用是提供入射电子束在样品表面上以及阴极射线管电子束在荧光屏上的同步扫描信号，改变入射电子束在样品表面的扫描振幅，以获得所需放大倍数的扫描像。在物镜的上方，装备有两组扫描线圈，每一组扫描线圈包括一个上偏转线圈和一个下偏转线圈，上偏转线圈装在末级聚光镜的物平面位置。当上、下偏转线圈同时起作用时，电子束在样品表面上作光栅扫描，既有 x 方向的扫描（行扫），又有 y 方向的扫描（帧扫），通常电子束在 x 方向和 y 方向的扫描总位移量相等，所以扫描光栅是正方形的。

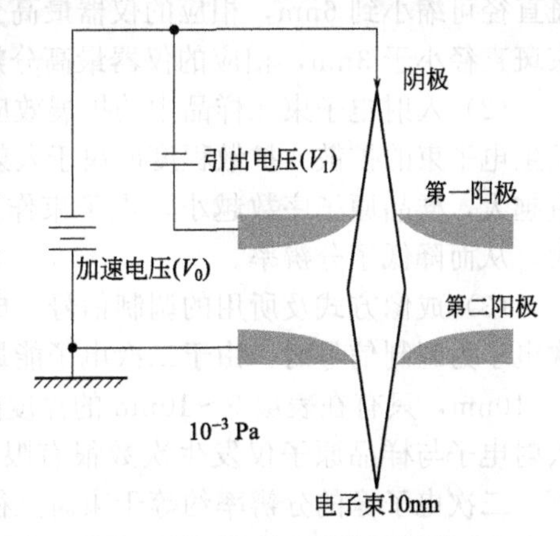

图 7-9　场发射电子枪工作原理

扫描电子显微镜主要接收来自样品表面一侧的信号，而且景深比光学显微镜大得多，很适合于观察表面粗糙的大尺寸样品，所以扫描电子显微镜的样品室可以做得很大，同时也为安装各种功能的样品台和检测器提供了空间。根据各种需要，现已开发出高温、低温、冷冻切片及喷镀、拉伸、半导体、五维现场全自动跟踪、精确拼图控制等样品台，还在样品室中安装了X射线波谱仪、能谱仪、电子背散射花样、大面积电荷耦合元件、实时监视电荷耦合元件等探测器。

信号收集系统的作用是检测样品在入射电子作用下产生的物理信号，然后经视频放大，作为显像系统的调制信号。不同的物理信号要用不同类型的检测系统。二次电子、背散射电子等信号通常采用闪烁计数器来检测。闪烁计数器是扫描电子显微镜中最主要的信号检测器。它由法拉第网杯、闪烁体、光导管和光电倍增器组成。当用来检测二次电子时，在法拉第网杯上加200～500V正偏压（相对于样品），吸引二次电子，增大检测有效立体角。当用来检测背散射电子时，在法拉第网杯上加50V负偏压，阻止二次电子到达检测器，并使进入检测器的背散射电子聚焦在闪烁体上。闪烁体加工成半球形，其上喷镀几十纳米厚的铝膜作为反光层，既可阻挡杂散光的干扰，又可作为12kV的正高压电极，吸引和加速进入栅网的电子。当信号电子撞击并进入闪烁体时，将引起电离，当离子与自由电子复合时，将产生可见光信号，经由与闪烁体相接的光导管，送到光电倍增器进行放大，输出电信号可达10mA左右，经视频放大器稍加放大后作为调制信号。这种检测系统线性范围很宽，具有很宽的频带（10Hz～1MHz）和高的增益（10^8），而且噪声很小。

图像显示和记录系统的作用是将信号检测放大系统输出的调制信号转换为能显示在阴极射线管荧光屏上的图像或数字图像信号，供观察或记录，将数字图像信号以图形格式的数据文件存储在硬盘中，可随时编辑或用办公设备输出。

真空系统的作用是为保证电子光学系统正常工作、防止样品被污染而提供高的真空度，一般情况下要求保持10^{-3}～10^{-2}Pa的真空度。电源系统由稳压、稳流及相应的安全保护电路所组成，其作用是提供扫描电子显微镜各部分所需的电源。

7.2.5 扫描电子显微镜的主要优势

在形貌分析的各种手段中，扫描电子显微镜的主要优势表现为分辨率高、放大倍数高、景深大。

分辨率是扫描电子显微镜最重要的指标。同光学显微镜一样，分辨率是指扫描电子显微镜图像上可以分开的两点之间的最小距离。扫描电子显微镜的分辨本领主要与下面几个因素有关。

(1) 入射电子束束斑直径　入射电子束束斑直径是扫描电子显微镜分辨本领的极限。如束斑为10nm，那么分辨本领最高也是10nm。一般配备热阴极电子枪的扫描电镜的最小束斑直径可缩小到6nm，相应的仪器最高分辨本领也就在6nm左右。利用场发射电子枪可使束斑直径小于3nm，相应的仪器最高分辨本领也就小至3nm。

(2) 入射电子束在样品中的扩展效应　如前所述，电子束打到样品上会发生散射，从而发生电子束的扩散。扩散程度取决于入射电子束能量和样品原子序数的大小，入射电子束能量越大，样品原子序数越小，电子束作用体积越大。产生信号的区域随电子束的扩散而增大，从而降低了分辨率。

(3) 成像方式及所用的调制信号　成像方式不同，所得图像的分辨率也不一样。当以二次电子为调制信号时，由于二次电子能量较低（小于50eV），在固体样品中平均自由程只有1～10nm，只有在表层5～10nm的深度的二次电子才能逸出样品表面，在这样浅的表层里，入射电子与样品原子仅发生次数很有限的散射，基本上未向侧向扩展。因此，在理想情况下，二次电子像的分辨率约等于束斑直径。正是由于这个缘故，我们总是以二次电子像的分辨率作为衡量扫描电子显微镜性能的主要指标。

当以背散射电子为调制信号时，由于背散射电子能量比较高，穿透能力比二次电子强得多，可以从样品中较深的区域逸出（约为有效作用深度的30%）。在这样的深度范围，入射电子已经有了相当宽的侧向扩展。在样品上方检测到的背散射电子来自比二次电子大得多的区域，所以背散射电子像的分辨率要比二次电子像低，一般在50～200nm。至于以吸收电子、X射线、阴极荧光、电子束感生电导或电位等作为调制信号的其他操作方式，由于信号均来自整个电子束散射区域，所得扫描像的分辨率都比较低，一般在1000nm或1000nm以上不等。此外，影响分辨本领的因素还有信噪比、杂散电磁场和机械振动等。

扫描电子显微镜的放大倍数的表达式为

$$M = A_c / A_s \tag{7-3}$$

式中 A_c——荧光屏上图像的边长，nm；

A_s——电子束在样品上的扫描振幅，nm；

M——扫描电子显微镜的放大倍数。

一般A_c是固定的（通常为100nm），这样就可简单地通过改变A_s来改变放大倍数。目前大多数扫描电子显微镜的放大倍数为20～20000倍，介于光学显微镜和透射电子显微镜之间，这就使扫描电子显微镜在某种程度上弥补了光学显微镜和透射电子显微镜的不足。

景深是指焦点前后的距离范围，在该范围内所有物点所成的图像均符合分辨率要求，可以成清晰的图像。换句话说，景深是可以被看清的距离范围。扫描电子显微镜的景深比透射电子显微镜大10倍，比光学显微镜大几百倍。由于图像景深大，所以扫描电子像富有立体感，并很容易获得一对同样清晰聚焦的立体对照片，进行立体观察和立体分析。

当一束略微会聚的电子束照射在样品上时，在焦点处电子束的束斑最小，离开焦点越远，电子束发散程度越大，束斑越大，分辨率越低，当束斑大到一定程度后，会超过对图像分辨率的最低要求，即超过景深的范围。由于电子束的发散度很小，它的景深取决于临界分辨本领和电子束入射半角。其中临界分辨本领与放大倍数有关，人眼的分辨本领大约是0.2mm，在经过放大后，要使人感觉物像清晰，必须使电子束的分辨率高于临界分辨率。

电子束的入射角可以通过改变光阑尺寸和工作距离来调整，用小尺寸的光阑和大的工作距离可以获得小的入射电子角。

7.2.6 扫描电子显微镜的制样方法

扫描电子显微镜的优点是能直接观察块状样品。但为了保证图像质量，对样品表面的性质有如下要求：

① 导电性好，以防止表面积累电荷而影响成像；

② 具有抗热辐照损伤的能力，在高能电子轰击下不分解、不变形；

③ 具有高的二次电子和背散射电子系数，以保证图像良好的信噪比。

对于不能满足上述要求的样品，如陶瓷、玻璃和塑料等绝缘材料，导电性差的半导体材料，热稳定性不好的有机材料和二次电子、背散射电子系数较低的材料，都需要进行表面镀膜处理。某些材料虽然有良好的导电性，但为了提高图像的质量，仍需进行镀膜处理。比如在高倍（例如大于2000倍）下观察金属断口时，由于存在电子辐照所造成的表面污染或氧化，影响二次电子逸出，喷镀一层导电薄膜能使分辨率大幅度提高。

在扫描电子显微镜制样技术中用得最多的是真空蒸发和离子溅射镀膜法。最常用的镀膜材料是金，金的熔点较低，易蒸发，与通常使用的加热器不发生反应，二次电子和背散射电子的发射效率高，化学稳定性好。对于X射线显微分析、阴极荧光研究和背散射电子像观察等，碳、铝或其他原子序数较小的材料作为镀膜材料更为合适。

膜厚的控制应根据观察的目的和样品的性质来决定。一般来说，从图像的真实性出发，膜厚应尽量小一些。对于金膜，通常控制在 20～80nm。如果进行 X 射线成分分析，为减小吸收效应，膜厚应尽可能小一些。

7.2.7 扫描电子显微镜应用实例

由于扫描电子显微镜的景深大，放大倍数高，所以其在对颗粒状物质进行分析时，具有得天独厚的优势，图 7-10 是一组 ZSM-5 晶粒的 SEM 照片。

由于扫描电子显微镜具有极高的分辨率和放大倍数，所以非常适合分析纳米材料的形貌和组态。图 7-11 是用多孔氧化铝模板制备的金纳米线的形貌，其中模板已经被溶解掉。可以看出金纳米线排列非常整齐，直径在 100nm 以下。

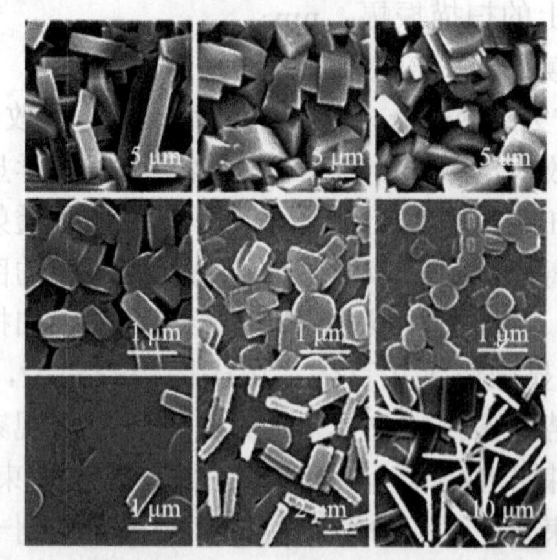

图 7-10 不同形状的 ZSM-5 晶粒的 SEM 照片

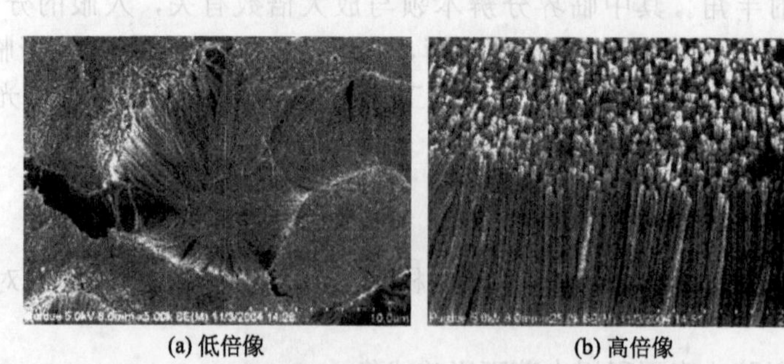

(a) 低倍像　　(b) 高倍像

图 7-11 用多孔氧化铝模板制备的金纳米线的形貌

7.3 扫描探针显微镜分析技术

扫描探针显微镜（SPM）是一种具有宽广观察范围的成像工具，它延伸至光学和电子显微镜的领域。它也是一种具有空前高的 3D 分辨率的轮廓仪。在某些情况下，扫描探针显微镜可以测量诸如表面电导率、静电电荷分布、区域摩擦力、磁场和弹性模量等物理特性。扫描探针显微镜是一类仪器的总称，它们以从原子级到微米级的分辨率来研究材料的表面特性。

7.3.1 扫描隧道显微镜

扫描隧道显微镜（STM）是所有扫描探针显微镜的祖先，它是在 1981 年由 Gerd

Binnig 和 Heinrich Rohrer 发明的。5 年后，他们因此项发明被授予诺贝尔物理学奖。STM 是第一种能够在实空间获得表面原子结构图像的仪器。

STM 使用一种非常锐化的导电针尖，而且在针尖和样品之间施加偏置电压，当针尖和样品接近至大约 1nm 时，根据偏置电压的极性，样品或针尖中的电子可以“隧穿”过间隙到达对方（见图 7-12），由此产生的隧道电流随着针尖-样品间隙的变化而变化，故被用作得到 STM 图像的信号。上述隧穿效应产生的前提是样品应是导体或半导体，所以 STM 不能像原子力显微镜（AFM）那样对绝缘体样品成像。

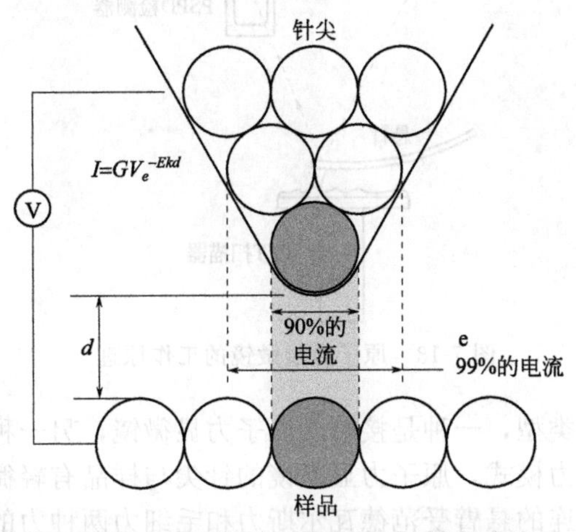

图 7-12　STM 的针尖-样品互相作用示意

隧道电流是间距的指数函数，如果针尖与样品的间隙（0.1nm 级尺度）变化 10%，隧道电流会变化一个数量级。这种指数关系赋予 STM 很高的灵敏度，所得的样品表面图像具有高于 0.1nm 的垂直精度和原子级的横向分辨率。

STM 可在两种扫描模式下工作，即恒定高度模式和恒定电流模式。在恒高模式下，针尖在样品上方的一个水平面上运行，隧道电流随样品表面形貌和局域电子特性而变化。在样品表面每个局域检测到的隧道电流构成数据组，并进而转化成形貌图像。

在恒电流模式下，STM 的反馈控制系统通过调整扫描器在每个测量点的高度动态地保证隧道电流不变。比如，当系统检测到隧道电流增大时，就会调整加在压电扫描器上的电压来增大针尖-样品的间隙。如果系统把隧道电流恒定在 2%的范围以内，则针尖与样品间的距离变化可以保持在 1pm 以内。因此，STM 在与样品表面垂直的方向上的深度分辨率可以达到几个 pm。

两种模式各有利弊，恒高模式扫描速率较高，因为控制系统不必上下移动扫描器，但这种模式仅适用于相对平滑的表面。恒电流模式可以较高的精度测量不规则的表面，但比较耗时。

7.3.2　原子力显微镜

原子力显微镜（AFM）的研究对象除导体和半导体之外，还扩展至绝缘体。原子力显微镜的工作原理如图 7-13 所示。原子力显微镜的针尖长若干微米，直径通常小于 100nm，被置于 100～200μm 长的悬臂的自由端。针尖和样品表面间的力导致悬臂弯曲或偏转。当针尖在样品上方扫描或样品在针尖下作光栅式运动时，探测器可实时地检测悬臂的状态，并将其对应的表面形貌图像显示记录下来。大多数商品化的 AFM 利用光学技术检测悬臂的位置。一束激光被悬臂折射到位敏光探测器（PSPD），当悬臂弯曲时投射在传感器上的激光光斑的位置发生偏移，PSPD 可以 1nm 的精度测量出这种偏移。激光从悬臂到测量器的折射光程与悬臂臂长的比值是此种微位移测量方法的机械放大率，所以此系统可检测悬臂针尖小于 0.1nm 的垂直运动。

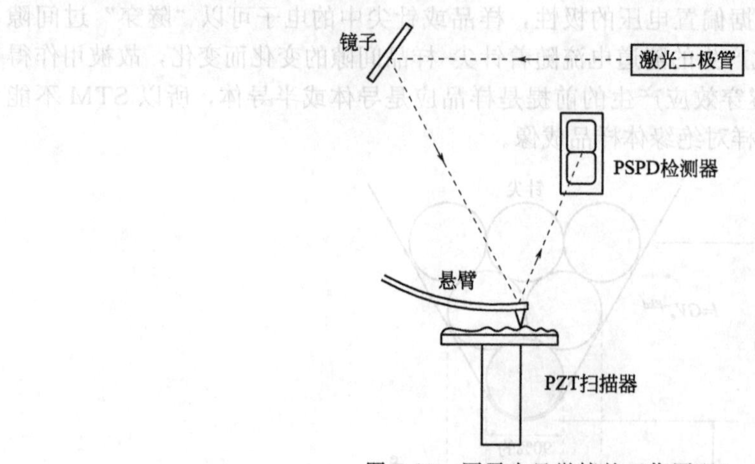

图 7-13　原子力显微镜的工作原理

原子力显微镜有两种类型，一种是接触式原子力显微镜，另一种是非接触式原子力显微镜。接触式也被称为排斥力模式，原子力显微镜的针尖与样品有轻微的物理接触。在这种工作模式下，针尖和与之相连的悬臂受范德瓦尔斯力和毛细力两种力的作用，二者的合力构成接触力。当扫描器驱动针尖在样品表面（或样品在针尖下方）移动时，接触力会使悬臂弯曲，产生适应形貌的变形。检测这些变形，便可以得到表面形貌图像。

原子力显微镜检测到悬臂的偏转后，则可在恒高或恒力模式下工作，获取形貌图像或图形。在恒高模式下，扫描器的高度是固定的，悬臂的偏转变化直接转换成形貌数据。在恒力模式下，悬臂的偏转被输入反馈电路，控制扫描器上下运动，以维持针尖和样品原子的相互作用力恒定。在此过程中，扫描器的运动被转换成图像或图形文件，如图 7-14 所示。

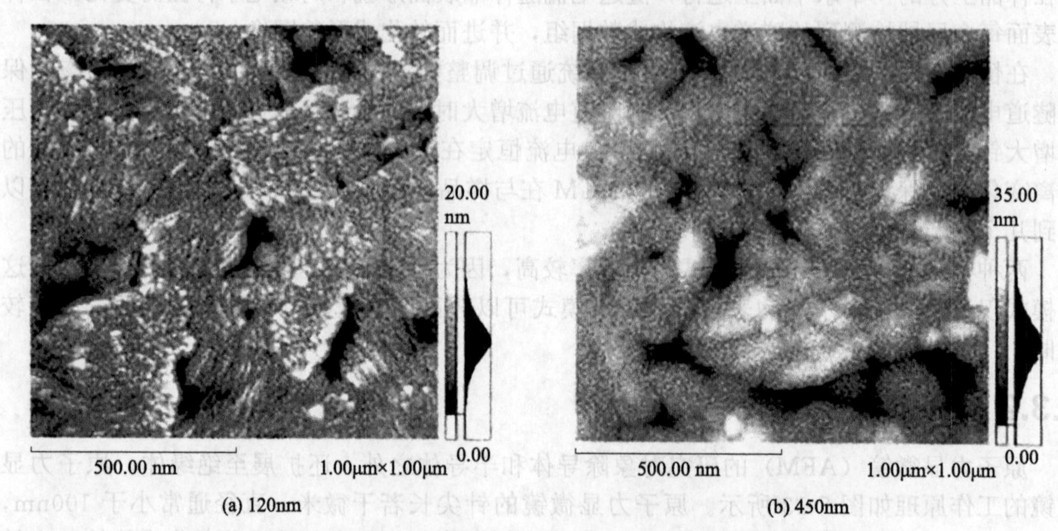

(a) 120nm　(b) 450nm

图 7-14　溅射过程中，不同厚度的透明导电涂层 ITO 的表面形貌图像

恒力工作模式的扫描速度受限于反馈回路的响应时间，但针尖施加在样品上的力得到了很好的控制，故在大多数应用中被优先选用。恒高模式常用于获得原子级平整样品的原子分

辨像，此时在所施加的力下，悬臂偏转和变化都比较小。在需要高扫描速率的变化表面实时观察时，恒高模式是必要的。

非接触式原子力显微镜应用一种振动悬臂技术，针尖与样品的间距处于几纳米至数十纳米的范围。非接触式是一种理想的方法，因为在测量样品形貌过程中，针尖和样品不接触或略有接触。同接触式原子力显微镜一样，非接触式原子力显微镜可以测量绝缘体、半导体和导体的形貌。在非接触区间，针尖和样品之间的力是很小的，一般只有 10^{-12} N，这对于研究软体或弹性样品是非常有利的。其另一优点是像硅片这样的样品不会因为与针尖接触而被污染。

刚硬的悬臂在系统的驱动下以接近共振点的频率（100～400kHz）振动，振幅是几纳米至数十纳米。共振频率随悬臂所受的力的梯度变化，这样，悬臂的共振频率的变化反映力的梯度的变化，也反映针尖-样品的间隙或样品形貌的变化。检测共振频率或振幅的变化，可以获得样品表面形貌的信息。此方法具有优于 0.1nm 的垂直分辨本领，与接触式原子力显微镜是一样的。

非接触式原子力显微镜的作用力很弱，同时用于原子力显微镜的悬臂硬度较大，否则较软的悬臂会被吸引至样品而发生接触。上述两个因素导致非接触式原子力显微镜的信号很弱，故需要具有更高灵敏度的交流检测方法。

在非接触式原子力显微镜中，系统监测悬臂的共振频率或振幅，并借助反馈控制器提升和降低扫描器，同时保证共振频率或振幅不变，与接触式原子力显微镜相同（即恒力模式），扫描器的运动被转换成图像或图形。

非接触式原子力显微镜不会产生接触式原子力显微镜中多次扫描之后经常观察到的针尖和样品变质的现象。如前面提到的，测量软体样品时，非接触式原子力显微镜比接触式原子力显微镜更具优越性。在测量刚性样品时，接触式原子力显微镜和非接触式原子力显微镜成像所得的图像看上去是一样的，但在刚性样品表面存在若干层凝结水时，图像是极不相同的。接触式原子力显微镜能穿过液体层获得被液体淹没的样品的表面图像，而非接触式原子力显微镜只能对液体层的表面成像。（见图 7-15）

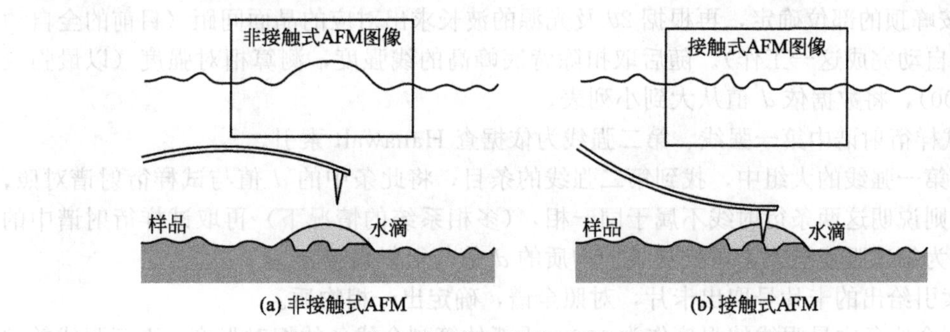

图 7-15　含水滴表面的非接触式和接触式 AFM 图像

7.4 X射线衍射物相分析法

X 射线衍射（XRD）物相分析可确定材料由哪些相组成（即物相定性分析或称物相鉴定）和确定各组成相的含量（常以体积分数或质量分数表示，即物相定量分析）。

7.4.1 定性分析

（1）定性分析的原理　X 射线衍射线的位置取决于晶胞参数（晶胞形状和大小），也决定于各晶面面间距，而衍射线的相对强度则决定于晶胞内原子的种类、数目及排列方式。每种晶态物质都有其特有的晶体结构，不是前者有异，就是后者有别，因而X射线在某种晶体上的衍射必然反映出带有晶体特征的衍射花样。光具有一个特性，即两个光源发出的光互不干扰，所以对于含有n种物质的混合物或含有n相的多相物质，各个相的各自衍射花样互不干扰而是机械地叠加，即当材料中包含多种晶态物质，它们的衍射谱同时出现，不互相干涉（各衍射线位置及相对强度不变），只是简单叠加。于是在衍射谱图中发现与某种结晶物质相同的衍射花样，就可以断定试样中包含这种结晶物质，这就如同通过指纹进行人的识别一样，自然界中没有衍射谱图完全一样的物质。

（2）PDF卡片　衍射花样可以表明物相中元素的化学结合态，通过拍摄全部晶体的衍射花样，可以得到各晶体的标准衍射花样。在进行物相定性分析时，首先将试样用粉晶法或衍射仪法测定各衍射线条的衍射角，将它换算为晶面间距，再用黑度计、计数管或肉眼估计等方法，测出各条衍射线的相对强度，然后只要把试样的衍射花样与标准的衍射花样相对比，从中选出相同者就可以确定该物质。定性分析实质上是信息的采集和查找核对标准花样两件事情。为了便于进行这种比较和鉴别。1938年，Hanawalt等就首先开始收集和摄取各种已知物质的衍射花样，将其衍射数据进行科学整理和分类。1942年，美国材料试验协会（ASTM）将每种物质的晶面间距和相对强度及其他数据以卡片形式出版，称ASTM卡。1969年，由粉末衍射标准联合委员会（JCPDS）负责卡片的出版，称为粉末衍射卡（The Powder Diffraction File；PDF）。1978年，与国际衍射资料中心（ICDD）联合出版，1992年以后卡片统一由ICDD出版。

（3）索引　目前使用的索引主要有三种编排格式，哈那瓦特（Hanawalt）数字索引、芬克（Fink）数字索引和字顺（Alphabetical）索引。被测样品的化学成分完全未知时，采用数字索引，若已知被测样品的主要化学成分，宜用字顺索引。

（4）定性分析的方法　数字索引的分析步骤如下。

① 拍摄待测试样的衍射谱，粉末试样的粒度以10～40μm为宜。

② 测定衍射线对应的晶面间距（d）及相对强度（I/I_1）。由衍射仪测得的谱线的峰位（2θ）一般按峰顶的部位确定，再根据2θ及光源的波长求出对应的晶面间距（目前的全自动衍射仪均可自动完成这一工作）。随后取扣除背底峰高的线强度，测算相对强度（以最强线强度作为100），将数据依d值从大到小列表。

③ 以试样衍射谱中第一强线、第二强线为依据查Hanawalt索引。

在包含第一强线的大组中，找到第二强线的条目，将此条中的d值与试样衍射谱对照，如不符合，则说明这两条衍射线不属于同一相，（多相系统的情况下）再取试样衍射谱中的第三强线作为第二强线检索，可找到某种物质的d值与衍射谱符合。

④ 按索引给出的卡片号取出卡片，对照全谱，确定出一相物质。

⑤ 将剩余线条中最强线的强度作为100，重新估算剩余线条的相对强度，取三强线并按前述方法查对Hanawalt索引，得出对应的第二相物质。

⑥ 如果试样谱线与卡片完全符合，则定性完成。在物相分析时，可能遇到三相或更多相，其分析方法同上。

字顺索引的分析步骤如下。

① 根据被测物质的衍射谱，确定各衍射线的d值及相对强度。

② 根据试样的成分及有关工艺条件，或参考文献，初步确定试样可能含有的物相。

③ 按物相的英文名称，从字顺索引中找出相应的卡片号，依此找出相应卡片。

④ 将实验测得的晶面间距和相对强度，与卡片上的值一一对比，如果吻合，则待分析试样中含有该卡片所记载的物相。

⑤ 同理，可将其他物相一一定出。

(5) 定性物相分析的范例　由待分析样品衍射花样得到其 $d\text{-}I/I_1$ 数据组，如表 7-1 所列。由表可知其三强线顺序为 2.848，3.27，2.726，检索 Hanawalt 数值索引，在 d_1 为 2.8～2.848nm 的一组中，有几种物质的 d_2 值接近 3.27nm，但将三强线对照来看，却没有一个物相与其一致，由此判断可能待分析试样由两种以上物质组成。假设最强线 2.848nm 与次强线 3.27nm 分别由两种不同相所产生，而第三强线 2.726nm 与最强线为同一相所产生，查找剩余 d 值中最大值 1.596nm，重新确定三强线顺序为 2.848，2.726，1.596，查找数字索引找到一个条目 11-557 ($LaNi_2O_4$)，其八强线条与待分析样品中 8 根线条数据相符，按卡片号取出 $LaNi_2O_4$ 卡片进一步核对，发现 $LaNi_2O_4$ 大部分 $d\text{-}I/I_1$ 数据（如表 7-2 所示）与表 7-1 所列待分析样品部分 $d\text{-}I/I_1$ 数据吻合（以 * 号标识），故可判定待分析样品中含有 $LaNi_2O_4$。将表 7-1 中属于 $LaNi_2O_4$ 的各线条数据去除，将剩余线条进行归一化处理（即将剩余线条中之最强线 3.27nm 的强度设为 100，其余线条强度值也相应调整），按定性分析方法的步骤重新进行检索和核对，结果表明这些线条与 La_2O_3 的 PDF 卡片所列数据一致（如表 7-3）。至此，可以确定待分析样品由 $LaNi_2O_4$ 和 La_2O_3 两相组成。

表 7-1　未知样品衍射花样数据

d/nm	I/I_1	d/nm	I/I_1
3.7 *	25	2.003	32
3.27	80	1.927 *	35
3.16 *	15	1.702	20
2.848 *	100	1.64 *	25
2.832	28	1.596 *	40
2.726 *	70	1.423 *	20
2.111 *	30	1.365 *	20
2.063 *	35	1.249 *	15

表 7-2　$LaNi_2O_4$ 的 PDF 卡片数据

d/nm	I/I_1	hkl	d/nm	I/I_1	hkl
6.3	1	002	1.668	10	116
3.7	25	101	1.64	25	107
3.16	15	004	1.596	40	213
2.848	100	103	1.581	5	008
2.726	70	110	1.423	20	206
2.502	3	112	1.365	20	220
2.111	30	006	1.279	3	301
2.063	35	114	1.249	15	217
1.927	35	200	1.229	10	303
1.707	10	211			

表 7-3　La_2O_3 的 PDF 卡片数据

d/nm	I/I_1	hkl	d/nm	I/I_1	hkl
4.62	10	211	1.836	10	611
3.27	100	222	1.747	5	541
2.832	35	400	1.702	25	622
2.668	10	411	1.669	10	631
2.413	5	332	1.298	10	662
2.22	10	431	1.266	10	840
2.003	40	440			

7.4.2 定量分析

X 射线物相定量分析的任务是根据混合相试样中各相物质的衍射线的强度来确定各相物质的相对含量。随着衍射仪的测量精度和自动化程度的提高，近年来定量分析技术有很大进展。

(1) 定量分析原理　从衍射线强度理论可知，多相混合物中某一相的衍射强度随该相的相对含量的增加而增高。但由于试样的吸收等因素的影响，一般来说某相的衍射线强度与其相对含量并不呈线性的正比关系，而是曲线关系，如图 7-16 所示。

如果用实验测量或理论分析等方法确定了该关系曲线，就可从实验测得的强度算出该相的含量，这是定量分析的理论依据。虽然照相法和衍射仪法都可用来进行定量分析，但因用衍射仪法测量衍射强度比照相法方便简单、速度快、精确度高，而且现在衍射仪的普及率已经很高，因此物相定量分析的工作基本上都用衍射仪法进行。

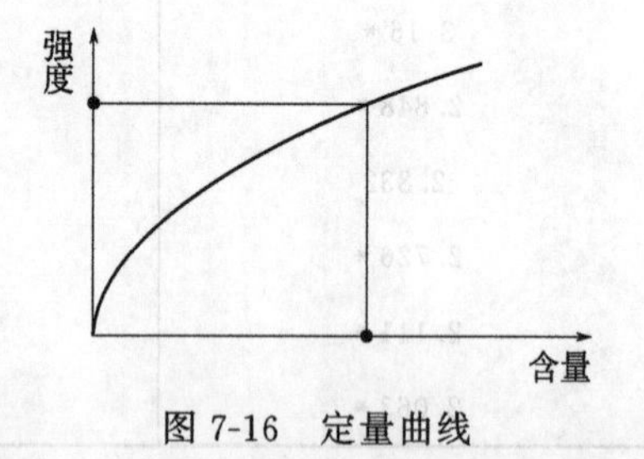

图 7-16　定量曲线

(2) 直接对比法　这种方法只适用于待测试样中各相的晶体结构为已知的情况，此时与 j 相的某衍射线有关的常数 C_j 可直接由公式算出来。假设试样中有 n 相，则可选取一个包含各个相的衍射线的较小角度区域测定此区域中每个相的一条衍射线强度，共得到 n 个强度值，分属于 n 个相，然后定出这 n 条衍射线的衍射指数和衍射角，算出它们的 C_j。

(3) 外标法　外标法是用对比试样中待测的第 j 相的某条衍射线和纯 j 相（外标物质）的同一条衍射线的强度来获得第 j 相含量的方法，原则上它只能应用于两相系统。

(4) 内标法　当试样中所含物相数 $n>2$，而且各相的质量吸收系数又不相同时，常需往试样中加入某种标准物质（称之为内标物质）来帮助分析，这种方法称为内标法。

7.4.3 X 射线衍射分析应用

(1) 晶相结构的测定　由于不同的晶相结构具有不同的 X 射线衍射图谱，因此可以利用衍射图谱的差别来鉴别不同的晶相结构。

例如，在 TiO_2 的制备过程中，不同焙烧温度下处理可以得到不同晶型的 TiO_2。用 XRD 对不同焙烧条件下制得的 TiO_2 进行分析，得到图 7-17 所示的谱图。图上峰的位置以衍射角 2θ 表示，而强度用峰高表示。因此，只要将被测物质的衍射特征数据与标准卡片比较，即可进行鉴定。如果结构数据一致，则卡片上所载物质的结构即为被测物质的结构。

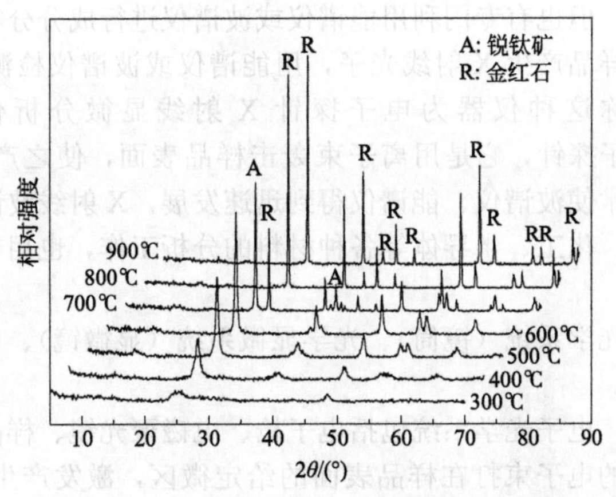

图 7-17　不同晶型的 TiO_2 的 X 射线衍射图

（2）微晶颗粒大小的测定　用 X 射线衍射法测定微晶颗粒大小，是基于 X 射线通过晶态物质后衍射线的宽度（扣除仪器本身的宽化作用后）与微晶颗粒大小成反比原理进行的。当晶粒小于 200 nm 时，就能引起衍射峰的加宽，晶粒越细，衍射峰越宽，所以此法也称为 X 射线线宽法。晶粒大小与衍射线增宽的关系可由 Scherrer 公式表示

$$D = K\lambda / \beta\cos\theta \tag{7-4}$$

式中　D——晶粒大小；

θ——半衍射角；

β——谱线的加宽度；

λ——入射 X 射线的波长；

K——与微晶形状和晶面有关的常数，当微晶接近球形时，$K=0.9$。

微晶大小的测定范围为 3～200 nm。

7.5 X射线光谱分析

当用 X 射线、高速电子或其他高能粒子轰击样品时，若试样中各元素的原子受到激发，将处于高能量状态，当它们向低能量状态转变时，将产生特征 X 射线。产生的特征 X 射线按波长或能量展开，所得谱图即为波谱或能谱，从谱图中可辨认元素的特征谱线，并测得它们的强度，据此进行材料的成分分析，这就是 X 射线光谱分析。

用于探测样品受激产生的特征 X 射线的波长和强度的设备，称为 X 射线谱仪。常用 X 射线谱仪有两种：一种是利用特征 X 射线的波长不同来展谱，实现对不同波长 X 射线检测的波长色散谱仪，简称波谱仪（ Wave Dispersive Spectrometer，WDS）；另一种是利用特征 X 射线能量不同来展谱，实现对不同能量 X 射线分别检测的能量色散谱仪，简称能谱仪（ Energy Dispersive Spectrometer，EDS）。就 X 射线的本质而言，波谱和能谱是一样的，不同的仅仅是横坐标按波长标注还是按能量标注。但如果从它们的分析方法来说，差别就比较大，前者是用光学的方法，通过晶体的衍射来分光展谱，后者却是用电子学的方法展谱。

7.5.1 电子探针仪

任何能谱仪或波谱仪并不能独立地工作，它们均需要一个产生和聚焦电子束的装置，现代扫描电镜和透射电镜通常将能谱仪或波谱仪作为常规附件，能谱仪或波谱仪借助电子显微

镜电子枪的电子束工作。但也有专门利用能谱仪或波谱仪进行成分分析的仪器，它使用微小的电子束轰击样品，使样品产生X射线光子，用能谱仪或波谱仪检测样品表面某一微小区域的化学成分，所以称这种仪器为电子探针X射线显微分析仪，简称电子探针仪(EPMA)。类似地有离子探针，它是用离子束轰击样品表面，使之产生X射线，得到元素组成的信息。计算机技术使波谱仪、能谱仪得到迅速发展。X射线波谱、能谱分析已经广泛用于地质、矿冶、建筑、化工、半导体等各种材料的分析工作，也用于生产过程的质量监测和生产工艺的控制。

电子探针仪由电子光学系统（镜筒）、光学显微系统（显微镜）、电源系统和真空系统以及波谱仪或能谱仪组成。

(1) 电子光学系统　电子光学系统包括电子枪、电磁聚光镜、样品室等部件。由电子枪发射并经过聚焦的极细的电子束打在样品表面的给定微区，激发产生X射线。样品室位于电子光学系统的下方。

(2) 光学显微系统　为了便于选择和确定样品表面上的分析微区，镜筒内装有与电子束同轴的光学显微镜（100～500倍），确保从目镜中观察到微区位置与电子束轰击点精确地重合。

(3) 真空系统和电源系统　真空系统的作用是建立能确保电子光学系统正常工作、防止样品污染所必需的真空度，一般情况下要求保持优于10^{-3}～10^{-2}Pa的真空度。电源系统由稳压、稳流及相应的安全保护电路所组成。

7.5.2 能谱仪

目前最常用的能谱仪是应用Si(Li)半导体探测器和多道脉冲高度分析器将入射X光子按能量大小展成谱的能量色散谱仪——Si(Li)X射线能谱仪，其关键部件是Si(Li)半导体检测器，即锂漂移硅固态检测器。

7.5.2.1 Si(Li)半导体探测器

锂漂移硅固态探测器是用掺了微量锂的高纯硅制成的，加“漂移”二字是说明用漂移法掺锂。在高纯硅中掺锂的作用是抵消其中存在的微量杂质的导电作用，使中性层未吸收光子时在外加电场作用下不漏电。由于锂在室温下也容易扩散，所以Si(Li)半导体探测器不但要在液氮温度下使用，以降低电子噪声，而且要在液氮温度下保存，以免Li发生扩散，这显然是很不方便的。半导体探测器性能指标中最重要的是分辨率。由于标识谱线有一定的固有宽度，同时在探测器中产生的电离现象是一种统计性事件，这就使探测出来的能谱谱线有一定宽度，加上与之联用的场效应晶体管产生的噪声对半高宽有影响，能谱谱线就变得更宽些。

7.5.2.2 能量色散谱仪的工作原理

由X射线发生器发射的连续辐射投射到样品上，使样品发射所含元素的荧光标识X射线谱和所含物相的衍射线束，这些谱线和衍射线束被Si（Li）半导体探测器吸收。进入探测器中被吸收的每一个X射线光子都使硅电离成许多电子-空穴对，构成一个电流脉冲，经放大器转换成电压脉冲，脉冲高度与被吸收的光子能量成正比。被放大了的电压脉冲输至多道脉冲高度分析器。多道脉冲高度分析器是许多个单道脉冲高度分析器的组合，一个单道脉冲高度分析器叫做一个通道。各通道的窗宽都一样，都是满刻度值（V_m）的1/1024，但各通道的基线不同，依次为0、V_m/1024、$2V_m$/1024…。由放大器来的电压脉冲按其脉冲高度分别进入相应的通道而被储存起来。每进入一个时钟脉冲，存储单元记录一个光子数，因此通道地址和X光子能量成正比，而通道的计数则为X光子数，记录一段时间后，每一通道内的脉冲数就可迅速记录下来，最后得到以通道（能量）为横坐标、通道计数（强度）为纵坐标的X射线能量色散谱，如图7-18所示，能谱中的各条谱线及衍射花样的各条衍射线是同时记录的，并且由试样发射到探测器的衍射线束是未经任何滤光和单色化处理的，因而保持原强度。由于这两方面的原因，就使得用能量色散谱仪来记录能谱和衍射花样所需时间很短，一般只要十几分钟。如果把它与转动阳极管那样的强光源联用，记录时间就可能只要几十秒钟。根据上面的分析，能量色散谱仪有下述优点：

① 效率高，可以作衍射动态研究；

② 各谱线和各衍射线都是同时记录的，在只测定各衍射线的相对强度时，稳定度不高的X射线源和测量系统也可以用；

③ 谱线和衍射花样同时记录，因此可同时获得试样的化学元素成分和相成分，提高相分析的可靠性。

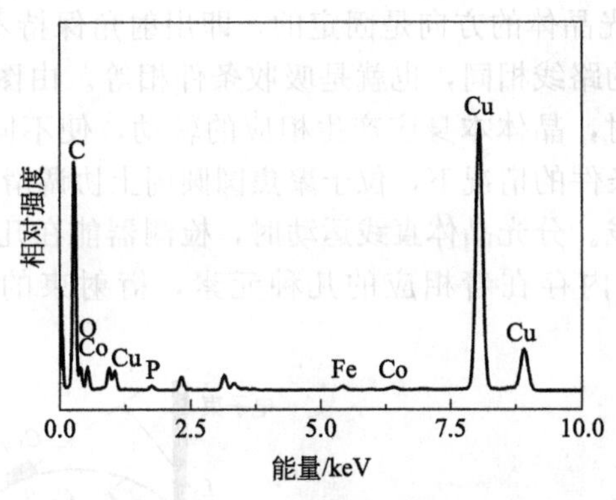

图7-18 CoOOH修饰的磷掺杂氧化铁

7.5.3 波谱仪

7.5.3.1 波谱仪的结构和工作原理

在电子探针中，X射线是由样品表面以下微米数量级的作用体积中激发出来的，如果这个体积中的样品是由多种元素组成，则可激发出各个相应元素的特征X射线。若在样品上方水平放置一块具有适当晶面间距（d）的晶体，入射X射线的波长、入射角和晶面间距三者符合布拉格方程时，这个特征波长的X射线就会发生强烈衍射。波谱仪利用晶体衍射把不同波长的X射线分开，故称这种晶体为分光晶体。被激发的特征X射线照射到连续转动的分光晶体上实现分光（色散），即不同波长的X射线将在各自满足布拉格方程的2θ方向上被检测器接收，如图7-19所示。

虽然分光晶体可以将不同波长的X射线分光展开，但就收集单一波长X射线信号的效率来看是非常低的。如果把分光晶体做适当弹性弯曲，并使射线源、弯曲晶体表面和检测器窗口位于同一个圆周上，这样就可以达到把衍射束聚焦的目的，此时整个分光晶体只收集一种波长的X射线，使这种单色X射线的衍射强度大大提高，这个圆周就称为聚焦圆或罗兰圆。在电子探针中常用的弯晶谱仪有约翰(Johann)型和约翰逊(Johansson)型两种聚焦方式。

电子束轰击样品后，被轰击的微区就是X射线源。要使X射线分光聚焦，并被检测器接收，两种常见的谱仪结构示意如图7-20所示。图7-20(a)为回旋式波谱仪，聚焦圆圆心O不能移动，分光晶体和检测器在聚焦圆的圆周上以1∶2的角速度运动，以保证满足布拉格条件，这种结构比直进式结构简单，但由于出射方向改变很大，即X射线在样品内行进的

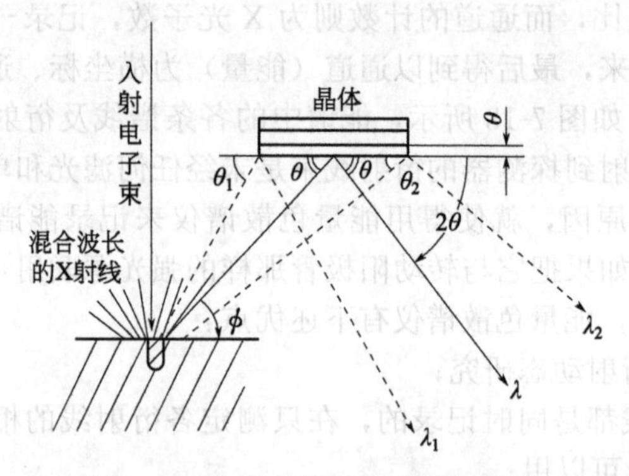

图 7-19　分光晶体对 X 射线的衍射

路线不同，往往会因吸收条件变化造成分析上的误差。图 7-20(b)为直进式波谱仪，这种谱仪的优点是 X 射线照射分光晶体的方向是固定的，即出射角保持不变，这样可以使 X 射线穿过样品表面过程中所走的路线相同，也就是吸收条件相等。由图中的几何关系分析可知，分光晶体位置沿直线运动时，晶体本身应产生相应的转动，使不同波长的 X 射线以不同的角度入射，在满足布拉格条件的情况下，位于聚焦圆圆周上协调滑动的检测器都能接收到经过聚焦的波长不同的衍射线。分光晶体直线运动时，检测器能在几个位置上接收到衍射束，表明在试样被激发的体积内存在着相应的几种元素，衍射束的强度大小和元素含量成正比。

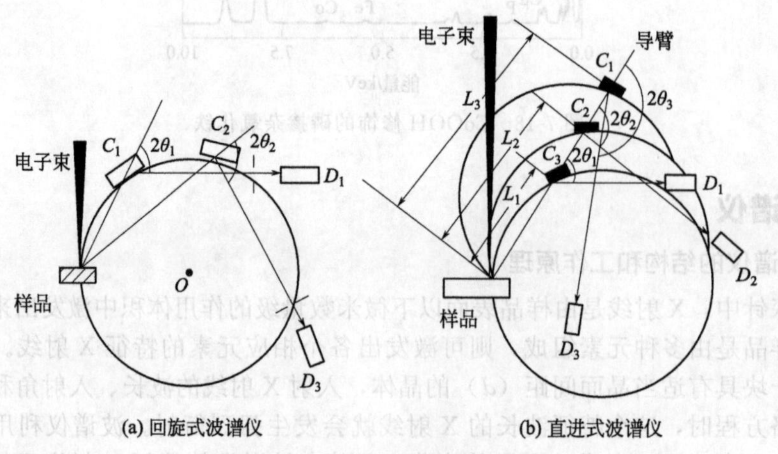

图 7-20　两种波谱仪结构示意

7.5.3.2　波谱图

X 射线探测器是检测 X 射线强度的仪器。波谱仪使用的 X 射线探测器有充气正比计数管和闪烁计数管等。探测器每接收一个 X 光子便输出一个电脉冲信号，脉冲信号输入计数仪，提供在仪表上显示计数率读数。波谱仪记录的波谱图是一种衍射图谱，由一些强度随 2θ 变化的峰曲线与背景曲线组成，每一个峰都是由分光晶体衍射出来的特征 X 射线，至于样品相干的或非相干的散射波，也会被分光晶体所反射，成为波谱的背景。连续谱波长的散射是造成波谱背景的主要因素。直接使用来自 X 射线管的辐射激发样品，其中强烈的连续辐射被样品散射，引起很高的波谱背景，这对波谱的分析是不利的，用特征辐射照射样品，可克服连续谱激发的缺点。

图 7-21 是从一个测量点获得的谱线图，横坐标代表波长，纵坐标代表相对强度，谱线

上有许多强度峰，每个峰在坐标上的位置代表相应元素特征X射线的波长，峰的高度代表这种元素的含量。直接影响波谱分析的因素有两个：分辨率和灵敏度，表现在波谱图上就是衍射峰的宽度和高度。通常波长分散谱仪的波长分辨率是很高的，而波谱仪的灵敏度取决于信号噪声比，即峰高度与背景高度的比值，实际上就是峰能否辨认的问题。高的波谱背景降低信噪比，使仪器的测试灵敏度下降。轻元素的荧光产率较低，信号较弱，是影响其测试灵敏度的因素之一。波长分散谱仪的灵敏度比较高，可能测量的最低浓度对于固体样品达0.0001%（质量分数），对于液体样品达0.1g/mL。

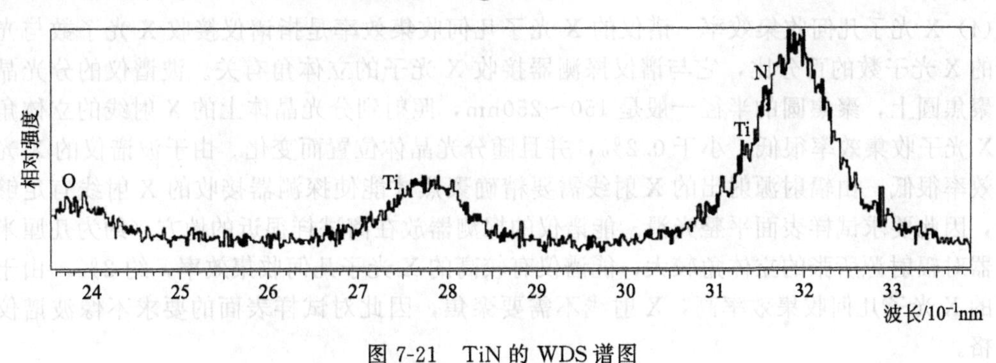

图 7-21　TiN 的 WDS 谱图

7.5.4 波谱仪和能谱仪的分析模式及应用

利用X射线波谱法进行微区成分分析通常有如下三种分析模式。

(1) 以点、线、微区、面的方式测定样品的成分和平均含量　被分析的选区尺寸可以小到1μm，用电镜直接观察样品表面，用电镜的电子束扫描控制功能，选定待分析点、微区或较大的区域，采集X射线波谱或能谱，可对谱图进行定性定量分析。定点微区成分分析是扫描电镜成分分析的特色工作，它在催化剂附着和夹杂物的鉴定方面有着广泛的应用。此外，在合金相图研究中，为了确定各种成分的合金在不同温度下的相界位置，提供了迅速而又方便的测试手段，并能探知某些新的合金相或化合物。

(2) 测定样品在某一线长度上的元素分布分析模式　分别选定衍射晶体的衍射角或能量窗口，当电子束在试样上沿一条直线缓慢扫描时，记录被选定元素的X射线强度（它与元素的浓度成正比）分布，就可以获得该元素的线分布曲线。入射电子束在样品表面沿选定的直线轨迹（穿越粒子或界面）扫描，可以方便地取得有关元素分布不均匀性的资料，比如测定元素在材料内部相区或界面上的富集或贫化。

(3) 测定元素在样品指定区域内的面分布分析模式　与线分析模式相同，分别选定衍射晶体的衍射角或能量窗口，当电子束在试样表面的某区域作光栅扫描时，记录选定元素的特征X射线的计数率，计数率与显示器上亮点的密度成正比，则亮点的分布与该元素的面分布相对应。

7.5.5 波谱仪与能谱仪的比较

波谱仪与能谱仪的异同可从以下几方面进行比较。

(1) 分析元素范围　波谱仪分析元素的范围为$_{4}$B—$_{92}$U，能谱仪分析元素的范围为$_{11}$Na—$_{92}$U，对于某些特殊的能谱仪（例如无窗系统或超薄窗系统），可以分析C以上的元素，但对各种条件有严格限制。

(2) 分辨率　谱仪的分辨率是指分开或识别相邻两个谱峰的能力，它可用波长色散谱或能量色散谱的谱峰半峰宽——谱峰最大高度一半处的宽度 $\Delta\lambda$ 来衡量，也可用 $\Delta\lambda/\lambda$ 的百分数来衡量。半峰宽越小，表示谱仪的分辨率越高；半峰宽越大，表示谱仪的分辨率越低。目前能谱仪的分辨率为 145～155eV，波谱仪的分辨率在常用 X 射线波长范围内要比能谱仪高一个数量级以上，在 5eV 左右，从而减少了谱峰重叠的可能性。

(3) 探测极限　谱仪能测出的元素最小百分浓度称为探测极限，它与被分析元素种类、样品的成分、所用谱仪以及实验条件有关。波谱仪的探测极限为 0.01%～0.1%，能谱仪的探测极限为 0.1%～0.5%。

(4) X 光子几何收集效率　谱仪的 X 光子几何收集效率是指谱仪接收 X 光子数与光源出射的 X 光子数的百分比，它与谱仪探测器接收 X 光子的立体角有关。波谱仪的分光晶体处于聚焦圆上，聚焦圆的半径一般是 150～250nm，照射到分光晶体上的 X 射线的立体角很小，X 光子收集效率很低，小于 0.2%，并且随分光晶体位置而变化。由于波谱仪的 X 光子收集效率很低，由辐射源射出的 X 射线需要精确聚焦才能使探测器接收的 X 射线有足够的强度，因此要求试样表面平整光滑。能谱仪的探测器放在离试样很近的地方（约为几厘米），探测器对辐射源所张的立体角较大，能谱仪有较高的 X 光子几何收集效率，约 2%。由于能谱仪的 X 光子几何收集效率高，X 射线不需要聚焦，因此对试样表面的要求不像波谱仪那样严格。

(5) 量子效率　量子效率是指探测器 X 光子数与进入谱仪探测器的 X 光子数的百分比。能谱仪的量子效率很高，接近 100%，波谱仪的量子效率低，通常小于 30%。由于波谱仪的几何收集效率和量子效率都比较低，X 射线利用率低，不适于低束流、X 射线弱的情况使用，这是波谱仪的主要缺点。

(6) 瞬时的 X 射线谱接收范围　瞬时的 X 射线谱接收范围是指谱仪在瞬间所能探测到的 X 射线谱的范围。波谱仪在瞬间只能探测波长满足布拉格条件的 X 射线，能谱仪在瞬间能探测各种能量的 X 射线。因此，波谱仪是对试样元素逐个进行分析，而能谱仪是同时进行分析。

(7) 最小电子束斑　电子探针的空间分辨率（能分辨不同成分的两点之间的最小距离）不可能小于电子束斑直径，束流与束斑直径的 8/3 次方成正比。波谱仪的 X 射线利用率很低，不适于低束流使用，分析时的最小束斑直径约为 200nm。能谱仪有较高的几何收集效率和高的量子效率，在低束流下仍有足够的计数，分析时最小束斑直径为 5nm。但对于块状试样，电子束射入样品之后会发生散射，也使产生特征 X 射线的区域远大于束斑直径，大体上为微米数量级，在这种情况下继续减少束斑直径对提高分辨率已无多大意义。要提高分析的空间分辨率，唯有采用尽可能低的入射电子能量，减小 X 射线的激发体积。综上所述，分析厚样品，电子束斑直径大小不是影响空间分辨率的主要因素，波谱仪和能谱仪均能适用。但对于薄膜样品，空间分辨率主要决定于束斑直径大小，因此使用能谱仪较好。

(8) 分析速度　能谱仪分析速度快，几分钟内能把全部能谱显示出来，而波谱仪一般需要十几分钟。

(9) 谱的失真　波谱仪不大存在谱的失真问题。能谱仪在测量过程中，存在使能谱失真的因素主要有：一是 X 射线探测过程中的失真，如硅的 X 射线逃逸峰、谱峰加宽、谱峰畸变、铍窗吸收效应等；二是信号处理过程中的失真，如脉冲堆积等；最后是由探测器样品室的周围环境引起的失真，如杂散辐射、电子束散射等。谱的失真使能谱仪的定量可重复性很差，波谱仪的可重复性是能谱仪的 8 倍。

综上所述，波谱仪分析的元素范围广、探测极限小、分辨率高，适用于精确的定量分析，其缺点是要求试样表面平整光滑，分析速度较慢，需要用较大的电子束流，从而容易引起样品和镜筒的污染。能谱仪虽然在分析元素范围、探测极限、分辨率等方面不如波谱仪，但其分析速度快，可用较小的电子束流和微细的电子束流，对试样表面要求不如波谱仪那样严格，因此特别适合与扫描电镜配合使用。目前扫描电镜或电子探针仪可同时配用能谱仪和波谱仪，构成扫描电镜-波谱仪-能谱仪系统，使两种谱仪互相补充、发挥长处，是非常有效的材料研究工具。

7.5.6 X射线光谱分析及应用

(1) 定性分析　对样品所含元素进行定性分析是比较容易的，根据谱线所在位置（2θ）和分光晶体的晶面间距（d），按布拉格方程就可测算出谱线波长，从而鉴定出样品中含有哪些元素。对于配备微机的波谱仪，可以直接在图谱上打印谱线的名称，完成定性分析。

定性分析必须注意一些具体问题。例如，要确认一个元素的存在，至少应该找到两条谱线，以避免干扰线的影响而误认。又如，要区分哪些峰是来自样品的，哪些峰是由X射线管特征辐射的散射而产生的。如果样品中所含的元素的原子序数很接近，则其荧光波长相差甚微，就要注意波谱是否有足够的分辨率把间隔很近的两条谱线分离。

(2) 定量分析　荧光X射线定量分析是在光学光谱分析方法基础上发展建立起来的，可归纳为数学计算法和实验标定法。

数学计算法是样品内元素发出的荧光X射线的强度应该与该元素在样品内的原子分数成正比，就是与该元素的质量分数（W）成正比，即 $W_i = K_i I_i$，原则上，系数 K 可从理论算出来，但计算结果误差可能比较大。

一般情况下，人们宁愿采用相似物理化学状态和已知成分的标样进行实验测量标定，常用的有外标法和内标法两类。

外标法是以样品中待测元素的某谱线强度与标样中已知含量的这一元素的同一谱线强度相比较，来校正或测定样品中待测元素的含量。在测定某种样品中元素 A 的含量时，应预先准备一套成分已知的标样，测量该套标样中元素 A 在不同含量下荧光X射线的强度 I_A 与纯 A 元素的荧光X射线的强度（I_A）$_0$，作出相对强度与元素A百分含量之间的关系曲线，即定标曲线。然后测出待测样品中同一元素的荧光X射线的相对强度，再从定标曲线上找出待测元素的百分含量。

内标法是在未知样品中混入一定数量的已知元素 j，作为参考标准，然后测出待测元素 i 和内标元素 j 相应的X射线强度 I_i、I_j；设它们混合样品中的质量分数用 W_i、W_j 表示，则有 $W_i / W_j = I_i / I_j$。

7.6 X射线光电子能谱法

早在19世纪末赫兹就观察到了光电效应，20世纪初爱因斯坦建立了有关光电效应的理论公式，但由于受当时技术设备条件的限制，没有把光电效应应用到实际分析中去。直到1954年，瑞典K. Seigbahn教授领导的研究小组创立了世界上第一台光电子能谱仪，他们精确地测定了元素周期表中各元素的内层电子结合能，但当时没有引起重视。到了20世纪60年代，他们在硫代硫酸钠（$Na_2S_2O_3$）的研究中，意外地观察到硫代硫酸钠的X射线光电子谱图上出现两个完全分离的S 2p峰，且这两个峰的强度相等。而在硫酸钠的X射线光电子谱图中只有一个S 2p峰。这表明 $Na_2S_2O_3$ 的两个硫原子（+6价，−2价）周围的化学环境不同，从而造成了两者内层电子结合能的不同。正是由于这个发现，自60年代起，X射线光电子能谱法（XPS）开始得到人们的重视，并迅速在不同的材料研究领域得到应用。随着微电子技术的发展，X射线光电子能谱仪已发展成为具有表面元素分析、化学态和能带结构分析以及微区化学态成像分析等功能强大的表面分析仪器。

7.6.1 X 射线光电子能谱分析的基本原理

(1) 光电子的产生　光与物质相互作用产生电子的现象称为光电效应。当一束能量为 $h\nu$ 的单色光与原子发生相互作用，而入射光量子的能量大于原子某一能级电子的结合能时，此光量子的能量很容易被电子吸收，获得能量的电子便可脱离原子核束缚，并获得一定的动能从内层逸出，成为自由电子，留下一个离子。电离过程可表示为：

$$M + h\nu = M^{*+} + e \tag{7-5}$$

式中，M 为中性原子；$h\nu$ 为辐射能量；M^{*+} 为处于激发态的离子；e 为光激发下发射的光电子。

光与物质相互作用产生光电子的可能性称为光电效应概率。光电效应概率与光电效应截面成正比。光电效应截面是微观粒子间发生某种作用的可能性大小的量度，在计算过程中它具有面积的量纲（cm^2）。光电效应过程同时满足能量守恒和动量守恒。入射光子和光电子的动量之间的差额是由原子的反冲来补偿的，由于需要原子核来保持动量守恒，因此光电效应概率随着电子同原子核结合的加紧而很快地增加。所以，只要光子的能量足够大，被激发的总是内层电子。如果入射光子的能量大于 K 壳层或 L 壳层的电子结合能，那么外层电子的光电效应概率就会很小，特别是价带，对于入射光来说几乎是“透明”的。

一个自由原子中电子的结合能定义为，将电子从它的量子化能级移到无穷远静止状态时所需的能量，这个能量等于自由原子的真空能级与电子所在能级的能量差。在光电效应过程中，根据能量守恒原理，电离前后能量的变化为

$$h\nu = E_B + E_A \tag{7-6}$$

即光子的能量转化为电子的动能并克服原子核对核外电子的束缚（结合能），即

$$E_B = h\nu - E_A \tag{7-7}$$

这便是著名的爱因斯坦光电发射定律，也是 X 射线光电子能谱分析中最基本的方程。如前所述，各原子的不同轨道电子的结合能是一定的，具有标志性。因此，可以通过光电子谱仪检测光电子的动能，由光电发射定律得知相应能级的结合能，用来进行元素的鉴别。

对照图 7-22 所示，设 $h\nu$ 大于标号分别为 1，2，3 的三个能级的电子结合能，由光电发射定律可知，光电子动能大小的次序为 $E_k(1) > E_K(2) > E_k(3)$，结果便可以在 XPS 谱图上形成 3 个不同的锐峰，它们分别对应于三个不同能级的电子结合能及相应的离子激发态。由此建立了轨道电子结合能与谱峰位置的一一对应关系，从而确定原子的性质。

Koopmans 定理是按照突然近似假定而提出的，即原子电离后除某一轨道的电子被激发外，其余轨道电子的运动状态不发生变化而处于一种“冻结状态”。但实际体系中这种状态是不存在的。电子从内壳层出射，结果使原来体系中的平衡势场被破坏，形成的离子处于激发态，其余轨道电子结构将做出重新调整，原子轨道半径会发生 1%～10%的变化，这种电子结构的重新调整叫电子弛豫。弛豫的结果使离子回到基态，同时释放出弛豫能。由于在时间上弛豫过程大体与光电发射同时进行，所以弛豫加速了光电子的发射，提高了光电子的动能，结果使光电子谱线向低结合能一侧移动。

弛豫可分为原子内项和原子外项。原子内项是指单独原子内部的重新调整所产生的影响，对自由原子只存在这一项。原子外项是指与被电离原子相关的其他原子电子结构的重新调整所产生的影响。对于分子和固体，这一项占有相当的比例。在 XPS 谱分析中，弛豫是一个普遍现象。例如，自由原子与由它所组成的纯元素固体相比，结合能要高出 5～15 eV，当惰性气体注入贵金属晶格后其结合能比自由原子低 2～4eV，当气体分子吸附到固体表面

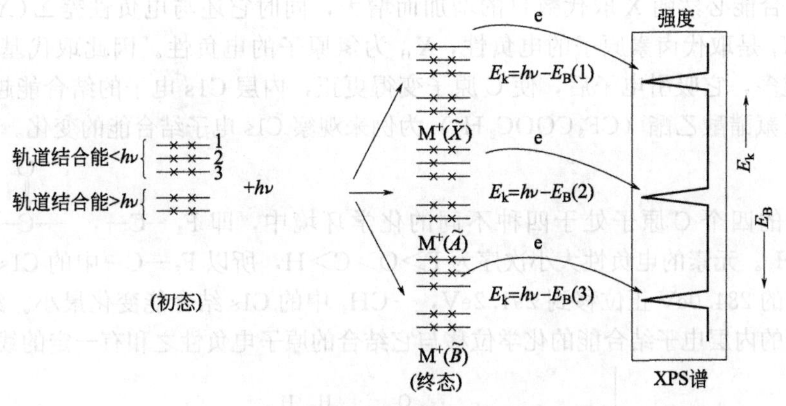

图 7-22 光电发射过程 XPS 谱的形成

后，结合能较自由分子时低 1～3eV。

(2) 化学位移 同种原子处于不同化学环境而引起的电子结合能的变化，导致在谱线上的位移称为化学位移。所谓某原子所处的化学环境不同大体上有两方面含义：一是指与它结合的元素种类和数量不同，二是指原子具有不同的价态。$Na_2S_2O_3$ 中两个 S 原子价态不相同（+6 价，-2 价），与它们结合的元素的种类和数量也不同，这造成了它们的 2p 电子结合能不同而产生了化学位移。再比如，纯金属铝原子为零价，其 2p 轨道电子的结合能为 75.3eV，当它与氧气合成 Al_2O_3 后，铝为正三价，这时 2p 轨道电子的结合能为 78eV，增加了 2.7eV。除少数元素（如 Cu，Ag）内层电子结合能位移较小，在谱图上不太明显外，一般元素的化学位移在 XPS 谱图上均有可分辨的谱峰。正因为 X 射线光电子能谱可以测出内层电子结合能位移，所以它在化学分析中获得了广泛应用。

① 化学位移的解释：分子电位-电荷势模型 由于轨道电子的结合能是由原子核和分子电荷分布在原子中所形成的静电电位所确定的，所以最直接影响轨道电子结合能的是分子中的电荷分布。该模型假定分子中的原子可用一个空心的非重叠静电球壳包围一个中心核来近似，原子的价电子形成最外电荷壳层，它对内层轨道上的电子起屏蔽作用，因此价壳层电荷密度的改变必将对内层轨道电子结合能产生一定的影响。电荷密度改变的主要原因是发射光电子的原子在与其他原子化合成键时发生了价电子转移，而与其成键的原子的价电子结构的变化也是造成结合能位移的一个因素。这样，结合能位移可表示成

$$\Delta E_B^A = \Delta E_V^A + \Delta E_M^A \tag{7-8}$$

式中，ΔE_V^A 表示分子 M 中 A 原子本身价电子的变化对化学位移的贡献；ΔE_M^A 则表示分子 M 中其他原子的价电子对 A 原子内层电子结合能位移的贡献。用 q^A 表示化学位移，则结合能位移也可表示为

$$\Delta E_B^A = K_A q^A + V_A + l$$

式中，q 为 A 原子上的价壳层电荷；V_A 为分子 M 中除原子 A 以外其他原子的价电子在 A 原子处所形成的电荷势，这里把 V_A 叫做原子间有效作用势；K_A 及 l 为常数。

上述计算结合能位移的方法看起来不是很严格，但方法简单，且同实验结果比较一致。实验结果表明，ΔE_B^A 和 q^A 之间有较好的线性关系，理论计算与实验结果相当一致。

② 化学位移与元素电负性的关系 化学位移的原因有原子价态的变化、原子与不同电负性元素结合等，且其中结合原子的电负性对化学位移影响尤大。例如用卤族元素 X 取代 CH_4 中的 H，由于卤族元素 X 的电负性大于 H 的电负性，造成 C 原子周围的负电荷密度较未取代前有所降低，这时 C1s 电子同原子核结合得更紧，因此 C1s 的结合能会提高，可以

推测 C1s 的结合能必然随 X 取代数目的增加而增大，同时它还与电负性差$\sum(X_i - X_H)$成正比，这里 X_i 是取代卤素原子的电负性，X_H 为氢原子的电负性。因此取代基的电负性越大，取代数越多，它吸引电子后，使 C 原子变得更正，内层 C1s 电子的结合能越大。

下面以三氟醋酸乙酯（$CF_3COOC_2H_5$）为例来观察 C1s 电子结合能的变化。如图 7-23 所示，该分子中的四个 C 原子处于四种不同的化学环境中，即 F_3—C—，$\overset{\overset{\displaystyle O}{\|}}{—C—O}$，—O—$CH_2$—，—$CH_3$。元素的电负性大小次序为 F＞O＞C＞H，所以 F_3—C—中的 C1s 结合能变化最大，由原来的 284.0eV 正位移到 291.2eV，—CH_3 中的 C1s 结合能变化最小。经研究表明，分子中某原子的内层电子结合能的化学位移与它结合的原子电负性之和有一定的线性关系。

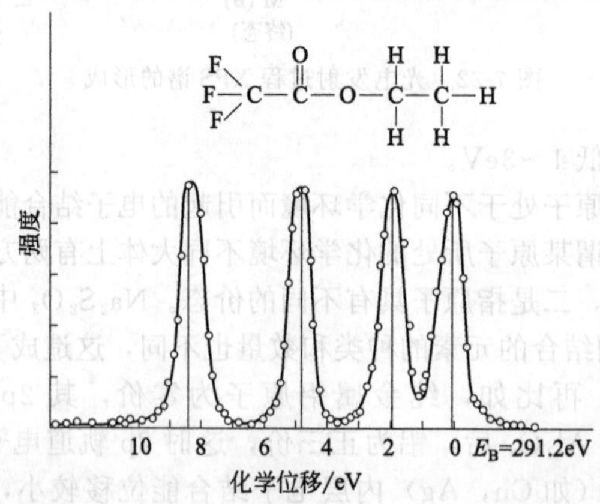

图 7-23　三氟醋酸乙酯中 C1s 轨道电子结合能

③ 化学位移与原子氧化态的关系

当某元素的原子处于不同的氧化态时，它的结合能也将发生变化。从一个原子中移去一个电子所需要的能量将随着原子中正电荷的增加，或负电荷的减少而增加。理论上，同一元素随氧化态的增高，内层电子的结合能增加，化学位移增大。从原子中移去一个电子所需的能量将随原子中正电荷增加或负电荷的减少而增加。但通过实测表明也有特例，如：Co^{2+} 的电子结合能位移大于 Co^{3+}。图 7-24 给出了金属及其氧化物的结合能位移 ΔE_B 同原子序数 Z 之间的关系。

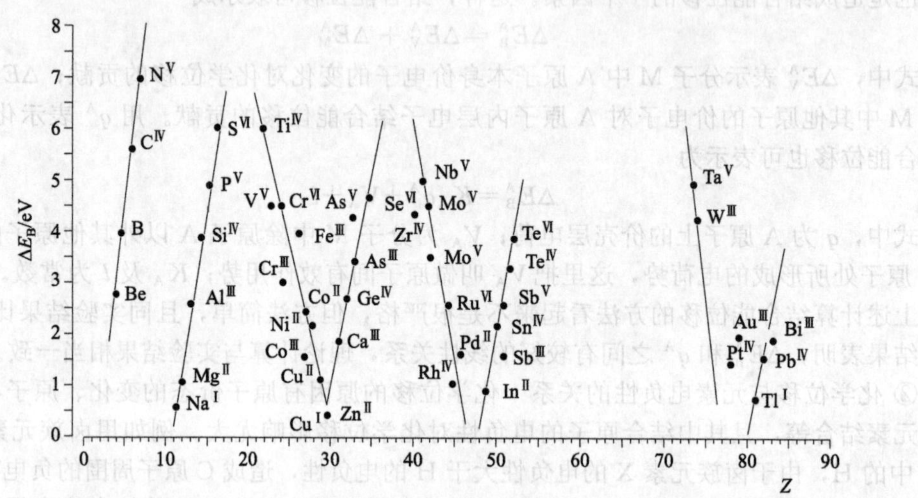

图 7-24　金属及其氧化物的结合能位移 ΔE_B 同原子序数 Z 之间的关系

7.6.2 X射线光电子能谱实验技术

图7-25为X射线光电子能谱仪的基本组成示意图。从图中可知，实验过程大致如下：将制备好的样品引入样品室后，用一束单色的X射线激发。只要光子的能量大于原子、分子或固体中某原子轨道电子的结合能 E_B，便能将电子激发而离开，得到具有一定动能的光电子。光电子进入能量分析器，利用分析器的色散作用，可测得其按能量高低的数量分布。由分析器出来的光电子经倍增器进行信号的放大，再以适当的方式显示、记录，得到XPS谱图。

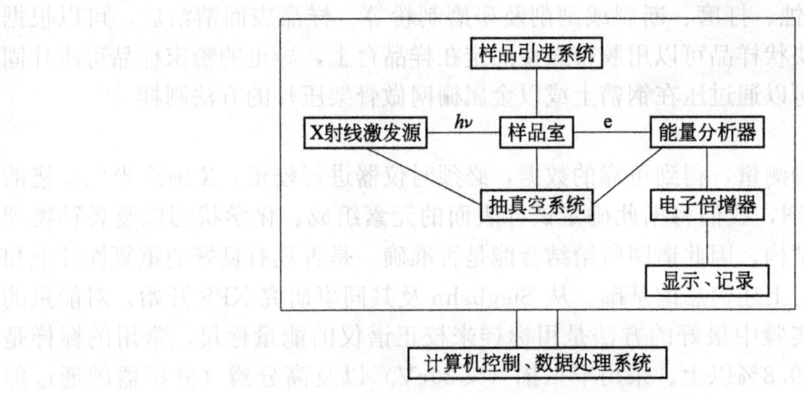

图7-25 X射线能谱仪的基本组成

评价X射线光电子能谱仪性能优劣的最主要技术指标是仪器的灵敏度和分辨率，在一张实测谱图上可分别用信号强度和半峰高全宽来表示。显然，仪器的灵敏度高，有利于提高元素最低检测极限和一般精度，有利于在较短时间内获得高信噪比的测量结果。影响仪器灵敏度的最主要部件有：X射线源、光电子能量分析器和电子检测器。下面对它们分别介绍。

（1）X射线源

XPS谱仪中的X射线源的工作原理是：由灯丝所发出的热电子被加速到一定的能量去轰击阳极靶材，引起其原子内壳层电离，当较外层电子以辐射跃迁方式填充内壳层空位时，释放出具有特征能量的X射线。X射线的强度不仅同材料的性质有关，更取决于轰击电子束的能量高低。只有当电子束的能量为靶材料电离能的5～10倍时才能产生强度足够的X射线。

（2）光电子能量分析器

样品在X射线的激发下发射出来的电子具有不同的动能，必须把它们按能量大小分离，这个工作是由光电子能量分析器完成的，分辨率是能量分析器的主要指标之一。XPS的独特功能在于它能从谱峰的微小位移来鉴别试样中各元素的化学状态及电子结构，因此，光电子能量分析器应有较高的分辨率，同时要有较高的灵敏度。

（3）电子检测器

在XPS中使用最普遍的检测器是单通道电子倍增器。通常它是由高铅玻璃管制成，管内涂有一层具有很高次级电子发射系数的物质。工作时，倍增器两端施以2500～3000V的电压，当具有一定动能的光电子打到管口后，由于串级碰撞作用可得到 10^6～10^8 增益，这样在倍增器的末端可形成很强的脉冲信号输出。这种单通道倍增器常制成螺旋状以降低倍增器内少量离子所产生的噪声，即使对于动能较低的电子，它也有很高的增益，同时具有每分钟不到一个脉冲的本底计数。倍增器输出的是一系列脉冲，将其输入脉冲放大-鉴频器，再进入数-模转换器，最后将信号输入多道分析器或计算机中做进一步记录、显示。

除以上三部分外，在谱仪上还常常配有做深度剖析用的离子枪和电子中和枪，它们可以用于清洁表面和中和样品表面的荷电。

7.6.3 X射线光电子能谱实验方法

（1）样品制备

对于用于表面分析的样品，保持表面清洁是非常重要的。所以在进行XPS分析前，除去样品表面的污染是重要的一步。除去表面污染的方法根据样品情况可以有很多种，如除气或清洗、Ar离子表面刻蚀、打磨、断裂或刮削及研磨制粉等。样品表面清洁后，可以根据样品的情况安装样品。块状样品可以用胶带直接固定在样品台上，导电的粉末样品可压片固定。而对于不导电样品可以通过压在钢箔上或以金属栅网做骨架压片的方法制样。

（2）仪器校正

为了对样品进行准确测量，得到可靠的数据，必须对仪器进行校正。X射线光电子谱的实验结果是一张XPS谱图，我们将据此确定试样表面的元素组成、化学状态以及各种物理效应的能量范围和电子结构，因此谱图所给结合能是否准确、是否具有良好的重复性并能和其他结果相比较，是获得上述信息的基础。从Siegbahn及其同事研究XPS开始，对能量的标定及校正就很重视。实验中最好的方法是用标样来校正谱仪的能量标尺，常用的标样是Au、Ag、Cu，纯度在99.8%以上。采用窄扫描（≤20eV）以及高分辨（分析器的通过能量约20eV）的接收谱方式。

目前国际上公认的清洁的Au、Ag和Cu各谱线结合能见表7-4。由于Cu $2p_{3/2}$，Cu L_3MM和Cu 3p三条谱线的能量位置几乎覆盖常用的能量标尺（0～1000eV），所以Cu样品可提供较快和简单的对谱仪能量标尺的检验。应用表7-4中的标准数据，可以建立能谱仪能量标尺的线性以及确定它的E_B位置。

表7-4 清洁的Au、Ag和Cu各谱线结合能/eV

谱线	Al K_α	Mg K_α
Cu 3p	75.14	75.13
Au $4f_{7/2}$	83.98	84.0
Ag $3d_{5/2}$	368.26	368.27
Cu L_3MM	567.96	334.94
Cu $2p_{3/2}$	932.67	932.66
Ag M_4NN	1128.78	895.76

当样品导电性不好时，在光电子的激发下，样品表面产生正电荷的聚集，即荷电。荷电会抑制样品表面光电子的发射，导致光电子动能降低，使得XPS谱图上的光电子结合能高移，偏离其标准峰位置，一般情况下这种偏离为3～5eV，这种现象称为荷电效应。荷电效应还会使谱峰宽化，是谱图分析中主要的误差来源。因此，当荷电不易消除时，要根据样品的情况进行谱仪结合能基准的校正，通常采用的校正方法有内标法和外标法。

聚合物XPS分析中常用内标法，因为高分子聚合物中常含有共同的基团。内标法是将谱图中一个特定峰明确地指定一个准确的结合能（E_B），如在测得的谱图中这个峰出现在

$E_B \pm \delta eV$ 处，那么所有其他谱峰能量一律按 $\pm \delta eV$ 荷电位移作适当校正。在聚合物 XPS 分析中常用的方法是令饱和碳氢化合物中 C1s 结合能为 285.00eV。这很方便，因为许多聚合物不是主链就是侧链中都会含有这种单元。曾经认为，所有那些只与碳本身或与氢相结合的碳原子，不管其杂化模式如何，都具有这一相同的结合能（285.00eV）。然而实验证明，非取代芳烃碳原子的结合能稍低（284.7eV），因此非官能化的芳烃的 C1s 结合能被建议为第二个标准。

当物质中以上两个参考结合能都不存在时，采用外标法。它利用谱仪真空扩散泵油中挥发物对材料表面的污染，在谱图中获得 C1s 峰，将这种 C1s 峰的结合能定为 284.6eV，以此为基准对其他峰的峰位进行校正。

（3）接收谱

对未知样品的测量程序为：首先宽扫采谱，以确定样品中存在的元素组分［XPS 检测量一般为 1%(原子百分比)］，然后收窄扫描谱，包括所确定元素的各个峰以确定化学态和定量分析。

接收宽谱扫描范围为 0～1000eV 或更高，它应包括可能元素的最强峰，能量分析器的通能约为 100eV，接收狭缝选最大，尽量提高灵敏度，减少接收时间，增大检测能力。

接收窄谱用以鉴别化学态、定量分析和峰的解叠，必须使峰位和峰形都能准确测定。扫描范围＜25eV，分析器通能≤25eV，并减小接收狭缝。可通过减少步长、增加接收时间来提高分辨率。

7.6.4 X 射线光电子能谱仪谱图分析

（1）谱图的一般特点

图 7-26 为金属铝样品表面的 XPS 谱图，其中图（a）是宽能量范围扫描的全图，图（b）则是图（a）中高能端的放大，从这张图中可以归纳出 XPS 谱图的一般特点。

① 图的横坐标是光电子动能或轨道电子结合能，这表明每条谱线的位置和相应元素原子内层电子的结合能有一一对应的关系。谱图的纵坐标表示单位时间内检测到的光电子数。在相同激发源及谱仪接收条件下，考虑到各元素光电效应截面（电离截面）的差异后，表面所含某种元素越多，光电子信号越强。在理想情况下，每个谱峰所属面积的大小应是表面所含元素丰度的度量，是进行定量分析的依据。

② 谱图中有明显而尖锐的谱峰，它们是未经非弹性散射的光电子所产生的，而那些来自样品深层的光电子，由于在逃逸的路径上有能量的损失，其动能已不再具有特征性，成为谱图的背底或伴峰，由于能量损失是随机的，因此背底是连续的。在高结合能端的背底电子较多（出射电子能量低），反映在谱图上就是随结合能提高，背底电子强度呈上升趋势。

③ 谱图中除了 Al、C、O 的光电子谱峰外，还显示出 O 的 KLL 俄歇谱线、铝的价带谱和等离子激元等伴峰结构。

④ 谱线有时不是理想的平滑曲线，而是锯齿般的曲线。通过增加扫描次数、延长扫描时间和利用计算机多次累加信号可以提高信噪比，使谱线平滑。

（2）光电子谱线及伴峰

谱图中强度大、峰宽小、对称性好的谱峰一般为光电子谱峰。每种元素都有自己的最具表征作用的光电子谱线，它是元素定性分析的主要依据。一般来说，同一壳层上的光电子，总轨道角动量量子数（j）越大，谱线的强度越强。常见的强光电子线有 1s，$2p_{3/2}$，$3d_{5/2}$，$4f_{7/2}$ 等。除了主光电子线外，还有来自其他壳层的光电子线，如 O 2s，Al 2s，Si 2s 等。这些光电子线与主光电子线相比，强度有的稍弱，有的很弱，有的极弱，在元素定性分析中它

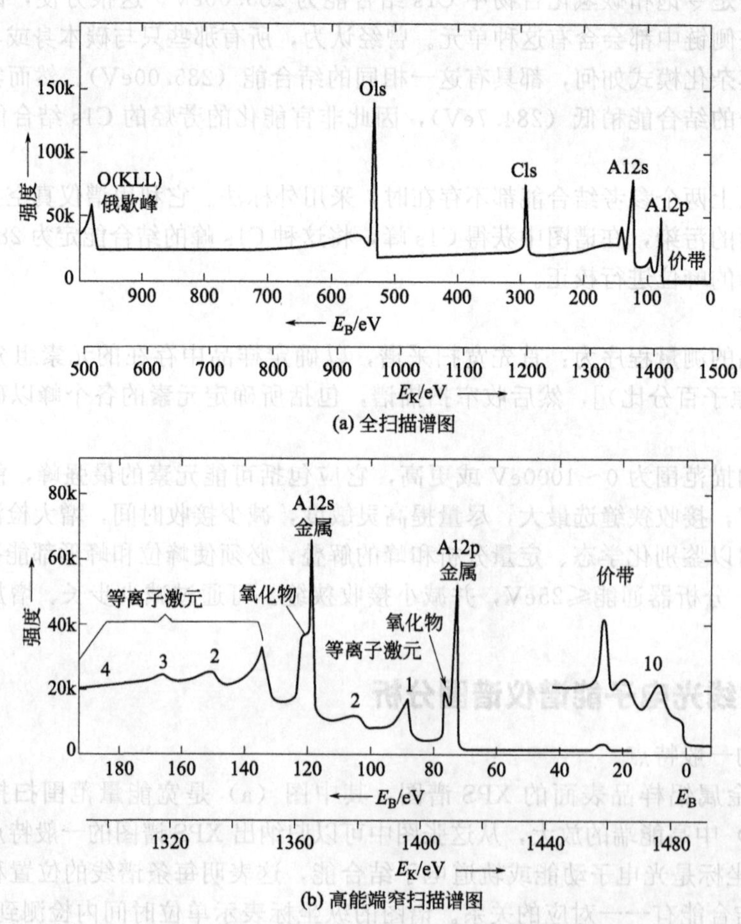

图 7-26 金属铝表面的 XPS 谱图

们起着辅助的作用。纯金属的强光电子线常会出现不对称的现象，这是由于光电子与传导电子的耦合作用引起的。光电子线的高结合能端比低结合能端峰加宽 1～4eV，绝缘体光电子谱峰比良导体光电子谱峰宽约 0.5 eV。

如果用来照射样品的 X 射线未经过单色化处理，那么在常规使用的 Al $K_{\alpha1,2}$ 和 Mg $K_{\alpha1,2}$ 射线里可能混杂有 $K_{\alpha3,4,5,6}$ 和 K_{β} 射线，这些射线统称为 $K_{\alpha1,2}$ 射线的卫星线。样品原子在受到 X 射线照射时，除了特征 X 射线($K_{\alpha1,2}$)所激发的光电子外，其卫星线也激发光电子，由这些光电子形成的光电子峰，称为 X 射线卫星峰。由于这些 X 射线卫星峰的能量较高，它们激发的光电子具有较高的动能，表现在谱图上，就是在主光电子线的低结合能端或高动能端产生强度较小的卫星峰。阳极材料不同，卫星峰与主峰之间的距离不同，强度亦不同。

当原子或自由离子的价壳层拥有未成对的自旋电子时，光致电离所形成的内壳层空位便将与价轨道未成对自旋电子发生耦合，使体系出现不止一个终态。相应于每一个终态，在 XPS 谱图上将会有一条谱线，这便是多重分裂。下面以 Mn^{2+} 离子的 3s 轨道电离为例说明 XPS 谱图中的多重分裂现象。基态锰离子 Mn^{2+} 的电子组态为 $3s^2 3p^6 3d^5$，Mn^{2+} 离子 3s 轨道受激后，形成两种终态，如图 7-27。两者的不同在于（a）态中电离后剩下的 1 个 3s 电子与 5 个 3d 电子是自旋平行的，而在（b）态中电离后剩下的 1 个 3s 电子与 5 个 3d 电子是自旋反平行的。因为只有自旋平行的电子才存在交换作用，显然（a）终态的能量低于（b）终态，导致 XPS 谱图上的 3s 谱线出现分裂，如图 7-28。

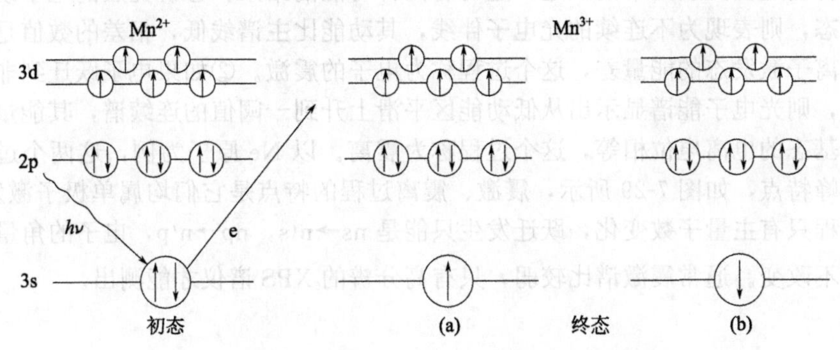

图 7-27　锰离子的 3s 轨道电子电离时的两种终态

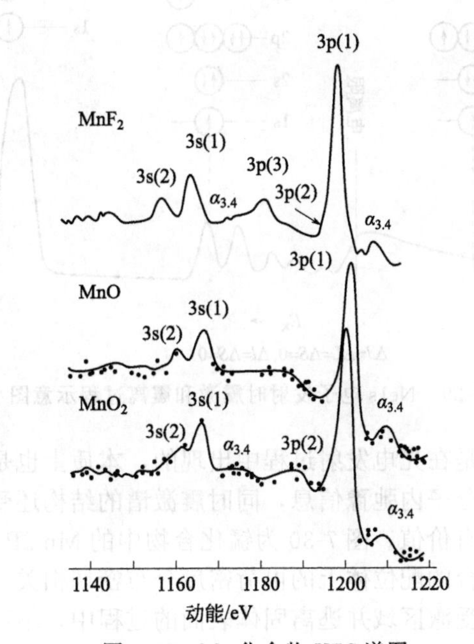

图 7-28　Mn 化合物 XPS 谱图

在实用的 XPS 谱图分析中，影响分裂程度的因素如下。从总的分析来看，①当 3d 轨道未配对电子数越多，分裂谱线能量间距越大，在 XPS 谱图上两条多重分裂谱线分开的程度越明显；②配位体的电负性越大，化合物中过渡元素的价电子越倾向于配位体，化合物的离子特性越明显，两终态的能量差值越大。

当轨道电离出现多重分裂时，如何确定电子结合能，至今尚未有统一的理论和实验方法。一般地，对于 s 轨道电离只有两条主要分裂谱线，取两个终态谱线所对应的能量的加权平均代表轨道结合能。对于 p 轨道，电离时终态数过多，谱线过于复杂，可能最强谱线所对应的结合能代表整个轨道电子的结合能。在 XPS 谱图上，通常能够明显出现的是自旋-轨道耦合能级分裂谱线，$p_{3/2}$，$p_{1/2}$，$d_{3/2}$，$d_{5/2}$，$f_{5/2}$，$f_{7/2}$ 等，但不是所有的分裂都能被观察到。

样品受X射线辐射时产生多重电离的概率很低，但却存在多电子激发过程。吸收一个光子，出现多个电子激发过程的概率可达20%，最可能发生的是两电子过程。光电发射过程中，当一个核心电子被X射线光电离除去时，由于屏蔽电子的损失，原子中心电位发生突然变化，将引起价壳层电子的跃迁，这时有两种可能的结果。①价壳层的电子跃迁到最高能级的束缚态，则表现为不连续的光电子伴线，其动能比主谱线低，相差的数值是基态和具核心空位的离子激发态的能量差，这个过程称为电子的震激。②如果电子跃迁到非束缚态成了自由电子，则光电子能谱显示出从低动能区平滑上升到一阈值的连续谱，其能量差与具核心空位离子基态的电离电位相等，这个过程称为震离。以Ne原子为例，这两个过程的差别和相应的谱峰特点，如图7-29所示，震激、震离过程的特点是它们均属单极子激发和电离，电子激发过程只有主量子数变化，跃迁发生只能是ns→n′s，np→n′p，电子的角量子数和自旋量子数均不改变。通常震激谱比较弱，只有高分辨的XPS谱仪才能测出。

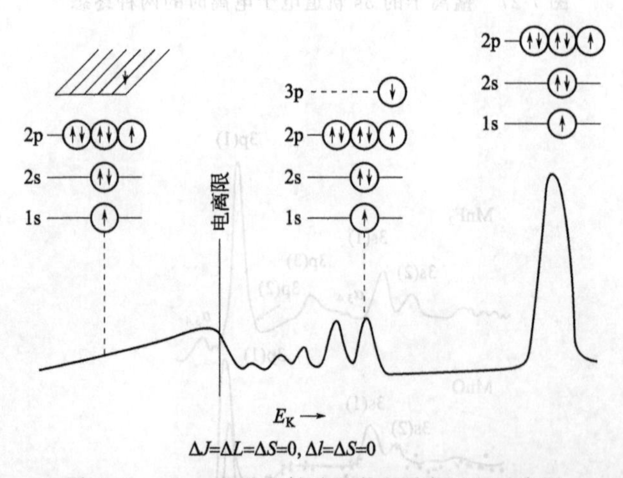

图7-29　Ne1s电子发射时震激和震离过程示意图

由于电子的震激和震离是在光电发射过程中出现的，本质上也是一种弛豫过程，所以对震激谱的研究可获得原子或分子内弛豫信息，同时震激谱的结构还受到化学环境的影响，它的表现对分子结构的研究很有价值。图7-30为锰化合物中的Mn $2P_{3/2}$ 谱线附近的震激谱图，它们结构的差别同与锰相结合的配位体上的电荷密度分布密切相关。

部分光电子在离开样品受激区域并逃离固体表面的过程中，不可避免地要经历各种非弹性散射而损失能量，结果是XPS谱图上主峰低动能一侧出现不连续的伴峰，称之为特征能量损失峰。能量损失谱与固体表面特性密切相关。

当光电子能量在100～150eV时，它所经历的非弹性散射的主要方式是激发固体中的自由电子集体振荡，产生等离子激元。固体样品是由带正电的原子核和价电子云所组成的中性体系，因此它类似于等离子体，在光电子传输到固体表面所行经的路径附近将出现带正电区域，而在远离路径的区域将带负电，由于正负电荷区域的静电作用，使负电区域的价电子向正电区域运动。当运动超过平衡位置后，负电区与正电区交替作用，从而引起价电子的集体振荡（等离子激元），这种振荡的角频率为 W_p，能量是量子化的，$E=hW_p$。一般金属 $E_p=10$ eV，可见等离子激元造成光电子能量的损失相当大。

XPS谱图中，俄歇电子峰的出现［如图7-26中O（KLL）峰］增加了谱图的复杂程度。由于俄歇电子的能量同激发源能量大小无关，而光电子的动能将随激发源能量增加而增加，

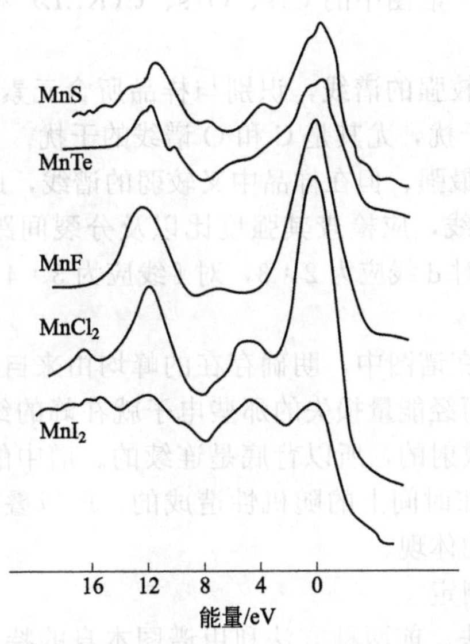

图 7-30　锰化合物中 Mn $2P_{3/2}$ 谱线附近的震激谱图

因此，利用双阳极激发源很容易将其分开。事实上，XPS 中的俄歇谱线给分析带来了有价值的信息，是 XPS 谱中光电子信息的补充，主要体现在两方面。

① 元素的定性分析。用 X 射线和用电子束激发原子内层电子时的电离截面，相应于不同的结合能，两者的变化规律不同。对结合能高的内层电子，X 射线电离截面大，这不仅能得到较强的 X 光电子谱线，也为形成一定强度的俄歇电子创造了条件。

作元素定性分析时，俄歇谱线往往比光电子谱线有更高的灵敏度。如 Na 在 265eV 的俄歇线 Na KLL 强度为 Na 2s 光电子谱线的 10 倍，显然这时用俄歇线作元素分析更方便。

② 化学态的鉴别。某些元素在 XPS 谱图上的光电子谱线并没有显出可观测的位移，这时用内层电子结合能位移来确定化学态很困难，而这时 XPS 谱上的俄歇谱线却出现明显的位移，且俄歇谱线的位移方向与光电子谱线方向一致，如表 7-5 所示。

表 7-5　俄歇谱线和光电子谱线化学位移比较

状态变化	光电子位移/eV	俄歇位移/eV
$Cu \rightarrow Cu_2O$	0.1	2.3
$Zn \rightarrow ZnO$	0.8	4.6
$Mg \rightarrow MgO$	0.4	6.4

俄歇电子位移量之所以较光电子位移量大，是因为俄歇电子跃迁后的双重电离状态的离子能从周围易极化介质的电子获得较高的屏蔽能量。

价电子线指费米能级以下 10～20eV 区间内强度较低的谱图。这些谱线是由分子轨道和固体能带发射的光电子产生的。在一些情况下，XPS 内能级电子谱并不能充分反映给定化合物之间的特性差异以及表面化过程中特性的变化，也就是说，难以从 XPS 的化学位移表现出来，然而价带谱往往对这种变化十分敏感，具有像内能级电子谱那样的指纹特征。因此，可应用价带谱线来鉴别化学态和不同材料。

(3) 谱线识别

① 首先要识别存在于任一谱图中的C1s、O1s、C(KLL) 和 O(KLL) 谱线，有时它们还较强。

② 识别谱图中存在其他较强的谱线，识别与样品所含元素有关的次强谱线。同时注意有些谱线会受到其他谱线的干扰，尤其是C和O谱线的干扰。

③ 识别其他和未知元素最强、但在样品中又较弱的谱线，此时要注意可能谱线的干扰。

④ 对自旋分裂的双重谱线，应检查其强度比以及分裂间距是否符合标准。一般地说，对p线双重分裂应为1∶2，对d线应为2∶3，对f线应为3∶4。(也有例外，尤其是4p线，可能小于1∶2)。

⑤ 对谱线背底的说明。在谱图中，明确存在的峰均由来自样品中出射的未经非弹性散射能量损失的光电子组成。而经能量损失的那些电子就在峰的结合能较高的一侧增加背底。由于能量损失是随机和多重散射的，所以背底是连续的。谱中的噪声主要不是仪器造成的，而是计数中收集的单个电子在时间上的随机性造成的。所以叠加于峰上的背底、噪声是样品、激发源和仪器传输特性的体现。

(4) 样品中元素分布的测定

深度分布有四种测定方法。前两种方法利用谱图本身的特点，只能提供有限的深度信息。第三种方法，刻蚀样品表面以得到深度剖面，可提供较详细的信息，但也产生一些问题。第四种方法，在不同的电子逃逸角度下录谱测量。

① 从有无能量损失峰来鉴别体相原子或表面原子，峰（基线以上）两侧应对称，且无能量损失峰。对均匀样品，来自所有同一元素的峰应有类似的非弹性损失结构。

② 根据峰的减弱情况鉴别体相原子或表面原子。对表面原子而言，低动能的峰相对地要比纯材料中高动能的峰要强，因为在大于100eV时，对体相原子而言，动能较低的峰的减弱要大于动能较大的峰的减弱。用此法分析的元素为Na、Mg(1s和2s)；Zn、Ga、Ge和As($2p_{3/2}$ 和3d)；Sn、Cd、In、Sb、Te、I、Cs和Ba($3p_{3/2}$ 和4d或 $3d_{5/2}$ 和4d)。观察这些谱线的强度比，并与纯体相元素的值比较，有可能推断所观察的谱线来自表层、次表面或均匀分布的材料。

③ Ar离子溅射进行深度剖析也可用于有机样品，但须经校正。重要的是要知道离子溅射的速率，一些文献中的数据可供参考。但须注意，在离子溅射时，样品的化学态常会发生改变（如还原效应），但是有关元素深度分布的信息还是可以获得的。

④ 改变样品表面和分析器入射缝之间的角度在90°（相对于样品表面）时，来自体相原子的光电子信号要大大强于来自表面原子的光电子信号。而在小角度时，来自表面原子的光电子信号相对体相原子而言，会大大增强。在改变样品取向（或转动角度）时，注意谱峰强度的变化，就可以推定不同元素的深度分布。

如果要测试样品表面一定范围（取决于分析器前入射狭缝的最小尺寸）内表面不均匀分布的情况，可采用切换分析器前不同入射狭缝尺寸的方式来进行。随着小束斑XPS谱仪的出现，分析区域的尺寸最小仅5μm。

7.6.5 X射线光电子能谱的应用

X射线光电子能谱原则上可以鉴定元素周期表上除氢、氦以外的所有元素。通过对样品进行全扫描，在一次测定中就可以检测出全部或大部分元素。另外，X射线光电子能谱还可以对同一种元素的不同价态的成分进行定量分析。在对固体表面的研究方面，X射线光电子能谱用于对无机表面组成的测定、有机表面组成的测定、固体表面能带的测定及多相催化的研究。它还可以直接研究化合物的化学键和电荷分布，为直接研究固体表面相中的结构问题开辟了有效途径。

由于X射线光电子能谱功能比较强，表面（约5nm）灵敏度又较高，所以它目前被广泛地用于冶金和材料科学领域，其大致应用可用表7-6加以概括。

表7-6 XPS的应用范围

应用领域	可提供的信息
冶金学	元素的定性，合金的成分设计
材料的环境腐蚀	元素的定性，腐蚀产物的化学（氧化）态，腐蚀过程中表面或体内（深度剖析）的化学成分及状态的变化
摩擦学	润滑剂的效应，表面保护涂层的研究
薄膜（多层膜）及黏合	薄膜的成分、化学状态及厚度测量，薄膜间的元素相互扩散，膜/基结合的细节，粘接时的化学变化
催化科学	中间产物的鉴定，活性物质的氧化态，催化剂和支撑材料在反应时的变化
化学吸附	衬底及被吸附物在发生吸附时的化学变化，吸附曲线
半导体	薄膜涂层的表征，本体氧化物的定性，界面的表征
超导体	价态、化学计量比、电子结构的确定
纤维和聚合物	元素成分、典型的聚合物组合物的信息、污染物的定性
巨磁电阻材料	元素的化学状态及深度分布，电子结构的确定

下面介绍一个生物医用材料聚醚氨酯表面表征的应用实例。

嵌段聚醚氨酯高分子是一类重要的生物医用材料，它的表面性质往往决定它的应用。聚醚氨酯的合成，通常采用分子量为400～2000的聚醚作为软段，二异氰酸酯加上扩链剂（二元胺或二元醇）构成聚醚氨酯的硬段。硬段和软段的组成以及相对含量的不同将使聚醚氨酯具有不同的性质，因此，掌握聚醚氨酯的表面结构对于了解材料的生物相容性是非常重要的。

图7-31(a)是以聚丙二醇（PPG）、MDI和扩链剂丁二醇为原料制备的聚醚氨酯C1s谱，只含氨基甲酸酯基（NH—COO）。而图7-31(b)中的聚醚氨酯，除扩链剂为乙二胺外，其他均相同，含有氨基甲酸酯基和脲基（NH—CO—NH）。总体上看，这两种聚醚氨酯的C1s谱差别不大，主要是高结合能端的小峰（$>C=O$）在(b)中更宽，而且能拟合成两个小峰。高分辨的XPS对这一聚醚氨酯的表面偏析作了研究，主要取决于对硬段中氮的定量分析。当PPG基聚醚氨酯的软段与硬段摩尔比为3.5时，取最大的取样深度，氮的原子浓度约为2%。当取样深度减小时，氮的原子浓度也随之减少。目前大多数的XPS谱仪在光电子出射角很小时，信噪比大大降低，而氮的控制极限约为0.3%（原子浓度）。因此，从低出射角数据可以得出聚醚氨酯表面层完全由软段组成的结论。但是静态SIMS对硬段检测的灵敏度大于XPS，结果表明情况并非完全如此。

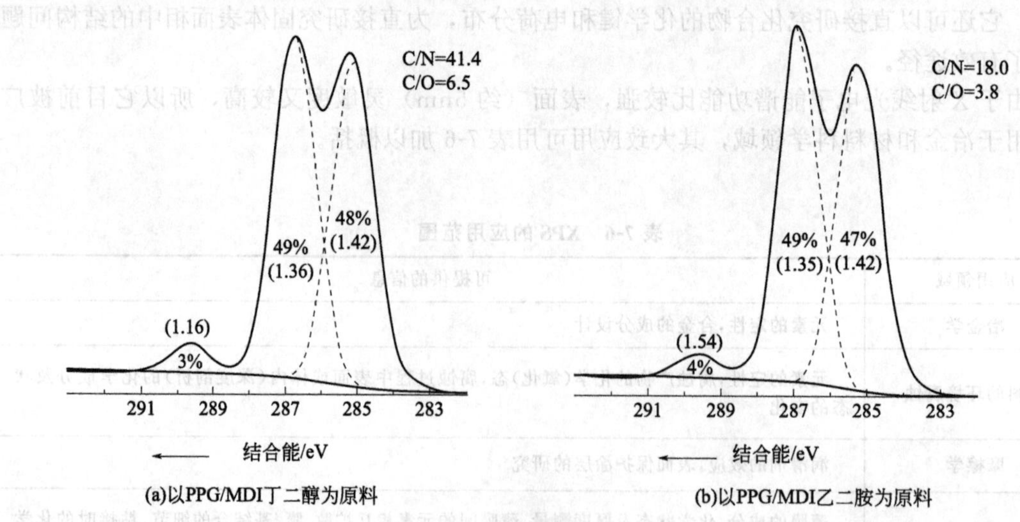

图 7-31　聚醚氨酯的 C1s 谱

参 考 文 献

[1] 王幸宜. 催化剂表征. 上海：华东理工大学出版社，2008.
[2] 刘希尧. 工业催化剂分析测试表征. 北京：中国石化出版社，1990.
[3] 进滕大辅. 材料评价的高分辨电子显微方法. 北京：冶金工业出版社，1998.
[4] 进滕大辅. 材料评价的分析电子显微方法. 北京：冶金工业出版社，2001.
[5] 黄孝瑛. 透射电子显微镜学. 上海：上海科技出版社，1987.
[6] 郭可信. 电子衍射图在晶体学中的应用. 北京：科学出版社，1983.

第8章 高分子材料性能分析测试

高分子材料作为材料领域的后起之秀，与传统的金属和无机材料相比具有许多突出的性能，而且来源丰富、加工方便、价格低廉。一个世纪以来，高分子材料的生产和应用取得了突飞猛进的发展，发展速度远远超过了其他传统材料。目前，世界高分子合成材料（合成树脂、合成纤维、合成橡胶）的年产量已达2亿吨，并且在现代工业、农业、能源、交通、建筑、国防等各个领域都获得了广泛应用。在当今许多尖端技术领域，例如微电子、光电信息技术、生物技术、空间技术、海洋工程等，高分子材料也已成为不可或缺的重要材料。

高分子材料的优异性能与其特殊结构密切相关。结构是决定高分子材料使用性能的基础，而材料的性能则是其内在结构在一定条件下的表现。要知道高分子材料有什么特殊性能、可以在哪些领域应用，必须对聚合物材料的结构有必要的了解。此外，材料的性能是决定该材料能否在特定条件下使用的依据。人们在从事高分子材料合成、加工和应用的过程中，通常需要对产品质量进行控制和评价，因此需要分析测试聚合物的各种性能。

聚合物的结构和性能分析除了使用一些经典的分析方法，更多地需要使用现代分析方法和技术。例如，聚合物的结构分析就涉及红外光谱、拉曼光谱、电子能谱、核磁共振、X射线衍射（小角与广角）、电子衍射、中子散射、电子显微镜、原子力显微镜、热分析等多种现代分析仪器的使用。而对于聚合物材料的性能测试而言，由于材料的性能非常宽泛，包括力学性能、耐热性能、电性能、光学性能、流变性能等，所涉及的测试仪器和试验方法就更多了。本章主要介绍聚合物分子量的测定方法以及与聚合物材料的力学性能、耐热性能和流变性能测试相关的内容。

8.1 聚合物分子量的测定方法

聚合物分子量与小分子化合物分子量不同。小分子化合物的分子量是单分散性的，组成化合物的每个分子都具有完全相同的分子量。对聚合物而言，除了极少数生物高分子（核酸、蛋白质）以外，几乎所有聚合物的分子量都具有多分散性，组成聚合物的分子大小不一、分子量高低不等。造成聚合物分子量多分散性的原因与聚合反应的复杂性、随机性有关。由于聚合物分子量的不均匀性，聚合物的分子量实际上只能是一个统计平均值，而且采用的统计平均方法不同，所得到的平均分子量也不相同。目前常见的平均分子量主要有以下几种：

数均分子量（$\bar{M}_n$）——以大分子数量为基础进行统计平均得到的平均分子量；

重均分子量（$\bar{M}_w$）——以大分子质量为基础进行统计平均得到的平均分子量；

黏均分子量（$\bar{M}_\eta$）——由黏度法测得的平均分子量。

如果聚合物的分子量是单分散性的，各种统计平均方法所得到的平均分子量数值相同。对于多分散性聚合物，重均分子量最高，黏均分子量次之，数均分子量最低。

平均分子量并不是表征聚合物分子量状况的唯一参数。即使平均分子量相同的聚合物，其内部分子量的分布可能会有很大差别，因此聚合物表现出的性能会明显不同。所以，完全表征聚合物分子量，除了要给出聚合物的平均分子量外，还需要给出其分子量分布情况。表征聚合物分子量分布最简单的参数是多分散性指数：

$$d=\frac{\bar{M}_w}{\bar{M}_n} \tag{8-1}$$

对于单分散性聚合物样品，$d=1$，而对于多分散性试样，$d>1$。d 越大，分子量分布越宽。

8.1.1 数均分子量的测定

8.1.1.1 端基分析法

如果聚合物的化学结构已知，其大分子链端的数量一定，而且大分子链端带有可供定量分析的官能团，就可以采用端基分析的方法来测定其分子量。基本思路是：先用化学分析或者仪器分析的方法测定出聚合物样品中的官能团数量（端基数量），然后将其转换成样品中的大分子链数目，进而得到聚合物的平均分子量。

假定聚合物样品重 W，每个大分子链带有端基数量为 X。通过实验测定出样品中所含端基的物质的量为 n_t，则聚合物的物质的量为：

$$N=\frac{n_t}{X} \tag{8-2}$$

聚合物的分子量为

$$\bar{M}_n=\frac{W}{N}=\frac{XW}{n_t} \tag{8-3}$$

端基分析法测定出的分子量是数均分子量。使用该方法测定聚合物分子量需要满足的先决条件是：聚合物分子链上具有可供定量分析的基团，而且每个分子链上所含基团的数量必须一定。一些缩聚产物（尼龙、聚酯）满足这样的条件，可以用这种方法测定其分子量。但是应该注意，由于聚合物分子量非常大，单位质量样品中所含的可供定量分析的端基数量非常少，所以测定的误差比较大。为了减少实验误差，聚合物分子量应低一些，所以端基分析法测定聚合物分子量的上限是 3 万左右。

8.1.1.2 沸点升高法

沸点升高法测量聚合物分子量的依据是溶液的依数性，即溶液的热力学性质与溶质的性质无关，只与溶质的数量有关。由于溶液的蒸气压低于纯溶剂的饱和蒸气压，蒸气压的降低导致了溶液沸点的升高，而沸点升高值与溶质的摩尔分数成正比，从而与溶质的分子量成反比。

对于理想溶液：

$$\Delta T_b=\frac{X_B RT_b^2}{\Delta H_V}=\left(\frac{RT_b^2}{\Delta H_V}\right)\frac{\dfrac{W_B}{M_B}}{\dfrac{W_A}{M_A}} \tag{8-4}$$

若溶剂取 1000g，上式可简化为

$$\Delta T_b=\frac{K_b c}{M_B} \tag{8-5}$$

式中　c——溶液浓度，g/mL；

K_b——摩尔沸点升高常数，k · kg/mol；

M_B——溶质分子量。在沸点升高常数 K_b 已知的情况下，根据一定浓度溶液的沸点升高值就可以计算出溶质的分子量 M_B。

但是高分子溶液与理想溶液有较大的偏差，只有当溶液浓度非常小时，高分子溶液才表现出与理想溶液相似的行为，因此不能将上式直接用于计算聚合物的分子量，但是可以采取下列步骤进行处理：

① 将聚合物溶解后配成 5～6 个不同浓度的溶液，在相同的条件下测定每个溶液的沸点升高值，从而得到溶液浓度 c 与沸点升高值 ΔT_b 之间的关系；

② 以 $(\Delta T_b/c)$ 对 c 作图，并将曲线外推至 $c \to 0$，得到外推值 $(\Delta T_b/c)c \to 0$；

③ 以外推值 $(\Delta T_b/c)c \to 0$ 代入式(8-5)计算聚合物分子量 $M_B = K_b/(\Delta T_b/c)c \to 0$。

沸点升高法测定的分子量也是数均分子量。与端基分析法相同，这种测量方法也受到分子量大小的限制，由于 ΔT_b 与分子量 M_B 成反比，当分子量较高而且溶液浓度很稀时，ΔT_b 很小，会造成较大的测量误差，所以这种分子量测量方法的上限是 1 万。在选择聚合物溶剂时要注意，在溶剂的沸点聚合物不应分解，而且在测量时必须达到热力学平衡。

8.1.1.3 渗透压法

在一个 U 形池中间放入一张半透膜（见图 8-1），膜的孔只可以让溶剂分子通过而不能让溶质分子通过。在左边加入纯溶剂，右边加入溶液，并且在开始时使两边的液面一样高。由于纯溶剂的化学位高于溶液的化学位，溶剂分子会通过半透膜向溶液池渗透，使溶液池液面上升，而溶剂池液面下降。当两边液面高差达一定值时，溶剂从溶剂池扩散进入溶液池的速度与被静压力从溶液池压向溶剂池的速度相同，从而建立了渗透平衡。此时 U 形池两边液体的液位差称为溶液的渗透压，用 Π 表示。

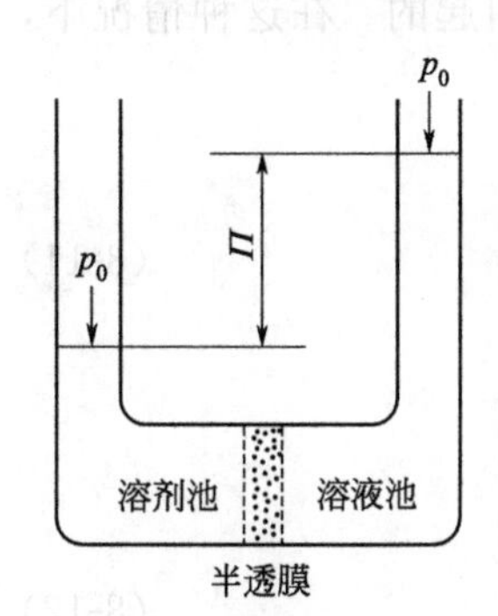

图 8-1 渗透压原理示意图

渗透压 $\Pi = \rho g h$

对于理想溶液：

$$\Pi \tilde{V}_1 = -RT\ln X_1 = -RT\ln(1-X_2)$$

$$\approx RTX_2 = \frac{RTn_2}{n_1+n_2} \tag{8-6}$$

式中 n_1——溶剂物质的量，mol；

n_2——溶质物质的量，mol；

$\tilde{V}_1$——溶剂摩尔体积，L/mol。

由于 n_2 很小，上式可转换为

$$\Pi \tilde{V}_1 = \frac{RTn_2}{n_1} \tag{8-7}$$

从而有：

$$\Pi = \frac{RTn_2}{n_1 \tilde{V}_1} = \frac{RTc}{M} \tag{8-8}$$

式中 c——溶液浓度，g/mL；

M——溶质分子量。上式表明，理想溶液的 Π/c 与溶液浓度 c 无关，由溶液的渗透压就可以求出溶质的分子量。

高分子溶液不是理想溶液，高分子溶液的 Π/c 与溶液浓度 c 有关，所以在使用渗透压方法测量聚合物分子量时，还需要使用高分子溶液渗透压与溶液浓度的维利关系式：

$$\frac{\Pi}{c}=RT\left(\frac{1}{M}+A_2c+A_3c^2+\cdots\right) \tag{8-9}$$

式中　A_2——第二维利系数，代表高分子溶液与理想溶液的偏差。

从上式可以看出，对高分子稀溶液，取维利关系式的前两项就足够了。

$$\frac{\Pi}{c}=RT\left(\frac{1}{M}+A_2c\right) \tag{8-10}$$

因此，得到使用渗透压法测定聚合物分子量的具体方法：

① 将聚合物溶解后配成5～6个不同浓度的稀溶液，在相同的条件下测定每个溶液的渗透压；

② 以Π/c对c作图，得到直线后外推至$c\rightarrow0$，得到（Π/c）$c\rightarrow0$；

③ 由外推值（Π/c）$c\rightarrow0$计算出聚合物分子量。

$$\left(\frac{\Pi}{c}\right)_{c\rightarrow0}=\frac{RT}{M}$$

该方法还可由Π/c对c作图得到直线斜率求得第二维利系数。

对于一些聚合物体系，在使用渗透压方法测量分子量时以Π/c对c作图得到的不是直线，而是曲线，这可能是由于该体系的第三维利系数A_3不等于零引起的。在这种情况下，必须对式(8-9)进行修正。

令$\Gamma_2=A_2M$，$\Gamma_3=A_3M$，代入式(8-9)。则有：

$$\frac{\Pi}{c}=\frac{RT}{M}(1+\Gamma_2c+\Gamma_3c^2+\cdots) \tag{8-11}$$

对良溶剂体系：$\Gamma_3=\Gamma_2^2/4$，式(8-11)变为：

$$\begin{aligned}\frac{\Pi}{c}&=\frac{RT}{M}\left(1+\Gamma_2c+\frac{\Gamma_2^2c^2}{4}+\cdots\right)\\&=\frac{RT}{M}\left(1+\frac{1}{2}\Gamma_2c\right)^2\end{aligned} \tag{8-12}$$

两边开平方：

$$\left(\frac{\Pi}{c}\right)^{\frac{1}{2}}=\left(\frac{RT}{M}\right)^{\frac{1}{2}}\left(1+\frac{1}{2}\Gamma_2c\right) \tag{8-13}$$

以$(\Pi/c)^{1/2}$对c作图可得到直线，由$(\Pi/c)_{c\rightarrow0}^{1/2}=(RT/M)^{1/2}$就可以计算出分子量。

渗透压测量聚合物分子量是一种比较好的方法，简单方便，结果也比较准确。该方法测量分子量的范围较宽，约为10^4～1.5×10^6。

8.1.2　黏均分子量的测定

8.1.2.1　黏度法测量黏均分子量的基础

将聚合物溶解在溶剂中，溶液的黏度会变大。如果纯溶剂的黏度用η_o表示，溶液黏度用η表示，则$\eta>\eta_o$。对于聚合物溶液的黏度，有以下几个参数表示：

相对黏度
$$\eta_r=\frac{\eta}{\eta_o} \tag{8-14}$$

增比黏度
$$\eta_{sp}=\frac{\eta-\eta_o}{\eta_o}=\eta_r-1 \tag{8-15}$$

比浓黏度
$$\eta_c=\frac{\eta_{sp}}{c}=\frac{\eta_r-1}{c} \tag{8-16}$$

比浓对数黏度 $$\frac{\ln\eta_r}{c}=\frac{\ln(1+\eta_{sp})}{c} \tag{8-17}$$

特性黏度 $$[\eta]=\lim_{c\to 0}\frac{\eta_{sp}}{c}=\lim_{c\to 0}\frac{\ln\eta_r}{c} \tag{8-18}$$

随着溶液浓度增加，溶液的黏度也会增大。描述聚合物溶液黏度与浓度之间关系的重要方程式有 Huggins 方程和 Kraemer 方程。

$$\frac{\eta_{sp}}{c}=[\eta]+K'[\eta]^2c\text{（Huggins 方程）}$$

$$\frac{\ln\eta_r}{c}=[\eta]-\beta[\eta]^2c\text{（Kraemer 方程）}$$

上述两个关系式表明，比浓黏度 η_{sp}/c 对浓度 c 呈线性关系，比浓对数黏度 $\ln\eta_r/c$ 对浓度 c 也呈线性关系。事实上，大多数聚合物在稀浓度范围内都符合这一关系。此外还应该注意到，当溶液浓度趋于零时，$(\eta_{sp}/c)_{c\to 0}=[\eta]$，$(\ln\eta_r/c)_{c\to 0}=[\eta]$。

除了溶液浓度增加会导致溶液黏度增大，溶质分子量增大也会使溶液黏度增大。在溶剂种类、聚合物种类和温度一定的条件下，聚合物溶液的特性黏度 $[\eta]$ 仅由分子量来决定，这就是著名的 Mark-Houwink 方程：

$$[\eta]=K\bar{M}_\eta^\alpha$$

式中　K，α——常数，其大小取决于聚合物种类、溶剂种类、温度以及分子量范围，具体数值可以从聚合物手册中查得。Mark-Houwink 方程是用黏度法测定聚合物分子量的基础。

8.1.2.2　液体在毛细管中流动时的黏度

对于一个管径为 $2R$、高度为 L 的毛细管，当毛细管两端压差为 Δp 时，如图 8-2 所示，液体克服流动的黏滞阻力开始沿毛细管内流动。在毛细管内取一个体积元，其内径为 $2r$，在这个体积元上的推动力为 $\pi r^2\Delta p$，剪切面为 $2\pi rL$。

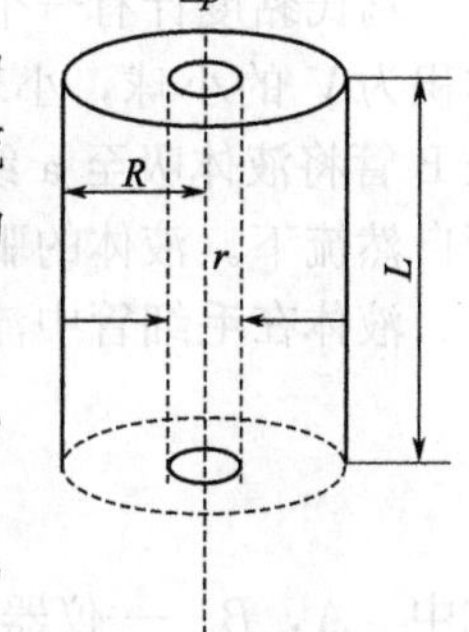

图 8-2　液体在毛细管中的流动

剪切应力： $$\frac{\pi r^2\Delta p}{2\pi rL}=\frac{r\Delta p}{2L} \tag{8-19}$$

剪切速率： $$\frac{dv}{dr} \tag{8-20}$$

按照牛顿流动定律 $$\sigma r=\frac{r\Delta p}{2L}=\eta\frac{dv}{dr} \tag{8-21}$$

则有： $$dv=\frac{r\Delta p}{2L\eta}dr \tag{8-22}$$

对上式积分，积分限为 dv 从 $0\to V(r)$，dr 从 $R\to r$，可以得到：

$$V(r)=\frac{\Delta p}{4\eta L}(R^2-r^2) \tag{8-23}$$

在毛细管中心处（$r=0$），流速最大，$V_{max}=\Delta pR^2/4\eta L$；在管壁处（$r=R$），速度最小，$V_{min}=0$。

毛细管中液体的流量应该等于其流速与管径的乘积，所以有：

$$Q=V/t=\int V(r)2\pi r\,dr=\int\frac{\Delta p}{4\eta L}(R^2-r^2)2\pi r\,dr=\frac{2\pi\Delta pR^4}{16\eta L} \tag{8-24}$$

由此得到了液体在毛细管中流动时黏度与流出时间的关系式，该式也称为 Poiseuille 公式。

$$\eta=\frac{\pi \Delta p R^4 t}{8LV} \tag{8-25}$$

由于毛细管两端的压差 $\Delta p=\rho g h$，上式可改写为：

$$\eta=\frac{\pi \rho g h R^4 t}{8LV} \tag{8-26}$$

实际上，压差 Δp 不仅用于克服液体流动时的黏滞阻力，使液体流动，而且它也使液体得到了动能，这部分能量必须进行修正。修正后的公式变为：

$$\eta=\frac{\pi \rho g h R^4 t}{8LV}-\frac{m\rho V}{8\pi L t}(m\text{ 为常数}) \tag{8-27}$$

令 $A=\pi g h R^4/8LV$，$B=mV/8\pi L$，均为仪器常数。则有：

$$\eta=A\rho t-\frac{B\rho}{t} \tag{8-28}$$

或者：
$$\frac{\eta}{\rho}=At-\frac{B}{t} \tag{8-29}$$

如果溶液从毛细管中流出的时间很长，流速很慢，动能修正项可以忽略，这样黏度就与流出时间成正比。

8.1.2.3 黏度法测量黏均分子量的方法

使用黏度法测量聚合物的黏均分子量所需要的仪器非常简单，主要包括一个控温精度为±0.1℃的精密恒温水浴、一支乌氏黏度计和若干个容量瓶。乌氏黏度计的结构如图 8-3 所示。

乌氏黏度计有一个内径为 R、长度为 L 的毛细管，毛细管上方有一个体积为 V 的小球，小球的上下均有刻度线 a 和 b。待测液体从 A 管加入，经 B 管将液体吸至 a 线以上，C 管连通大气后，小球里的液体就会沿毛细管自然流下。液体的驱动力是毛细管两端的液位差 Δp。

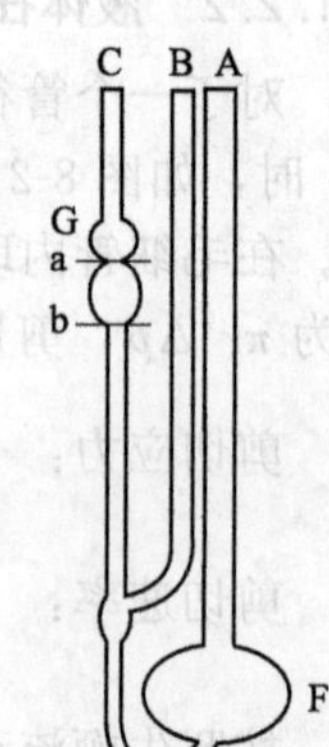

图 8-3 乌氏黏度计结构图

液体在毛细管中流动时黏度与流出时间的关系：

$$\eta=A\rho t-\frac{B\rho}{t}$$

式中 A，B——仪器常数；

ρ——液体密度；

t——小球里的液体的液面流过 a、b 两标线的时间。

在等温条件下，先用乌氏黏度计测定出纯溶剂在毛细管中的流出时间 t_0，然后再测出聚合物溶液在毛细管中的流出时间 t，可以得到溶液的相对黏度：

$$\eta_r=\frac{\eta}{\eta_0}=\frac{A\rho t-\dfrac{B\rho}{t}}{A\rho_0 t_0-\dfrac{B\rho_0}{t_0}}=\frac{\rho\left(At-\dfrac{B}{t}\right)}{\rho_0\left(At_0-\dfrac{B\rho_0}{t_0}\right)} \tag{8-30}$$

由于溶液浓度很小，溶液与溶质的密度相差很小。此外，由于毛细管径比较细，溶液流出时间很长，动能修正项可以忽略不计（一般当纯溶剂在毛细管中的流出时间大于 100s 时，就不必进行动能校正），式(8-30)可变为：

$$\eta_r=\frac{t}{t_0}$$

$$\eta_{sp}=\frac{t-t_0}{t_0}$$

因此，通过测量纯溶剂和聚合物溶液在毛细管中的流出时间，即可得到聚合物溶液的相对黏度和增比黏度。对不同浓度下聚合物溶液的相对黏度和增比黏度进行处理，又可以得到聚合物溶液的特性黏度，进而计算出聚合物的黏均分子量。下面以聚苯乙烯分子量测定为例，说明黏度法测量聚合物黏均分子量的实验步骤。

测量所需的化学试剂和器材包括：聚苯乙烯样品，甲苯，丙酮；精密恒温水浴，乌氏黏度计，精密温度计，秒表，吸耳球，50mL 容量瓶一个，25mL 容量瓶两个，25mL、10mL 和 5mL 移液管各一支。测量前先要将所有玻璃仪器洗净，其中黏度计要用铬酸洗液浸泡后清洗，最后用砂芯漏斗滤过的蒸馏水清洗。在 25mL 容量瓶中精确称取 0.2g（准确至 0.1mg）左右聚苯乙烯样品，然后加入约 20mL 甲苯溶解聚苯乙烯。聚苯乙烯完全溶解后，将容量瓶置于 25℃恒温水浴中，恒温后用甲苯将溶液稀释至刻度，再经砂芯漏斗滤入另一只 25mL 无尘洁净的容量瓶中，将其和纯溶剂容量瓶（50mL）同时放入恒温水浴中待用。

用移液管吸取 10mL 聚苯乙烯溶液，从黏度计的 A 管注入 F 球，将黏度计垂直放入恒温水浴中并固定，并使水面淹没 a 线上方的小球 G。恒温 5min 后，夹紧 C 管上的乳胶管，用吸耳球从 B 管口将溶液吸至 G 球的一半，取下吸耳球，打开 C 管上的乳胶管，用秒表计下液面流经 a、b 刻度线之间的时间 t，重复测定三次，每次测得的数据误差小于 0.2s，取这三次时间的平均值作为该溶液的流出时间 t_1。从恒温水浴中纯溶剂容量瓶中吸入 5mL 纯溶剂，从 A 管注入黏度计的 F 球，此时黏度计内溶液浓度是原来浓度的 2/3，用吸耳球从 A 管吹入空气使溶液混合均匀，并把溶液吸至 a 线上方的 G 球一半，吸上两次后再用同样的方法测定流出时间 t_2。依次再加入 5mL、10mL、10mL 溶剂，按照相同操作分别测得 t_3、t_4、t_5。

将黏度计内的溶液全部倒入回收瓶，再用甲苯洗涤 3～5 次。再将黏度计固定于恒温水浴中，将纯溶剂甲苯加入黏度计中，恒温 5min 后用同样方法测出纯溶剂在毛细管中的流出时间 t_0。

由上述实验所得到的原始数据，分别计算出不同浓度聚苯乙烯溶液的相对黏度和增比黏度。然后根据 Huggins 方程和 Kraemer 方程，分别用 η_{sp}/c 和 $\ln\eta_r/c$ 对溶液浓度 c 作图，可以得到两条直线。将直线外推至 $c\rightarrow0$，得到一个共同截距，该值即为特性黏度。最后根据 Mark-Houwink 公式，由聚合物手册查出 25℃下聚苯乙烯-甲苯体系的 K，α 值，即可计算出聚苯乙烯的黏均分子量。

以上介绍的方法称为“稀释法”，是目前实验室比较常用的测量聚合物分子量的方法。但是在实际工作中，有时需要快速、简便地得到聚合物的黏均分子量，使用“稀释法”无法满足要求。此时可以采用所谓的“一点法”，即只需要再测量一个浓度下的溶液流出时间，即可直接求出特性黏度，该方法的依据仍然是 Huggins 方程和 Kraemer 方程。

对于线型的柔性链高分子，两个方程中的参数有如下关系：

$$\beta+K'=\frac{1}{2},\ K=\frac{1}{3}$$

因此，联立两个方程后可得到：

$$[\eta]=\frac{1}{c}\sqrt{2(\eta_{sp}-\ln\eta_r)} \tag{8-31}$$

由于纯溶剂在毛细管中的流出时间 t_0 早就已知，因此只要测定出一个浓度下聚合物溶液在毛细管中的流出时间 t，即可计算出 η_{sp} 和 $\ln\eta_r$，并由上式求出特性黏度。

对于刚性链高分子，$\beta+K'$ 偏离 1/2 较多，上式不适用。可以先假设 $K'/\beta=\gamma$，然后联立 Huggins 方程和 Kraemer 方程，得到：

$$[\eta]=\frac{\eta_{sp}+\gamma\ln\eta_r}{(1+\gamma)c} \tag{8-32}$$

先通过“稀释法”确定 γ 值，然后即可用“一点法”计算特性黏度和黏均分子量。

8.1.3 凝胶渗透色谱方法

凝胶渗透色谱（gel permeation chromatography）简称 GPC，是测量聚合物分子量的一种重要手段。相对于其他分子量测量方法，该方法的特点是在色谱柱中依据分子体积的大小先对聚合物样品进行分级，与此同时快速有效地检测出各个级分的分子量和相对含量。即通过 GPC 分析，可以同时得到聚合物平均分子量和分子量分布的信息。由于该技术具有快速、准确、信息量大等优点，所以从 20 世纪 60 年代后期出现后就得到了迅速的发展和应用，目前它已经成为测量聚合物分子量大小和分布的重要方法之一。

8.1.3.1 基本原理

人们对凝胶渗透色谱的分离机理提出过各种各样的解释，目前为大家普遍接受的是“体积排除理论”。其基本原理是，当聚合物溶液通过一个由多孔性凝胶载体组成的色谱分离柱时，不同体积大小的分子链在色谱柱内部的滞留空间不同，因而停留时间不同，从而使得分子量大小不同的分子链依次从色谱柱中流出。

在 GPC 的凝胶色谱柱中装填有一些经过特殊处理的凝胶载体，这些凝胶的表面和内部具有许多大小和形状不同的孔穴，凝胶载体的颗粒之间也有一些装填空隙（空隙体积大于孔穴体积）。在聚合物溶液未进入色谱柱之前，柱子内部所有空隙和孔穴的空间都由溶剂占据。当聚合物溶液随溶剂流入色谱柱后，由于浓度差，所有溶质分子都力图向凝胶内部的孔穴渗透，体积较小的分子既能进入较大的孔穴，也可以进入较小的孔穴；而体积较大的分子只能进入较大的孔穴；体积再大的分子连孔穴也进不去，只能进入凝胶的空隙中。随着溶剂的不断淋洗，只能存在于凝胶空隙中的大体积分子很快就被溶剂淋洗出来，其在柱子里的停留时间很短；而能够进入大孔穴中的分子量中等的分子会随着淋洗液缓慢地流出，所以它们在柱内的停留时间较长；而对于分子量最小的部分，它们在柱内的停留时间最长，最后被溶剂淋洗出来。这样就按照淋出的先后顺序依次收集到分子量从大到小的各个级分，达到了对聚合物分离的目的。其分离原理见图 8-4。

假定 V_0 为凝胶载体的空隙体积（堆砌体积），V_i 为凝胶载体内部的孔穴体积，V_g 为凝胶载体的骨架体积，那么色谱柱的总体积为：

$$V_t=V_0+V_i+V_g \tag{8-33}$$

色谱柱内部的空间则由两部分组成，分别为空隙体积和孔穴体积。在没有注入聚合物溶液之前，色谱柱内一直都有溶剂在流动。由于溶剂分子体积很小，可以充满柱内的全部空间，所以柱内溶剂的总体积为 V_0+V_i，其中 V_0 中的溶剂为流动相，V_i 中的溶剂为固定相。将聚合物溶液注射入色谱柱后，即用溶剂进行淋洗，并在柱子的另一端接收淋洗液。我们将聚合物溶液进入柱子到被淋洗出来所接收到的淋出液总体积称为该试样的淋出体积。

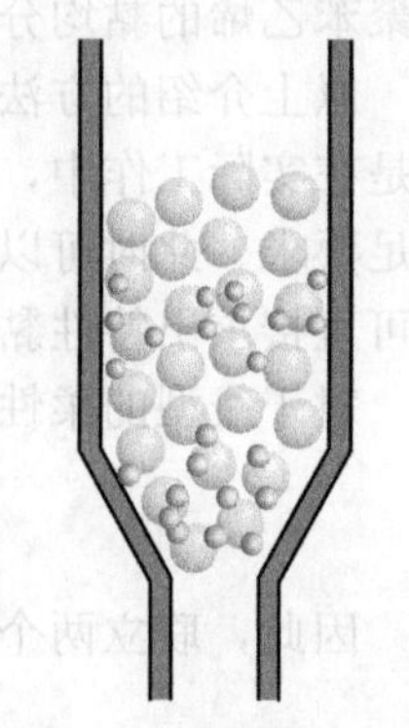

图 8-4 GPC 分离原理示意图

注入聚合物试样后，分子量低的部分，其体积小于孔穴，既可进

入 V_0 也可进入 V_i，所以其淋出体积 $V_e = V_0 + V_i$；分子量非常高的部分，其体积已大于孔穴，只能进入 V_0，所以其淋出体积 $V_e = V_0$；而对于分子量中等的部分，除了可以进入 V_0，还可以进入一部分 V_i，它们的淋出体积 $V_0 < V_e < V_0 + V_i$；或者用 $V_e = V_0 + KV_i$ 表示。

这里，K 称为分配系数，其值为 $V_e - V_0 / V_i$，表示孔穴体积 V_i 中可以被溶质分子进入的部分与 V_i 之比。实际上，色谱柱的分配系数不是固定不变的，它还与样品的分子量范围有关。当样品的分子量范围很高时，$V_e = V_0$，$K = 0$，此时柱子对试样没有分离作用；当样品的分子量范围很低时，$V_e = V_0 + V_i$，$K = 1$，柱子同样对试样没有分离效果；只有当色谱柱的分配系数在 0 和 1 之间时，试样在 GPC 柱子内才可以被分离。所以，在使用 GPC 对聚合物分子量分布进行测定时，必须根据样品分子量的范围选择合适的柱子，使其分配系数满足 $0 < K < 1$。

8.1.3.2 GPC 仪器装置

凝胶渗透色谱仪的工作示意图见图 8-5。它包括以下几个主要部分。

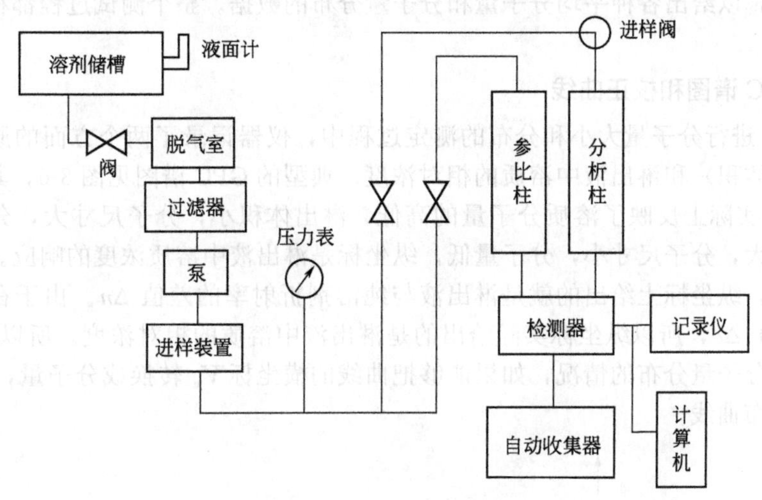

图 8-5　GPC 工作示意图

(1) 试样和溶剂注入系统　主要包括溶剂储槽、脱气室、过滤器、泵、进样装置。

(2) 色谱柱　包括一支参比柱（进溶剂）和一支分析柱。色谱柱的选择对于测量结果非常重要，通常要求柱子要有较高的分离效果、良好的化学稳定性和热稳定性，同时还要求有较好的机械强度和低流动阻力。目前色谱柱有国产柱和进口柱之分，进口柱有 TSK、Agilent、Waters、PL 等。凝胶色谱柱的信息一般包括凝胶柱类型，孔径（poresize），分子量范围，柱子规格和编号。凝胶柱的填料应该是一些低膨胀系数、高孔体积、高机械稳定性的刚性填料，比较常用的凝胶材料有交联 PS 凝胶，它适用于有机溶剂体系；后来发展的多孔硅胶和多孔玻璃则对水溶液体系和有机溶剂体系都适用。色谱柱所适用的分子量范围从 $100 \sim 10^8$。如 TSK-GEL HR 和 TSK-GEL Super 系列的 H 型色谱柱为聚苯乙烯凝胶柱，有八种孔径，分离范围为 $1000 \sim 4 \times 10^8$。TSK-GEL Alpha 是新型的凝胶柱，具有广泛的溶剂相容性范围，适用于 100% 的水到 100% 的非极性有机溶剂。

色谱柱类型有混合柱和精细柱之分。混合柱一根柱可以覆盖所有的分子量范围，也有人称之为通柱；精细柱一般需要几根色谱柱串联，且分子量范围要相互重叠。因此色谱柱的配置会有不同的组合。色谱柱的串联方式一般按照孔径的不同从大到小连接。保护柱位于分析柱之前，其填料规格等与分析柱相同，当样品中含有对色谱柱有害的物质时可以起到保护分析柱的作用。

凝胶色谱柱在使用过程中要注意以下问题：

a. 每根色谱柱都有一定的压力范围，一般要在合适的压力下进行分析使用；

b. 色谱柱在使用时要按照规定的方向进行连接；

c. 分析样品和流动相一定要过滤干净，不要让对柱有害的物质通过色谱柱；

d. 增加一根保护柱或柱前保护对分析柱是有好处的；

e. 色谱柱能不能反冲。

(3) 检测器和自动记录系统（包括自动收集器和记录仪） GPC 检测装置要求能够连续、自动地检测出淋出液中溶质的浓度，而自动馏分收集器则自动地计算出淋出液的体积。检测器的种类有：红外、紫外、示差折光、光散射、黏度检测器……在对聚合物的 GPC 测试中，示差折光检测器比较常用。

(4) 计算机 计算机的作用一方面是对测试过程进行控制，另一方面自动地对测试结果进行数据处理，以给出各种平均分子量和分子量分布的数据。整个测试过程都在严格恒温条件下进行。

8.1.3.3 GPC 谱图和校正曲线

在用 GPC 进行分子量大小和分布的测定过程中，仪器记录了两个方面的原始数据：淋出体积（保留体积）和淋出液中溶质的相对浓度。典型的 GPC 谱图见图 8-6，其横坐标为淋出体积 V_e，它实际上反映了溶质分子量的高低。淋出体积小，分子尺寸大，分子量高；反之，淋出体积大，分子尺寸小，分子量低。纵坐标是淋出液中溶质浓度的响应。如果使用示差折光检测器，纵坐标上给出的就是淋出液与纯溶剂折射率的差值 Δn。由于在极稀的溶液中 Δn 就相当于 Δc，所以纵坐标实际给出的是淋出液中溶质的相对浓度。所以 GPC 曲线反映了被测试样分子量分布的情况，如果能够把曲线的横坐标 V_e 转换成分子量，GPC 曲线就成为分子量分布曲线。

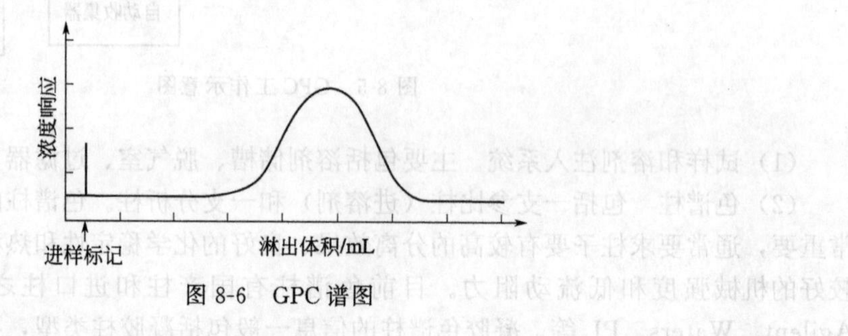

图 8-6 GPC 谱图

将 GPC 曲线上的横坐标（淋出体积）转换成分子量的方法有间接法和直接法两种。

(1) 间接法 间接法是目前广泛采用的方法。首先用一组已知分子量，而且分子量分布为单分散性的聚合物作为标准样品，一般选用 PS 为标准样品。在完全相同的测试条件下（浓度、温度、溶剂、柱子等）对 PS 标准样品进行 GPC 测试，得到它们的 GPC 曲线。读出 GPC 曲线上淋出体积 V_e，然后以 $\lg M$ 对 V_e 作图，可以得到一条直线——"分子量-淋出体积标定曲线"（图 8-7）。这条直线的方程为：$\lg M = A - BV_e$，A、B 均为常数，其值与溶质、温度、溶剂、载体及仪器结构有关，可由直线的斜率和截距求得。有了这条标定曲线后，我们可以根据试样的 GPC 谱图，由 V_e 求出溶质所对应的分子量，将 GPC 曲线变换成分子量分布曲线。

但是还存在一个问题：GPC 的分离机理是按照溶质分子尺寸大小进行分离的，它与分子量是间接的关系。不同的聚合物在分子量相同的情况下，分子体积不一定相同；同样，不同的聚合物在分子体积相同的情况下，分子量不一定相同。所以，用PS标准样品制定的标定曲线理论上只能对PS样品的GPC分析适用，对其他聚合物则不适用。要想测定某种聚合物的分子量大小和分布，必须用该种聚合物的单分散性标准样品制定分子量-淋出体积标定曲线，这样给测试工作带来了很大的不方便。因此人们考虑，能否用一种聚合物的标准样品（例如单分散性的PS标样）制定出一条对各种聚合物都普遍适用的标定曲线呢？如果该想法可行，就可以大大简化GPC测定的工作。经过理论分析人们发现：对不同的聚合物，只要它们在溶液中的流体力学体积相同，其 $[\eta]M$ 值就是相同的。实验结果也证实，对不同的聚合物样品，以 $\lg[\eta]M$ 对 V_e 作图，得到的曲线是重叠在一起的。因此，人们就可以使用PS标准样品的 $\lg[\eta]M$ 对 V_e 作图制备出适用于各种聚合物的普适标定曲线，见图8-8。

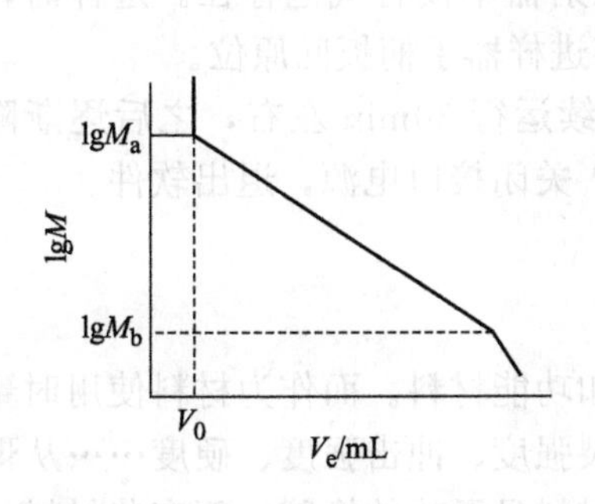

图8-7　分子量-淋出体积标定曲线

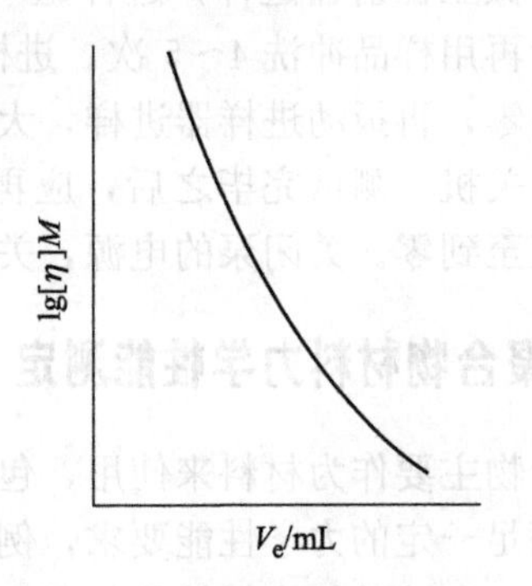

图8-8　GPC普适标定曲线

当人们测定出待测样品的GPC谱图后，将曲线上横坐标（淋出体积）V_e 在普适标定曲线上找到对应的 $\lg[\eta]M$，根据 $[\eta_1]M_1=[\eta_2]M_2$，就可以从标准样品的分子量 M_1 计算出被测样品的分子量 M_2。

（2）直接法　随着科学技术水平的提高，人们现在已经开发出了多种高灵敏度的检测器，包括光散射检测器、自动黏度检测器。因此在对淋出液进行示差折光检测得到淋出液中溶质相对浓度的同时，光散射检测器或者自动黏度检测器可以将该溶质的分子量直接测定出来。因此，仪器记录的GPC曲线的横坐标就是分子量，不需要再使用PS标准试样做普适标定曲线进行转换。

8.1.3.4　仪器操作

（1）开机　在开泵之前要将流动相用超声波清洗器脱气。打开泵的电源开关，这时泵的控制面板上的显示屏上显示等待状态，预设流量为1.00mL/min。按动控制面板上的“EDIT/ENTER”键，使其处于编辑状态，用上下键调节流量至0.100mL/min，然后按动“RUN/STOP”键使泵开始运转，这时的流量为0.100mL/min。按动“EDIT/ENTER”键及上下键调节流量并按动“MENU”键确定从而改变泵的流量。改变流量时速度不要太快，要等泵的压力稳定之后再进行下步操作。如果发现泵的进液管中有气泡存在，应及时除去气泡。方法是：先将泵头上的冲洗阀拧松，然后按动泵的控制面板上的“MENU”键使显示屏上显示“Purge”一项，再按“EDIT/ENTER”键确定后即开始冲洗泵头。到预设时间（一般为5min）后，冲洗过程会自动停止。将菜单调回显示流速一栏，重新调节流速开始运行泵。

打开检测器的电源开关。检测器自检后其控制面板上的显示器将显示检测器的各种参数。按动“2nd func”键然后按“Int℃”键将显示检测器的温度。要改变检测器温度时，按动“2nd func”键然后按动“Set℃”键再输入要设定的温度值，最后按“ENTER”键即可。

每次更换溶剂后，需冲洗参比池 30min 左右。按动“2nd func”键和“Purge”键可开始清洗。清洗完毕后，再按动“2nd func”键和“Purge”键即可恢复检测状态。

打开数据接口电源开关并打开 GPC 软件，点软件上的数据接收键后，即可开始进行数据接收工作。

（2）测试　在配制测试样品时，测试样品的浓度应控制在 2g/L 左右，一般用 20mg 试样配制成 10mL 的样品，分子量较低的试样浓度可以适当高些。配制好的样品需放置 24h 左右以使试样充分溶解，溶解好的样品还要用滤膜过滤，除去不溶物质，从而防止损坏凝胶柱。

使用微型注射器进样，进样量一般为 50μL 或 75μL。微型注射器先用流动相清洗 4～5 次，然后再用样品冲洗 4～5 次。进样时，一定要使注射器中没有气泡存在。进样时，先将检测器回零，再扳动进样器进样，大约进样 5min 后将进样器手柄扳回原位。

（3）关机　测试完毕之后，应再在测试流量下继续运行 30min 左右，之后逐渐降低泵的流速直至到零。关闭泵的电源，关闭检测器的电源，关闭接口电源，退出软件。

8.2 聚合物材料力学性能测定

聚合物主要作为材料来使用，包括作为结构材料和功能材料。而作为材料使用时聚合物本身要满足一定的力学性能要求，例如屈服强度、断裂强度、冲击强度、硬度……从聚合物材料来说，所涉及的力学性能的范围是很宽的，有些材料是柔软的橡胶，而有些材料是坚硬的工程塑料。即使是塑料，受到外力后不同塑料给出的力学响应也有很大差别，例如聚苯乙烯非常脆，受到很小的冲击力就断裂了；而尼龙制品则非常坚韧，即使受到很大的冲击也很难将其破坏。因此，只有对聚合物材料的力学性能有足够的了解，才能合理地选择和使用聚合物材料。

8.2.1 描述材料力学性能的基本参数

聚合物的力学性能指的是其受力后的响应，如抵抗变形能力、形变量大小、形变的可逆性及抗破损性能等。这些响应可用一些基本的指标来表征。下面介绍一些表征力学性能的基本参数。

8.2.1.1 应力与应变

当材料受到外力作用而它所处的环境又使其不能产生惯性移动时，它的几何形状和尺寸就会发生变化，这种变化就称为“应变”。而当材料产生宏观变形后，材料内部分子间或者原子间原来的引力平衡受到了破坏，因而就会产生一种附加的内力来抵抗外力，建立新的平衡。新的平衡建立后，材料内部的附加内力和外力大小相等，方向相反，人们把单位面积上的附加内力称为“应力”。材料受力方式不同，发生形变的方式亦不同，材料受力方式主要有以下三种基本类型。

（1）简单拉伸　材料受到的是垂直于截面积的拉力。图 8-9(a) 中的 F 是垂直于横截面积、大小相等、方向相反，而且作用在同一条直线上的两个力。当材料受力后，由原来的长度 L_0 变形为 L，伸长了 ΔL。

拉伸应变：
$$\varepsilon=\frac{L-L_0}{L_0}=\frac{\Delta L}{L_0} \tag{8-34}$$

拉伸应力：

$$\sigma_t=\frac{F}{A_0} \tag{8-35}$$

式中　A_0——材料的起始截面积，m^2；

F——载荷，N；

σ_t——拉伸应力，N/m^2 （Pa）；

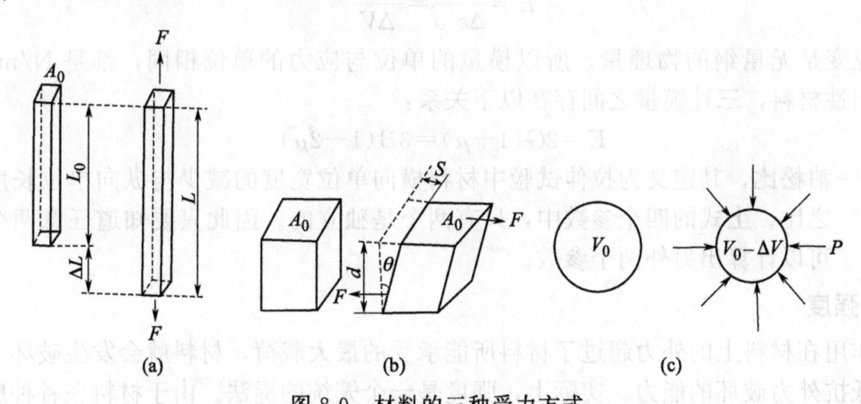

图 8-9　材料的三种受力方式

（2）简单剪切　材料受到的是与截面积平行的剪切力，图 8-9(b) 中的 F 是大小相等、方向相反、但不作用在同一直线上的两个力。在剪切力作用下，材料一般发生偏斜。

剪切应变：

$$\gamma_s=\frac{S}{d}=\tan\theta \tag{8-36}$$

剪切应力：

$$\sigma_s=\frac{F}{A_0} \tag{8-37}$$

剪切应力的单位也是 Pa。

（3）均匀压缩　材料实际受到的是围压力（流体静压力）的作用［图 8-9(c)］，受力后材料的体积发生变形，由原来的 V_0 减小为 $V_0-\Delta V$。

压缩应变为：

$$\varepsilon'=\frac{\Delta V}{V_0} \tag{8-38}$$

材料受力方式除以上三种基本类型外，还有弯曲和扭转。弯曲是对材料施加一弯曲力矩，使材料发生弯曲。扭转则是材料受到扭转力矩的作用。

8.2.1.2　弹性模量

弹性模量是材料在弹性形变范围内单位应变所需应力的大小。它实际上代表了材料抵抗变形的能力，弹性模量越大，材料越不容易变形，材料的刚性也就越大。对于理想弹性固体，受力变形后的应力与应变成正比，它们之间的比值就是弹性模量：

$$\text{弹性模量}=\frac{\text{应力}}{\text{应变}}$$

但是在不同的受力方式下，材料弹性模量的名称和表达式都不一样。当材料受到简单拉伸作用时，弹性模量称为杨氏模量，其表达式为：

$$E=\frac{\sigma_t}{\varepsilon}=\frac{\dfrac{F}{A_0}}{\dfrac{\Delta L}{L_0}} \tag{8-39}$$

当材料受到简单剪切作用时，弹性模量称为剪切模量，其表达式为：

$$G=\frac{\sigma_s}{\gamma_s}=\frac{\dfrac{F}{A_0}}{\tan\theta} \tag{8-40}$$

当材料受到均匀压缩作用时，弹性模量称为本体模量，其表达式为：

$$B=\frac{P}{\Delta\varepsilon'v}=\frac{PV_0}{\Delta V} \tag{8-41}$$

由于应变是无量纲的物理量，所以模量的单位与应力的单位相同，都是 N/m^2（Pa）。对于各向同性材料，三种模量之间存在以下关系：

$$E=2G(1+\mu)=3B(1-2\mu) \tag{8-42}$$

式中　μ——泊松比，其定义为拉伸试验中材料横向单位宽度的减少与纵向单位长度的增加之比。上式的四个参数中，只有两个是独立的。因此只要知道任意两个参数就可以计算出另外两个参数。

8.2.1.3　强度

如果作用在材料上的外力超过了材料所能承受的最大载荷，材料就会发生破坏。强度指的是材料抵抗外力破坏的能力。实际上，强度是一个笼统的提法。由于材料在各种应用场合受力的方式不一样，破坏的方式不一样，所以就存在着许多种材料强度，而强度只是材料各种强度的统称。几种常见的材料强度如下。

（1）拉伸强度　这是与拉伸载荷相对应的一种材料强度。在规定的温度、湿度和拉伸速度下，对标准尺寸的试样（通常为哑铃状）施加一个拉伸载荷，如图 8-10 所示。当试样被拉断时，试样所承受的最大载荷与试样的横截面积（宽度与厚度的乘积）之比即为材料的拉伸强度：

$$\sigma t=\frac{F}{bd} \tag{8-43}$$

由于在拉伸过程中试样的宽度和厚度是不断变化的，所以一般采用试样起始的尺寸来计拉伸强度。

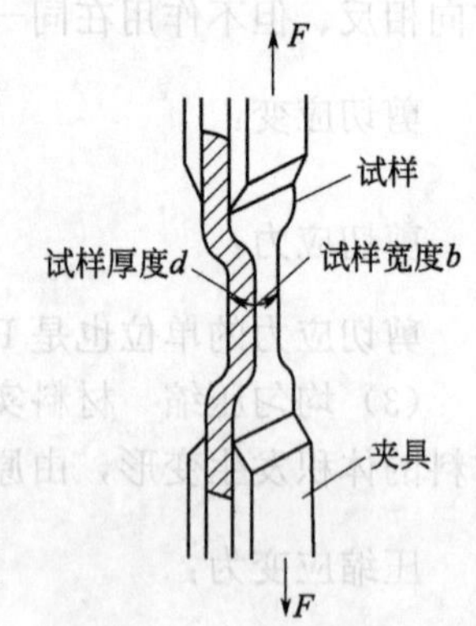

图 8-10　拉伸试验示意图

（2）弯曲强度　弯曲强度是指材料在受到弯曲载荷作用时所表现出的抵抗变形破坏的能力。在规定的试验条件下对标准试样施加一个弯曲力矩，直到试样断裂，如图 8-11 所示。测定试验过程中的最大载荷 P，并按照下式计算弯曲强度：

$$\sigma_f=\frac{P}{2}\frac{\dfrac{l_0}{2}}{\dfrac{bd^2}{6}}=1.5\frac{Pl_0}{bd^2} \tag{8-44}$$

（3）冲击强度　冲击强度反映的是材料的韧性指标（而前两者反映的是材料的刚性指标），它反映了材料抵抗冲击载荷破坏的能力。冲击强度的定义是试样在冲击载荷作用下被破坏时单位面积所吸收的能量。

$$\sigma_I=\frac{W}{bd} \tag{8-45}$$

式中　W——试样断裂所消耗的功。

冲击强度的试验方法有许多种，包括摆锤式冲击试验、落球式冲击试验、高速拉伸试验等。摆锤式冲击试验又分为两种：

简支梁冲击——试样的两端有支承，摆锤冲击试样的中部，如图 8-12 所示；

悬臂梁冲击——试样一端固定一端自由，摆锤冲击试样的自由端。

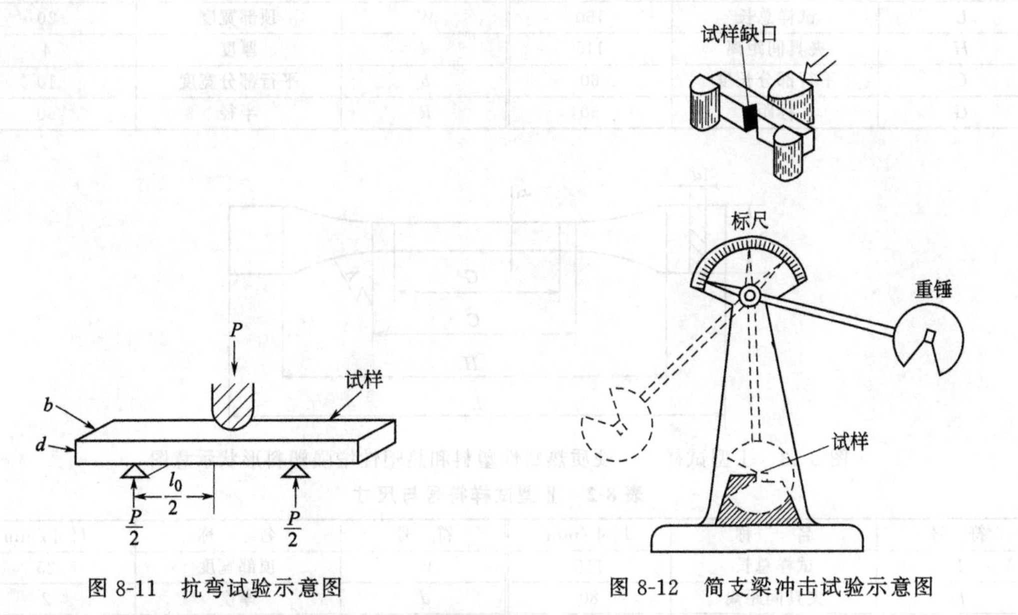

图 8-11　抗弯试验示意图　　　　图 8-12　简支梁冲击试验示意图

冲击试验用的试样为矩形，通常分为有缺口试样和无缺口试样。

(4) 硬度　硬度表征材料表面抵抗外力变形的能力。一般由一种较硬的材料作为压头，在一定的试验条件下将压头压入试样中，以压痕的深度计算材料的硬度。塑料硬度通常又分为球压痕硬度、布氏硬度和洛氏硬度三种，它们的测试方法和仪器各不相同，三种硬度之间也无法进行比较和换算。

8.2.2　聚合物材料拉伸试验

拉伸试验主要测定聚合物材料受到拉伸载荷作用后的力学性能。通过拉伸试验可以测定并得到许多与拉伸相关的力学性能参数，例如拉伸强度、断裂强度、屈服强度、定伸强度、断裂伸长率、应力-应变曲线和拉伸弹性模量。拉伸试验所适用的聚合物材料包括热塑性塑料、热固性塑料和交联橡胶。

拉伸强度——将试样拉伸至断裂为止所承受的最大拉伸应力；

断裂强度——试样被拉伸断裂时所对应的拉伸应力；

定伸强度——拉伸试样达到规定应变值时的拉伸应力；

断裂伸长率——试样断裂时标线间距离增加量与初始标距之比，以百分数表示；

应力-应变曲线——拉伸试验中以试样的应力值对应变值作图所得到的曲线；

屈服强度——拉伸应力-应变曲线上与屈服点相对应的拉伸应力；

拉伸弹性模量——拉伸应力-应变曲线上最初直线部分（弹性变形部分）的斜率。

8.2.2.1　试样准备

在拉伸试验前，应将被测聚合物材料通过注塑或者模压的方式制成符合测试标准的哑铃状试样。不同材质聚合物其试样的形状和尺寸各不相同。四类哑铃状试样的形状和尺寸如表 8-1～表 8-4 和图 8-13～图 8-16 所示。

表 8-1　Ⅰ型试样符号与尺寸

符　号	名　称	尺寸/mm	符　号	名　称	尺寸/mm
L	试样总长	150	W	顶部宽度	20
H	夹具间距离	115	d	厚度	4
C	平行部分长度	60	b	平行部分宽度	10
G	标距	50	R	半径	60

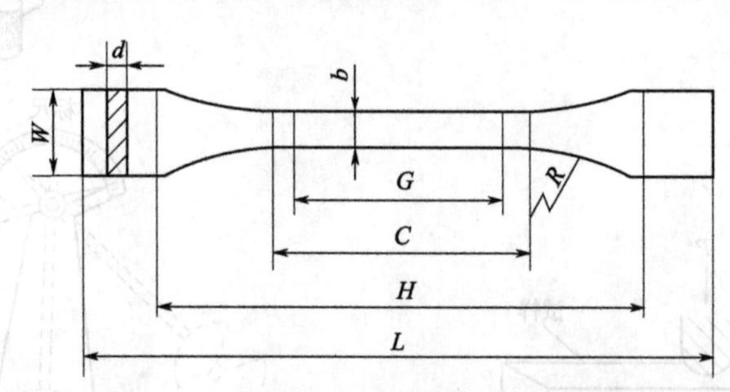

图 8-13　Ⅰ型试样——硬质热塑性塑料和热塑性增强塑料形状示意图

表 8-2　Ⅱ型试样符号与尺寸

符　号	名　称	尺寸/mm	符　号	名　称	尺寸/mm
L	试样总长	115	W	顶部宽度	25
H	夹具间距离	80	d	厚度	2
C	平行部分长度	33	b	平行部分宽度	6
G	标距	25	R_1/R_2	半径	14/25

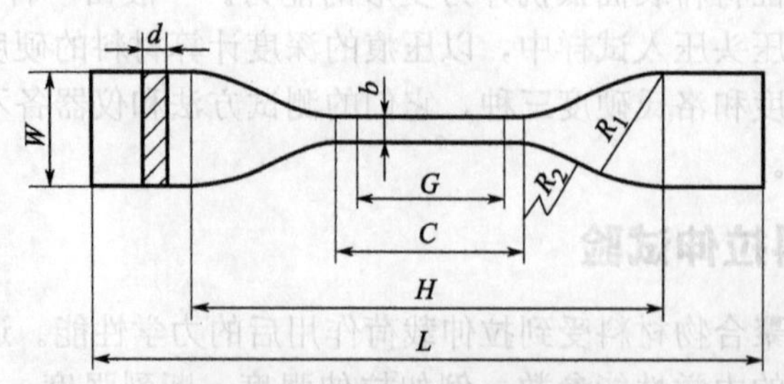

图 8-14　Ⅱ型试样——软质热塑性塑料形状示意图

表 8-3　Ⅲ型试样符号与尺寸

符　号	名　称	尺寸/mm	符　号	名　称	尺寸/mm
L	试样总长	110	b	平行部分宽度	25
W	端部宽度	45	d_1	端部厚度	6.5
C	平行部分长度	9.5	R_1	表面半径	75
d_2	平行部分厚度	3.2	R_2	侧面半径	75
R_0	端部半径	6.5			

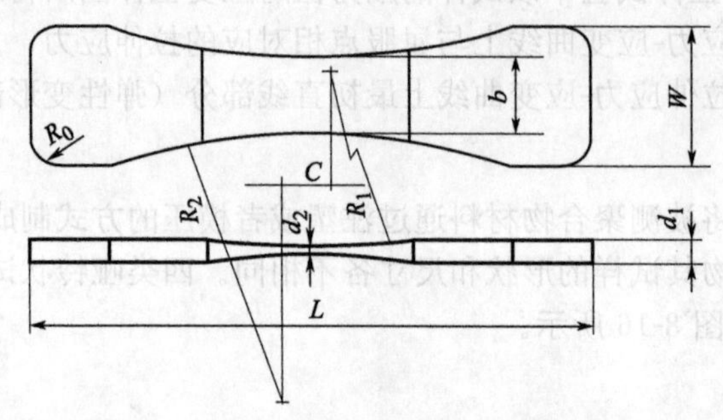

图 8-15　Ⅲ型试样——热固性塑料（填充和纤维增强塑料）形状示意图

表 8-4　Ⅳ型试样符号与尺寸

符　号	名　　称	尺寸/mm	符　号	名　　称	尺寸/mm
L	试样总长	250	W	宽度	25/50
H	夹具间距离	170	d_o	厚度	2～10
L_2	加强片长度	50	d_1	加强片厚度	3～10
G	标距	100	R	加强片角度	5°～30°
L_1	加强片间长度	150			

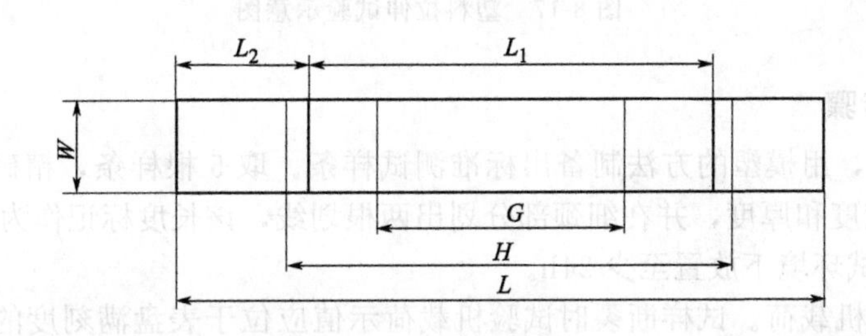

图 8-16　Ⅳ型试样——热固性增强塑料板形状示意图

8.2.2.2　试验仪器

拉伸试验的主要仪器设备是拉力试验机（图 8-17），它以一定的速度对试样进行拉伸，同时记录试样所受到的载荷。对拉力试验机的基本要求是加载速度稳定、测量精度高。最初的拉力试验机是机械式的，使用简便，价格低廉，但是加载速度不够稳定，测量精度也较差，不具有数据记录和处理功能。后来出现的电子式拉力试验机，保留了机械式拉力试验机结构简单、价格低廉的优点，测量精度也有所提高，但是用途单一，数据处理能力也有限。目前拉伸试验普遍使用的设备是电子万能材料试验机。相对于上述两类试验机，电子万能材料试验机具有以下优势：

① 可按需要增配不同吨位的传感器来调节试验量程；

② 拉伸速度可调，且控制精度高、控制范围宽；

③ 具有自动跟踪测量拉伸变形的能力；

④ 通过更换夹具和附件可实现一机多用，完成拉伸、压缩、弯曲、剪切、剥离、撕裂、摩擦、扭转等一系列功能。

一般用于塑料的拉伸试验机吨位较小，10kN 以下机型是塑料类最常用的。以瑞格尔公司试验机为例，其速度调整范围可达 0.001～1000mm/min，无级调速，控制精度可达 0.5%。量程范围可从几牛到 10kN，例如做摩擦系数时，满值负载只有 5N。在塑料力学性能测试的相关标准中，对试验机控制方式的要求几乎都为速度控制，因此在选择拉伸试验机时，试验机吨位、试验行程、速度范围和控制精度是比较重要的参数。

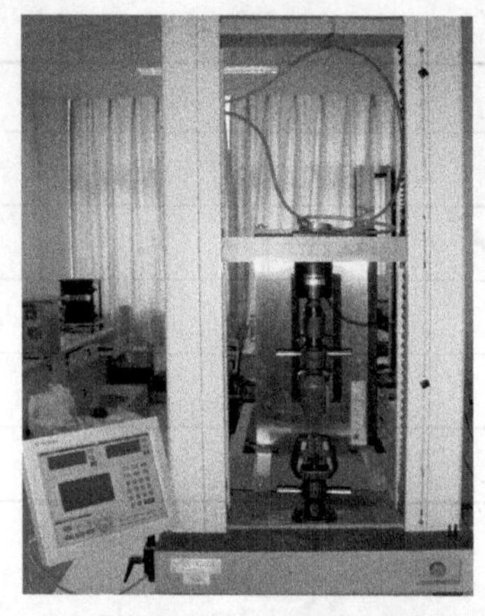

图 8-17　塑料拉伸试验示意图

8.2.2.3　试验步骤

① 准备试样，用模塑的方法制备出标准测试样条。取 5 根样条，精确测量试样细颈处（工作部分）的宽度和厚度，并在细颈部分划出两根划线，该长度标记作为拉伸变形的基准。测试样条应在测试环境下放置至少 24h。

② 选择试验机载荷。试样断裂时试验机载荷示值应位于表盘满刻度的 10%～90%，以位于表盘满刻度的 1/3～4/5 最合适。

③ 选择并调整试验机的拉伸速度。对于硬质热塑性塑料，拉伸速度可取 1mm/min、2mm/min、5mm/min、10mm/min、20mm/min、50mm/min，对于软质热塑性塑料，拉伸速度可取 50mm/min、100mm/min、200mm/min、500mm/min。具体选择时应取试样在 0.5～5min 试验时间内断裂的最低速度。

④ 将试样装在夹具上。在使用机械式拉力试验机时，应先用固定器将夹具固定，防止仪器刀口损坏，试样夹好后松开固定器。

⑤ 将位移跟踪器夹具固定在试样上，使其与试样工作部分的两根划线保持一致。

⑥ 启动电机按钮，横梁带动夹具开始运动。在此过程中，观察试样形状和仪器负荷的变化，记录应力-应变曲线，直至试样断裂。

⑦ 按回行开关，将夹具回复到原来位置，并将负荷清零，开始第二次试验。

⑧ 根据仪器记录的应力-应变曲线，计算并得出各种所需要的拉伸力学性能参数。所有力学性能参数都应该是 5 次拉伸的平均值。

拉伸强度为：

$$\sigma_t=\frac{P_{max}}{bd}$$

式中　P_{max}——试样拉伸最大载荷，N；

b——试样宽度，m；

d——试样厚度，m。

断裂伸长率为：

$$\varepsilon_t=\frac{L-L_0}{L_0}\times 100\%$$

式中　L_0——试样拉伸前两标线间距离，mm；

L——试样断裂时两标线间距离，mm。

8.2.3 聚合物材料冲击试验

冲击试验用来度量材料在高速冲击状态下的韧性或对断裂的抵抗能力，它对于评价塑料在经受冲击载荷时的力学行为有一定的实际意义。冲击试验测定的力学性能就是材料冲击强度，所适用的聚合物材料包括热塑性塑料和热固性塑料。

冲击试验有三种方法。

(1) 摆锤式冲击　用摆锤以一定的速度击打试样致其断裂，测定试样的断裂能。根据试样安放形式又分为简支梁式和悬臂梁式。对于简支梁式，试样两端受到支撑而摆锤冲击中部；对于悬臂梁式，试样一端固定而摆锤冲击自由端。

(2) 落球式冲击　将一定重量的金属球从一定的高度自由落到塑料板或塑料片上，求取破坏该材料所需要的冲击能量。

(3) 高速拉伸法　使用拉力试验机对试样进行高速拉伸，用试样应力-应变曲线下的面积反映材料的冲击韧性。

上述三种方法中，最常用的是摆锤式冲击。下面以简支梁冲击实验机为例，介绍摆锤式冲击的基本原理。

试验机的基本构造有三部分（图 8-18）：机架部分、摆锤部分和指示部分。其基本原理是：摆锤高置于机架的扬臂上，扬角为 α，当摆锤自由落下，位能转化为动能将试样冲断，冲击后摆锤以其剩余能量升到某一高度，升角为 β。

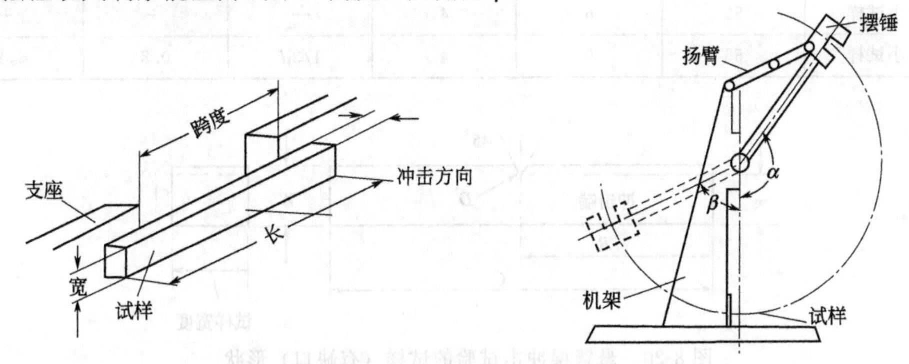

图 8-18　摆锤式冲击试验机工作原理示意图

根据冲击过程的能量守恒：

$$\omega L(1-\cos\alpha)=\omega L(1-\cos\beta)+A+A_{\alpha}+A_{\beta}+1/2mv^{2} \tag{8-46}$$

式中　ω——冲击锤重量；

L——冲击锤摆长；

A_{α}，A_{β}——摆锤在克服空气阻力所消耗的功；

$1/2mv^{2}$——试样断裂时飞出部分所具有的能量。

通常上式右边后三项部分都可忽略，所以：

$$A=\omega L(\cos\beta-\cos\alpha) \tag{8-47}$$

根据 ω、L、α 和设定 A 值，可由上式算出 β 值而绘出读数盘，实测时根据读数盘（即 β 值）读出 A 值。

8.2.3.1 试样准备

塑料冲击试验的试样分为无缺口和有缺口两种，简支梁冲击试验的试样形状和尺寸见图 8-19 和表 8-5，悬臂梁冲击试验的试样形状和尺寸见图 8-20 和表 8-6。

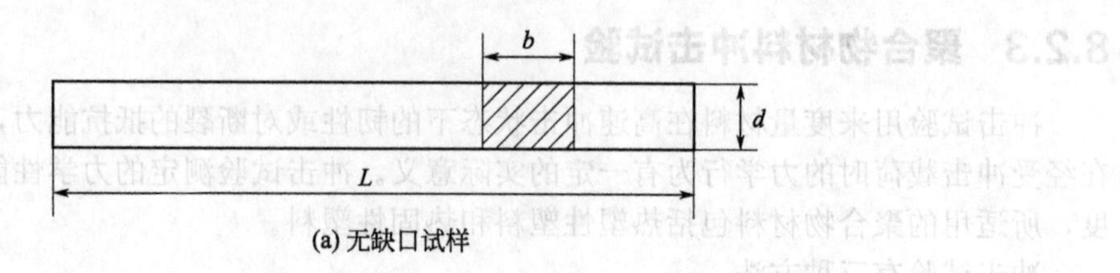

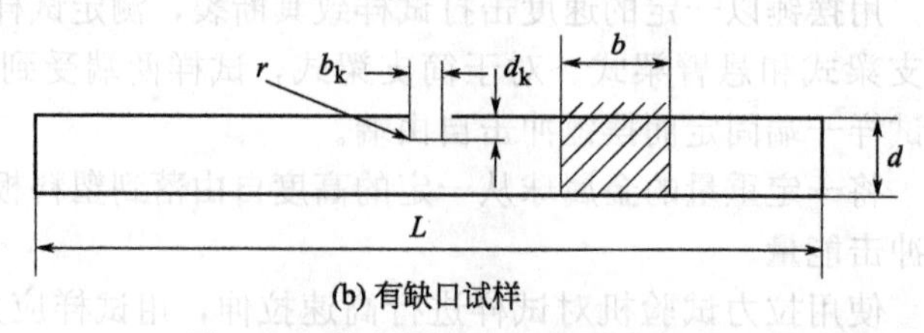

图 8-19 简支梁冲击试验的试样形状

表 8-5 简支梁冲击试验的试样尺寸 单位：mm

试　样	L	b	d	d_k	b_k	r
无缺口大试样	120	15	10	—	—	—
有缺口大试样	120	15	10	$1/3d$	2	≤0.2
无缺口小试样	55	6	4	—	—	—
有缺口小试样	55	6	4	$1/3d$	0.8	≤0.1

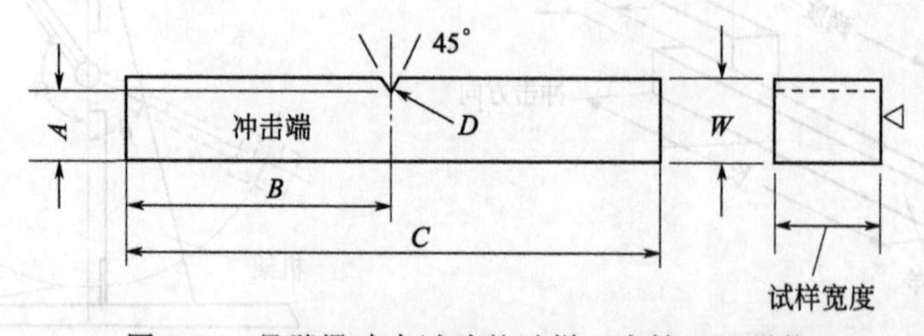

图 8-20 悬臂梁冲击试验的试样（有缺口）形状

表 8-6 悬臂梁冲击试验的试样（有缺口）尺寸

项　目	尺寸/mm	项　目	尺寸/mm
试样长度	63.5	V 形缺口角度	45°
试样厚度	12.7	缺口剩余厚度	10.16
试样宽度	4～12.7	缺口底部曲率半径	0.25

模塑试样推荐厚度为 12.7mm，板材加工试样推荐厚度为 6～12.7mm。

对于悬臂梁有缺口试样和简支梁有缺口试样，其缺口通常需要用特定的切口装置来加工，这些设备可以从试验设备厂单独购买。切口机在试样上切去一个 V 形缺口，缺口的大小及形状由试验标准确定。缺口的目的是模拟零件局部损坏时的应力集中，并使试样在承受冲击时比较容易生成初始裂纹。

8.2.3.2 冲击试验机

最常见的冲击试验机为摆锤式。它由一台机架、一个单臂或“扇形”摆，一个敲击棒（或称锤头）组成，这些组件的几何形状必须符合试验标准。质量和冲击高度决定了锤头的潜能。每台摆锤试验机配有不同的附件（锤头和试样夹具）。传统摆锤由一个把质量集中在端部的细长摆杆组成。目前塑料试验机中一个较新的设计是扇形摆锤，它由 Instron 和 Tinius Olsen 公司提供。扇形摆锤类似于一个薄饼式楔，由轴承座固定在顶部，打击凸缘集中在底部中间，呈圆形。由于这个扁平金属楔处于冲击摆动平面内，它的冲击方向非常准确。这减少了机械摆动，也就是提高了试验的精确性。

8.2.3.3 试验步骤

① 试样准备和处理。按照测试标准制备出试样，每组试验不少于 10 个试样。试样表面应平整，无气泡裂纹，无分层和机械加工损伤。将试样在测定条件下（温度 25℃±5℃；湿度 65%±5%）放置不少于 24h。

② 根据试样断裂能选择摆锤：打断试样所消耗的功应选择在刻度盘的 1/3～4/5。

③ 检查试验机零点和支座：进行空击试验，当摆锤悬挂时指针指在 0，摆锤空击后指针应指向零位，误差不超过 1/5 格。

④ 开始测试：测量试样中部的厚度和宽度（缺口试样量取剩余厚度），准确至 0.05mm。简支梁冲击试验时，试样水平放置，宽面紧贴在支座上，缺口背向摆锤，缺口位置与摆锤对准；悬臂梁冲击试验时，试样垂直放置，下端用试样台钳固定，缺口面向摆锤；将悬挂摆锤固定，松开固定器后摆锤落下冲击试样，记录指针读数。

⑤ 每组试样不少于 10 个，如试样未被冲断或未断在三等分中间部分或缺口处，该试样作废，另补试样测试。

⑥ 数据处理

无缺口冲击强度：

$$\sigma_{i}=\frac{A}{bd}\times 10^{3} \tag{8-48}$$

缺口冲击强度：

$$\sigma_{in}=\frac{A}{bd_{1}}\times 10^{3} \tag{8-49}$$

式中 σ——冲击强度，kJ/m^2；

A——试样吸收的冲击能，J；

b——试样宽度，m；

d，d_1——分别为无缺口、有缺口试样的厚度，m。试验结果可用算术平均值表示，同时可用标准偏差估算数据的分散性。

8.2.4 聚合物材料弯曲试验

弯曲试验是将一规定形状和尺寸的试样置于两支座上，并在两支座的中点施加一集中负荷，使试样产生弯曲应力和变形，这种方法称静态三点式弯曲试验。通过弯曲试验可以测定的力学性能有弯曲强度和弯曲弹性模量。适用的聚合物材料包括热塑性塑料和热固性塑料。在弯曲试验中所涉及的几个力学性能参数的定义如下：

挠度——弯曲试验过程中，试样跨度中心的顶面或底面偏离原始位置的距离；

弯曲应力——试样弯曲过程中任意时刻中部截面上外层纤维的最大正应力；

弯曲强度——到达规定挠度值时或之前，负荷达到最大值时的弯曲应力；

定挠弯曲应力——挠度等于试样厚度 1.5 倍时的弯曲应力；

弯曲屈服强度——在负荷-挠度曲线上，负荷不增加而挠度骤增点的应力。

8.2.4.1 试样与仪器

弯曲试验所用的试样为矩形截面试样，可采用注塑、模塑或板材经机械加工制成。试样形状和尺寸见图 8-21 和表 8-7。板材试样厚度为 1～10mm 时，以原厚为试样厚度；厚度大于 10mm 时，应从一面加工成 10mm。

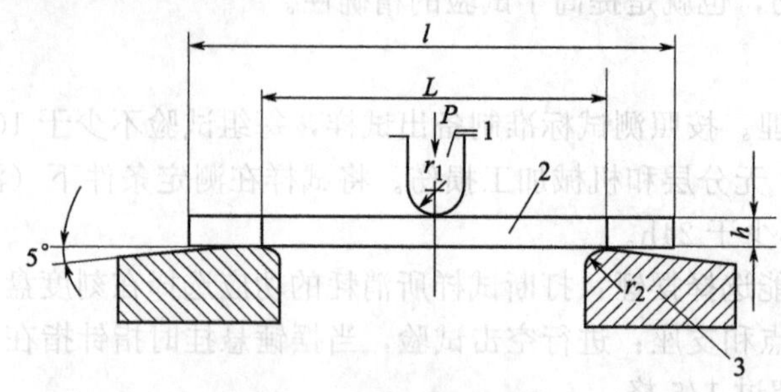

图 8-21 弯曲试验试样形状

1—加荷压头（r_1=10mm 或 5mm）；2—试样；3—试样支座（r_2=2mm）；

L—试样跨度；h—试样厚度；P—弯曲负荷；l—试样长度

表 8-7 弯曲试验的试样尺寸

标准试样	长(L)/mm	宽(b)/mm	厚(h)/mm
模塑大试样	120±2	15±0.2	10±0.2
模塑小试样	55±1	6±0.2	4±0.2
板材试样	10h±20	15±0.2	5～10

弯曲试验的仪器设备与拉伸试验相同，需要一台电子万能材料试验机，不同的是将拉伸夹具更换为弯曲夹具。该机器可根据需要增配不同吨位的传感器来调节试验量程，可以精确控制压头压下速度，同时自动测量弯曲变形。

8.2.4.2 弯曲试验的步骤

（1）准备试样　精确测量试样尺寸，每组试样不少于 5 个。

（2）选择试验条件　试验跨度：10h±0.5；试验速度：（2.0±0.4）mm/min（标准试样）；规定挠度：8.0mm（标准大试样），3.2mm（标准小试样）。

（3）开始测试　将试样安放于支座上，开动试验机，加载并记录试验数据。如果试样在规定挠度之前断裂，记录断裂负荷或最大负荷；如果试样在规定挠度时未断裂，记录达到规定挠度时的负荷。

（4）数据处理　弯曲强度和弯曲弹性模量分别按下式计算：

$$\sigma_f=\frac{3PL}{2bh^2} \tag{8-50}$$

$$E_f=\frac{L^3\Delta P}{4bh^3\Delta D} \tag{8-51}$$

式中　σ_f——弯曲强度，N/m^2；

E_f——弯曲弹性模量，N/m^2；

P——试样承受的弯曲负荷，N；

L——试样跨度，m；

b——试样宽度，m；

h——试样厚度，m；

ΔP——载荷-挠度曲线上初始直线段的载荷增量，N；

ΔD——与载荷增量 ΔP 相对应的跨距中点处的挠度增量，m。计算一组数据的平均值，取三位有效数字。

需要说明的是，在聚合物材料力学性能测试中，测试环境（温度、湿度），测试条件以及样品形状和尺寸都会对测试结果有很大影响。因此，相关的测试标准对测试环境、测试条件以及样品形状尺寸都做了规定。在准备试样和进行测试时，应该严格按照测试标准的要求，否则得到的力学性能数据会有很大的偏差。

8.3 聚合物耐热性能测定

与陶瓷和金属材料相比，大多数聚合物材料的使用温度要低得多，耐热性差。这一方面是由于聚合物分子运动对温度的依赖性所决定的，另一方面也与聚合物材料的热稳定性有关。严格来说，耐热性与热稳定性是两个不同的概念。前者指的是温度升高后聚合物材料保持其原有物理机械性能的能力，而后者指的是温度升高后聚合物保持其原有化学结构、分子链不发生分解的能力。由于二者的含义不同，对耐热性与热稳定性的评价方法也就不同。前者一般通过材料物理机械性能的保持率来评价，后者则是通过聚合物材料的质量变化来评价。

尽管聚合物材料的耐热性从总体上不如陶瓷和金属材料，但对于一些具有特殊结构的聚合物来说，在较高温度范围仍然具有优良的物理机械性能。表 8-8 给出了一些聚合物材料短期使用和长期使用的上限温度。可以看出，聚合物材料的耐热性与其化学结构有密切的关系。

表 8-8 聚合物材料的使用上限温度 单位：℃

聚合物	短期使用	长期使用	聚合物	短期使用	长期使用
聚醚醚酮	250	190	聚四氟乙烯	260	—
聚氨酯弹性体	120	80	乙丙弹性体	180	150
尼龙-66	180	110	天然橡胶	100	80
有机玻璃	—	80	氟碳弹性体	260	200
共聚甲醛	105	80	硅橡胶	300	—

8.3.1 聚合物材料耐热性的评价方法

由于许多应用场合对材料的耐热性都有一定要求，为了合理选择和使用聚合物材料，需要对聚合物材料的耐热性能有所了解，因此需要建立评价聚合物耐热性的方法。最初提出的评价方法是“相对热指数”（relative thermal index），其被定义为材料在使用 60000h 后其物理性能仍能达到起始值的一半的最高温度。按照该方法，Underwriters 实验室对常用工程塑料的耐热性能进行了评价，见表 8-9。

表 8-9 一些工程塑料的相对热指数① 单位：℃

名称	热指数	名称	热指数
ABS 塑料	60	硅橡胶	105
尼龙，聚丙烯	65	聚砜，聚苯醚	150
聚碳酸酯，聚酯	75	聚四氟乙烯，聚苯硫醚	180
环氧树脂	90	聚醚醚酮	240
酚醛树脂	100		

① Underwriters 实验室数据。

用“相对热指数”方法评价聚合物材料的耐热性，花费时间较长，在工业上无法推广应用，所以后来人们又相继建立了“马丁耐热”、“维卡耐热”和“热变形温度”等试验方法。这些方法都是先对塑料施加一定的外力作用，然后在一定的升温速率下，观察其形变的发展，测定形变达到某一规定值时的温度。尽管这一测定值并无明确的物理意义，但是它们都可以反映在升高温度条件下，聚合物材料保持其原有力学性能的能力。由于塑料的变形与温度及受力状态有关，故每种试验方法都明确规定了受力状态（见表 8-10）。在材料研究和生产实际中，“马丁耐热”试验方法使用得比较少，而“热变形温度”试验方法应用最为普遍。

表 8-10　马丁耐热、维卡耐热和热变形温度试验的具体条件

试验方法	马丁耐热	维卡耐热	热变形温度
所用设备	马丁耐热试验箱	维卡耐热试验仪	热变形试验仪
加荷方式及应力大小	悬臂梁式弯曲力矩 弯曲应力 $50kgf/cm^2$	截面积 $1mm^2$ 圆形针加压压力 1kgf 或 5kgf	三点弯曲力矩，跨距 10mm，中点加荷 弯曲应力为 1.82MPa 或 0.455MPa
形变起止点	横杆顶端指示器下降 6mm	圆针压入试样 1mm	试样中点弯曲 0.21mm
试样尺寸 (长×宽×高)/mm	120×15×10	10×10×3	120×15×(3～10)
升温速率/(℃/h)	50	50,120	120
适用范围	热固性塑料，耐热性高于 60℃的热塑性塑料	热塑性塑料	硬质模塑料或板材

注：1kgf＝9.80665N。

8.3.2　维卡耐热温度的测定

维卡耐热温度的测定主要适用于热塑性塑料。该方法是将圆形压针以一定负荷压在聚合物试样上，测定等速升温条件下压针压入试样 1mm 所对应的温度，所需要的仪器是维卡耐热/热变形温度试验仪。仪器的主要部件有油浴、样品架和形变测量装置。油浴中加入与塑料不产生反应的硅油，还有加热器、搅拌器及通水冷却的蛇形管，此管是为了快速冷却油浴，以便进行下一次试验而设置的。样品架有两个作用，一是支持样品，二是施加载荷。形变测量装置主要测量砝码盘下降的距离（即压针压入试样的距离）。

试验步骤如下。

(1) 试样制备　将聚合物材料压制成两面平整、面积为 10mm×10mm 的小片，厚度为 3～4mm。如果试片厚度大于 4mm，则应对试片的一面进行减厚处理最终使试片厚度为 3～4mm。如厚度在 1mm 以上，可以由 2～3 块叠合成厚度大于 3mm 才可以进行测定。如果厚度小于 1mm，按国家标准的规定不能进行耐热性能的测定。

(2) 负荷选择　按下式计算应加负荷的重量 W (g)。

$$W=1000(\text{或 }5000)-R-T \tag{8-52}$$

式中　R——压针及负荷杆的总量；

T——百分表的弹力。当百分表装在砝码上端面测量砝码下降距离时，T 为正。R 及 T 的数值会因仪器型号而有变化。

(3) 安放试样　将样品架从油浴中取出，抬起负荷杆，将试样放在压针下面，压针应放在试样的中心。在负荷杆顶端加上选好的负荷，调整百分表使指针指在 1mm 处，将温度计插在样品架的斜孔中，使温度计水银球接近但不接触样品，将样品架小心地放入油浴中。

(4) 升温　打开仪器总电源，打开搅拌器电源搅拌 3min，观测百分表是否偏离 1mm

处，如偏离则重新调至 1mm 处，将温度设定盘上的指针拨至 200℃，升温速度旋到 120℃/h，按下升温启动按钮，油浴即按 120℃/h 的速度升温。

（5）测定变形　由等速升温时刻开始计时，每隔一定时间记录百分表读数、温度及时间，直到百分表读数为 2mm 为止。

（6）停止试验　当百分表读数为 2mm（形变量达到 1mm）时，油浴的温度即为所测试样的维卡耐热温度，即可结束试验。但为了得到一个比较完整的温度-形变曲线，建议百分表读数为 2.5mm 时再结束试验。结束试验时，先关闭加热电源，再关闭搅拌器电源，最后关闭总电源。将砝码取下放回砝码盒，取下温度计擦干净放回原处。将样品架由油浴中提起，取下试样再放回油浴中。

（7）数据处理　按照记录的数据在直角坐标系绘制温度-形变曲线及温度-时间曲线，在温度-形变曲线上找到与形变 1mm 所对应的温度，该温度即为维卡耐热温度。由温度-时间曲线判断该试验是否等速升温，升温速度是否为 120℃/h。

8.3.3 热变形温度的测定

对于硬质模塑料或板材，主要采用热变形温度评价其耐热性。该方法是将矩形试样置于两支座上，在试样中点施加负荷，使弯曲应力达到一定值，测定等速升温条件下试样中点弯曲变形达 0.21mm 时所对应的温度。需要的仪器与维卡耐热试验相同，也是一台维卡耐热/热变形温度试验仪。不同的是更换了样品架和形变测量装置。

试验步骤如下。

（1）试样制备　将聚合物材料压制成厚度为 3～6mm 的片，并加工成 100mm×10mm 的条状试样；也可采用无缺口简支梁冲击试样，其尺寸为 120mm×15mm×10mm。

（2）选择负荷及砝码　测量试样尺寸，由下式计算应加砝码质量，使试样受载后最大弯曲应力为 18.5kgf/cm² （1.81MPa）或 4.6kgf/cm² （0.451MPa）：

$$m=\frac{2\sigma bh^2}{3L}-R-T \tag{8-53}$$

式中　m——砝码质量，kg；

σ——试样最大弯曲应力，kgf/cm²；

b——试样宽度，cm；

h——试样高度，cm；

L——两支座中心距，cm；

R——负载杆及压头质量，kg；

T——变形测量装置附加力，kg。

（3）安装试样　把试样对称放在试样支座上，在砝码盘上加上砝码，将装好试样的支架放入保温浴槽内，试样应位于液面 35mm 以下。

（4）调零及参数设定　调节变形量测量装置，使变形量为零；然后设定升温速率为 120℃/h，规定变形量为 0.21mm。

（5）测试　启动机器，开始加热升温，记录试样中点弯曲变形量达到 0.21mm 时的温度即为热变形温度。

8.4 聚合物流变性能测定

将温度升高到黏流温度以上，聚合物即进入黏流状态，此时固态聚合物变成了黏性流体，在外力作用下可以发生流动。聚合物的黏性流动对材料成型加工具有十分重要的意义，无论是塑料的挤出、注射、压延和吹塑成型，还是合成纤维的熔融或溶液纺丝都必须通过黏性流动才能够实现。因此，了解聚合物的流动行为十分重要。

聚合物熔体或溶液的流动行为比小分子液体的流动行为复杂得多。由于聚合物的分子量很高，分子之间相互作用力很大，而且大分子链之间很容易形成缠结，使得分子链在相对位移时比较困难。所以，聚合物熔体或溶液的黏度比小分子液体的黏度高得多。此外，聚合物熔体或溶液在流动过程中产生的弹性形变对流动行为会产生影响。这些都对聚合物流变行为的分析表征带来了困难。

8.4.1 表征聚合物流变性能的基本参数

牛顿流体的流动行为可以用牛顿流动定律来表示

$$\sigma_s = \eta \dot{\gamma} \tag{8-54}$$

式中 σ_s——剪切应力；

$\dot{\gamma}$——剪切速率；

η——流体的黏度。对于牛顿流体，在一定温度下黏度是常数，不随剪切应力或剪切速率而变化。因此，剪切应力随剪切速率线性增大。

高分子稀溶液可以近似看做是牛顿流体，但是聚合物熔体和浓溶液不是牛顿流体。它们在低剪切速率下符合牛顿流动定律，表现出牛顿流体的行为。但是随剪切速率增大，剪切应力的增加速度放慢，黏度随剪切速率的增大而下降，导致出现所谓的“剪切变稀”现象。这种流动行为称为假塑性。聚合物熔体和浓溶液的假塑性现象与分子链在流动过程中不断沿流动方向取向有关。聚合物流体在流动时各液层之间存在一定的速度梯度，开始时，细而长的大分子链可能同时穿过几个流速不等的液层，同一个大分子的各个部分要以不同的速度前进，这种互助牵制使得最初的流动阻力比较大，黏度较高。但是这种状况并不能维持长久，因为在流动中每个大分子链都力图使自己全部进入同一流速的液层中，这样导致了大分子链沿流动方向上进行取向。取向使得流动阻力减小，黏度下降，剪切速率或者剪切应力越大，大分子链的取向越快，取向程度越高，黏度降低也就越明显。

假塑性流体的流动行为一般由幂律方程来描述，即

$$\sigma_s = K\dot{\gamma}^n \tag{8-55}$$

式中 K——稠度系数；

n——非牛顿指数，它表示流动行为偏离牛顿流动定律的程度。$n=1$ 时，为牛顿流体；当 $n<1$ 时，为假塑性流体。

对幂律方程两边取对数，式(8-55) 可变为

$$\lg\sigma_s = \lg K + n\lg\dot{\gamma} \tag{8-56}$$

由 $\lg\sigma_s$ 对 $\lg\dot{\gamma}$ 作图所得到的曲线称为聚合物的流动曲线。图 8-22 所示为聚合物熔体或溶液在较宽剪切速率范围的普适流动曲线，它反映了聚合物的流动行为。

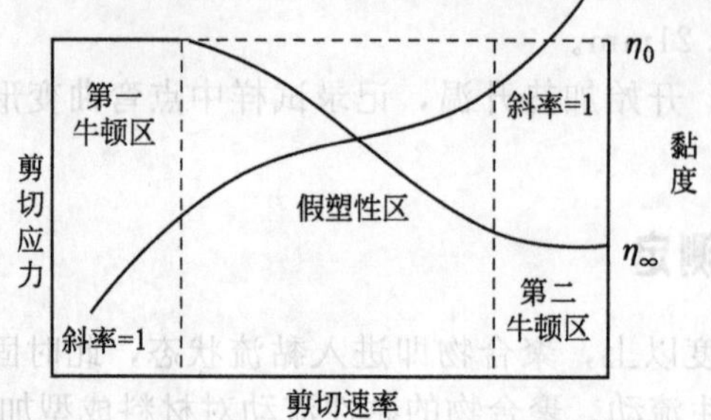

图 8-22 聚合物熔体或溶液的普适流动曲线

聚合物流动曲线可以分为三个区域。

（1）低剪切速率范围　流动曲线的斜率 $n=1$，符合牛顿流动定律，所以将该区域称为第一牛顿区。该区域内聚合物的黏度称为零剪切黏度，用 η_0 表示。

$$\eta_0=\left(\frac{\sigma_s}{\dot{\gamma}}\right)_{\dot{\gamma}\to 0} \tag{8-57}$$

（2）中等剪切速率范围　流动曲线的斜率 $n<1$，熔体表现出假塑性，即随剪切速率增加，黏度减小，所以将该区域称为假塑性区。该区域内聚合物的黏度称为表观黏度，用 η_a 表示，其定义为

$$\eta_a=\frac{\sigma_s}{\dot{\gamma}}=K\dot{\gamma}^{n-1} \tag{8-58}$$

聚合物在成型加工时所受到的剪切速率通常位于该区域，即在成型加工过程中聚合物熔体的流动行为呈假塑性。

（3）高剪切速率范围　流动曲线的斜率 $n=1$，又开始符合牛顿流动定律。所以该区域称为第二牛顿区，该区域的黏度称为极限黏度，用 η_∞ 表示。

$$\eta_\infty=\left(\frac{\sigma_s}{\dot{\gamma}}\right)_{\dot{\gamma}\to\infty} \tag{8-59}$$

根据聚合物的流动行为，人们提出了以下一些表征聚合物流动行为的参数。

（1）零剪切黏度　剪切速率趋于零时剪切应力与剪切速率的比值(式 8-57)。零剪切黏度是牛顿黏度，它不随剪切应力或剪切速率而变化。因此，在研究聚合物结构与流动行为的关系时，零剪切黏度具有重要价值。

（2）表观黏度　某一剪切速率下，剪切应力与剪切速率的比值(式 8-58)。表观黏度与剪切速率有关，随剪切速率增加，表观黏度减小。由于聚合物在成型加工时的流动行为呈假塑性，表观黏度作为衡量聚合物在成型加工过程中流动性能的指标，是非常重要的。

（3）熔体流动速率　在一定的温度和负荷下，聚合物熔体在 10min 内流经一个规定直径和长度的标准毛细管的质量（g/10min）。熔体流动速率可以非常直观地反映聚合物熔体的流动性，在相同的条件下，熔体流动速率越大，聚合物流动性越好。

（4）聚合物流动曲线　以剪切应力对数对剪切速率对数所做的曲线，或者以表观黏度对剪切速率对数所做的曲线。聚合物流动曲线可以比较全面地反映聚合物在不同剪切速率条件下的流动性。

8.4.2 聚合物熔体流动速率的测定

熔体流动速率的大小直接代表了聚合物熔体流动性能的高低，熔体流动速率越大，加工流动性越好。另一方面，熔体流动速率还具有表征聚合物分子量大小的功能。对于同一种聚合物来说，分子量越高，分子链之间的作用力越大，链缠结也越严重，这会导致聚合物熔体的流动阻力增大，熔体流动速率下降。因此，根据同一类聚合物熔体流动速率的大小可以比较其分子量的高低。

由于熔体流动速率的概念和测定方法简单，在实际生产中，熔体流动速率成为表征聚合物熔体流动性能最常用的参数，工业上普遍将它作为选择成型加工方法和确定成型工艺条件的依据。例如，注塑成型要求聚合物的流动性好，需要使用高熔体流动速率的树脂；挤出成型用的树脂，其熔体流动速率以较低为宜；而吹塑成型用树脂的熔体流动速率介于二者之间。

聚合物的熔体流动速率对温度和剪切速率有依赖性，因此在使用熔体流动速率表征聚合物流动性时，只能在相同的测试条件下做相对比较。如果测试条件不同，熔体流动速率不具

有可比性。因此，对于不同的聚合物，统一规定了若干个适当的温度和负荷条件。

8.4.2.1 熔体流动速率测试仪

熔体流动速率测试仪由加热炉、控温系统、料筒、压杆(活塞杆)、标准毛细管、切样装置和一套砝码组成(见图 8-23)。标准毛细管的直径为 2.095mm。当料筒被加热到一定温度后，将聚合物加入料筒并预热一段时间，聚合物成熔融状态，然后在活塞杆上加上砝码，聚合物熔体即从料筒底部的标准毛细管中被挤压出来。每隔一段时间用切样装置将挤出的料条切割下来并称重，即可得到熔体流动速率。

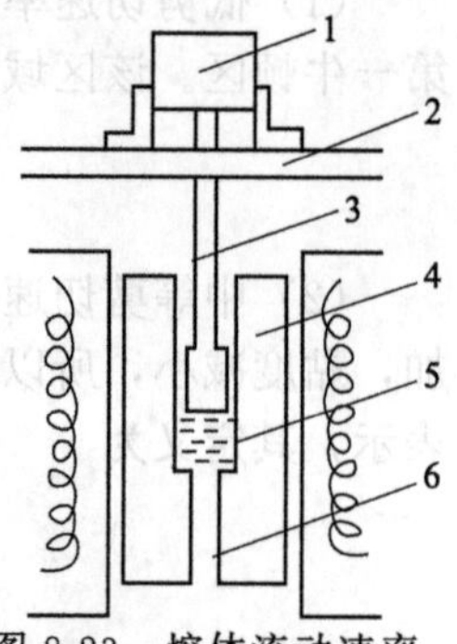

图 8-23 熔体流动速率测试仪示意图

1—砝码；2—砝码架；3—活塞杆；4—料筒；5—熔体；6—标准毛细管

8.4.2.2 测试步骤

(1) 确定测试条件 熔体流动速率强烈依赖于测试条件，只有在相同测试条件下测得的数据才具有可比性。此外，测试标准对不同的聚合物规定了测试温度和负荷条件。因此在测试前，应查阅相关标准和手册，确定被测聚合物的测试条件。常见热塑性塑料测试条件见表 8-11。

(2) 加热仪器 根据所选择的测试温度，在熔体流动速率测试仪上设定料筒温度，打开加热开关进行加热。加热时应将压杆和标准毛细管放入料筒中一起加热。待料筒温度到达测试温度后，再继续稳定 10min 方可进行测试，维持料筒温度波动小于±0.2℃。

表 8-11 常见热塑性塑料测试条件

聚合物	温度/℃	负荷/kg	聚合物	温度/℃	负荷/kg
PS	200	5	SAN	220	10
PE	190	2.16/5/21.6	PC	300	120
PP	230	2.16	PMMA	230	3.8
ABS	220	10	POM	190	2.16

(3) 测试 取出压杆，用加料斗向料筒中加入 3～5g 被测样品，加入压杆并压实物料。预热 5min 后加上砝码，当聚合物熔体从料筒底部的标准毛细管中被挤压后，观察料条的状态，待料条表面光洁且无气泡时，开始切割。切割取样时间取决于被测试样的熔体流动速率，一般以料条长度 2～4cm 为宜。至少切 5 段料条，将其称重，取算术平均值后计算出熔体流动速率。料条切割取样时间见表 8-12。

表 8-12 料条切割取样时间

熔体流动速率/(g/10min)	试样质量/g	切割时间/s	熔体流动速率/(g/10min)	试样质量/g	切割时间/s
0.1～0.5	3～5	240	3.5～10	6～8	30
0.5～1	4～6	120	>10	6～8	5～15
1～3.5	4～6	60			

(4) 关机 将料筒内的残余物料挤出，将标准毛细管取出，用专用工具清洗；用清洗杆和布条清洗干净料筒，然后关闭加热开关和仪器电源开关。

尽管熔体流动速率测试的仪器和方法都非常简单，在工业上的应用也很普遍，但这种方法还是有一些局限性。例如，在用熔体流动速率表征聚合物分子量大小时，只有在化学组成和结构都相同的情况下才可以用熔体流动速率比较聚合物分子量的相对大小。另外，按照熔体流动速率的定义，它实际测定的是给定剪切速率下的流度（黏度的倒数）。以仪器的载荷为 2.16kg 和标准毛细管的直径为 2.095mm 计算，其剪切应力为 200kPa，剪切速率在

$10^{-2} \sim 10s^{-1}$，因此熔体流动速率反映的是聚合物在低剪切速率范围的流动行为，与聚合物成型加工过程中的流动行为不一定相符。此外，如果试样的熔体流动速率小于 0.1g/10min 或者大于 100g/10min，测定熔体流动速率将十分困难。

8.4.3 聚合物零剪切黏度的测定

在研究聚合物成型加工性能时，经常需要了解聚合物的结构与聚合物熔体黏度之间的关系，例如分子量对黏度的影响等。由于聚合物熔体黏度强烈依赖于剪切速率，因此在讨论剪切速率以外的影响因素时必须在固定的剪切速率下进行比较，一般采用零剪切速率下的黏度即零剪切黏度。由于在剪切速率为零时是无法测得黏度的，因此原则上零剪切黏度应根据测得的黏度与剪切速率的关系外推到剪切速率为零时得到。事实上，聚合物熔体或浓溶液在很低的剪切速率下表现为牛顿流体，黏度与剪切速率无关，因此可以用极低剪切速率下测得的黏度直接作为零剪切黏度。

8.4.3.1 测试仪器和基本原理

低剪切速率下聚合物的流动曲线通常用旋转式流变仪测定，旋转式流变仪又分为同轴圆筒式、锥板式和平行板式。平行板式旋转流变仪的工作原理如图 8-24 所示，在进行低剪切速率下的流动曲线测定时，计算机将设定的应力信号输给电动机，电动机和平行平板轴之间有空气轴承传动以保证平行平板位置的恒定和传动摩擦力趋向零。电动机使平板旋转，使试样剪切的应力等于设定值，并将形变值传给计算机。

平行板式旋转流变仪的剪切速率极低，扭转流动发生在两个平行的圆盘之间（图 8-25）。圆盘的半径为 R，两圆盘之间的距离为 H，上圆盘以角速度 ω 旋转，施加的扭矩为 M。在扭转流动中，圆盘边缘的剪切速率为

$$\frac{d\gamma}{dh} = \frac{R\omega}{H} \tag{8-60}$$

剪切应力为

$$\sigma = \frac{2M}{\pi R^3} \tag{8-61}$$

由此，黏度为

$$\eta = \frac{\sigma}{d\gamma/dh} = \frac{2MH}{\pi\omega R^4} \tag{8-62}$$

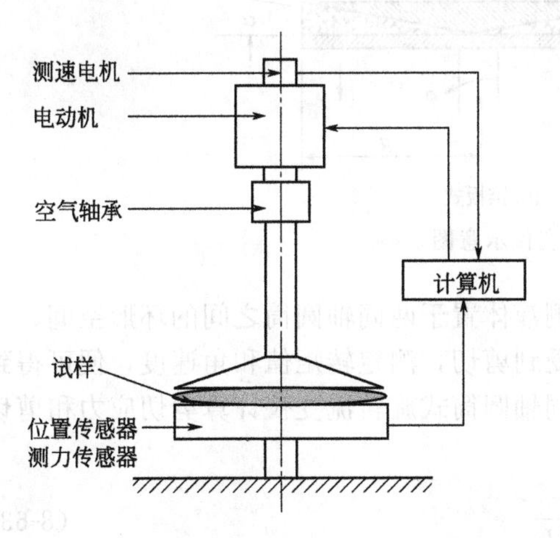

图 8-24 平行板式旋转流变仪工作原理示意图

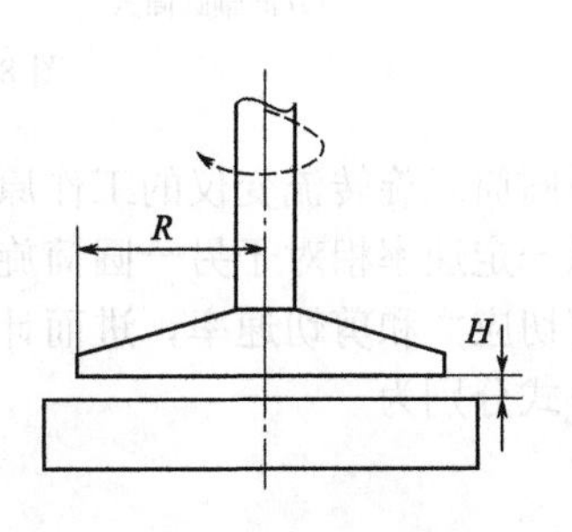

图 8-25 平行板测量系统

影响零剪切黏度的因素包括分子量、温度、浓度等，很多时候零剪切黏度可以作为分子量的量度。大多数流体其温度对黏度的影响可以采用 Arrhenius 方程来描述，将不同温度下测得的零剪切黏度用 Arrhenius 方程进行处理可求得流动活化能。

8.4.3.2 测试步骤

（1）样品准备　在使用平行板式旋转流变仪进行测试时，需要将聚合物样品先压制成直径为 10mm、厚度为 1mm 的圆片，该圆片非常容易加入两平行板之间。

（2）开机并设定实验参数　先打开压缩空气，再依次启动流变仪主机、温度控制器和计算机，直到计算机显示主机状态为“OK”。然后开始设定测试温度、剪切速率范围和其他实验参数，其步骤是：打开流变仪软件 Rheoplus，选择“Measuring Device/Control”面板，然后点击“Initialize”，在“Temperature”下输入测试温度，点击“Set”和“OK”；打开“File/New”，创建一个新的工作簿，选择“Flow Curve CSR”作为模板。最后激活“Measurement Window”，输入剪切速率范围和记录数据点的时间参数。当样品室温度达到设定的测试温度后，在控制窗口中点击“Set Zero Gap”调整平行板之间的间隙。

（3）加入试样并开始测试　点击“Lift Position”，打开样品室，将待测试样加入两平行板之间。待试样熔融后，点击“Measuring Position”，在测量窗口点击右上角“Start”，仪器将根据模板设定的参数自动进行测试，并在计算机屏幕上以曲线显示试验结果。测试结束后，计算机屏幕会提示清理试样，最后自动停止试验，也可手动停止试验。

（4）重复测试　按照步骤（2）重新设定测试温度，进行另一个温度下流变曲线的测试。

（5）数据处理　测试结束后打开“Analysis Window”，运行分析程序，从流动曲线得到各温度下的零剪切黏度，并且进行数据处理，计算出试样的分子量和流动活化能。

8.4.3.3 其他旋转式流变仪

除了平板式旋转流变仪外，还有同轴圆筒式旋转流变仪和锥板式旋转流变仪（见图 8-26）。其中，同轴圆筒式旋转流变仪可以用来测定聚合物溶液的流变性能，而锥板式旋转流变仪既可测定聚合物溶液也可测定聚合物熔体。

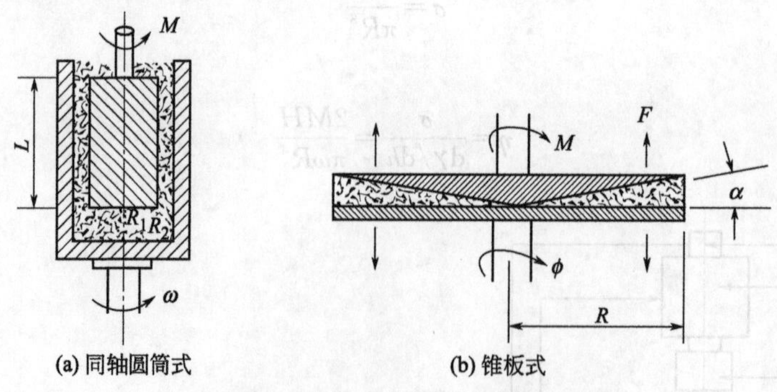

图 8-26　旋转式流变仪示意图

同轴圆筒式旋转流变仪的工作原理是，将被测液体置于两同轴圆筒之间的环形空间，一个圆筒以一定速率相对于另一圆筒旋转，使试样受到剪切，测定转矩值和角速度，便可得到流体的剪切应力和剪切速率，进而计算出黏度。同轴圆筒式旋转流变仪计算剪切应力和剪切速率的公式分别为

$$\sigma_r = \frac{M}{2\pi r^2 L} \tag{8-63}$$

$$\dot{\gamma}_r=\frac{A\omega}{r^2} \tag{8-64}$$

流体黏度为：

$$\eta=\frac{BM}{\omega} \tag{8-65}$$

式中　A，B——仪器常数，可由一已知黏度的液体标定出其值；

M——测出的转矩；

ω——外筒旋转角速度；

r——圆柱状液层距轴线的距离；

L——内筒浸入被测液体中的深度。

锥板式旋转流变仪的工作原理是，将被测物料置于平板与锥体间的间隙内，通过平板的旋转使试样受到剪切，测定锥体受到的转矩，便可以得到流体的剪切应力和剪切速率，进而计算出黏度。锥板式流变仪计算剪切应力和剪切速率的公式分别为

$$\sigma_s=\frac{3M}{2\pi R^3} \tag{8-66}$$

$$\dot{\gamma}=\frac{\omega}{\alpha} \tag{8-67}$$

依据下式计算黏度：

$$\eta=\frac{M}{b\omega} \tag{8-68}$$

式中　α——锥角；

R——平板的半径；

b——仪器常数；

M——锥体所受到的转矩；

ω——平板旋转角速度。

旋转式流变仪在测量聚合物熔体和溶液流动曲线时只限于较低剪切速率，适用的剪切速率范围为 $10^{-3}\sim10\text{s}^{-1}$。

8.4.4 聚合物流动曲线的测定

所谓“聚合物流动曲线”是指聚合物流动过程中的剪切应力-剪切速率曲线，或者表观黏度-剪切速率曲线。聚合物流动曲线可以比较全面地反映聚合物在不同剪切速率条件下的流动性。低剪切速率范围聚合物流动曲线通常由旋转式流变仪测定，而中等或高剪切速率范围的流动曲线主要依赖于毛细管流变仪。

毛细管流变仪工作部分的结构与熔体流动速率测试仪比较相似，只是压杆（活塞杆）被连接在一个可以按照不同速度压下的十字头上，并且安装有一个测力传感器。长度为 L、半径为 R 的毛细管安装在料筒的底部。将聚合物样品加入至一定温度的料筒后，即被加热成熔融状态，然后十字头带动活塞杆以一定的速度将聚合物熔体挤压出毛细管。当熔体从毛细管口被挤出时，其产生的黏滞阻力作用在活塞杆上，由连接在活塞杆上部的测力传感器将其转换成电信号而记录下来。对应于不同的活塞杆压下速度 V，可以测出相对应的黏滞阻力值 F。从活塞杆压下速度 V 和测出的黏性阻力值 F，可以计算出聚合物流动时的剪切速率 $\dot{\gamma}$、剪切应力 σ_s 和表观黏度 η_a，从而得到 σ_s-$\dot{\gamma}$ 曲线和 η_a-$\dot{\gamma}$ 曲线。

8.4.4.1 由黏滞阻力转换成剪切应力

在毛细管中取一个长度为 L、半径为 r、两端压差为 Δp 的小圆柱体，如图 8-27 所示。

在圆柱面上，阻碍熔体流动的黏滞阻力为 $2\pi rL\sigma_s$，而推动熔体流动的推动力为 $\Delta p\pi r^2$。在稳定流动时，阻碍流动的黏滞阻力与促使流动的推动力大小相等：

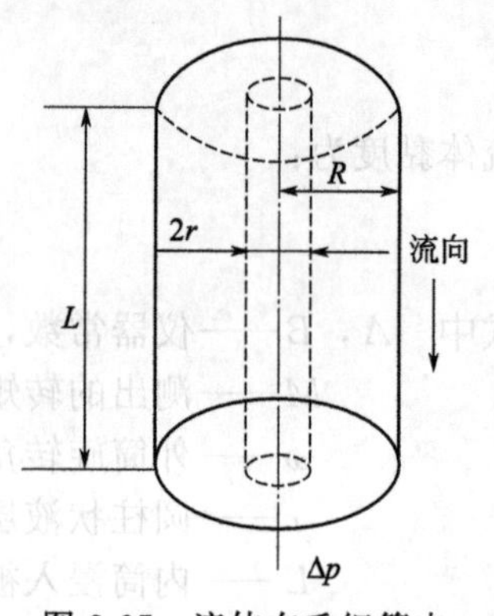

图 8-27 流体在毛细管中流动分析示意图

$$\Delta p\pi r^2 = 2\pi rL\sigma_s \tag{8-69}$$

则剪切应力为 $$\sigma_s = \Delta pr/2L \tag{8-70}$$

在毛细管壁处，$r=R$；另外，由黏滞阻力值 F 可以求出毛细管两端的压差

$$\Delta p = \frac{4F}{\pi d_p^2} \tag{8-71}$$

式中 d_p——活塞杆直径。

则可以得到 $$\sigma_{sw} = \frac{\Delta pr}{2L} = \frac{2RF}{\pi d_p^2 L} \tag{8-72}$$

上式中，毛细管半径 R、长度 L 和活塞杆直径 d_p 均为已知。因此，可将测力传感器测出的黏滞阻力转换为聚合物流动时的剪切应力。

8.4.4.2 由活塞杆压下速度转换成剪切速率

根据牛顿流动定律：

$$\dot{\gamma}_w' = \frac{\sigma_{sw}}{\eta} = \frac{\Delta pR}{2\eta L} \tag{8-73}$$

当牛顿流体经过毛细管流动时，其体积流率 Q 与黏度的关系已由 Hagen-Poiseuille 方程给出：

$$Q = \frac{\pi R^4 \Delta p}{8\eta L} \tag{8-74}$$

由此得到： $$2\eta L = \frac{\pi R^4 \Delta p}{4Q} \tag{8-75}$$

将此式代入式(8-73)，可以得到

$$\dot{\gamma}_w' = \frac{\sigma_{sw}}{\eta} = \frac{\Delta pR}{2\eta L} = \frac{4Q}{\pi R^3} \tag{8-76}$$

另外，体积流速 Q 与活塞杆下降速度 V 的关系为

$$Q = \frac{\pi d_p^2 V}{4} \tag{8-77}$$

所以，毛细管壁处的剪切速率为

$$\dot{\gamma}_w' = \frac{4Q}{\pi R^3} = \frac{d_p^2}{R^3}V \tag{8-78}$$

因为剪切速率的公式是按照牛顿黏性定律推导出来的，而实际聚合物流体为非牛顿流体，所以必须对式(8-78) 进行非牛顿修正。经过修正后的剪切速率为

$$\dot{\gamma}_w' = \frac{3n+1}{4n}\dot{\gamma}_w' \tag{8-79}$$

式中 n——非牛顿指数。

因此 $$\sigma_s = K\dot{\gamma}_w^n = K\left[\left(\frac{3n+1}{4n}\right)\dot{\gamma}_w'\right]^n \tag{8-80}$$

$$\lg\sigma_s = \lg K' + n\lg\dot{\gamma}_w' \tag{8-81}$$

以 $\lg\sigma_s$ 对 $\lg\dot{\gamma}_w'$ 作图，所得的曲线上各点的斜率即为 n，即 $n = \mathrm{d}\lg\sigma_s/\mathrm{d}\lg\dot{\gamma}_w'$。通常，在 $\dot{\gamma}_w'$

变化 1～2 个数量级的范围内，n 近似为常数，因此可以分段按对应的 $\dot{\gamma}'_w$ 值计算 n 值。

除了需要对剪切速率进行非牛顿校正外，有时还需要对剪切应力进行“入口校正”。因为当流体从料筒被挤压进毛细管时，流速和流线都发生了变化，引起了黏性的摩擦损耗和弹性变形。这两项能量损耗使得作用在毛细管壁上的实际剪切应力小于根据毛细管两端压差计算出的剪切应力，所以应该考虑修正。但是实验表明，当毛细管的长径比较大时（一般为 $L/D>40$），入口压力降和用于使毛细管内流体流动的压力降相比微不足道，可以忽略不计。在这种情况下可以不进行“入口校正”。

8.4.4.3 表观黏度

有了剪切应力和剪切速率后，可以很方便地计算出聚合物的表观黏度：

$$\eta_a=\sigma_{sw}/\dot{\gamma}_w$$

由此，做出聚合物的流动曲线：$\lg\sigma_{sw}$-$\lg\dot{\gamma}_w$，$\lg\eta_a$-$\lg\dot{\gamma}_w$。另外，在一定的剪切速率或剪切应力下，还可以作出 η_a-T 曲线，并由此得到聚合物在一定剪切速率下的流动活化能。

8.4.4.4 测试步骤

(1) 样品准备　在使用毛细管流变仪进行测试时，需要将聚合物样品粒料烘干，样品中不含强腐蚀、强耐磨性组分。

(2) 开机并设定实验参数　先打开流变仪主机和电脑，打开流变仪软件 RheoWin，点击“New Test”，选择测试模式（或打开已有的模式）；选择页面上的“Define Test”，选择温度计，在“Temperature”对话框中输入实验温度，点击“Set”确认，选择合适内径的口膜，在页面下方选择合适的剪切速率范围、测试点数及剪切速率的变化趋势，然后按“OK”键确认。

(3) 安装口膜　待设定温度达到后，清洗料筒。再根据参数的设定安装口膜和毛细管，将口膜安装在流变仪料筒下方，毛细管从料筒上方放入，用加料杆压至料筒底部并与口膜相接。

(4) 加入试样并开始测试　点击“Manual Control”，选择“0.0”标志中的“80%”进行校零。随后通过料斗将样品加入料筒，加料过程中用加料杆将样品压实两次。在十字头上装上活塞杆，选择（↓，speed：50），让活塞杆下压，待两个口膜均有料被压出，停止下压，并让温度稳定 5min。然后点击“RunTest”，仪器将根据设定的参数自动进行测试，并在计算机屏幕上显示测试进行的阶段及状态。测试结束后会自动返回到软件主页，点击“Save Results”保存实验数据。最后点击 Manual Control，选择（↓，speed：50），将多余的样品压出，再选择（↑，speed：－100），将活塞杆上升至最高位置，取下活塞和口膜，清洗料筒。

(5) 重复测试　按照步骤（2）重新设定测试温度，进行另一个温度下流变曲线的测试。

(6) 数据处理　测试结束后在软件主页打开“Analysis Window”，运行分析程序，从流动曲线得到各温度下的剪切速率和表观黏度。

毛细管流变仪具有许多优点，由于可以在较宽范围内调节剪切速率和温度，得到与挤出、注塑等成型加工条件很接近的流变参数，在工业和研究领域得到了广泛应用。其常用的剪切速率为 $10\sim10^6\,s^{-1}$，剪切应力为 $10^4\sim10^6\,N/m^2$。但是，毛细管黏度计在低剪切速率下应用时受到限制，而且不适宜测量低黏度流体。

参 考 文 献

[1]　杨万泰. 聚合物材料表征与测试. 北京：中国轻工业出版社，2008.

[2] GB/T 12005. 10—1992. 聚丙烯酰胺分子量测定粘度法.
[3] GB/T 6598—1986. 小角激光光散射法测定聚苯乙烯标准样品的重均分子量.
[4] HG/T 3872—2006. 体积排斥色谱法测定聚苯乙烯标准样品的分子量及分子量分布.
[5] 施良和. 凝胶色谱法. 北京：科学出版社，1980.
[6] 虞志光. 高聚物分子量及其分布的测定. 上海：上海科学技术出版社，1984.
[7] GB/T 1040—2006. 塑料 拉伸性能的测定.
[8] GB/T 9341—2008. 塑料 弯曲性能的测定.
[9] GB/T 1843—2008. 塑料 悬臂梁冲击强度的测定.
[10] GB/T 1043—2008. 塑料 简支梁冲击性能的测定.
[11] 焦剑，雷渭媛. 高聚物结构、性能与测试. 北京：化学工业出版社，2003.
[12] 张俐娜. 高分子物理近代研究方法. 武汉：武汉大学出版社，2006.
[13] 金日光，华幼卿. 高分子物理. 北京：化学工业出版社，2006.
[14] 何曼君. 高分子物理. 上海：复旦大学出版社，2005.
[15] GB/T 3682—2000. 热塑性塑料熔体质量流动速率和熔体体积流动速率的测定.
[16] ASTM D 1238—2004. Melt Mass-Flow and Melt Volume-Flow Rate.
[17] ASTM D 6204—2005. Standard Test Method for Rubber-Measurement of Unvulcanized Rheological Properties Using Rotorless Shear Rheometers.
[18] ISO 1133：2005. Plastics Determination of the melt mass-flow rate（MFR）and the melt volume-flow rate（MVR）of thermoplastics.
[19] ISO 11443：2005. Plastics Determination of the fluidity of plastics using capillary and slit-die rheometers.
[20] 吴其晔，巫静安. 高分子材料流变学. 北京：高等教育出版社，2002.
[21] 周持兴. 聚合物流变实验与应用. 上海：上海交通大学出版社，2003.
[22] 徐佩弦. 高聚物流变学及其应用. 北京：化学工业出版社，2003：1-97.
[23] 顾国芳，等. 聚合物流变学基础. 上海：同济大学出版社，2000.
[24] 李允明. 高分子物理实验. 杭州：浙江大学出版社，1996.
[25] 上海市模具技术协会编. 塑料技术标准大全：聚合物测试手册. 第 2 版. 杭州：浙江科学技术出版社，1998.
[26] 冯开才，等. 高分子物理实验. 北京：化学工业出版社，2004.
[27] 张兴英，等. 高分子科学实验. 北京：化学工业出版社，2004.